建构理论与当代中国

主编　彭　怒
王　飞
王骏阳

同济大学出版社
TONGJI UNIVERSITY PRESS

图书在版编目（C I P）数据

建构理论与当代中国／彭怒，王飞，王骏阳主编．——上海：同济大学出版社，2012.12

ISBN 978–7–5608–5068–9

Ⅰ．①建… Ⅱ．①彭… ②王… ③王… Ⅲ．①建筑学–研究 Ⅳ．① TU–0

中国版本图书馆 CIP 数据核字（2012）第 312945 号

“时代·建筑理论系列论坛”之“建构与我们”

建构理论与当代中国

主　　编 彭　怒　王　飞　王骏阳

责任编辑 江　岱
责任校对 徐春莲
装帧设计 严晓花　王小龙

出版发行 同济大学出版社 www.tongjipress.com.cn
地址：上海市四平路 1239 号　邮编：200092
电话：021–65982473（团体订购）；021–65985079（零售、邮购）
经　　销 全国各地新华书店
印　　刷 上海盛隆印务有限公司
开　　本 787mm×960mm　1/16
印　　张 27.5
印　　数 1—3100
字　　数 550 000
版　　次 2012 年 12 月第 1 版　2012 年 12 月第 1 次印刷
书　　号 ISBN 978–7–5608–5068–9
定　　价 150.00 元

目录

数字化建造与建构

建构理论的当代拓展

建构理论在中国的实践和讨论

目录

现场讨论

附录

序言

伍江

改革开放以来，大量西方建筑理论被快速地引进中国。如20世纪80年代的“后现代”、“符号学”、“地域主义”，21世纪初的“再现”、“图解”、“表皮”、“后批评”、“参数化”等，都曾在中国建筑界掀起或大或小的波浪。建筑师们也往往热衷于将自己的设计与某一种理论扯上瓜葛。然而，由于大多数“建筑理论”的引进常常是片段性的，引介者往往着力于为中国的建筑理论问题和设计实践困境寻找立竿见影的“良药”，而引用者则往往过于在意理论的新奇名称。各种建筑理论常常尚未得到系统地翻译，更谈不上深入讨论并针对中国的建筑问题进行拓展和修正，就在一知半解下被想当然地演绎，作为时尚标签甚至建设市场的商业噱头被快速消费，然后在一阵热闹后便销声匿迹。

建构理论是西方建筑学的基本理论。它从建筑的物质性出发讨论结构、建造与形式表达艺术的关系。与一些由其他理论衍生出来的建筑理论不同，建构是源于建筑学“自己”的理论。由于它对后现代建筑的图像性的深刻批判，也由于它具有建筑学的本体论性质，20世纪90年代以来，建构在西方建筑学界重新成为理论热点。中国建筑界在90年代末开始建构理论的引介工作，其主要影响在于推动了中国建筑界从文化意识形态的论争转向更多地对建筑本体以及基本建造问题的关注。在极度缺乏理论思考的中国建筑界，关于建构的讨论与研究成为本来很弱小的中国建筑理论界的强心剂，并由此引起当代中国建筑师和学者的更多关注。然而热闹归热闹，正如以前各种热闹一时的新理论，人们对“建构”的热情远远大于深究建构理论的热情，对于建构理论的系统翻译和深入讨论还十分不足。

《建构理论与当代中国》与同期出版的《建构理论的历史话语》，作为“建构与我们”丛书的两个组成部分，从建构理论文献的系统翻译以及针对中国当代建筑问题的拓展两个方向着手，力图从深层次改变这一困境。《建构理论与当代中国》是对《建构理论的历史话语》一书的深化，后者对 25 篇重要的英、德、日语系建构理论文献进行了长达三年的翻译，而前者则不仅在西方学术体系内部对建构理论进行拓展并延伸至最前沿的数字化建造的讨论，最重要的是探索了建构理论在中国的建筑学基础以及对中国建筑理论和实践的意义。

本书的出版具有较高的学术价值，它是对 2011 年 11 月初由同济大学建筑与城市规划学院、《时代建筑》杂志、中国美术学院建筑艺术学院、同济大学建筑设计研究院、华东建筑设计研究院、德国 GMP 国际建筑设计有限公司、同济大学出版社共同主办的“建造诗学：建构理论的翻译与扩展讨论”国际研讨会的成果的扩展。会议邀请了美国、澳大利亚、瑞士和日本的著名建构学者以及相关国内学者和建筑师参加。《建构理论与当代中国》不仅汇集了国际建构学者提交的专题会议论文，而且针对会议议题又邀请著名意大利理论家弗拉斯卡里（Marco Frascari）为本书撰写了他的最新建构理论成果《建筑学的神经建构学探索》（The Neuro-Tectonic Approach to Architecture），还增选翻译了德国斯图加特大学研究数字化建造的风云人物门格斯（Menges Achim）教授两篇新近发表的文章。《建构理论与当代中国》立足建构理论与当代中国的关系，兼具国际性的学术视野。

本书的出版具有较高的建筑文化价值，对中国建筑的理论思想建设和建筑设计文化的发展都具有推动作用。《建构理论与当代中国》不仅选择国外著名建构学者的最新研究，更邀请中国的建构学者对建构理论的西方史学基础、建构理论的翻译、建构理论的接受基础和意义、建构的中国实践等进行探讨。这里也包括了 2012 年普利兹克建筑奖获得者王澍教授对其建构实践的总结。本书无论从理论层面还是实践层面都对中国建筑文化有所推动。

我们希望对于建构的这次深入讨论不再是暂时的热闹，我们希望本书的出版能真正引发中国建筑界持续的理论思考，真正推动中国建筑理论的兴旺。

综述

建构与我们
“建造诗学：建构理论的翻译与扩展讨论”会议评述

The Tectonic Discourse in China
A Critical Review of the International Symposium "Poetics of Construction: Translation and Discourse on Tectonics in China"

彭怒 王飞
PENG Nu, WANG Fei

“建筑理论的目的在于提供一种范式或者知识并能够在更广阔的文化背景下针对当下的各种问题。它可以由任何形式的建筑书写系统组成，既可以是片段的，也可以是全面的，但是它必须围绕一个具有可识别的分类性的框架，并能够提供判断的标准。如果它不能被清晰地表达，便永远不能表明一种建筑知识的认识论和基础。”[1] 改革开放以来，大量西方建筑理论被快速地引进中国，如20世纪80年代的“后现代”、“符号学”、“地域主义”，21世纪初的“再现”及随后的“图解”、“后批评”、“参数化”，等等。大多数“理论”的引进常常是片段性的翻译或编译，主要目的在于给中国的建筑问题寻找一剂良药，为中国的建筑学学科寻找理论话语的支撑。由于急功近利，这些理论常常未被系统介绍、深入研究并针对中国建筑问题的特殊性进行拓展，结果往往“水土不服”，学界的热议和讨论也总是在二三年内便草草收场。

建构理论在中国的传播始于20世纪90年代末，主要围绕对弗兰姆普敦（K. Frampton）《建构文化研究》（*Studies in Tectonic Culture*）一书的内容和观点的介绍而展开，一批公派到瑞士苏黎世联邦理工学院（以下简称“ETH”）学习后归国的大学教师针对建构问题的教学、实践和讨论也同样引人关注。2007年，王骏阳教授的中译本《建构文化研究：论19世纪和20世纪建筑中的建造诗学》

正式面世，使得弗兰姆普敦建构理论在中国的影响更为深广。建构理论对中国建筑的主要影响在于建筑学从文化意识形态的论争转向对建筑的本体以及基本建造问题的关注。关于建构的研究与讨论也逐渐成为针对中国当代建筑问题的强心剂，影响力远胜于其他理论。

《时代建筑》杂志曾于2002—2004年发表了若干篇讨论“建构”理论的文章。多年之后，为了推介弗兰姆普敦理论之外建构理论自身的丰富性，也为了呈现英美学术体系之外德文、日文方面的重要建构文献并探讨建构理论在当代面临的诸多挑战，自2009年第2期开始，《时代建筑》杂志“建筑历史与理论”栏目系统翻译、介绍了西方和日本建筑学界的“建构”文献25篇。这些建构译文和部分扩展讨论的理论文献主要包括以下七个方面：

（1）现代建筑理论中讨论建构问题的重要文献，如塞克勒（Eduard F. Sekler）的两篇文章分别探讨了结构、建造与建构之间的矛盾、冲突的关系以及约瑟夫·霍夫曼（Josef Hoffmann）的斯托克莱府邸（The Stoclet House）的“非建构”特征，瓦洪拉特（Carles Vallhonrat）关于建构的“可见性与不可见性”话题的两篇姐妹篇文章。

（2）对19世纪德国建构理论及20世纪初德语文化圈相关理论的介绍，如里克沃特（Joseph Rykwert）和莱瑟巴罗（David Leatherbarrow）分别对森佩尔（Gottfried Semper）建构理论进行的分析，森佩尔的《各民族的面饰风格在文化史进程中是怎样自成一家和转化演变的》（*How Style in the Dressing of Different Peoples Became Specialized and Transformed over the Course of Cultural History*）的节译，席沃扎（Mitchell Schwarzer）对波提舍（Karl Bötticher）建构理论中本体与表现的讨论，莱瑟巴罗对路斯（Adolf Loos）“覆层”（covering）的讨论以及史永高对路斯《饰面的原则》（The Principle of Cladding）的翻译。

（3）对斯卡帕（Carlo Scarpa）作品中建造诗意的讨论，如萨博尼尼（Giuseppe Zambonini）在文章中详细介绍了斯卡帕的创作方法与过程、建筑主题及其根由，以及他如何在“绘图”中体现诗意与工艺。瑞吉威（Sam Ridgway）对弗拉斯卡里（Marco Frascari）以“建造”为主题的访谈，论述了包括材料性、物质性、技艺在内的多个主题，深入浅出地阐释了不同历史语境下由建造产生的建筑表达与意义的丰富性。

（4）日本建筑界关于结构和表象问题的讨论。

（5）当代德文建构文献与ETH的建构教学，如科尔霍夫（Hans Kollhoff）批评了20世纪90年代建筑中建构感的缺失，提出建筑师应回到自身对物质世界的感知方式以寻求建筑学的根本意义；纽迈耶（Fritz Neumeyer）讨论了建构与

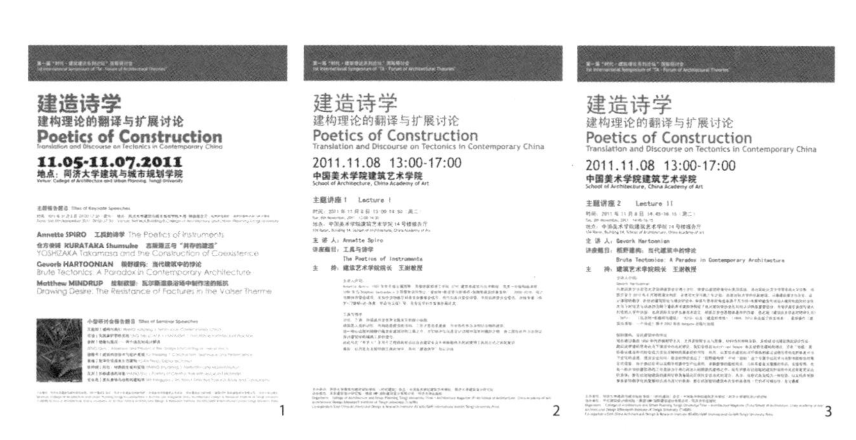

1～3.“建造诗学：建构理论的翻译与扩展讨论”国际研讨会海报，2011 年 11 月 5—8 日，上海、杭州。这次会议由同济大学建筑与城市规划学院、《时代建筑》杂志、中国美术学院建筑艺术学院、同济大学建筑设计研究院、华东建筑设计研究院、德国 GMP 国际建筑设计有限公司、同济大学出版社共同主办。

1~3. Posters of the International Symposium “Poetics of Construction: Translation and Discourse on Tectonics in China” sponsored by College of Architecture and Urban Planning, Tongji University, Time + Architecture Magazine (T+A), School of Architecture, China Academy of Art, Architectural Design & Research Institute of Tongji University (TJAD), East China Architectural Design & Research Institute (ECADI), GMP International GmbH and Tongji University Press.

技术、建构与人的身体的关系，揭示了现代主义以来建构概念所面临的威胁。

（6）对弗兰姆普敦《建构文化研究》一书的评价及相关讨论，包括一篇批判性书评的翻译和王骏阳教授撰写的中文译后记，王骏阳教授的文章呈现了近年来国内外建筑学界关于“建构”问题的理论探讨、翻译以及对当代中国建筑界的意义；还包括一篇对“*ANY*”期刊特辑“解析建构学”导言的导读，旨在呈现当时英语读者对于弗兰姆普敦建构学说之外的其他诗意建造的兴趣，并唤起中文读者的多重警觉。

（7）对建构理论当代扩展的讨论，如门格斯（Achim Menges）提出的与参数化设计相关的新的建造方式以及材料、结构、建构的关系。

经过对建构文献持续 3 年的系统翻译和引进，在同济大学建筑与城市规划学院、中国美术学院建筑艺术学院、同济大学建筑设计研究院、华东建筑设计研究院、德国 GMP 国际建筑设计有限公司、同济大学出版社的支持下，《时代建筑》杂志于 2011 年 11 月初组织了主题为“建造诗学：建构理论的翻译与扩展讨论”的国际研讨会，邀请了瑞士、澳大利亚、美国和日本的建筑理论家以及相关中国学者、建筑师参与，在上海和杭州两地，共同讨论建构理论的核心话题、建构理论在当代的扩展、建构理论在中国的翻译引进和影响。与此同时，《时代建筑》杂志在 2012 年第 2 期（总第 124 期）中以建构为主题全面报道研讨会成果，并出版“时代·建筑理论系列论坛”之“建构与我们”丛书《建构理论的历史话语》与《建构理论与当代中国》。

一、现代建筑史学隐含的建构意识

作为研讨会的开场演讲，王骏阳教授的《建构的话语、建造的诗学与建筑史学》一文指出，19 世纪的德意志建构话语是现代建筑发展中思想理论建设的一个部分，现代建筑史学虽没有明确地对建构问题进行论述，却隐含了建构意识。

王骏阳以吉迪翁（Sigfried Giedion）的现代建筑史研究为例，指出吉迪翁在早于其现代建筑史名著《空间、时间与建筑》（*Space, Time and Architecture*）中的《法国建筑、钢结构建筑、钢筋混凝土建筑》（*Bauen in Frankreich, Bauen in Eisen, Bauen in Eisenbeton*）一文里就关注了结构和建造问题。在吉迪翁看来，以结构和建造技术的发展为特征的法国钢结构建筑和钢筋混凝土建筑已经充分体现新时代建筑的技术条件，但他显然更关注现代建筑“新统”（the new tradition）的形成。就建构话语而言，吉迪翁的价值在于成功地把钢结构建筑和钢筋混凝土建筑的技术美学与诗性的空间品质相整合。

王骏阳之所以关注现代建筑史学，是因为“通过吉迪翁、佩夫斯纳（Nikolaus Pevsner）、贝纳沃诺（Leonardo Benevolo）、柯林斯（Peter Collins）、塔夫里（Manfredo Tafuri）、弗兰姆普敦以及其他史学家的论著，中国学者获得了对现代建筑的理解并把这种理解传授给一代又一代的建筑学子”[2]。在 2007 年弗兰姆普敦的《建构文化研究》中译本出版之前，现代建筑史学中建构话语在中国的缺失已经对中国建筑界理解现代建筑产生了严重影响。此外，王骏阳还论及现代建筑史学、建构问题与中国建筑思想发展的关系。以梁思成为代表的第一代中国建筑史家对中国传统建筑建造文化曾进行研究，遗憾的是，初期的“结构理性主义”观念却转变为伟大风格演变的论述以抗衡“历史性”西方建筑。可以说，在近现代的中国建筑学的发展历史中，“建构”话语从未真正成为中国建筑学的组成部分。王骏阳还痛心疾首地指出上海世博会中国馆、“合肥鸟巢”合肥美术馆就是“建构”话语及意识缺失的结果。

王骏阳对“建构”话语在中国建筑学中缺失的状况和实践后果的分析，不但帮助与会的国外学者理解“建构”在中国的语境，也让中国学者深思其因果，从而有助于会议和讨论的展开。

二、 建构与工具

来自 ETH 建筑系，负责本科一年级构造课程的安尼特·斯皮罗（Annette Spiro）教授的主题发言显示了欧洲大陆学者对建造传统和建构基本问题的理论思考和持续关注。在案例分析里，也充分展示了 ETH 建造教学的成果和最新的探索。

斯皮罗的《工具的诗学》（The Poetics of Tools）通过对人类记忆、工具、拼装（bricolage）以及量度（measurement）的讨论，揭示了“建造诗学”中工具的意义。斯皮罗首先从“记忆”入手，揭示建造传统的延续。斯皮罗认为会议议题的两个关键词“建筑”和“诗”都是人类记忆的载体。通过与书承文化和口传文化二者关系的类比，她指出实砌建筑（solid construction）的坚固和持久性往往让我们倾向于关注建筑物本身的历史信息和图像信息对人类记忆的保存，而杆系建筑（filigrane construction）却是轻型和非永久的，在一次次的重复性建造中保存下来的只是“建造的方法、工匠的知识和技能”。这反过来也提示我们关注实砌建筑同样包含的制作行为和构造原则。在此，斯皮罗显示出从建造原则的发展来连接传统和当下的雄心。关于“工具”，斯皮罗首先从模型制作，特别是图纸绘制的角度，强调建筑师掌控和发明设计表达的工具和材料对建筑的重要性。在关于“拼装”的讨论中，斯皮罗把工具的概念从前面的设计工具和材料扩展到建造工具和材料，将建筑师定义为“DIY”（do it yourself）手艺人（bricoleur）和工程师的综合，既运用现有的工具和既存的材料，也创造新的工具和材料。最后，斯皮罗通过工具与身体动作不可分割的关系，强调了“量度”对制作、建造的重要性。

斯皮罗是从工具来讨论建构问题的，如果我们进一步追问斯皮罗这篇文章的理论根基和内在逻辑，或者问一个具体的问题，斯皮罗开篇就论述的“记忆”并没有在行文中涉及工具以及与工具直接相关的问题，为什么她还要在“记忆”上着墨甚多？事实上，这些问题必然会涉及工具的本质。正如海德格尔（Martin Heidegger）在《存在与时间》（*Bing and Time*）里指出，事物的意义首先是在使用中呈现的，而不在于人对物的认知，即“用”优先于“知”。海德格尔的“物观”首先就是从用具（工具）的“有用性”（工具本质上是“为了作……之用”）和“可靠性”（我们总是已经依赖、信任身边的工具，才不假思索地使用工具）出发，推至“物”。因此，如果说斯皮罗从设计工具进一步讨论到建造工具尚处在工具范畴，但对材料的讨论就延展到“物”的层面了，而“拼装”必然涉及工具和材料，所以，正是在“物”的范畴，材料在人对工具的利用和创造（拼装）中呈现意义。“量度”同样与人使用工具的身体经验有关。回到“记忆”问题，斯皮罗想强调的是建筑传统中绝对不容忽视人关于工具的使用的知识和技能，也即建造方法和工匠技艺。所以，“记忆”的讨论实际上与工具问题有着紧密的关系。

斯皮罗为什么从工具角度讨论建构问题？或者换一个方式提问：既然我们通常是不假思索地使用工具，为什么斯皮罗要关注工具？事实上，当我们关注工具时，往往意味着工具的“使用境域”出现了障碍和问题，那么是建造传统的疏离抑或设计思维、建造技术的巨大变革已经来临？这是斯皮罗的文章最值得我们深思之处。

相较于斯皮罗对工具问题多角度的讨论，来自美国宾夕法尼亚州玛丽伍德大学建筑学院、师从弗拉斯卡里的马修·曼德拉普（Matthew Mindrup）博士在《绘制欲望：解读瓦尔斯温泉浴场的抵抗与制作》（Drawing Desire: Resistance and Facture in Drawing-out the Valser Therme）里聚焦于绘图工具及其运用方式。其核心议题是图纸作为工具及其制作法对设计形成、发展的激发，以及制图法与建造方案、建造结果的关系。马修在“建造诗学：建构理论的翻译与扩展讨论”的会议发言中主要讨论图纸的制作法与实际建造的关系，会后提交的文章则扩大了制图法的讨论范围并增加了来自神经系统科学的成果作为其理论的基石。具体而言，他以“感知的关联”为纽带，在讨论制图的感知与建造的感知的内在关联时，也提出制图的感知、想象与记忆（既有思想、图像和经验等）的内在关联，从而增加了制图与记忆关系的讨论；在理论基础方面，曼德拉普与弗拉斯卡里近期提出的“神经—建构方法”（neuro-tectonic approach）[1]有异曲同工之处，引入了神经系统科学对感知的研究成果，即感知的神经学过程是一种解释和分类的行为，如同比喻的形成，使知觉信息可以在不同物体间“转移”并建立意义的关联。建筑绘图的制作法可以成为设计发展和分析建造的媒介。

尽管曼德拉普的文章解读了卒姆托（Peter Zumthor）的瓦尔斯温泉浴场（Valser Therme, 1996 年），但这个案例的使用主要是对记忆—制图—建造的感知关联理论进行阐释。这也意味着瓦尔斯温泉浴场主要被用作理论的注脚，不同于萨博尼尼和弗拉斯卡里分析斯卡帕作品的制图与建造的关系时，制图法总是明确地指向具体建造结果的动人心魄之处以构建我们理解作品最重要的维度。对于斯卡帕而言，其建筑最大的特质在于节点所倚重的技艺和表现主题在构成建筑的整体时具有强大的叙事性和连绵不绝的意义生成，这使得对制图术与具体建造的关系的分析能最有效地揭示斯卡帕作品的价值。相较而言，卒姆托的建筑中建构和空间同样强大而且具有高超和精妙的平衡，因此，作者若从制图术与建构、空间的并置的关联角度展开讨论，将更能呈现瓦尔斯温泉浴场的价值。

三、建构与图像

相较于斯皮罗对建造传统和建构的基本问题的思考，来自澳大利亚堪培拉大学艺术与设计学院，有着美国建筑教育背景和教学经历的戈沃克·哈图尼安（Gevork Hartoonian）教授以森佩尔的戏剧性建构理论为核心，对当代建筑图像文化进行了阐释和批判。

在《粗野建构——当代建筑中的悖论》（Brute Tectonics: A Paradox in Contemporary Architecture）一文中，哈图尼安首先划分了当代建筑的三种建构：屋顶的表现、建筑表皮围合的关注和雕塑式建构（sculpted-tectonics），并以扎哈·哈迪德（Zaha Hadid）、瑞姆·库哈斯（Rem Koolhaas）和斯蒂文·霍尔（Steven Holl）的作品作为雕塑式建构的例子。在以 3 个案例展开雕塑式建构分析之前，哈图尼安花费了大量笔墨讨论晚期资本主义图像文化对建筑的冲击、森佩尔的戏剧性建构与图像重要性的关系，显示了他接受图像文化的现实立场而不同于弗兰姆普敦抵抗和批判的姿态。他对建筑图像的态度是辩证的：一方面，他认为森佩尔对建构的核心形式（core-form）和艺术形式（art-form）的区分为建筑图像存在的合理性提供了解释，图像作为艺术形式的一部分，“既是技术的副产品，又是建筑师有意识或偶尔无意识下采用的修饰建造形式的手段”。这一解释一方面肯定了戏剧性建构中图像的积极价值；另一方面，他根据图像与核心形式（结构体系）的关系又区分了戏剧性建构和戏剧化建构，批评了戏剧化建构这种滑向商品拜物主义美学的图像形式。很明显，戏剧化建构中的图像与居伊·德波尔（Guy Debord）20 世纪 60 年代提出的消费社会的“奇观”（spectacle）是对应的。

在案例分析前，哈图尼安还引入了切石术（stereotomy），特别是罗宾·埃文斯（Robin Evans）对“trompes”（角拱）的讨论。他认为，虽然建构通常有种有意识的（或偶尔无意识的）对重力的常识性表达，但切石术的运用使建造形式呈现一种轻盈的图像来消解对重力作用的感知，这样的表现性图像同样诞生于对材料和建造技术的选择中，却使一种没有生命的材料（石头）变成了鲜活的形式。

在表明了作者对图像的基本立场和肯定切石术的图像价值之后，哈图尼安分析了雕塑式建构的3个案例。可以看到，3个案例都围绕切割（cutting）这一动作在建筑形象上的运用而展开，因为哈图尼安认为切割的动作能够阻断建筑向商品拜物主义美学的退化，从而避免向戏剧化建构的滑动。

作者认为OMA设计的波尔图音乐厅（Casa da Musica，2005年）的建筑外观和结构系统的戏剧性建构值得关注。这个建筑的钻石形体量有着多次切割的动作，既有一些“切石动作”使建筑平行于放射状的城市道路，也有长向上的“切石动作”使得两个大的开口可以连接城市两端的不同风光。在结构上，作者认为波尔图音乐厅有不同种类的结构，大音乐厅的墙体结构和4层的壳体结构（crust structure），并且结构系统是建筑化的，内部材料处理（室内的织物、木材、波形玻璃和陶瓷）却是图像性的。此外，壳体结构的基座和建筑主体的关系，基座顶板的抬升对覆盖和包裹关系的挑战都具有戏剧性效果。

然而，由于思路和行文错综复杂，这个建筑外观、内部的形式表达和结构系统的戏剧性建构未能被清晰地呈现出来。事实上，这个建筑中40cm厚的加强混凝土壳体外壳和大音乐厅1m厚、贯通建筑长向的两面墙体是主要的承重结构，同时，斜梁和整体现浇楼板连接着外部壳体结构和大音乐厅墙体，以加强内核和外壳的结构刚度。因此，连续折叠的混凝土壳体外壳（包括屋顶和多面体的多个切面）是承重的，但由于壳体外壳为轻盈的白色，壳体的多个切面上有着巨大的玻璃面开口，当然最重要的是作者提到的钻石形体量的多次切割的动作，使得作为承重结构的壳体呈现出轻盈的“面层”视觉效果。这个建筑的戏剧性建构还不仅仅体现在建筑的外观。在室内，诸如壳体外壳、斜梁、大音乐厅墙体等结构构件都是可视的建筑围合要素和建筑构件，室内的织物、木材等饰面被强化的图像化处理则与结构关系的整体可感知性形成了戏剧性的建构效果。如果说混凝土壳体结构外壳的切面模拟或保存了石砌建筑切石术的图像效果，是对石砌结构的一种象征，那么这个建筑的室内饰面在结构的面层赋予的图像就与结构的象征毫无关系，而是对当代图像文化的主动呈现，也许这才是这个建筑中图像与建构的关系中最耐人寻味的地方——奇观图像作为面层既呈现了结构又挑战了与结构的关联，哈图尼安提出的戏剧性建构和戏剧化建构的界限又在哪里？

哈图尼安对哈迪德的菲诺科学中心（Phaeno Science Center，2005年）的分析集中在切石术对现浇自密实混凝土（self-compacting concret）表面的褶皱和切割上。混凝土表面是承重的，切石术作为表面分割和修饰的图像既强化了建筑的动态又使建筑轻盈，加之混凝土表面的光滑效果，消解了观者对重力的感知。菲诺科学中心、波尔图音乐厅和霍尔的海边隐居所（Oceanic Retreat）都采用混凝土结构体系，不管是大的建筑形体的切割还是表面的分割，在外观上都存在切石术对结构体系的视觉消解而产生的戏剧性。正是在这个意义上，作者把这些作品所代表的雕塑式建构与20世纪50年代的粗野主义联系起来，因为它们都采用钢筋混凝土结构体系，也都有切石动作对结构体系的视觉消解，因而有从石砌体系转化过来的结构象征性图像；不同的是，粗野主义对混凝土粗糙材质的强调在美学上加强了建造形式的物质性和重力传递的形式表达，而非像文中的3个案例那样戏剧性地呈现结构和美学的矛盾。

可以看出，哈图尼安的文章是以建构的戏剧性为核心对当代建筑中的图像文化进行分析和批判。"视差"、"悖论"等概念被用来表述核心形式与艺术形式之间、建造与建筑之间复杂而矛盾的关系。

哈图尼安对图像和建构关系的讨论对中国建筑学界理解建构理论是深具意义的。在20世纪初的中国建筑界，由于中国大量的当代建筑毫不关注建筑与结构、建造逻辑的基本关系，建构更多地被理解为对结构关系和建造逻辑的真实表达，这一误解虽可看作为解决问题而进行的无意识或一定程度上有意识的实用性理论改造，但也反映了当时对建构理论的翻译、理解和讨论的不足。2007年，《建构文化研究》的中译本面世、2009—2011年《时代建筑》建构系列译文的发表，也包括这次会议的讨论，无疑会帮助中国建筑界更深入地了解建构理论。哈图尼安从森佩尔的戏剧性建构理论出发，提出图像在建构中存在的合理性，分析当代建筑中图像的作用，这是发人深思的。图像在核心形式（建造形式）和艺术形式之间的饰面作用似乎可以以"建构的戏剧性"、"建构的戏剧化"来分辨，但又不能确立绝对的区分标准，不如说，其价值在于激励我们批判性的思考。

在现代主义时期，建筑对自主性的强调放弃了象征、图像甚至是装饰（decoration，与结构有关的修饰），但森佩尔时代的德意志建构理论以及哈图尼安对当代建筑的分析肯定了图像的合理性存在。笔者认为，图像可以是对建筑本身的结构体系和建造形式的装饰，可以是对传统结构体系和建造形式的转换和象征，如哈图尼安分析的切石术在当代建筑中的图像性运用（结构体系在建筑的发展中总是保留着美学的调和），也可以是与时代精神有关的文化图像的运用，重要的是这些图像都应是有意义的形式，并且和核心形式发生着呼应关系。在这个意义上，建构的图像性并不抛弃当代的图像和象征内容（如OMA的波尔图音乐厅），但显然不是那些夸张的、与建造毫无关系的大众层面的象征和形象比拟。当然，哈图尼安把数字复制时代的建筑设计的图像等同于消费主义奇观图像，笔者是不能苟同的。二者的发生机制完全不同，尽管不能排除数字化建筑中为形式而形式所产生的图像，但形式（而非图像）的驱动中仍然蕴含了对结构、建造方式的推动（而且可能是一种全新的结构、建造和形式关系，从而促发我们新的认知方式），甚至如门格斯的数字化建筑探索就直接是从材料、结构和建造出发来探讨形式。

四、建构与身体、地形

史永高的《面向身体与地形的建构学》认为，建构理论在20世纪90年代末引入中国时被作为治疗中国建筑在意识形态和商业文化双重影响下的风格化倾向的药方，学界对建构的理解也被约简为“对结构关系和建造逻辑的忠实表达”。史永高的忧虑主要在于，建构在这个语境下被接受、理解甚至被塑造成了一种一眼看上去可以加以判断的东西。为此，他力图揭示内含于建构概念中的身体和地形，以激励本土建构实践的丰富性和持续性。

史永高实际上是从森佩尔的建构理论中对面层作用的讨论出发，来分析建构概念中的身体。他认为人在建筑中所感知的并非结构，而是表面。由于表面是定义空间的手段，那么身体对空间的感知、想象就是对结构意义上的建构性的补充和修正。对于身体的讨论，史永高没有囿于个体性身体，而是提出了社会性身体的概念。对社会性向度的指向表明了作者肯定和激励建筑去表达“一个文化中最为深刻的记忆和思想”的雄心。

史永高还从大地作为建造活动的首要前提展开建构概念中有关地形的讨论。他认为，地形意味着建筑接触大地的方式，与森佩尔建筑四要素之一的基台（mound）有关；地形也具有象征意义，比如建筑和社会的起始，社区、宗教和社会领域的建立；地形还是变化而有待呈现的内容，期待着书写、表达，正如海德格尔所说的“大地的涌现”（physis）。

从史永高多年来对材料、表皮、建构理论的持续研究以及目前对身体、地形的关注来看，他对表皮建构的研究是与空间、场地等建筑学的基本问题相关联的。

五、中国“建构”传统与“循环建造体系”

中国不但拥有悠久的“建构”文化传统，而且近代以来在梁刘学术体系影响下，中国“建构”传统的基础研究工作成果丰硕，“却从来未能催发出具有现代意义的建构文化”。[3] 尽管学者们给出了诸多解释，但历史研究中主动构建理论的意识薄弱以及缺乏与现代建筑设计问题的关联仍然是两个很重要的因素。王澍和陆文宇的文章《循环建造的诗意——建造一个与自然相似的世界》正是在这两个方面呈现出与建构有关的理论和实践的价值。

王澍首先论及中国传统建筑的价值观。他指出，中国在内的亚洲地区曾经共享的生活价值观与建造方法是追随“自然之道”。就建筑和自然的关系而言，自然远比建筑重要，建筑更像是一种人造的自然物。然后，他总结了中国传统建筑的建造体系的特点。总体来说，这个体系关心、追随自然的演变。具体而言，这个建造体系的构件和材料都是“循环建造”的：传统中国建筑采用预制构件快速组装的建造系统，而且这些构件可以方便地反复更新、替换；在材料方面主动选择土、木、砖石等自然材料，常常反复地循环更替。材料的选取遵循就地取材的原则，导致了材料的丰富性和地域的差异性。就“设计”和建造的分工而言，文人（the literators）指导“设计”原则，工匠则负责对建造的研究。王澍还对中国传统建筑的“设计”意匠进行了分析。他认为，中国传统建筑是以空间单元为基础构造单位的生长体系，几乎可以以任何尺度生长。建筑布局和空间结构也追求自然，适应与调整着自然地理。根据对“自然之道”的理解，人们在建筑和城市中制造各种“自然地形”。

在对中国传统建筑的价值观、建造体系和设计意匠进行总结之后，王澍以中国美术学院象山校园设计为例，阐释了他采用的“循环建造体系”。这个“循环建造体系”并不是指其构件和材料可以在将来被反复更新和替换，而是指王澍面对大量传统建筑被拆毁，旧的砖、瓦、石料被随便处理的现实，复兴这一地区的“瓦爿”砌筑技艺，将回收的传统材料与混凝土混合使用的建造系统。当然，这个回收的传统材料与混凝土混合使用的建造系统是一个持续的实验、探索过程，从五散房（2006 年）、宁波博物馆（2008 年）到上海世博会滕头馆（2010 年），逐渐成熟。

对于我们来说，王澍的写作与他的实践同样重要，甚至其重要性超过了实践。他从设计出发，对传统建筑尤其是传统民间建筑的建造体系和意匠的挖掘和解释，无疑有益于中国“建构”文化传统的构筑，也为传统建筑史学研究带来新的视角和启发。事实上，从来都不存在绝对真实的历史，所谓历史都是一种书写，所谓传统意识都是一种个体的想象和整体的构造与培育。在此意义上王澍的写作与实践，无疑催发着具有现代意义的建构文化。

六、数字化建造与设计对建构议题的挑战

袁烽的文章《数字化建造——新方法论驱动下的范式转化》和张朔炯的《形态生成和物质实现——整合化设计》都与数字化设计中的建造问题有关。

袁烽认为，是设计方法和建造技术的变革而非风格的更替影响着建筑范式的转变。对于目前数字化建造正在带来的范式变化而言，设计方法基于算法技术，建造技术包括 3D 打印技术、轮廓工艺、快速原型制作等。

在袁烽的文章里，最核心也最发人深思的是他的一系列精彩图解，这也许与他曾经从图解（diagram）历史来研究数字化设计的计算逻辑有关。他在数字化设计领域里归纳和总结了三种不同材料类型和三种不同加工建造方式。其中，材料被分为“传统材料”、“多维材料”和“复合材料”，加工建造方式分为“手工”、“机械”和“数控机械”，而且，这三种材料类型和三种加工建造方式被赋予了一种从低到高的等级和进化意识。随后，袁烽对手工加工传统材料、机械操作传统材料、数控机械操作传统材料、机械操作多维材料、数控机械操作多维性材料、数控机械操作复合性材料作为数字化建造实现的方法、实践进行了介绍和分析。

尽管袁烽是在数字化设计领域梳理材料类型和加工建造方式的关系，如果我们以这一视角来审视现代主义及之前的建造问题，就能更清晰地看出机械化生产之于现代主义建筑的意义，而在此之前，从材料和加工建造方式的关系来看，基本上没有产生由技术催生的设计范式的重大变革。另一个有趣的问题是，随着新的设计思维和新材料、新的加工建造方式的日益整合，其建造结果必然也是一种“真实的建造”，那么这种“真实的建造”将怎样改造我们的美学感知，更重要的是如何转化为“诗意的建造”，必将对建构这一建筑学的基本议题提出挑战。

张朔炯的文章从结构和建造角度讨论了数字化设计领域里形态生成和物质实现的关系。作为《时代建筑》建构系列译文中门格斯文章的译者，张朔炯通过分析中国建筑师较为熟知的典型案例以及门格斯文中的案例，特别是在中国建成的一些案例所呈现的问题，梳理了目前的数字化建造中形态生成和物质实现的几种关系。比如，广州歌剧院外立面中形态生成与物质呈现的分离，阿塞拜疆的盖达尔·阿利耶夫中心（Heydar Aliyev Centre, Baku）中物质呈现对形态生成的追随，以色列特拉维夫的伊扎克·拉宾中心（Yitzak Rabin Centre）中结构、材料和建造的整合，北京银河 SOHO 和广州歌剧院室内一体化无缝连续表面的实现等。张朔炯细致的解读和深入的分析，让我们可以充分了解数字化设计领域有关建造的现实成果和有待解决的问题。

七、讨论与对话

在主题报告的嘉宾讨论以及小型研讨会报告之后的讨论中，与会学者和建筑师对建构问题展开了深入的讨论。这些讨论主要在以下几个方面展开：“Tectonics”一词的汉译、建构对于中国当代建筑的批判性、森佩尔建构理论的讨论、技术现实与造物传奇的关系、数字化建造与数字化建构、建构视野的当代意义等。

对于“Tectonics”一词被汉译为“建构”，刘东洋和常青提出了不同的看法。刘东洋倾向于将“Tectonics”翻译为“构造”、“构造性”、“构造化”，因为“Tectonics”的实际意义比较接近汉语里的“构造”，只不过汉语里的“构造”是一种“中性”意义的建造，既包括诗意的建造“Tectonics”，也包括不诗意的建造。常青认为“Tectonics”对应了中国传统建筑中的“意匠”，并认为翻译为“构法”、“构术”更贴切，也更容易与“construction”区分开。虽然两位学者提议了“Tectonics”的其他译法，但都承认约定俗成的译法已经在学界具有了稳定的意义以及与“Tectonics”的对应关系。刘东洋还认为“Tectonics”没有使用旧的词汇“构造”而采用新的词汇“建构”，其实是一种有意识地对过去的“告别”，而不是寻求整体的统一。由此，我们也能体会到“建构”作为“Tectonics”汉译的采用也或多或少蕴含着对中国建筑学现状的批判意识。

建构理论的引入对于中国当代建筑和建筑学的现状而言，无疑是具有批判性的。王骏阳认为我们讨论建构问题是为了解决中国的建筑学的基础问题，而这个基础在最基本的建造层面仍然非常薄弱。卢永毅更是明确指出建构的批判性体现在两个方面：一是针对学科或职业内部，建构所涉及的建筑形式和建造原则的关联性，对职业水准和美学问题具有批判性；二是针对学科或职业外部，建构有助于建立建筑学学科的自主性，以抵御当代商业文化的过分侵入和行政机构的过度干预。实际上，建构理论在中国建筑学中的批判性不同于西方，基本的甚至是最起码的建造品质的缺失、学科的自主性的建立、对职业尊严的要求，都是当代建构理论在西方复兴时不必面对的问题。

对森佩尔建构理论的讨论涉及了建造与建构的超越、材料与材料性、着装和乔装、戏剧性与戏剧化、材料转换和新陈代谢、表皮建构、技术现实与造物传奇的关系、数字化建造与数字化建构、建构视野的当代意义等等方面。

对森佩尔建构理论的讨论，始于王骏阳对哈图尼安提出的几个问题，比如哈图尼安在演讲中提到建构是建造加上其他的东西，那么“其他的东西”到底是什么？与建构的戏剧性和建构的戏剧化相关的另外一对概念，着装（dressing）

与乔装（dressed-up）的关系是什么？材料转换到底意味着什么？

哈图尼安以材料为例，说明什么是建造之外的“其他的东西”。他认为，建构是对物与物之间关系的感知、处理和结果。森佩尔并不满足于延续传统的处理材料的方式，认为应更进一步来对待形式，以致要遗忘材料本身。怎么才能遗忘材料？材料是不可能消失的，但是经过明智地处理材料，也就是对材料进行装饰，满足审美的需要，通过超越使材料呈现出一种新的面貌，这样“材料”就转化为“材料性”而被遗忘。对于哈图尼安来说，建构意味着超越建造的材料并把材料转化为材料性。森佩尔从来不强调技术作为建构的解决方法，相反，森佩尔关注材料的品质以及向材料性的转化。对于新材料来说，这种转化尤为重要，密斯的重要性就在于把钢和玻璃的建构发展为一种新的建筑文化。

对于着装与乔装的关系，哈图尼安认为，在着装的时候，服装是依附于身体的，在身体的控制之下，服装与身体以及外观联系很紧密，就像石头和石材表面的关系；同时服装的制作也考虑到身体的使用。而狂欢节时的服装就是乔装，主要是为了喜剧效果，它们对抗着身体的控制，穿着它们只要能走动和挥手就可以了。实际上，在哈图尼安的主题演讲中没有提到着装与乔装，王骏阳认为这对概念对应了建构的戏剧性和建构的戏剧化，将有助于中国学者更好地理解戏剧性和戏剧化的区别。对于哈图尼安来说，戏剧性意味着建构对技术的超越，戏剧化与根植于现代性的资本主义文化相伴，而且在晚期资本主义的消费和奇观文化以及商品性崇拜的美学中越演越烈。对于笔者而言，建构意义上狭义的戏剧化意味着对材料或建造的过度处理，哈图尼安所指的戏剧化则是一种广义的建筑戏剧化。

对于森佩尔的材料转换理论，王骏阳以上海世博会中国馆为例，提出了自己长久以来的困惑：以一种材料代替另一种材料的做法，比如中国馆以钢结构替代中国传统木结构，到底在什么样的程度是可以被接受的？史永高和王飞分别从个案和理论角度给予了回答。史永高认为，材料转换的功效在于保存原有的记忆和文化，但是由于中国馆的尺度与木结构差异太大，导致这种材料转换难以被接受。对于这个问题，王飞追根溯源，回到森佩尔的理论中回答了这个问题。他认为德文的“Stoffwechsel”构词是“stoff”（材料）加“wechsel”（转换），直译是“材料转换”，在德语里就是“新陈代谢”（metabolism）的意思。在森佩尔 1000 多页的《风格》一书出版前，“新陈代谢”一词在德语里才刚刚确定为“Stoffwechsel”。森佩尔的材料转换实际上与生物学上的新陈代谢非常相似，先是“分解代谢”，后是“合成代谢”，必须经过选择和提取。森佩尔非常反对直接从一种材料的形式转化到另一种材料上。王飞认为，中国馆没有经过新陈代谢的选择提取和重新生成的过程，不是成功的材料转换。关于森佩尔的建构理论，王骏阳和史永高的对话还涉及了表皮建构与建筑的其他基本问题的关系。

针对大型建筑设计院总建筑师曾群和徐维平的发言，王英哲肯定了大型设计院在处理复杂项目时的技术实力和综合优势以及对技术现实的处理，同时他也指出，科尔霍夫在 ETH 的教学中，相对“技术现实”提出的另一个概念“造物的传奇”非常具有启发性。在建造中其实有一种传奇性的存在，这就是一种理想化的东西，而不是仅仅解决技术问题。王英哲的观点对于大量的职业建筑师的日常的设计生产和实践而言，是深具启示的。

当讨论建构理论如何面对数字化技术、文化和学科自身的巨大变革和发展时，与会者表达出三种不同观点。

其一，袁烽认为关于建构的讨论应当更加关注当代的建筑设计方法的革命和建筑产业的革命，建构应当诗意与真实地表达新的设计方法和新的建造方法，并寻找其历史关联和文化意义。袁烽力图在数字化设计领域区分“数字化建造”（digital fabrication）和“数字化建构”（digital tectonics）。在他看来，材料和建造方式的变化将带来设计思维的根本转变。“数字化建造”对应的是新材料（多维材料、复合材料）、数控机械建造、参数化和算法设计方法；“数字化建构”对应的是传统材料、传统建造方式（手工、机械）、参数化和算法设计方法。可见，袁烽根据材料和建造方式的不同把数字化设计领域分为了“数字化建构”、“数字化建造”两个部分，对“数字化建构”的理解实际上是指运用数字化设计方法来延续传统建造。显然，袁烽认为“数字化建造”代表着新技术真正的发展方向和趋势，尽管他的设计实践如绸墙、J-Office 茶室等作品都采用了参数化和算法设计方法，面对了中国现实的施工现状而采用了手工和机械结合的传统建造，这也被王衍称之为“人肉参数化”。但是，在袁烽的理论研究、教学实践里又极力地推动着“数字化建造”的实验。

其二，与会的大部分学者倾向于以建构作为一种理论视野，批判地审视数字化技术带来的材料、建造和形式的整体关系，反思技术与人性、技术与传统的关系。相对于袁烽提出的新技术的决定性作用和由此带来的设计范式的根本变化，刘东洋认为新技术带来的最大挑战是人性的问题：人性怎么定义，怎么去理解人性，怎么去适应技术，怎么在技术中表达动态和变化的人性？而且，带有这种焦虑的不仅仅是建筑学，哲学里提出了“后人本主义”（post-humanism）概念，也在讨论类似的问题。汪原认为相对于技术的变化，建筑中还是有不变的东西。袁烽则回应狭义的人本主义已经死亡，应该把人纳入更大的系统来看人与社会的关系、人与未来的关系，这个系统里面的人本主义和诗性已不同于过去。从整个建筑生产过程来看，建造的诗性也在发生改变。对于这一争论，赵辰教授认为是技术与人性的矛盾，西方文化里一直就有关于技术与人性的矛盾的讨论，马克思就提出了技术对人性的异化。弗兰姆普敦提出建构问题，也是希望新技术不要把人性湮灭。赵辰还指出西方文化最大的优点在于具有批判性，让人们保持警惕，这是中国学者必须要关注的。王衍对于新技术的反思从技术与传统关系的视角展开，他回到了森佩尔，认为森佩尔并不害怕新技术，当森佩尔看到水晶宫时厌恶的是德语系文明发明的钢和玻璃的技术被拿去模仿拉丁语系的罗马复古建筑，所以森佩尔要回到前现代，缝合德语系工业革命的新技术和文化传统的关系，以确立自己民族的现代性。

其三，范凌旗帜鲜明地强调了自己对“建筑师—评论家”的思想性实践（intellectual practice）立场的支持，既质疑了对技术进步的过度强调，也质疑了建构理论的无所不能，还提出了超越数字手段的另一条思考建构问题的当代途径。为此，他介绍了耶西·赖泽（Jesse Reiser）与梅本菜菜子（Nanako Umemoto）所写的《新建构地图册》（Atlas of Novel Tectonics）一书的基本观点，认为两位作者正是“建筑师—评论家”类型的思想性实践者的代表。具体而言，赖泽与梅本菜菜子的“新建构”不同于“数字建构”，是一种设计新思维，而非一种新技术。这种新思维反省了计算机技术和参数化设计作为知识的日益专门化，主张以“迁移”（migration）的发现过程取代“转变”（transform）或“生成”（generate）指向的结果，打开专门化知识的边界，释放跨学科交换的巨大能量，并在操作过程和物质实验中发现新的物质组成关系、新的建筑组合可能。

笔者认为，建筑中的技术创新、设计创新都有其内在的动力。然而，并非所有的技术创新和设计创新都是有意义的，也并非都能指向一种新的建筑文化的整体转型。在数字化建筑设计领域，我们看到了早期单纯的形式创造已演变为设计领域和制造、建造产业的全方位整合，而且在教育、理论探讨中也得到前所未有的重视，一种新的文化正在被催生。然而，我们也要追问，这种技术创新和设计创新，是否能大规模地、彻底地改变整个建筑行业的生产方式？是否指向社会生产真正的整体需求？或者我们可以问一个更具体的问题，是否所有的房子都需要使用多维材料或复合材料，是否都需要数控机械来建造？如果不是，那么这是否只是一种设计的先锋文化在一定规模里的制造和建造实验？建构话语始终与这些基本问题的追问和思考密切相关。

八、结语

这次国际研讨会在首日采用主题报告结合嘉宾讨论的大会形式，在后面两天采用了小型研讨会的形式，就“建构”理论的不同专题展开深入而细致的讨论。这种会议组织方式让更多师生和建筑师能够深入了解国外学者对建构理论的研究成果，也有利于学者们进行密集的学术讨论和有效的思想交锋。

本次研讨会是“时代·建筑理论系列论坛”的第一届会议。“时代·建筑理论系列论坛”是一个长期的、系列的研讨和出版项目，旨在搭建中国建筑界与国际建筑界交流互动、研究讨论的理论平台。论坛每三年为一个周期，将以一系列理论议题的研讨为主要形式。论坛以《时代建筑》杂志“建筑历史与理论”栏目为先期的基础平台，一方面针对重要的建筑学理论话题系统引进和翻译西方学界的经典文章及文献，组织国内外学者、建筑师共同研讨这些理论话题在中国的演化、影响和启示；另一方面以中国的现代建筑历史理论研究和建筑设计实践中产生的理论话题为对象，邀请相关外国学者共同研究讨论。建构理论的翻译和扩展讨论只是这个系列工作的一个开端，希望能以我们的微薄之力对基础的建筑理论建设和中国现代建筑史学建设有所裨益。

注释

1 弗拉斯卡里的最新文章《建筑学的神经建构学探索》（The Neuro-Tectonic Approach to Architecture，2012）建议一种基于“神经—建筑学”的建构学新方法。神经—建筑学是建筑学科的一个分支，它探索的是存在于神经科学与感知以及建筑环境的建造与使用之间的紧密联系。通过在建筑中应用神经科学，建筑师能够提高设计空间的能力，建构的制造法和建筑元素的组合在建筑的物质性行为之外能够支持我们认知的行为。换句话说，建构的神经学方法能够使建筑更有效地融入三个核心的艺术：好的建造艺术，好的思考艺术以及好的栖居艺术（the art of building well, the art of thinking well and the art of living well）。神经建构学让我们更好地理解各种肉体感知中枢神经系统的内、外与外在因素如何互动。作者通过研究建筑书写、绘图和建造中的这些因素，发现建筑师如何通过使用各种建筑元素和我们认知的过程去感知和塑造建筑环境。

参考文献

[1] Anthony Rizzuto. Tectonic Memoirs: The Epistemological Parameters of Tectonic Theories of Architecture[D]. Atlanta: Georgia Institute Of Technology, 2010.

[2] 王骏阳．建构的话语、建造的诗学与建筑史学 [J]. 时代建筑，2012（1）：39.

[3] 朱涛．建构的许诺与虚设：论当代中国建筑学发展中的一个观念 [C]// 朱剑飞．中国建筑 69 年（1949—2009 年）：历史理论研究．北京：中国建筑工业出版社，2009：266.

作者简介

彭怒，女，同济大学建筑与城市规划学院 教授、博士生导师

王飞，男，香港大学建筑学院 助教授，上海加十国际 合伙人

建构的话语、建造的诗学与建筑史学

Tectonic Discourse, Poetics of Construction and Architectural Historiography

王骏阳
WANG Junyang

感谢《时代建筑》杂志的精心组织，我们有幸聚集在此举行一个以建构或者说建造的诗学为主题的研讨会。在西方建筑学科的历史中，建构的话语并不新鲜。它可以追溯到19世纪以辛克尔（Karl Friedrich Schinkel）、波提舍（Karl Bötticher）和森佩尔（Gottfried Semper）为代表的德意志建筑理论，即使不再进一步追溯古希腊有关泰克敦（tekton）的观念。在肯尼斯·弗兰姆普敦（Kenneth Frampton）的《建构文化研究》（*Studies in Tectonic Culture*）中，对现代建构思想兴起的阐述还与18世纪法兰西建筑的希腊—哥特运动以及19世纪英国建筑的哥特复兴运动联系在一起。就此而言，德意志人的建构学话语并不是一个孤立的现象，而是现代建筑发展过程中思想理论建设的一个组成部分。

然而，从吉迪翁（Sigfried Giedion）、佩夫斯纳（Nikolaus Pevsner）到贝奈沃洛（Leonardo Benevolo），有关现代建筑的经典史学著作中常常缺失的恰恰是对建构问题的清晰论述。它甚至没有能够在彼得·柯林斯（Peter Collins）的《现代建筑设计思想的演变》（*Changing Ideals in Modern Architecture*）中出现。无疑，相较于大多数现代建筑的史学著作，这是一部最有可能涉及建构话语的论著，因为正如柯林斯自己所言，它要阐述的是“有关建筑的思想史，而不是建筑本身的历史”[1]。尽管如此，这部著作完全没有将“建构”作为一种思想来看待，

1.《建构文化研究》中文版封面
2. 吉迪翁（1888—1968）
3.《法国建筑、钢结构建筑、钢筋混凝土建筑》德文版封面

1. Chinese edition of *Studies in Tectonic Culture*
2. Sigfried Giedion (1888—1968)
3. German edition of *Bauen in Frankreich, Bauen in Eisen, Bauen in Eisenbeton*

也丝毫没有提及波提舍，只在两处谈到了森佩尔：一处论述彩饰学问题，另一处则与折衷主义相关。

指出这一点并不意味着建构话语已经被完全排除在现代建筑史学之外。事实上，如果承认建构总是与结构和建造问题有着内在的联系，那么《现代建筑设计思想的演变》在有关“理性主义”的章节中对18世纪法兰西建筑希腊—哥特运动和19世纪英国建筑哥特复兴运动相关问题的讨论，丝毫也不比弗兰姆普敦在《建构文化研究》中的阐述逊色，更不要说柯林斯对奥古斯特·佩雷（Auguste Perret）钢筋混凝土建筑作品的专题研究了，正是佩雷的作品构成了弗兰姆普敦《建构文化研究》的重要案例来源。

不过，说到现代建筑史学与建构话语的关系，最值得一提的应该还是吉迪翁。我们知道，除了空间、时间、城市等主题之外，吉迪翁始终对建筑技术和建造问题保持了特有的热情。早在《空间、时间与建筑》（*Space, Time and Architecture*）于1941年问世并成为一部广为人知的现代建筑史学著作之前，吉迪翁已经在1928年发表了他对现代建筑史学的早期贡献——《法国建筑、钢结构建筑、钢筋混凝土建筑》（*Bauen in Frankreich, Bauen in Eisen, Bauen in Eisenbeton*）。正如书名所表明的，该书阐述的是19世纪以降法国钢结构建筑

4.《法国建筑、钢结构建筑、钢筋混凝土建筑》插图：钢构栈桥和马赛港
5.《法国建筑、钢结构建筑、钢筋混凝土建筑》插图：勒·柯布西耶设计的派萨克住宅
6. 吉迪翁《空间、时间与建筑》第三版封面

4. Plate from *Bauen in Frankreich, Bauen in Eisen, Bauen in Eisenbeton*: Pont Transbordeur and Harbor of Marseilles
5. Plate from *Bauen in Frankreich, Bauen in Eisen, Bauen in Eisenbeton*: smallest house type in Pessac by Le Corbusier
6. *Space, Time and Architecture*, third edition

和钢筋混凝土建筑的发展。不用说，这样的关注点自然与结构和建造问题的关系十分紧密。出于对这些问题的重视，在完成该书的过程中，吉迪翁甚至还与瑞士苏黎世联邦理工学院（ETH）结构工程学的汉斯·珍妮 - 杜尔斯特（Hans Jenny-Dürst）教授联系，请求他纠正书中任何可能存在的结构方面的错误。[2]

但是，我们并不能就此认为吉迪翁在该书中的意图只是技术性的或者建造性的。恰恰相反，紧随着“建造”（Construction）和“工业”（Industry）两个篇章之后，有关“建筑学”的一章用“高低起伏”（fluctuating）、“相互渗透”（interpenetration）、“高耸入云的楼梯”（air-flooded stairs）、“开敞”（openness）、“空气的自由流通”（free flow of air）等诗情画意的词语将一座钢构栈桥（pont transbordeur）和马赛港与埃菲尔铁塔一起呈现在读者的面前。在吉迪翁看来，这些词语描述的正是新建筑的空间特质，由之演化而来的将是现代建筑的美学体验，它使传统的“建筑学概念变得过于狭窄了”。[3]93

同样的策略也出现在该书对钢筋混凝土建筑的论述之中。在此，吉迪翁不仅对工业化批量建造的需求进行阐述，正是这种需求构成了勒·柯布西耶（Le Corbusier）“多米诺体系”（Maison Domino）的出发点，而且也对根据这一体系建造的住宅在流通空间方面所具有的诗性品质给出了高度赞誉，正如他称赞埃菲尔铁塔超越了传统的建筑学概念一样。他写道："柯布西耶的住宅既非空间的也非塑性的：空气在它们之中流通！空气成为一种构成要素！关键不是空间和造型，关系和相互渗透才是重要的。只有一种不可分割的空间。壳体在室内外之间烟消云散。" [3]169

在吉迪翁那里，以结构和建造技术的发展为特征的法国钢结构建筑和钢筋混凝土建筑已经充分体现了新时代建筑的必要条件。然而有趣的是，他并没有就此而止步，而是努力将自己的全部关注转化为一个建筑的诗性表现的问题。

回顾一下吉迪翁后来的《空间、时间与建筑》一书，就会更加深切地感受到这一点。在这部现代建筑史学的里程碑著作中，吉迪翁用第三、第四和第五章论述了欧洲以及以芝加哥学派和赖特为代表的美国钢结构建筑和钢筋混凝土建筑的发展，继而在第六章以"艺术、建筑和建造中的空间—时间"（Space-time in Art, Architecture and Construction）为题阐述了一个伟大的综合。在我看来，第六章是全书的核心，不仅因为它与全书的标题最为接近，而且更为重要的是，正是通过这一综合，吉迪恩提出了他的现代建筑"新统"（the new tradition）之说，其中艺术、建筑与建造构成了一个诗性的整体。

诚然，为提出这一综合，吉迪翁并没有使用"建构"的字眼，更没有号称什么建构理论。就此而言，我们或许可以认为吉迪翁关注的是诗性的建造，而非建构。但是另一方面，如果说"建构就是建造的诗学" [4]2，那么我们同样也可以认为，吉迪恩从来都没有真的远离建构的话语。因此，在《法国建筑、钢结构建筑、钢筋混凝土建筑》一书的英文版序言中，苏格拉底·乔治亚迪斯（Sokratis Georgiadis）试图通过波提舍、森佩尔的建构话语直至吉迪翁那个时代建筑思想发展的语境来阐述该书的历史地位和成就也就不奇怪了。它显示，尽管波提舍的建筑话语已经在一定程度上完成了从辛克尔的"历史建构学"（historical tectonics）向"铸铁建构学"（iron tectonics）的理论过渡，但是对钢结构在建筑表现性方面的疑虑仍然是建筑学科挥之不去的问题之一。对于森佩尔来说，问题的症结在于钢结构导致的建筑的非物质化（dematerialization）；而在其他所有学者看来，钢结构建筑的不足之处则在于缺少石构建筑的纪念性。在此后一个多世纪中，德国建筑理论试图解决的与其说是钢结构建筑的技术问题还不如说是它的美学问题，而吉迪翁的现代建筑史学则可以在一定程度上被视为这一理论努力的延续。事实上，正如乔治亚斯底指出的，尽管吉迪翁该书中以法国建筑为研究对象，他的理论视角却主要得益于德国学者在相关问题上的讨论。[3]42 或许，吉迪翁的不同凡响之处就在于他克服了前人的障碍，成功地将建筑的非物质化转化为一种以诗性的空间品质为主导的美学体验。就此而言，吉迪翁的现代建筑史学所应对的正是弗里茨·纽迈耶（Fritz Neumeyer）曾经在一篇关于建构问题的论文中所谓的建筑学对其自身进行“感觉改造”[5]的一部分。

可以说，在吉迪翁的现代建筑论著中，建构与建造诗学曾经以一种特殊的方式交织在一起。但是，就建构学是关于建造诗学的理论话语这一意义而言，本次研讨会的目的并非重蹈吉迪翁现代建筑史学的覆辙。这是因为，要成为一种理论话语，我们需要超越吉迪翁对建筑作品的情感描述，以便在更具分析性的层面上讨论问题。正是在这样的层面上，爱德华·塞克勒（Eduard Sekler）试图在结构（structure）、建造（construction）和建构（tectonics）之间作出区分，他甚至还试图指出建构与非建构（the atectonic）的不同。[6,7]近年来，面对“奇观建筑学”（the Architecture of the Spectacle）的发展，戈沃克·哈图尼安（Gevork Hartoonian）也试图通过对森佩尔建筑理论的重新诠释，将“建筑的戏剧性”（the architecture of theatricality）与“建筑的戏剧化”（the theatricalization of architecture）区分开来。与之相一致的还有他在建筑的“着装”（dressing）与建筑的“乔装”（dressed-up）之间作出的区别。[8]我相信，也正是在这一层面上，弗兰姆普敦的《建构文化研究》提出了对佩雷的兰西圣母教堂（Church of Notre-Dame du Raincy）方形钟塔或者密斯的巴塞罗那馆（Barcelona Pavilion）的批评。一定程度上，弗兰姆普敦用“非建构性的纯粹主义别墅”（atectonic Purist villas of 1920s）来概括勒·柯布西耶20世纪20年代的建筑以及他在1930年设计的“那些用今天的眼光看起来纯属技术‘生产至上’的机械主义玻璃幕墙作品（curtain-walled, machinist works of the next decade, which appear in retrospect to be technologically“productivist”）”[4]352。显然也是出于同样的理由，类似的批判性分析从未出现在吉迪恩对勒·柯布西耶的论述之中。

毋庸讳言，正如一切理论性工作一样，上述这种有关建构的话语并非没有问题。因为很显然，在建构与非建构或者在着装与乔装之间并没有黑白分明的截然分野。所幸的是，建筑理论的任务并不在于规定这样或那样的教条，而是提出问题，激励批判性的思维。我衷心希望，本届研讨会也能够在建构问题上提出有意义的问题，从而有助于我们对当代建筑实践的认识和理解。我也衷心希望，通过对建构问题的讨论，能够加深我们对另一种现代建筑史学的认识。在那里，吉迪翁式的历史主义和时代精神（Zeitgaist）的宏大叙述让位于对多样性和个体性的关注，意识形态让位于对建筑本身及其细部构造的关注。在此，我想到的不仅有弗兰姆普敦的《建构文化研究》，而且在更大程度上愿意把爱德华·R.福特（Edward R. Ford）的《现代建筑细部》（*Details of Modern*

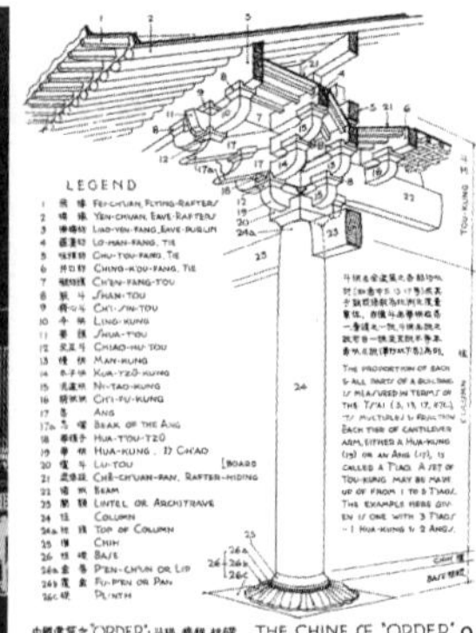

7. 梁思成（1901—1972）
8.《图像中国建筑史》中英文双语版封面
9.《图像中国建筑史》插图：中国建筑之“柱式”

7. Liang Ssu-ch'eng (1901—1972)
8. *A Pictorial History of Chinese Architecture*, cover
9. Plate from *A Pictorial History of Chinese Architecture*: the Chinese "Order"

Architecture）作为后一种现代建筑史学的案例来看待。

作为本次研讨会的开场演讲，我之所以对现代建筑史学的问题予以特别关注，是因为正是通过吉迪翁、佩夫斯纳、贝纳沃诺、柯林斯、塔夫里、弗兰姆普敦以及其他史学家的论著，中国学者获得了对现代建筑的理解并把这种理解传授给一代又一代的建筑学子。其中，尤以吉迪恩的《空间、时间与建筑》的影响最大，尽管它至今仍然没有被译成中文。此外，尽管我们已经不乏现代建筑史学著作的中译本，但是在弗兰姆普敦《建构文化研究》译介工作出现之前，现代建筑史学建构话语的缺失已经对我们的现代建筑理解产生了不可忽视的影响。一方面，中国建筑学界对“tectonics / tectonic”的中文翻译仍然存在着这样或那样的争议；另一方面，如何将建构学植根于中国建筑学科的发展之中仍然是一个有待讨论的问题。

说到建筑史学和建构问题与中国建筑思想发展的关系，梁思成先生在 20 世纪 40 年代完成的《图像中国建筑史》也许值得一提。在这部开创性的著作中，一种“结构理性主义”的观念已经清晰可辨，它完全有可能发展成为基于中国建筑文化的建构话语的理论雏形。然而，国难当头，面对民族存亡的危机，梁先生的著作也是一个充满民族主义色彩的悲壮举措，其结果就是自觉或不自觉

10. 辛克尔：柏林国家剧院
11. 辛克尔：《建筑学教程》插图

10. Karl Friedrich Schinkel: Schauspielhaus, Berlin
11. Karl Friedrich Schinkel: plate from *Architektonisches Lehrbuch*

地将伟大风格的演变作为中国建筑史的主体，其目的就是要与“历史性”的西方建筑相抗衡。印裔美国汉学家杜赞奇（Prasenjit Duara）曾经用“从民族国家拯救历史”（rescuing history from the nation）来概括梁先生对近现代中国历史观念的理解[9]，我倒更愿意用“从历史拯救民族国家”来形容梁思成先生等一代中国建筑师的抱负。

应该看到，以梁思成先生为杰出代表的近现代中国建筑师面临的困境并非中国特有。别的不说，我在前面提及的辛克尔时代的德意志建筑师就曾遇到过类似的问题。在那里，“古典浪漫主义”（Classical Romanticism）寄托了黑格尔以及建筑师辛克尔等一代知识分子“对古希腊全盛时代的无限情怀，以及他们在各自领域将普鲁士视为一个理性基督教国家的理念”。[4]67 换言之，对于以辛克尔为代表的一代建筑师设计的建筑，尤其是国家性的纪念建筑而言，风格的重要性不言而喻。与此同时，恰恰是那个时代发展起来的建构话语在很大程度上对风格主导的建筑学思想起到了制衡作用，从而发扬光大了德意志文化中的“建造艺术”（Baukunst）传统。相比之下，这种制衡在近现代中国建筑学发展的过程中却始终没有能够真正建立起来。

因此，尽管《图像中国建筑史》直到 20 世纪 80 年代才在美国首次以英文

12. 中山陵祭堂
13. 建设中的上海世博会中国馆外观
14. 建设中的上海世博会中国馆内部
15. 合肥鸟巢（合肥市美术馆）
16. 合肥鸟巢细部

12. The Mausoleum of Dr. Sun Yat-sen, Sacrificial Hall
13. Chinese Pavilion of 2010 Shanghai Expo, under construction
14. Chinese Pavilion of 2010 Shanghai Expo, inside, under construction
15. Hefei Bird's Nest (The Hefei Art Museum)
16. Hefei Bird's Nest, detail

正式出版，其中文版甚至直到90年代初才问世，但是我们对中国建筑的理解一直都在民族主义的政治和文化要求之下被风格问题所左右，而梁思成先生及其中国营造学社的同仁们开创的学术思想中的建构遗产即使不说被彻底遗忘，也至少是被大大忽略或者说一直没有得到真正的发展。从20世纪20年代的中山陵到2010年的上海世博会中国馆，我们有太多的案例能够证明这一点。值得指出的是，如果说中山陵所开创的用钢筋混凝土等现代材料表现大屋顶加斗栱一直是中国建筑民族形式的主要思维模式的话，那么一个貌似已经摆脱了这一思维模式并以木构精髓为其表现主题的上海世博会中国馆，却未能在建筑的视觉形象和真实结构之间进行真正有效的探索。

另一方面，随着以奇观视觉效果为主要特征的“景象社会”（the Society of Spectacle）在全世界包括中国的兴起，崇尚形象比拟的中国传统也为北京鸟巢以及上海东方艺术中心这样的建筑提供了有力的文化支持。在这类建筑中，塑造某种具体的形象比拟要比建筑本身在结构和建造逻辑上的品质更加为人们所青睐。

在这样的建筑文化之中，一个比北京鸟巢在具体的形象比拟上有过之而无不及，却置建筑本身的结构和建造逻辑于不顾的“合肥鸟巢”的出现就不足为怪了。除了可能出现的政治干预等因素之外，我只能这样来进行理解，即在我们思考和讨论所谓“建筑艺术”的时候，一种以结构和建造逻辑为核心的建构理解对于建筑学的发展来说是至关重要的。

我衷心希望，这次由《时代建筑》主办，围绕建构理论翻译而展开的研讨会将对中国建筑之建构话语的形成产生积极的作用。这样的话语既可以是针对我们自己的建筑文化遗产和当代实践而言的，也可以是在弗兰姆普敦的《建构文化研究》所涵盖的范围之内和之外而言的。

参考文献

[1] 彼得·柯林斯. 现代建筑设计思想的演变 [M]. 英若聪，译. 北京：中国建筑工业出版社，2003.

[2] Sokratis Georgiadis. Introduction. Sigfried Giedion. Building in France, Building in Iron, Building in Ferro-concrete [M]. Translation by J. Duncan Berry. Texts & Documents, The Getty Center for the History of Art and the Humanities. Santa Monica, CA, 1995: 44.

[3] Sigfried Giedion. Building in France, Building in Iron, Building in Ferro-concrete [M]. Translation by J. Duncan Berry. Texts & Documents, The Getty Center for the History of Art and the Humanities. Santa Monica, CA, 1995.

[4] 弗兰姆普敦. 建构文化研究：论 19 世纪和 20 世纪建筑中的建造诗学 [M]. 王骏阳，译. 北京：中国建筑工业出版社，2007.

[5] 弗里茨·纽迈耶. 建构：现实性的戏剧与建筑戏剧的真相 [J]. 王英哲，译. 时代建筑，2011(2).

[6] 爱德华·塞克勒 . 结构、建造、建构 [J]. 凌琳，译. 王骏阳，校. 时代建筑，2009(2).

[7] 爱德华·塞克勒 . 约瑟夫·霍夫曼的斯托克莱府邸 [J]. 徐菁，译. 刘东洋，校. 时代建筑，2009(3).

[8] Gevork Hartoonian. Crisis of the Object: The Architecture of Theatricality [M]. London: Routledge, 2006.

[9] 杜赞奇. 从民族国家拯救历史 [M]. 王宪明，高继美，李海燕，李点，译. 南京：凤凰出版传媒集团 / 江苏人民出版社，2008.

作者简介

王骏阳，男，同济大学建筑与城市规划学院 教授，博士生导师

建构与工具

工具的诗学

Poetics of Tools

[瑞]安妮特·斯皮罗 著　王英哲 译　徐蕴芳 校
Annette SPIRO, Translated by WANG Yingzhe, Proofread by XU Yunfang

一、记忆

2011年“建造诗学：建构理论的翻译与扩展讨论”研讨会的主题是“建造诗学”。“诗”与“建造”仅仅是两个词，但是再没有其他词能够更好地表达我们这一专业的精髓与美丽了。

这两个源自不同领域的概念如何结合在一起？英国作家和理论家约翰·拉斯金（John Ruskin）写道：“人类的健忘只有两个征服者：诗与建筑。”换言之，建筑是人类的记忆。

拉斯金的话使人想起建筑史上那些伟大的、独一无二的纪念物——埃及金字塔、帕提农神庙、长城、哥特大教堂；或者想起城市——作为历经沧桑成长起来的“建筑体”；甚或那些匿名建筑，一幢普利亚特鲁利石屋（Apulian Stone Trullo）、一个中国四合院、一座苏格兰城堡。

我们本能地会把拉斯金对于建筑艺术作为人类记忆载体的阐述与坚实宏伟的建筑物联系在一起，与永恒的建筑艺术联系在一起。换言之，与作为“维特鲁威三原则”之首的“坚固”联系在一起。“人类的健忘只有两个征服者：诗与建筑。”拉斯金将诗歌与建筑学并置。1849年，当拉斯金撰写上述文章时，维

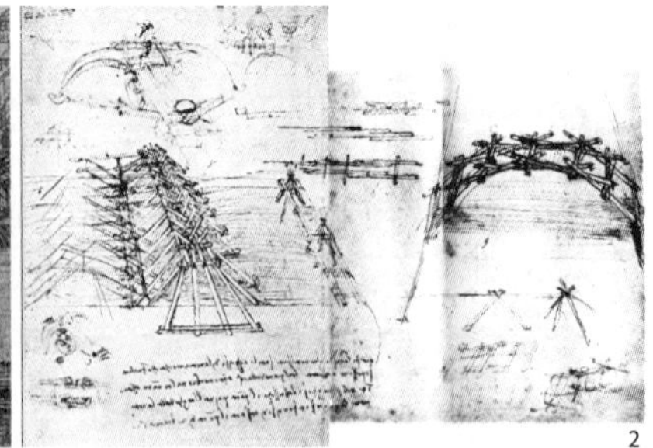

1. 张择端：清明上河图，1186
2. 莱昂纳多·达·芬奇：大西洋古抄本，1487

1. Zhang Zeduan: Along the River during the Qingming Festival, 1186
2. Leonardo da Vinci: Codex Atlanticus, 1487

克多·雨果（Victor Hugo）的《巴黎圣母院》已经面世若干年了。书中有句著名的格言“Ceci tuera cela”（这会毁了它），是小说的主人公弗洛罗（Frollo）所说。他从书籍的印刷中预见了大教堂的死亡。印刷品将毁灭建筑艺术，文字将取代图像。诗歌与建筑艺术并非同台对垒，而是在时序上相互关联。一种艺术形式将取代另一种。

我所关注的是，与其说这是种预言似的说法，倒不如说他指出了建筑学具有讲故事的能力这一事实。那些历经几个世纪沧桑变化的建筑就像书籍矗立在那儿，它们往往讲述真实的故事，比如那些拥有丰富图像宝藏的大教堂。往昔的膜拜者或许把这些图像当作漫画来看，但历史自身也在建筑上留下印记，这也是在讲故事。其基本前提是坚固持久的构造，只有这样才能保证建筑长久的存在。也就是说，需要实体的建造方式，至少乍一眼看上去是这样。

暂不管拉斯金和雨果，看看意大利建筑师伦佐·皮亚诺（Renzo Piano）是怎么说的，算是150年后的一个回应。他在新喀里多尼亚（New Caledonia）文化中心落成典礼上的发言中说道：“太平洋地区的诗韵并非是通过石头来捍卫永恒和对抗时间——如罗马大斗兽场那样，而是通过不断重复始终如一的姿态。在日本，寺庙被孜孜不倦地不断重建。在那儿，工匠是历史的要素。”

那是怎样一种状况？持久不再与坚固相关，甚至完全相反。永恒不再如人们通常认为的那样基于材料，而是基于一次又一次的重复。工匠是历史的要素。

注意力不再聚集在个别对象上，而是指向制作行为和构造原则。时间的信息不再镌刻在石头上，而是通过反复的重复生成。

这一原则与口传历史有某种相似性，就像我们在口承文化中所发现的那样。尽管尚未有确凿的科学依据，我仍想说，对我而言耐久的石砌建筑传统与短暂的杆系构造方式（filigrane constructions）之间存在相似性。这种相似性在书承文化与口承传统间也同样存在。书承文化是否倾向持久的构造，而另一方面口承文化是否更偏向轻型的、非永久的建造方式，验证这种关系是否真的存在将会很有趣。

一本羊皮重写本（palimpsest）将古老的埃及手稿一遍又一遍地誊写，相似的，在石砌建筑中也是如此，一些时间的信息即便不再清晰可辨，但踪迹犹存。对杆系建筑而言，历史是不断地被重建的过程，原型持续不断地带着再微小不过的改动被复制，并同时被消解，这种与口承文化的可比性不容忽视。尽管始终是同一个故事，但每次都被重新讲述。

皮亚诺说“工匠是历史的要素”。在如今的建造实践中，技艺娴熟的工匠即便不再在所有环节中都那么重要，这一表述在众多方面看来仍然值得思量。

历史保护特别重视不变的对象，但皮亚诺质疑了该保护的仅仅是过去的纪念物的观点。建造的方法、工匠的知识和技能呢？与纪念性构筑物相对，建造方式正处于不断发展与更新的进程中，它们只有自我调整和变化才能保持活力，而模仿最易破坏传统。比如说，如果我们将往昔视作实物或是可以简单复制之物，那现存的真实传统的遗存和真正的历史意识也将被毁灭。爱德华·塞克勒（Eduard F. Sekler）说得恰如其分：“历史的真实性正在被洗劫”，唯有持续地更新和适应新需求的变化才能更好地保持生命力。

因此，如果重点不是放在个别的建筑，而是在建造的原则上会怎样呢？

“对传统构造的重新思考”是我们教研组的一个课题的名称，目标是从古老的甚至是被遗忘的建造方式中发现未来的潜力，并进一步发展它们。在对历史建造方式的搜寻中，我们发现了《清明上河图》中的一座精彩绝伦的桥（图 1）。类似的桥在我们的文化中也有（图 2）。

我们不禁自问：这位意大利文艺复兴时期的人物到底和这位中国的无名造桥者是什么关系？达·芬奇（Leonardo da Vinci）难道是通过绘画或是文章了解到遥远的中国的那座桥，或者是从旅行者的故事中听说了它？我们不得而知。是东西方的交流那时就已经发生了，还是只不过在完全不同的地方诞生了同样的想法？两种假设都无法得到证实，但同样令人激动。

类似的例子还有很多，中世纪建筑大师维拉尔·德·昂库尔（Villard de

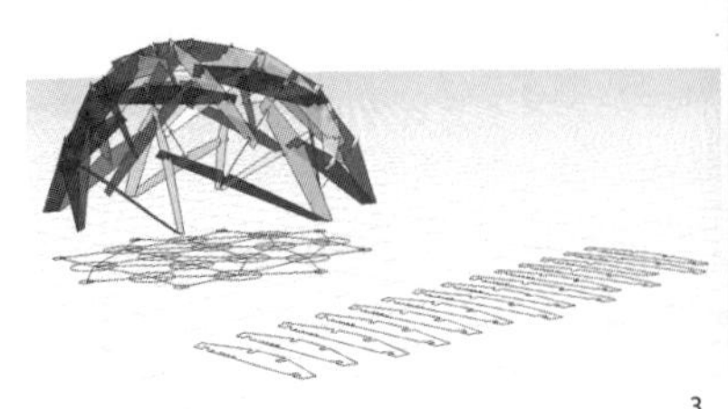

3. 设计工具，交互构架
4. 安置在苏黎世联邦理工学院校园内的交互构架

3. Design tool, reciprocal framework
4. Reciprocal framework on the ETH Campus, Zürich

Honnecourt）的类似草图，以及意大利文艺复兴建筑师和理论家塞巴斯蒂安诺·赛尔利奥（Sebastiano Serlio）的关于自承重框架结构的研究，或者他的法国同龄人菲利贝·德·洛梅（Philibert de l'Orme）用短小的建筑构件建造的大型穹顶结构，或者德国大师大卫·基利（David Gilly）致力于节约木料的建造方式。

这些都是我们感兴趣的。如果用短小的构件来造房子的话，就可以避免使用昂贵的粗大木材，可以采用较为便宜的树枝，甚至边角料。建材便宜，建造过程也简单。单个的建筑构件易于加工，整个结构通过拼装而来，甚至不需要脚手架。

自承重框架结构的原理很简单，即由至少三根木料相互支撑，其中的任何一根都安装在其他两根之上，而这根又同时作为另外一根的支撑。通过一系列构件在空间上的联系，这些节点之间产生了一种张力，通过摩擦力固定木料。构造的原理很简单，但荷载的传递却非常复杂，因为每一个单独的构件在力学上都与其他所有构件相连接，根据对等原则，应力可以说是沿着整个结构散布。

在课上我们和学生们一起测试方案，结果很成功。这些年轻、鲜活的脑瓜儿极富创造力，并且懂得如何从数学和几何的规则当中发掘出装饰性的美来。为瑞士艾恩西德尔恩（Einsiedeln）著名的沃纳·奥希斯林（Werner Oechslin）图书馆设计的穹顶便是这样的一个例子，并且这种均质性的建造原则应用在不规则结构中的效果也非常理想。

这种复杂的构件迄今为止仍仅凭经验来把控。为此我们开发了一套数字化的工具来设计和计算复杂而不规则的结构（图 3）。

我们通过 1:1 的模型来测试，并将模型在瑞士苏黎世联邦理工学院（ETH）的校园中造了出来（图 4）。诸如一座每个构件都独一无二的亭子，构件由数控机床直接控制加工；或是与之相对的，仅由简单的屋架通过不同的长度和排列方式组成的亭子。

再回到中国，看来在兴趣方向上并不像我们之前曾天真地认为的那样孤独。王澍在 2010 年威尼斯双年展上展出了令人惊叹的、纤巧的构筑作品“衰变的穹顶”（Decay of a Dome）证实了这一点。

以上提及的几个案例都属于杆系结构的范畴。肯尼斯·弗兰姆普敦（Kenneth Frampton），本次研讨会的“教父”，在苏黎世联邦理工学院的一次讲座中曾区分了“土方工程”（earthwork）与“屋面工程”（roofwork）、整石切割术（stereotomy）与建构（tectonics）、实体结构（solid construction）与杆系结构。他当时论及戈特弗里德·森佩尔（Gottfried Semper）的理论，即建筑学源自古老的编织技术。

但是如今这样的区分还有意义吗？如今建造的方式已经变得如此模糊不清，几乎不可能再继续将实体结构和杆系结构作为一组相对的概念。不过这对概念还是可以用以解释这两种构造的原型。回到前面的问题，杆系结构似乎是相应的短期建筑的理想选择，而实体构筑方式则很好地契合了持久的概念。

如果处在森佩尔的时代，能够清晰地区别这两种建筑形式吗？以之前提到的“石头之书”——哥特大教堂为例，一座实体建筑对石头的雕琢是具体化的整石切割术。建筑师和石匠们创造了什么呢？纤细修长的束柱取代了坚实粗壮的柱子，肋拱分岔如树枝般向上伸展，石头的外壳被彻底地消解。实体方式的构筑使结构变得精巧纤细。

先把实体还是杆系结构的问题放一边，来看看工具的问题。

迷人的哥特教堂空间的结构从外面看上去是什么样呢？它让人想起建造中的船（图 5）。一组辅助性的框架结构支撑着轻盈的内部空间，就像造船。精巧的飞扶壁与造船的辅助结构无二，都用以实现巨大的、开放的内部空间。为此，这些构造被装饰和美化，成为独立的元素。建筑师想要创造的首先是异乎寻常的高耸的内部空间，并不是一个浑身长满刺的纪念碑，带着它的犄角芒刺耸入云霄。这些辅助构架原本仅用以支撑那难以置信的内部空间，却把自己变成了建筑，并且成为巨大的装饰。

在另一种教堂结构中，精巧纤细的辅助构造被更加清晰地展现出来。马里

5. 科隆大教堂，1248—1880年建造
6. 广西三江县高定鼓楼

5. Cologne Cathedral, 1248—1880
6. Drumtower in Gaoding, Sanjiang, Guangxi

的土坯清真寺也有一副满是刺的外壳，而且也是由辅助构造创造的巨大的无柱空间。对黏土结构来说，这种空间相当大胆。粉刷过的黏土砖墙通过起拱和竖向肋加强了结构，但纤细精巧的木构架进一步稳固了建筑。正如哥特教堂那样，辅助构架变成一种装饰。此外它还有另一种功能，这些墙每年都需要重新粉刷，因此需要脚手架。

这再次印证了伦佐·皮亚诺对太平洋地区的构造的见解："工匠是历史的要素"。但是值得注意的是，此处针对的是实体构造。尽管这座建筑不像日本的寺庙那样被反复重建，但是它每年都被重新粉刷，这意味着它不断地被更新。

对于下一个例子我如履薄冰，看到高定鼓楼内部结构的照片（图6）时，哥特式束柱结构的形象立刻浮现在我眼前，壮观的钟塔内部构架在我看来恰似它的反像。

从外部难以察觉这一支撑构架的精湛技艺。就像一组冷杉树，承重的木柱处于构造的中心，如树枝一般的结构向外叉出，支撑住塔楼的外壳。这外壳由层叠的、难以计数的屋顶构成。屋顶作为建筑元素一般来说在塔式建筑中扮演次要角色，在这里却升级为支撑性元素——当然是在象征性的意义上，因为在内部结构构架如骨骼般矗立，将塔身转换为空间上的体验。

支撑结构作为特立独行的空间构想的工具成为一种真正的建筑体验。在建筑学中，构造与造型难分彼此，在前面的这些例子中同样如此。我通过它们真正想要阐明的是这两者如何互相激发。

二、工具

如果我们将“建造诗学”扩展到囊括“工具”这一概念又将会怎样呢？如果我们追问：“建筑师都支配着哪些工具？”又将会怎样呢？

对于工具这个概念当然不单单是指构造的原则，甚或是锤子和凿子，而是涵盖了设计方法，因为这也将在建筑物中留下踪迹。建筑师的模型是用陶土捏出来的还是用薄卡纸裁的，图纸是用铅笔画的还是用数字化的电脑软件生成的，设计的工具对最终的成果难免产生影响。

这在艺术作品中显而易见。握在艺术家手中的是一支削尖了的铅笔还是一支柔软的画笔，最后的成果是截然不同的，连思考的方式都不一样，关于这点再没有比中国的水墨画能更令人信服的了。工具绝非仅仅是简单的工作器械。即便在科学试验中，工具也会在研究对象上留下踪迹，对建筑学来说也是如此。

以建筑图纸这种建筑师最基本、最实用的工具为例。

例如西格德·劳伦兹（Sigurd Lewerentz）画的位于瑞典南部克利潘（Klippan）的小教堂的图纸（图 7），砖瓦匠必须小心避免把某块砖砌错了位置，建筑师已经琢磨过每块砖和每条缝，整座建筑就是那些最小的局部的集合。但这还只是开始，因为图纸展示了更多的内容。建筑材料的全部魅力都看得见摸得着，甚至连砖的味道也似乎真的能够闻到。西格德·劳伦兹展现了砖的特性以及这种小模数的逻辑，整栋房子甚至整个城市按这种方式建造起来。此外，他画的图纸本身也很好看。

工程师画的则完全不同，比如保罗·门德斯·达·洛查（Paulo Mendes da Rocha）画的圣保罗一个公寓组团的楼板图（图 8）。与劳伦兹的砖墙图纸一样，这张图也是聚焦于单个专题。它展现的是混凝土框架结构的浇筑，这是无需半分矫情的建造指南，只要专业技术工人能够看懂就行。但尽管如此，它还是神奇地揭示了人类的智慧和隐藏在建筑背后的工作。

而我的瑞士同行吉昂·卡米纳达（Gion Caminada）为他的那些井干式住宅画的图纸传达给我们的不仅仅是建筑技术问题（图 9）。纤细的铅笔展现了木建筑的建构关系和特性：建筑构件那些完美的连续尺寸系列。这不仅是木匠的自得其乐，也满足了我们对和谐与比例的感知。这使人再次想起皮亚诺的话，工匠也是历史的要素。

圣·本尼迪克特（Sogn Benedetg）小教堂的钟塔图纸也是关于木材和尺度的（图 10）。曾经的木匠、今天的普利兹克奖得主彼得·卒姆托（Peter Zumthor）亲

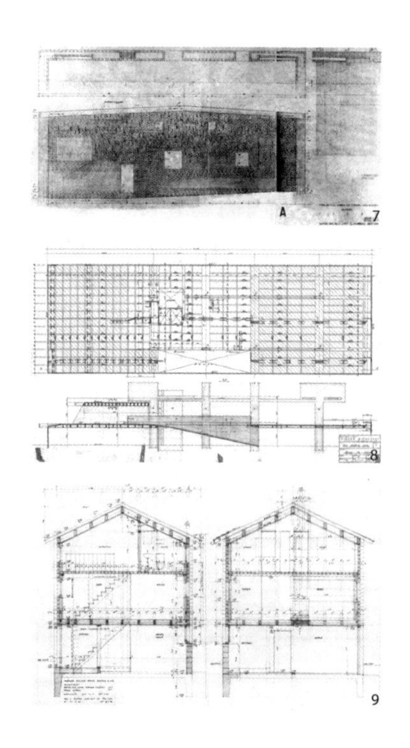

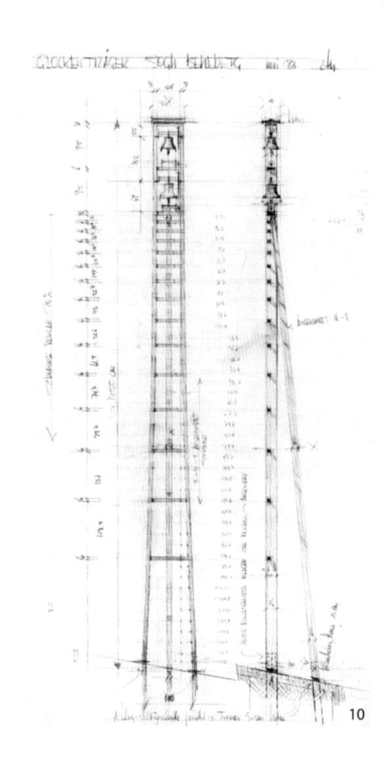

7. 西格德·劳伦兹：圣彼得教堂，克利潘，瑞典，1966
8. 保罗·门德斯·达·洛查：公寓，圣保罗，1964
9. 吉昂·卡米纳达：住宅，弗林，1996
10. 彼得·卒姆托：圣·本尼迪克特小教堂，苏姆威格，1988

7. Sigurd Lewerentz: Saint Petri Church in Klippan, Sweden, 1966
8. Paulo Mendes da Rocha: Edifício Guaimbê in São Paulo, 1964
9. Gion Caminada: Residential House in Vrin, Switzerland, 1996
10. Peter Zumthor: Chapel in Sogn Benedetg, Sumvitg, Switzerland, 1988

手画的图纸展示了钟塔是怎样构筑的，同时也展现了隐藏其后的鲜为人知的想法：阶梯遵循了一组和谐的数的关系。

上述图纸都是由相关建筑的设计者亲手画的。它们展现了超越内容之外的更重要的东西：绝对不能放弃我们的工具，而且要掌控好它们。草图、平立剖、详图是我们真正的工作媒介，思想凭此可以交流，甚至连重要的商务会议也可以委派代表参加。当然建筑师无需亲手绘制每一张图纸，但也不能完全放弃他们的工具。经常是当手头上刚好没有合适的工具，需要先发明工具时，项目才变得真正有趣，缺陷恰是新生事物永不枯竭的源泉。在这种意义上，建筑师不那么像工程师，而更像手艺人。

三、拼装

那么，建筑师究竟是“DIY”手艺人呢还是工程师？这里关于“DIY”手艺人这一说法援引自克劳德·列维-斯特劳斯（Claude Lévi-Strauss）在他的文章《野性的思维》（*La Pensée Sauvage*）中对手艺人（bricoleur）的定义。这篇文章中，列维-斯特劳斯区分了神秘思维和科学思维，区分了手艺人和工程师。前者是“DIY”能手，娴熟地运用现有的工具和可利用的材料，使之适应他的工作；后者是真正的工匠，把工作从整体上作为一个概念来对待，如果必要他会创造新的工具和材料。

那么建造是工程师的工作吗？还是说，建造是“DIY”手艺——按列维-斯特劳斯的定义，是拼装？很显然，它既不是前者也不是后者。我认为它是二者的综合，而且恰恰为此使得建筑师的工作扣人心弦。我并不想把建筑师分为工程师类的和手艺人类的，甚或是进行定性的判断。那么为什么还要花时间来讨论这个概念呢？因为它指向了建造中非常重要、非常特别的部分：工具被使用的方式和方法。

手里握着一个精心打造的工具会感到无与伦比的惬意。如果反之呢？

想象一下面对一件不知道如何使用的工具时的烦躁。也许它是一个未知部落的工具，为了某种神秘用途而打造，站在这个莫名之物面前让人一头雾水，但它或许激发了您的憧憬与想象，使您开始充满创造力。我想说的是，建筑学两方面都要兼顾：高效的建造方法和笨拙的、完全无法满足目的的方法，这两个极端勾勒了建构思维的广度。

如今常常听到构造变得多么严苛和复杂的说法。的确如此，但换个角度来说又不是这样。有人说，建造已经彻底地把自己从手工艺转变成一门科学。但并不完全是这么回事，我个人甚至认为，如果把建造问题单交给工程师去处理的话，结果将会是灾难性的。众多建筑技术的创新来自即兴发挥。新的建筑技术往往不仅是目标明确的研究成果，而是来自为了最大限度地实现建筑构思而进行的不屈不挠的探索。我不相信设计和建造变得更加科学化了，因为建造与设计的意愿两者密不可分。

工具是一回事，创造性地运用工具则是另一回事。赫尔佐格和德梅隆（Herzog & de Meuron）的加利福尼亚多米诺斯酒厂（Dominus Winery）便是个很好的例证。

用石头填满笼筐是手工艺的一种高级形式，当然仍旧是列维·斯特劳斯概

11.12. 利兹·迪勒+里卡多·斯科菲迪奥："模糊"，2002瑞士世博会
13. 布鲁诺·穆纳里："让空气可见"，意大利，1969
14. 邱世华：无题，日期不详

11.12. Liz Diller + Ricardo Scofidio: The Blur, Swiss Expo 2002
13. Bruno Munari: Far vedere l'aria, Italy, 1969
14. Qiu Shihua: Untitled, n.d.

念上的——我这么说绝对不是蔑视，而是恰恰相反。一件既存的工具（钢丝筐）被运用在一个“陌生的”或者说是“错误的”环境中，这是一种颠覆性的行为。该事务所的作品中还有很多其他的类似例子，他们的工作方式刚好在这一边缘摇摆。有趣的是，很多这样的所谓解决方案在传统意义上根本就不是解决方案。它们不是针对明确提出的问题的合乎逻辑的结论，而是通往未知领域的旅途中“偶然”的发现。

可能这一观点在盖里（Frank Gehry）的作品中表现得更为明显，但他是以完全不同的方式，即一种非常直接的、切实的方式，对既存之物加以利用。他非常轻松自然地运用那些建造爱好者们在任意一个“DIY”商店里都能找到的平凡的工具，但他竟可以如此出手不凡。

卡洛·斯卡帕（Carlo Scarpa）就不一样了。对他而言，建筑图纸不是最后一环，甚至他的概念草图就是建筑图纸，而他的建筑图纸也是概念草图。众所周知，斯卡帕在施工现场还不断地修改和重画他的图纸。他的这些图纸还揭示了更加重要的东西——一个支座不仅仅支撑了一根梁，它其实包含了整个设计理念。

迪勒和斯科菲迪奥（Liz Diller and Ricardo Scofidio）为2002年瑞士世博会设计的展馆则截然不同（图11）。图纸和项目本身很难看出是彼此相关的，这是一个颠覆了迄今为止所有的分类法的例子。想象一下一座由无常的建筑材料建造的建筑，不是木材或是混凝土，而是水和空气。建筑图纸仅仅表达了结构框架和设备。而它的外壳就像是幻影，是真正的转瞬即逝——"云"（图12），隐藏在无常的外表下的是纯粹的技术。这个项目能够明确的是，即便是一片云的施工图其实也是一套严谨的建造说明。

对建造而言，其诗意也并非由感觉创造，而是通过建筑语汇，通过构造创造。"建造诗学"这一标题正是核心。"建构理论的翻译与扩展讨论"作为研讨会的副标题，提到了"翻译"这个概念，这恰恰是我通过工具这个概念想要表达的。设计与构造就是持续地将一种媒介转译为另一种。

再回到"云"。这个项目还阐释了另外一个问题：我们怎样将不可见的变得可见？对此，意大利设计师布鲁诺·穆纳里（Bruno Munari）有一个针对孩子的著名练习"让空气可见"（Far vedere l'aria）（图13）。对建筑师而言这同样是一个核心问题，因为我们创造的也是某种无形之物——空间。

在朱琪的《设计的文脉与绘图的有形物力论作为构造创想的基础》（The Cultural Context of Design and the Corporeal Dynamism of Drawings as Foundations for the Imagination of Construction）一文中有一段非常有意思的论述，其中援引了哲学家冯友兰的观点："有两种画月的方法。一种是直接勾勒一个近似的形象——圆的或是半圆的，以模拟月的视觉轮廓。另一种只在纸上烘托云，在所烘托的云中留出圆或半圆的一片空白，唤起想象中月的形象。画'云'的动机和动作创造了最初的环境并向前发展完成月的形象。建筑图纸的角色类似第二种画月的方法，一步一步地展现想象力，而不是直接就勾勒出轮廓。建筑图纸是建筑师创作'云'的辅助工具，一步一步，最后将想象中的构造形象化。"

卡罗·斯卡帕说的刚好相反："我想理解事物，我不相信任何别的手段。我把事物放到我面前，放到纸上，这样，我可以看到它们，我想理解它们，所以我才画。只有我画下事物时，我才能看到某种意义。"是否在这两种截然相反的表述背后隐藏了东西方文化之间本质的不同，我也不清楚。但可以确定，答案不会如此简单。再回到前面的问题：我们在想象中就能够完成对对象的认知，还是我们必须要画出它才能够看到它？这两种表述都没错，而且恰恰因此我们的工作才丰富多彩和振奋人心。

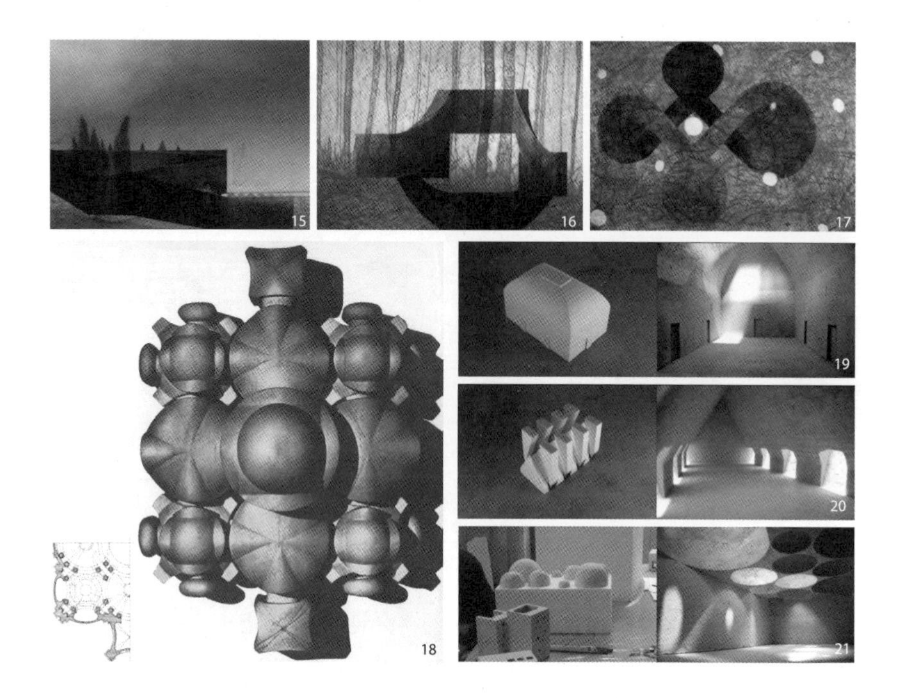

15~17. 擦印画，一年级课程的学生作业
18. 路易吉·莫雷蒂，圣菲利波·内里教堂，卡萨莱蒙费拉托
19~21. 实习周，“浇筑”，学生作业

15~17. Frottage, student work, first year course
18. Luigi Moretti: Guarino Guarini, Chiesa di San Filippo Neri, Casale Monferrato
19~21. Seminar week, Guss, student work

在卢塞恩（Luzern）的一个以展示现代艺术中的中国山水画的展览中，展出了邱世华的《无题》（图 14）。乍一眼看上去，这幅画除了一片白色之外什么都没有。但稍后，你突然看见了风景的片段，你不知道它们是真的在纸上还是只存在于你的脑海之中。

我们某一门课程中的调研图纸看上去也很像类似的艺术作品（图 15~ 图 17）。我们在研究一种相关的技术，这种工具其实已经很古老了，每个人都再熟悉不过——我们在孩提时代都用铅笔拓过硬币，超现实主义者称这种技术为擦印画法（frottage）。他们钟爱这一技巧是因为其暧昧特性给想象留下了空间，因为这种不精确性，它可以非常理想地被用于激发想象，引发联想。

正是这点吸引我们用这种众所周知的技术去基地做调研，工具再次服务于一个单一的目标：记录基地的表面、结构以及触觉特征——简言之，它的气氛。

“建筑图纸是建筑师一步一步创作‘云’的辅助工具。”不仅是图纸，模型也同样用来将不可见之物可视化。意大利建筑师路易吉·莫雷蒂（Luigi Moretti）对此进行了实质性的转译，从而创造出一种令人惊叹的分析工具（图 18）。莫雷蒂翻制了一些最著名的文艺复兴以及巴洛克教堂的内部空间，他把这些空间转变成实体——成果看上去让人觉得像是来自另一个世界的生灵。不着一字，这些实体模型阐释了它们各自时代的典型空间创造。这是一种无声但不失精准的分析，甚至可以作为设计工具来用，我们将其结合到教学中。

我们和学生们一起实验这种工具，然后这些天马行空的形体和与之相关的方法成为出发点。在吉特维尔科（Sitterwerk）艺术工坊的一个研讨周中，我们做了很多巨大的石膏模型（图 19~ 图 21）。这些空间没有外部形态，仅仅通过对内部空间的推敲完成造型，主题是光和体块。空间直接作为可塑的形体加以雕琢，浇筑的过程自身就是工具。这是一种彻头彻尾的非建构的方法，却得以将感受倾注于一种单一的现象——空间的可塑性。

关于图纸的阐述同样适用于模型。

在巴西建筑师保罗·门德斯·达·洛查（Paulo Mendes da Rocha）的模型里，主要的问题不再是作为可塑形体的空间，而是结构。这位大师自己用剪刀剪模型，这正是我所说的不要放弃对工具的把控。洛查的模型展现了建筑师努力想要实现的目标，空间与结构是一致的，而且事实上，空间结构与承重结构是一体的、完全相同的。他的纸模型不仅展现空间结构，同时也是承重结构的试金石。据说结构工程师第一次到他的办公室来开会的时候，结构方案已经摆在桌子上了，精巧细致而且已经圆满完成。

弗兰克·盖里也用纸做模型，但与门德斯·达·洛查不同的是，他每次做的模型不是一个，而是几百个。不是因为不够娴熟，而是因为他追求的是另外的目标。门德斯·达·洛查的模型展现的是概念，是空间和承重的结构，而盖里的模型是为寻找合适的形式，是一个朝着最终结果不断靠近的缓慢过程。因此通过工具自身，我们就能分辨出两位建筑师截然不同的思维方式。如果说弗兰克·盖里好比是列维 - 斯特劳斯意义上的“手艺人”，那么门德斯·达·洛查则更像是工程师。

22.23. 1:1 图纸，一年级课程学生作业
24.25. 帽子，一年级课程学生作业
26.27. T 台表演，帽子，一年级课程学生作业

22.23. Construction plans 1:1, student work, first year course
24.25. Hats, student work, first year course
26.27. Catwalk hats, student work, first year course

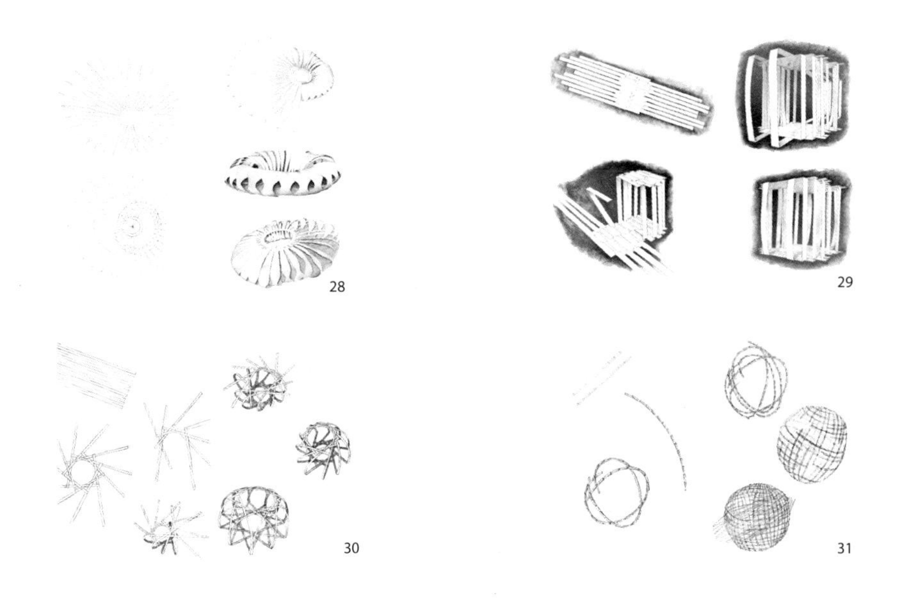

28~31.“建造指南”，一年级课程学生作业
28~31. Bauanleitung, student work, first year course

四、量度

当我们思量工具的时候，不可避免地会和身体的动作联系在一起，不仅画草图和做模型是具体而有形的活动，建造本身也是一种身体性的事件。正如我们通过全部的感官来理解空间一样，建构和建造过程也契合人类的身体。时至今日，即便建造工作已经由建筑机械承担，那些最重要的建筑部件仍旧为人的操作而设计，仍旧依照人的尺度。

在我们的课程中有一个关于建筑尺度问题的动手练习（图 22，图 23），是以 1:1 的比例绘制炭笔图。学生们以自己的身体做参照，因为对尺度的把控只能通过实际经验获得，也就是说必须通过 1:1 的比例。在这个练习中，学生们不仅验证真实的大小，他们自身也变成同比例模型。这点也可以用完全实用主义的方式来理解：无论建筑多大，人体始终是它独一无二的参照，其他所有量度都与之相关。

当看到那个名为“开放城市”（Open City）的关于建筑学与构造的实验时，人们一定会惊诧：这是怎么了？是巴克敏斯特·富勒（Buckminster Fuller）的某个穹顶结构被滥用了，还是有人想要把自家的房子变成交通工具？1970 年瓦尔帕莱索（Valparaiso）建筑学院在智利的荒漠上建造了一些遵循其他法则的实验品。出发点非常极端，既没有空间组织，也没有形式或是映像，只有纯粹的诗意。文字成为建筑学的源泉与基础。这是瓦尔帕莱索的建筑师和艺术家们的信念，艺术与生活应该是统一体。20 世纪 70 年代是一个有乌托邦倾向的时代，但这里吸引我们的是，乌托邦曾经一度真的被以 1:1 的比例建造起来。学生们和老师们住在这些伫立在智利荒漠中的实验品中，通过直接的身体体验来验证他们的构想。

在苏黎世的一个绘图教室里，我们同样基于学生们自己身体的构造进行了另一个以 1:1 比例进行的实验（图 24，图 25）。我们的一年级课程开始于一个古老的行为：造一顶帽子。是帽子（hat）而不是小屋（hut），因为防护、坚固以及装饰曾经是也一直是人类栖居的首要的、不可或缺的要求。维特鲁威的原则——坚固、实用、美观即便对这些简单的“建造项目”也同样适用。

在这里，那些创造了并且戴着那些帽子的脑瓜儿可能是最重要的（图 26，图 27）。在我们的一年级课程中一共有 300 名学生，也就是一共有 300 个脑瓜儿，300 个不同的脑瓜儿。呵护好他们中的每一个是最重要的，蕴藏在这些脑瓜儿中的多样性与潜力需要得到发掘。

在帽子之后紧跟着的第二步，是这些未来的建筑师们的第一张建筑图纸：一份建造指南（图 28~ 图 31）。它不仅展示了产品的最终形态，更主要的是展示了这一产品应如何制作。

在此以“建筑师的第一张图纸”重新回溯到本文的开篇。正是在这“第一张草图”中，蕴含了我们此次研讨的要旨：“建造的诗学”。

作者简介

安妮特·斯皮罗，女，瑞士苏黎世联邦理工学院（ETH）建筑系 建筑与技术教授

译者简介

王英哲，男，上海林同炎李国豪土建工程咨询有限公司第五建筑设计研究所 副总建筑师，瑞士苏黎世联邦理工学院 建筑学硕士，瑞士建筑与工程师协会 会员

校者简介

徐蕴芳，女，华东建筑设计院有限公司 建筑师，瑞士苏黎世联邦理工学院 建筑学硕士，瑞士建筑与工程师协会 会员

建筑学的神经建构学探索

The Neuro-Tectonic Approach to Architecture

[意]马可·弗拉斯卡里 著　王颖 译　王飞 校

Marco FRASCARI, Translated by WANG Ying, Proofread by WANG Fei

半吊子理论远离实践，完善的理论则会导向实践。

——诺瓦利斯[①]《百科全书》81（IV-738）

本文的目的是提出一种基于研究者称之为神经—建筑学的可能的建构新方法。神经—建筑学是建筑学科的分支，它试图探寻存在于神经科学和构想、建造和建成环境的使用之间的联系。神经—建筑学处理的是人类对构成其建成环境的东西的反应程度。神经—建筑学方法昭示出建筑生产不只是建筑物、场所和空间的总和，而且还包含知识的发展，生命、情感、运动、热情和时间的组织和技巧，或者说它们应该是什么样的。

乍看，神经科学和建筑学或许没有什么共同点。然而，神经科学的发展现在已经能够解释我们构想周围世界和控制建成环境的方式，以及解释物质环境影响我们的认知、解决问题的能力和情绪的方式。神经—建筑学研究的目的是估量不同的结构施加于人类身体和大脑的影响，以及这种作用对我们的影响如何使我们在思考上不断变换以至于不断地调整我们有关建成环境的设想和建造。

①诺瓦利斯（Novalis），1772—1801年，德国浪漫主义诗人。——译者注

大脑中的基本材料是信息：投射到视网膜上的光线、震动耳膜的持续声波和触碰嗅觉管道壁的分子的气息。从这些感官信息的集合中，大脑感知到外界存在的东西，最后形成的是被赋予意义的一种意识。我们给予意义的意识是极为有用的：它们把光、声、气味和触感转换成我们能够抓住并且进行物理处理的客体，我们也可以通过我们的情感抓住其中所蕴含的思想。由于适用、坚固和美观三要素是在“一种真正的伊壁鸠鲁的幸福生活（a real Epicurean vita beata）”②基础上的基本情感总和，所以情感对于我们理解建筑是至关重要的。

大脑中有一个区域可以识别建筑，这一点已经得到证实。大脑扫描显示，当给一个人看建筑图片时，他的大脑中特定区域血液流动速度会加快。中风的人大脑的这个区域会受到影响，即便能够识别其他物体并通过其他参照物辨别环境，却会因失去识别建筑作为地标的能力而经常迷失方向。

我们创造建筑，建筑也创造我们。或者更准确地说，在创造世界的评判价值（a world-making estimation）中，我们可以说建筑物对我们的教化正如我们对它们的塑造一样。神经科学能够提供给建筑师关于他们工作方式的一种更好的理解，也可以通过增加那些控制我们日常生活的必要的积极情感来指导我们如何创造出更好的建筑。建筑的愉悦是情感转化成建造世界的一种结果；反过来，

②伊壁鸠鲁（Epicurus），公元前341—前270年，古希腊哲学家，伊壁鸠鲁学派的创始人。——译者注

通过唤起情感，建造世界引导我们寻求一种更为恰当的创造世界的方式，也就是人造世界中人类生活情感状态的深思熟虑的观念。明确的建构片断有助于激发思想，通过创造一个能够实现所有它能做到的建筑——或者说是一个通过实现建构的品质而充满人类和建筑潜能的建筑物，在我们建成的物质世界中使幸福生活成为可能。通过在建筑中应用神经科学，建筑师将会提高设计能力；建筑元素的建构制作和集中除了可以容纳身体的行为以外，还可以支持认知的行为。简单来说，实现建构的神经方法能够使建筑成为三种核心艺术——建造得好的艺术，思考得好的艺术和生活得好的艺术——恰当地混合。

神经—建筑学研究的核心是对神经科学的利用。有两种方式可以检验建筑作品的神经学状态：自上而下地运用神经学上的实验（这种我没有资格去做）；另一种是自下而上地研究，也就是说基于学科传统中的事件（这种我有能力去做）。神经—建构要处理的是理解不同的内部和外部因素如何作用于有知觉的身体的神经中枢系统。我的目的是考察著作、绘画和建筑中的这些事件，以探寻建筑师通过建筑元素构想和形成建成环境进而塑造我们认知过程的线索。

一、神经建筑学地位的提升

人们需要知道，我们的愉悦、快乐、欢笑、诙谐以及悲哀、痛苦、忧伤和眼泪都来自并且仅仅来自大脑。

——希波克拉底（Hippocrates），公元前 5 世纪

（一）

尽管对于建筑如何影响神经活动的研究相对来说还处于初期，然而它背后的原理却已经被一代又一代建筑师默默地运用和教授。绝大多数建筑设计的过程都是基于建筑物理结构的特意使用来提高生产力、创造力和幸福感。建筑影响你看到的，也影响你听到的、触摸到的和闻到的。通过这些感官形式，建筑的信号进入到大脑和身体稳定的区域。对大脑和身体共同的感官刺激的效果是复杂的，例如，明尼苏达大学行为学家的实验表明，天花板的高度能够影响人们思考的方式。在一系列实验中，人们被要求完成一系列任务，其中一些需要抽象思考，而另一些需要根据细节思考。总的来说，实验结果是当天花板 8 英尺（2.44m）高时人们关注细节，而当天花板 10 英尺（3.05m）高时，则更倾向抽象思考。此项目研究者之一琼·迈耶斯 - 利维（Joan Meyers-Levy）指出它的重大意义：也许管理人员希望房间里有更高的天花板来思考新的、广泛的创造，而技术人员和工程师则希望有低一些的天花板来帮助他们集中精力于细节上。

（二）建筑的喜悦与痛苦

建筑师在他们的绘图中选择那些可以探究有关建造和居住的特殊身体事件的绘图过程。通过这些过程，建筑师同时创造和探索建筑和居住的全部感官需求。通过在图纸中注入“不可见的气息”，建筑师联系并精细表达了深思熟虑的建构元素。他们运用绘图、绘画和描摹在有启发性的建造中把最初的思想加工成熟。他们通过图纸上形式的、概念的和建构的行为的多样性构成或拆解，期待建筑中还没有发生的概念和物质事件。厨师可以通过观察烹饪过程中食物的颜色感受菜肴令人愉悦的味道，相应地在建筑中，建筑师可以通过运用彩色铅笔描绘房间激发它在温度上和听觉上的愉悦。像“喧闹的色彩”,“深沉的声音”,“香甜的气味”,“温和的声音”和“声音的结构”，这些通常的表述有意识地提前运用了对复杂体验的描述和对语言的形式处理，脱离真正的同步体验。这种体验发生在头脑中，是一组神经现象，它来自于诗意的设计，遮蔽的隐喻，文学修辞、信号、象征和认知的回应。

建筑由具体的体验构成，反过来具体的体验也是由建筑形成的。建筑师一直都是超前的（ante litteram）神经学家：他们通过绘图、建筑调查和评估展开建筑的思考。虽然不熟悉神经学，但是建筑师还是会使我们通过自己的身体来思考建筑，也会让我们通过建筑来思考自身。建筑知识发生于个人的知觉和运动系统里，存在于他们的情感中。在建筑绘图中与在建成环境的真实性中一样，人类并不仅仅作为人体尺度的参照，他们被视为具有基本构造的创造物，通过在诸如平面、立面和剖面的再现中以及诸如门窗、楼梯、楼板、天花、柱子、桁架（truss）、拱和屋顶的建构元素中描绘说明性的生活模式，执行（perform）、形成（form）、重塑（reform）和转变（transform）建筑。

身体和情感的相互作用由身体和建筑的约束所形成并得到限制。这种普遍关系特征在大脑中通过神经中枢系统被增强。神经中枢使行为、情感和感觉的分享成为可能，这是我们生命的最初构成。主体性的“我们”（We-ness）和主体间性在本体论意义上构成人类状况的基础，它们之间的相互性定义了人类的存在。情感补充了一个独特的形态——身体状态的内部再现，跟动机有密切的联系。神经科学可以提供关于我们通过强调具体模仿的作用对建筑产生移情的方式的有用信息。

二、建构实践

建构实践可以被理解为一种全尺度的建筑体验，一种确保延续长久以来建筑传统的体验，但是它也具有发展建成环境的潜能。例如，这种发展可以通过从肉体到精神的移情发生。建构一词来源于希腊词语“tekton”，指木匠或建造师。它的印欧语系的起源来自梵语“taksan”，指木工的手艺和斧子切削的传统，在吠陀梵语中的对应词仍然指的是木工工作。在荷马的作品中，“tekton”普遍用来指建造的艺术。然而在莎孚（Sappho）的诗歌中，认为诗歌的作用是使意义从某种特定的和物质的东西中发展出来，就像木工，从一种物理生产发展到更为充满情感观念的生产，一种强烈的情感的意识。

建构是建筑的一种理想品质，不幸的是，现在却仅限于为数不多的特权建筑师，他们在项目中具有经济上的自由度，能够像哥特建筑的建造大师那样工作。在这种真空情况下，有可能复兴建构传统，唤起神经科学和建构的合作：优雅的建构。建构建造的优雅实践从很多观点中都可以得到重要的支持。它有助于保持材料性和知觉品质的传统，就像神经科学策略向建成环境中吸收技术，从情感化的观点来看发展建筑业的知识和技术一样。

（一）优雅情感的建构

毫无疑问，在神经学和建构学之间存在语言的障碍，而不是基本概念上的分歧，这导致了对两方面理解的缺乏。在建筑和神经科学中共用的词汇是令人困惑的，因此我将把某些术语延伸以产生一种丰富的交流状态。优雅情感的建构是一种有魅力的三名法用语，看起来有点悖论。作为明显的迷惑性再现，优雅情感的建构需要处理美好生活、美妙思考（思考的制作法）和完美的建造（制作法的思考）的艺术之间的调和。从这种观点来看，建构是优雅认知的建筑生产的丰产要素，它把概念从语言的形式转换成思想的形式，反之亦然。

诗意表达中的建构形式的变化使建构的物体具有认识论上的作用。概念化的建构元素的思想作为特定的知识形式，存在于整个建筑传统中，建构感知力的一个清楚的说明是在书的扉页运用建构形式和结构，在感知的一瞥中就可以发现文本中的结构和概念。

同语言相反，建筑物的“阅读”不依赖于连续过程中的时间逻辑，而依赖于同时发生的秩序中的空间逻辑。通过把三维图形简化为两维平面，一系列建构元素能够同时揭示不同物体的关系秩序，这使差异的定义成为可能，原因在于它能够从乔治·斯宾塞-布朗（George Spencer-Brown）对于其形式的微积分的公开宣言“绘制差异”[1]推论出。这证实了对建构元素的认识机能的研究在建筑设计实践的数字化语境下更为重要。然而，建构表现的认知和情感作用由于西方哲学传统中占统治地位的知识和语言的联系而很大程度上被低估。在其表达中，由于建构元素依据语法构成，也就是说由物质性和重力引起的句法结构，所以建构元素与语言有关。尽管没有确定的元素表，但是总有类似相关的元素表参与到建造集合的“阅读”中。为了使用建筑元素加工和确定建筑中体现的认知知识，对特定“建构集萃”的重新定位是必要的。

（二）建构的或可塑的情感

著名神经学家安东尼奥·达马西奥（Antonio R. Damasio）在其著作《对事件的感受》（*The Feeling of What Happens*）中指出，在20世纪的大部分时间里，情感都不是神经学实验室用以分析的可靠数据。加州大学圣地亚哥分校的著名神经科学家维莱奴·拉马钱德朗（Vilayanur Ramachandran）加强了达马西奥的观点，他声称：“艺术的重点不是复制而是增强，是在观者心中创造情感的回应。”[2]思想和情感相互交织：每一种思想，无论多么温和，都总是会带有情感的声音，哪怕是很微小的。重力、轻、拉力、力量、压力是体现在建构事件中的特征，但是它们也是特定情感范畴的特征和量词。就像勒·柯布西耶曾说的：

> 通过对形式的安排，建筑师实现一种纯粹由他的精神所创造的秩序；通过形式和形状，他使我们的感官达到敏锐的状态，并激发“可塑的情感”；通过他创造的关系，在我们中激起深刻的反响，交给我们一种让我们觉得跟我们的世界一致的秩序的测量方法。[3]

建构产生可塑的情感，这种情感创造出不能言传的心态和概念，而不是在人类的语言和非语言中引导他们的思想。轻、重力、重、拉力、扭转力、压力、剪切力是可塑的情感，因此丰富了建构源泉的认知。

在弗朗哥·阿尔比尼（Franco Albini）③的著作中，轻与拉力的塑性情感，以及压力与重力的塑性情感，可以表明如何在建筑与认知结构之间徘徊。

为了理解如今建构为思想再现了什么，我们应该惊异于建筑中体现的轻，认识到建筑结构中拉力的重要作用。拉力，是一种诱惑，一种禁果，它是结构的当代目标发展倾向的丰富内核。拉力通过放弃沉重的结构而取代了重量和摇摇欲坠的建筑物。这是一种奇妙的知觉陌生，它统治了当代的结构。轻是当前建筑奇迹的必要品质。

③ 弗朗哥·阿尔比尼（Franco Albini），1905—1977年，20世纪意大利新理性主义的建筑师。——译者注

当解释原因的方式复杂到不符合通常的理解时，感知的陌生感就可以保持。有必要指出美学学科——感觉学科——开始于一种矛盾修饰法。德国哲学家和美学之父鲍姆加登（Alexander Gottlieb Baumgarten）通过宣布美学是一种处理“明显迷惑的再现”的科学来解释其新哲学学科的核心。他推翻了存在于模糊和混沌思想以及清晰和明确概念的范畴之间的传统的连续性，把才能（perfectio）仅仅归功于“明显迷惑的再现”（clearly confused representations）。从建构的观点来看，一个高度的审美学科，一个明显迷惑的建构思想不应该被视为设计上模仿的结果，而应该被视为对过程的模仿。这种状况在当前把建构理解为结构科学的衍生物的情况下不易被认识到，但是如果把结构科学看成是从建构的传统中衍生出来的话，就容易发现了。建构思想是一种美妙构思，它是一种美妙的思考的艺术（ars pulchre cogitandi）。这种美妙的思考的艺术经常以优雅的方式展开：建构，作为情感的总和，是表达对知识充满欲望的探究和把建造作为希望的愿望的优雅过程。建筑元素是建筑情感和结构意义的基本单元或片断。[4]

建筑是被动的结构，在其中美好生活的日常艺术可以在建构中找到无穷多的表达。在建构表达中，建造的外形和建筑元素的和谐遵循着人类习俗的比喻，由修辞性的想象所引发。这基于专门的思考，一种带来基于建构表达的图像和图形知识的互动过程。强有力的概念工具、比喻和被扭曲的意义，是把本来从不相关的形式联系在一起的有趣解释。比喻通常基于意义的修辞表达，也就是隐喻、转喻和反讽，它们是评论的敏锐武器和通过破坏而建造的必要工具。从建构角度来讲，通过使用承载内容的容器来处理相同的形状——反之亦然——以及通过运用相反的塑性情感，这三种比喻通过特征的转化获得了意义。在相互参照的图像帮助下，它们生成能够为人类生活建造动人的、易于理解的环境的建构。建筑元素就像莱布尼茨的单子，从单子中，通过观察建筑细部的建构本性有可能看到建筑现实的整体。建筑再现和细部之间的关系基于功能的可替换性，而不是形式的模仿。建筑细部通过它所包含的或排除的语义和指示关系，成为功能和再现真正结合的场所。

（三）优雅建构的“轻”

优雅建构的“轻”是指处于轻质结构的矛盾状态中的一种消除重量感的约定行为。意识到优雅的轻的实践产生结构的有意义和基本的表达（在这里结构元素能够讲述其自身的故事），那么优雅的“轻”必须被视为一种品质，而不是一种结构上草率的罪过。换句话说，作为明显迷惑的再现，优雅的建构不得不处理从优美的思考艺术到优美的建造艺术的转换。这是一种模糊的转换，它的含义只有通过双关语——优雅的言辞上的和视觉上的思考——才能被理解。作为对感知的痛苦的拉扯，双关语成为构想优雅建构的基本原理。这种实践是创造性的，有时又体现为一种累人的方式——敏锐的建构双关语中知识的阴暗一面。由于双关语包含了期望（一种模型，其后跟随着在模型中激起变化的突然扭转或者异常）的逐渐建立，双关语是人类神经行为的另一表征。虽然很多双关语出现时直接并且简单，但还是需要大脑中同时产生同一词语或事物的多种意义，而不是像通常面对模糊性时那样仅仅压抑意义之间的竞争或选择一个明显胜出的意义。由于大脑快速识别不调和的解释和捕捉意外的浸透着幽默感的次要意义的能力，双关语才令人发笑。

结构的“轻”是一种品质而不是由于建造的草率而导致的可怕的罪孽，这是因为优雅的建构是韧带和腱富有灵感的游戏，在这里“轻”被视为人类思想积极的和生产性的本能。消解重量的约定存在于轻质结构的矛盾特征中，优雅的建构认同“轻”的实践产生有意义、基本的结构表达，在这里结构的细部能够讲述崇高的神话故事和崇高地表达天然的建筑。通过词源学上的定义，崇高的观念附属于建筑元素特征。崇高性（Sub-limine）意味着处于门户（threshold）下方，延伸至处于房门、大门或拱门下方。门户的概念是一个既古老又现代的概念，它结合了存在于质量和数量之间关系的理解。当没有影响的要素产生特别的影响时，这种影响在多数情况下不允许回复到先前的状态——对这个现象一个清晰的理解就是蓄意在花瓶中注水溢出，门户就可以被通过了。入口也是挂着惊奇和奇异物体的地方。例如，在皮埃罗·德拉·弗朗切斯卡（Piero della Francesca）画的被称为“Brera”的圣母玛丽亚中，有一个鸡蛋被悬于圣母玛丽亚上方的拱门下。它是一个崇高的物体，让艺术史家写下了无数关于它的崇高和迷人的意义。很多悬挂的奇妙物体通常被置于绘画的象征世界外部的门户中，它们或者在建筑中或者存在于城市体系中。在维罗纳（Verona）的城市核心，一个巨大的肋骨（costa）悬挂于标志 Signori 广场和 Erbe 广场之间通道的拱门下方。当地的作家声称巨大的肋骨在时间伊始时来自居住在乡间的巨人的拱形牢笼。在维罗纳，另一个悬挂物体是十字军东征时俘获的撒拉逊人船上的舵，悬挂在圣阿纳斯塔西娅教堂（Santa Anastasia）侧边小礼拜堂的中央主拱门上。离曼图亚（Mantua）不远的地方，一个鳄鱼摇摆于标志格拉茨的圣马利亚圣殿的中厅起始部位的第一个十字拱的系杆下方。[1] 悬挂物体具有支持想象的能力，就像比萨大教堂摇摆的吊灯激起了伽利略的好奇并引导他发现单摆的等时运动。

为了总结有关激发思想的悬挂物体的列举，有必要提到描绘意大利人文主义者卢卡·帕乔利（Luca Pacioli）精美油画中出现的玻璃吹制的几何物体的图像。

帕乔利以他关于优美几何的著作《神圣比例》(*De Divina Proportione*)而闻名，在雅各布·巴尔巴里(Jacopo de' Barbari)所绘制的肖像中，帕乔利被表现为正在黑板上展示几何证明，他的左边悬挂着一个漂亮的吹制玻璃器皿，装了一半水，形状是阿基米德的半规则实体(a vigintisex basium planus solidus)。这是《神圣比例》展示的实体。[2] 一个柏拉图式的实体放置在桌面上，它是一个十二面体，五个规则实体之一，出现在帕乔利的文章中，位于两个实体的对角线上。帕乔利有力地径直注视着观看者的眼睛。古希腊神皮提亚(Pythia)的三角桌是描绘于黑板上的图形，或许它是欧几里德原理第十三书上的第八或第十三个比例。帕乔利展现出一种预言的行为，作为文艺复兴的巫师哲学家，他经常在我们面前进行泥土占卜的紧张表演，悬挂的玻璃体维持了想象的咒语。[3]

(四) 弗朗哥·阿尔比尼建筑中令人愉悦的“轻”

理解建造世界里“轻”的品质呈现的适合方法就是仔细地检验近期的建筑作品，能够在其中识别这种“轻”的状况。弗朗哥·阿尔比尼设计的建筑，表明了这种品质如何能够在未来实现，是把优雅和“轻”作为建造世界的奇妙品质的研究的完美案例。就像伦佐·皮亚诺(Renzo Piano)所指出的，阿尔比尼的建构作品可以被视为设计的严格、材料的气质和建构的深思熟虑的来源。在他的作品中，优雅建构的呈现既是现实同时也是设计。他的建筑与体操运动员的完美跳跃具有同样的优雅，表演过程中运动的精确性隐藏了压力和精确支撑点的必要性。阿尔比尼的建筑操作就像体操运动员的操练一样需要超出任何专业意识的彻底奉献。

阿尔比尼的文化和教育代表了典型的米兰地区地域特征。他在米兰理工获得建筑学位，这一时期意大利建筑院校的职位带有最实在的技术倾向。他最早的训练在对新世纪风格起引导作用的吉奥·蓬蒂(Gio Ponti)和埃米利奥·兰西亚(Emilio Lancia)的事务所中。这段经历使这位年轻的米兰建筑师的最早产品——准确地说是他的硕士论文(1929年)和为达西公司设计的几件家具(1930—1932年)从外观上看有一点形式主义。然而，通过他和爱德华·佩尔西科(Edoardo Persico，1930年)知性的友谊以及对于细部的精确艺术的强烈兴趣，他从新世纪风格的拘禁中走出，开始对建筑的理性主义原则产生兴趣。他对理性主义的兴趣使他与朱赛普·帕加诺(Giuseppe Pagano)以及当时意大利最具影响力的建筑杂志“*Casabella*”的一群年轻编辑成为密友。二战后，在建筑重建活跃思维的混乱中，阿尔比尼成为建筑研究运动组织(MSA)的创建者之一，这一米兰组织的目标是培养从有机观点理解建筑。[5] 他与吉安卡洛·帕兰蒂

1. 弗朗哥·阿尔比尼帆船书架
1. Franco Albini Libreria Veliero (Tall ship bookshelves)

（Giancarlo Palanti）一道主编了杂志 Casabella-Costruzioni。在这期间，他开始教学活动，最初在威尼斯，然后在都灵，一生的最后阶段在米兰理工教学。

阿尔比尼的优雅建构最完美的体现存在于他的家具设计中。意大利和法国的可移动家具（意大利语是“mobile”，法语是“meubles”）在概念上并不从属于不可动的结构（意大利语是“immobili”，法语是“immeubles”）。家具是独立的，是结构的可移动的表达，它们不是固定的解决方案。阿尔比尼把主要的设计关系看成是对真实关系的研究。从传统的建构观点来看，在建造世界的真实性中，可移动家具处于建筑中。在构成阿尔比尼寻求优雅建构的思想形式的现实中，由于由齿音向唇辅音的近似转化，有可能认为建筑的建构解决方案存在于家具的表现形式中。阿尔比尼遵循伟大的法国室内装饰师和家具设计师皮埃尔·夏洛（Pierre Chareau）所创造的建筑项目的轻盈的建构游戏。通过设计家具，夏洛发展了使他建造出现代巴黎最优雅的建筑之一的一种建筑感觉。夏洛的玻璃屋基于玻璃和钢的优雅建构而设计，谨慎地保持着居于巴黎中产阶级住宅的屋檐之下，但是立面却超出其外，追随着奇异的情感建构的长期传统。这种传统始于中世纪描述玻璃建筑的传说，就像晚期威尔士的传说中讲述的那样：梅林[④]并没有被妮妙（Nimue）囚禁，而是主动撤退到北威尔士巴德西岛（Bardsey

Island）的地下玻璃屋中。在那里，他守卫着不列颠的第十三宝藏以及亚瑟王回来后还要继续使用的真正宝座。[4]

阿尔比尼的家具设计代表了对于在表现拉力的情况下暴露出深思熟虑的轻和无法承受的重量的真实性的渴望。在职业生涯的第一个阶段，他设计了一些以拉绳为主要特征的家具。其中最著名的是1938年他为自宅设计的书架（图1）。这是阿尔比尼最有标志性的作品。书架被贴上"张拉结构（Tensistruttura）的帆船书架"的标签，是由木头建造的拉力结构，使用厚安全玻璃板和金属拉绳。它展现了建构的矛盾，用轻的物体承载沉重的书卷。这个独立式书架在情感上把书卷的沉重转化为鲜活的荷载，即记忆和情感惊人的优雅和轻质的拉伸的戏剧效果。问题不在于轻质结构可感知的部分是否具有情感，而在于轻质结构是否能在没有情感的情况下被感知。

阿尔比尼对建构情感的运用源自现代展览亭的设计传统：优雅和充满情感的剧场是为了激发参观者的思考而设计。意大利用以贸易展示和政府展览的亭子的设计被用来激发优雅建构的有意义的表达，目的是通过从情感上让参观者的身体和大脑与展览的主题发生关系来加强展示的主题。这些临时结构被认为一方面通过增强过去、现在和未来之间的奇妙联系，另一方面通过增强事物和文化功能或产品之间的联系能够令参观者感到惊奇。它们被安排成20世纪的奇珍收藏室一般。这些展览厅被组织得好像将自然的和人造的珍奇事物通过转喻放在一起，思考和赞美展品中存在的移情和协同作用。这些展览展示的物品，在建构情感的现实中聚集起来的时候，就成为人类思想的再现。[5]

这些诚挚的展厅，作为人类成就的再现，已经从展览转变为表达优雅建构中的知识的美妙随想曲。由阿尔比尼和其他年轻的米兰专业人员创造的展示设计是形成评论专业路径的重要工具，它们成为平凡建筑的一种表达，批判那一时期官方建筑的纪念性的和夸张的语言。他们的设计是启发性评论的高标准展示，体现在短暂的人造物中，被保存于照片所留下的记忆中，这属于记忆女神的权威力量而不是法西斯政权主导的官方建筑师设计的永久纪念建筑所强加的警告。年轻建筑师们反对统治政权的建筑，他们知道摄影的图像并不像建筑的片段那样是关于世界的官方声明。这些图片是任何人都可以通过购买一期建筑杂志而得到的建筑现实的缩微。作为想象的刺激物，这些展览的摄影记录既是在场的又是缺席的，它们是未来建构情感的预示行为。

④ 梅林（Merlin），亚瑟王传说中亚瑟王的顾问，是一个魔术师和预言家。——译者注

2.3. 空气动力学大堂
4.5. 1940 年第七届米兰三年展的起居室
6.7. 意大利切尔维尼亚的皮罗瓦诺避风港酒店

2.3. Hall of Aerodynamics
4.5. Living room, VII Triennale of Milan 1940
6.7. Refuge Pirovano Cervinia

由于所运用材料的随意和无足轻重的质量（对于制作不恰当的暴露）和展厅有限的暂时性（非永久性和粗鲁的建构），罗马的那些为法西斯政权设计不朽的重要建筑的官方建筑师把设计展览这种不重要的任务留给了年轻的米兰建筑师们。这一系列令人愉悦的设计开始于1934年航空学展示中BBPR（Banfi, Belgioioso Perrassuti and Rogers）布置的“滑翔机展厅”。设计的解决办法是让滑翔机在展厅的空间上方摇摆。在同一个展览中，阿尔比尼设计了“空气动力学展厅”（图2，图3）。悬挂物体的思想在他设计的Ferrarin公寓（1932—1933年）中已经尝试过了。在那里，他为米兰中产阶级的起居室使用了不寻常的张拉家具——一个睡觉用的吊床。

运用情感，特别是基于有效的情感认知的互动，是适应性的思想或行为，它部分地直接来自情感感知或激发的体验，部分地来自学到的认知、社会和行为的技能。阿尔比尼所悬挂的家具部件揭示出一种不同的对建构的理解（重力被拉力所取代），所以他是一个极具独自挑战险境的性格（philobate）的建筑师（一个外表外向的改革者，他就像幽闭恐惧症患者那样寻求整洁光亮的房间）而不是过于偏执（ocnophile）的建筑师（凝视内心的文化监管人，他就像一个迷恋自我的恐旷症患者那样在找寻）。他在设计中展示了拉力的轻巧如何能够转变为设计原则。在一个别墅的起居室设计中，他再次使用了悬吊（图4，图5）。设计在1940年米兰的第七届三年展上展出。在这个起居室里，有另外一个优美的悬挂家具——吊椅。它是对拉力的愉悦沉思的可感知的再现，但是更灵活的一次是发生在意大利切尔维尼亚（Cervinia）的雪地上和天空之下。阿尔比尼1948年在那里完成了他主要的建筑创作之一皮罗瓦诺（Pirovano）避风港酒店，这是一个消隐重力的杰作（图6，图7）。

在上面提到的1940年的展览中，阿尔比尼通过增加一个象征性的悬挂鸟笼（鸟笼由沉重的椭圆基座和伸展的网构成）而增添了一种超现实主义表现。这个优雅的设计方案无意间让人们意识到戈特弗里德·森佩尔（Gottfried Semper）所发现的织物中体现的建构意图所产生的设计的起源。从这个观点来看，织物并不是用在一个简单的隐喻中，它不是被用来基于散漫的或方法上的隐喻陈述（就像“在一个城市结构中编制的小路和大街”）来理解空间，而是必须被视为发展建构实践的形态学过程和理论分析。

回到年轻的米兰建筑师及其在展览的设计中使用的绳索和拉力上来，我将要说明1942年米兰Ragione广场上的“GIL展览”是如何举办的。这个展览由费列里（A. Ferrieri）、弗拉蒂诺（G. Frattino）和甘多尔菲（V. Gandolfi）设计，是关于斜撑拉力的一个庆典。1937年巴黎国际展中BBPR为意大利航海公司漂

8. 弗朗哥·阿尔比尼设计的收音机
8. Franco Albini's radio set

浮展厅所做的设计，使用了张拉绳索支持概念性的展品。这些概念性的桅杆在理想住宅设计中的假想垂直墙中间张拉，这些被记录在 BBPR1942 年做的蒙太奇照片中。这张照片处于同一个追求优雅建构的潮流中。

阿尔比尼 1943 年设计的扶手椅和咖啡桌的优雅建构的开端可以被追溯到这些展品的设计。他对于优雅建构的追求除了体现在家具设计中，还体现在前文别墅起居室的悬挂楼梯设计中，简言之，他展示了笔直的、无重量感的楼梯，体现了悬挂楼梯的思想。在第七届三年展的同年，他发现了伊斯普拉（Ispra）的 Neuffer 别墅中设计的楼梯所遇到问题的令人欣喜的解决方案。方法是悬挂一个螺旋楼梯，这一显著建筑特征将会成为阿尔比尼诸多设计的签名。另一个称得上阿尔比尼最精彩设计之一的悬挂旋转楼梯出现在 1962 年在热那亚设计的 Rosso 广场的修复和改造中。他为米兰的佩里切利亚 · 扎尼尼（Pellicceria Zanini）皮革商店的设计中发展了同样的、不可思议的对“轻”的探求。1945 年的这个设计体现了悬挂物体的潜在和谐，表现在为阻止悬挂结构摇摆的结构策略的精细之中。

阿尔比尼的家具不会像布罗伊尔（Breuer）的椅子那样被模仿。为了建造这些部件，所有的东西在材料和工艺上都是特别的。他在设计策略中吸收了建构，却是以一种非常个人的状态，以一种充满感情的方式把它用于实现这一美妙构想。他的家具部件是不能通过分析过程分解的“耀眼的设计片断”，它们拥有自我复制的能力——情感再现，它可能永远地产生附加的迷惑的再现。阿尔比尼的建筑不能通过模仿的分析过程复制。在这种过程中，生产出的部件看起来像原来的部件一样，却以减少成本为目的采用不同的生产过程，原因在于部件的建构状态，在没有损伤情感效果的情况下是不能被改变的。1938年，阿尔比尼设计了一个置于水晶架子上的收音机，是优雅建构的象征性体现（图8）。为了在一个美妙的创造——安全玻璃——上面放置另一个设备的奇迹——收音机，他获得了格外重要的对建构力量的确认。这个独一无二的建构设计再现了建构自身的强烈信念，即将自己置于对材料的清晰理解中。悬挂的收音机也说明建构的优雅理解如何能够产生独特的物体，很容易地在若干案例中重复，却不能被模仿。

三、一个“轻”的结论

悬挂的物体激发认知的思考，它们是情感的呈现，情感在意识的发展中和智力活动的运作中发挥了重要的作用。不同类型的情感与意识的不同类型或不同程度相关。基于对社会—情感发展的移情、同情和文化影响之上的建筑元素之间的关系是在获得恰当平衡的情况下改善设计过程的根本问题。建构的神经学方法能够让建筑恰当地混合三种基本的艺术：建造好的艺术、思考好的艺术和生活好的艺术。

对于“轻”的任务和特征的评价成为设想建筑结构的一个基本评判标准。建构的思想和结构在吸引和模仿的过程中产生共鸣，把当前体验的过程同世界的过去联系在一起。轻——一种情感上模糊的状态——提出能够赋予建筑物以意义而不是分享一种感觉的问题。“轻”的建筑获得了人类思想的力量，它们是人类精神在物质现实中的体现。对于“轻”的任务和自然状态的评估成为设想有威慑力的建筑结构的一个基本评判标准。这种惊奇在吸引和模仿的过程中产生共鸣，基于对未来的考虑，通过建筑中的居住行为展示一种智力的启迪，把当前体验的过程同世界的过去联系在一起。

建筑的优雅开始于令人愉悦的结构，在那里“轻”是技术思考积极的和生产性的情感，能够影响到个体居住的生理和特征，甚至影响到后续的行为。建构的情感不断地出现在通常状况下通常的思想中，它是为了投入到创造性的和建设性的努力中以及获得幸福感的核心动机。兴趣及其与其他情感的互动解释了选择性的互动，它反过来也影响了所有其他的精神过程。建构的治疗和教育力量是必要的，但是它也具有对于个体和社会产生的建筑的“玩忽职守”的消极作用。玩忽职守不是用来指建筑不能站立起来，而是指建筑是否呈现了极端诱惑的时尚但是情感上却不当的建构表达，它可以破坏居者的精神—生理神经学上的（phyco-physiological neurological）和继起的情感上的幸福。

注释

1 这个圣殿是一个令人印象深刻的存放惊人物品的地方，一个摆满可怕蜡像容纳记忆的场所，一个蜡制解剖片断和病态奉献物所构成的装饰镶嵌。

2 与占星家的图像相关的特征讨论参见 Garin（1991 年）。

3 绘画中的多面体是反射、折射和透视的杰作。戴维斯称它表面的光亮区域反射窗外的风景。关于绘画和复杂的图像学参见 Guarino（1981 年）。

4 中世纪建筑史家保罗·弗兰克尔（Paul Frankl）在他的著作“The Gothic: Literary Sources and Interpretations through Eight Centuries”引用了大量描述奇异玻璃建筑的传说。

5 这些假定的原因在于存在于“思考”(think)和“事物”(thing)之间的密切的词源学关系。进一步说，“cosa”(事物) 的意大利语词源揭示了建筑物是思考的原因，因为这个词来源于拉丁语 “causa”（原因）而不是由同样意思的拉丁语“res”。展厅的物品让我们的目光惊讶地停下来。这种停滞是人类在事物的真实性的模糊中存在的方式。在这种方式下，整个人类身体，从头到脚，能够体验和表达奇迹的事实。

参考文献

[1] George Spencer-Brown, Laws of Form (New York: Julian, 1977), p. 3.

[2] Vilayanur Ramachandran. San Diego Union Tribune (May 7, 1999, A1, A19)

[3] Le Corbusier, Towards a New Architecture, (New York: Dover Publications, 1985) p.59; my Italic.

[4] Alexander Gottlieb Baumgarten, Aesthetica Scripsit Alexand.Gottlieb Bavmgarten, (Charleston, SC: Nabu Press, 2010)

[5] Tafuri,1990:5-46.

作者简介

马可·弗拉斯卡里，男，加拿大渥太华卡罗顿大学建筑学院 前任院长、教授

译者简介

王颖，女，比利时天主教鲁汶大学建筑城市与规划系 博士研究生

校者简介

王飞，男，香港大学建筑学院 助教授，上海加十国际 合伙人

绘制欲望

解读瓦尔斯温泉浴场的抵抗与制作

Drawing Desire

Resistance and Facture in Drawing-out the Valser Therme

[美]马修·曼德拉普 著　　孙娜佳 严晓花 译　　王颖 王飞 校

Matthew MINDRUP, Translated by SUN Najia, YAN Xiaohua, Proofread by WANG Ying, WANG Fei

（画出的）线条不再模仿可见物；它“描绘可见物”；它是事物起源的蓝图。[1]183

——莫里斯·梅洛-庞蒂（Maurice Merleau-Ponty）

一、引言

通过在纸上绘制线条，建筑师激活了本来沉默的材料，把单调的表面转换为有效的空间。英语词典使用诸如“表演”、“艺术”和“图像”等词语来定义“绘图”。然而，随着每一根线条的增加，建筑师也同时体验着“绘图”作为“抽出”或暴露内心欲望的第二种意义。新项目开始的时候，被指定的场地形象通常是不完整的，因此设计就包含了建筑师使设计想法视觉化的多种方法。艺术史家兼评论家詹姆斯·埃尔金（James Elkins）在他自己的作品中曾观察到类似的外界图像和头脑中图像的转换：

我所画的每一根线条都重塑了纸上的图形，与此同时也重塑了我头脑中的图像。此外，画出的线条重塑了原来的方案，因为它改变了我的感知能力。[1]

埃尔金的评论揭示了绘图行为的一个关键特征。空白纸张上每增加的一笔都记录了一个目的行为，并引导建筑师进入到眼前出现的图形结构与其头脑中图像的辩证思考中。这样，手绘图作为工具在建筑师的作品中扮演了重要角色，它不仅记录预先的想法，也帮助建筑师形成新的想法。

建筑师运用绘图过程研究建造的物质行为及建造经验，绘制建筑。无论他是否混合了个人和传统的描绘建筑元素的方法，绘图的原初目的都是预见和理解一个构想的项目。意大利建筑师卡洛·斯卡帕（Carlo Scarpa）在谈到他的设计过程时，肯定了在他作品中对绘图的应用，指出原因在于"我想理解事物，我不相信任何别的手段；我想理解事物，所以我才画。只有画下事物时，我才能看到某种意象"[2]。由于绘图行为在很多方面依赖于记忆，所以建筑师既有的思想、图像和经验强烈地影响着图纸上的产品。这意味着建筑师如果想要创造新的设计，就必须采用使自己超越预先想法和标准化过程的绘图方法。

建筑图纸是表达建筑元素的一种标记性符号，因此它们绝不仅仅是预先想好的、关于设计的一种常规描述的集合。相反，特意的标记、意外和未完成的状态都能产生激发建筑师的想象和引导创作构思的"开放区域"。瑞士建筑师彼得·卒姆托（Peter Zumthor）指出，图纸作为工具帮助建筑师发现来自场地、项目和建筑建造方法的新设计的方式具有相当的重要性：

> 如果建筑绘图的表现和绘画技巧过好，或者，如果其中缺少让我们对所描绘现实的想象和好奇穿透图像的"开放区域"，那么对建筑的描绘本身将成为我们设计的目标。同时，我们对现实的渴求将减少。这是因为在表现中已经没有什么可以超越表现而指向预期的现实的东西了。[3]13

为了抵抗图纸呈现出的视觉上的相似性，卒姆托鼓励建筑师探索一种再现法，以作为让那些还没有被物质化呈现的场所发出自己声音的方法。他描述了自己的方法，即利用线条和颜色的不同特征绘制项目的原初图纸。这些项目实例包括 1993 年瑞士库尔的老年之家，1996 年瑞士瓦尔斯的温泉浴场，1997 年奥地利布雷根茨的布雷根茨美术馆。[4] 意大利建筑师和理论家马可·弗拉斯卡里（Marco Frascari）在其最近出版的建筑图的"魔法书"中，也倡导了一种他认为起源于模拟建造的绘图的类似应用。[5]96-102 然而，正是由于图纸和建筑物间的这种建构性想象，任何一方的材料都能产生对另一方的抵抗。下文将探究绘制的建筑和建造的建筑之间的抵抗，观察它如何作为建筑师创造新设计的中介。致力于图像的绘制，可以引导建筑师们思考相应的建造，从而反驳设计者某些时候无节制的形式想象的野心。

二、制图和建造

如今，建筑学中的诸多实践已经脱离了建造的物质活动，因此，建筑师必须采用多样的绘图方法，其中包括用于研究和探索建造方案的绘图。尽管对建筑师来说，“绘图”这个词意味着多种视觉的图像，包括施工图、设计图、分析、细部和通过电脑或少数用铅笔、钢笔、木炭棒、蜡笔等手绘完成的草图。然而，绘图工具和过程各异，结果也各异。将铅笔在图纸表面划过，不会自然地产生一根连续的线，而是一根变化的、或粗或细的线。线条的特征变化很重要，原因在于不同的线条能在建筑师头脑中激发不同的联想。

像思考建筑的建造一样思考建筑的图纸，就是把图纸作为其制作过程的记录。“制作”（facture）一词来源于拉丁语中的动词“facio”和“facere”的过去分词，有“制造”（make）和“做”（do）的意思。[2] 对弗拉斯卡里来说，线条在制图桌上的正投影有其在建造上合理的起源。他认为，施工现场的拉线和建筑各部分的安排历史地形成了建筑制图所选择的标记和描述的基础。[5]96-102 像建筑一样，图纸也是由具有不同制作方式的材料构成的。图纸中的每一条钢笔或铅笔的线条、炭笔的痕迹、涂抹、擦除和模糊都具有表达的功能和对所设计建筑的建造和体验的意义。这样，绘图成为建筑物质性不在场时的中间媒介和替代物。

建筑师使用制图研究和探索建造的能力意味着我们对建造的感知和对制图的感知之间也有一种内在联系。在一个关于空间的现象学讨论中，研究材质想象的法国哲学家加斯顿·巴什拉（Gaston Bachelard）观察到参观者进入空间的同时，空间也会进入和占据参观者。[6] 他认为：

当然，多亏了房子，它容纳了我们的很多记忆。如果房子有点复杂，譬如，它有地窖、阁楼、角落和走廊，容纳我们记忆的地方将会得到更清晰的描绘。

同样，在绘图时，绘图者的手直接与头脑中的图像合作。对建筑师来说，设计项目的图像是与内在头脑中的图像和手绘草图同时产生的。关于绘画，法国现象学家莫里斯·梅洛-庞蒂（Maurice Merleau-Ponty）做了一个对比的断言：“保尔·瓦莱里（Paul Valery）说，画家‘要带上他的身体’。的确，我们无法想象精神能够绘画。”[1]162 因为建筑最基本的功能就是容纳身体，所以无法想象精神能够从身体的体验中分离出来构思建筑。思考并没有远离身体的体验，而是联系、提取和组织它。正是这种活生生现实的体现使得另外两个分离的事物——制图和建造之间的想法得以互换。

1.2. 彼得·卒姆托：瓦尔斯温泉浴场的“体块绘图”，约1991—1992
1.2. Peter Zumthor: 'Block Drawing' of Valser Therme, c. 1991—1992

尽管创造事物间认知关联的能力过去被认为与它在比喻修辞形成中的口语和书面语的应用有关，但是神经系统科学家和哲学家却提出它直接产生于我们身体在世界中的感知。埃里克 · 坎德尔（Eric Kandel）从 1970 年开始进行了一些实验，证明了关于人类体验的记忆并不存在于大脑中的任何一个特定位置，而是分布在大脑的神经回路中。这些神经回路在被重新激起前处于一种静止状态。[7] 神经系统科学家杰奎因 · M. 福斯特（Joaquín M. Fuster）肯定了经济学家兼哲学家弗里德里希 · 哈耶克（Friedrich Hayek）一篇早期的文章，即感知的神经学过程是一种解释和分类的行为。[8,9] 在一次关于共同感觉的专门讨论中，拉玛钱德朗（Vilayanur Ramachandran）指出 :“艺术家、诗人和小说家所共同具有的是形成比喻修辞、把头脑中看似无关的概念联系到一起的能力”。[10,11] 哲学家马克 · 约翰逊（Mark Johnson）认为 :“比喻或许是我们在不同类别间形成结构以建立意义间的新联系和组织关系的核心方法。”[12,13] 在建筑中，哈里 · 马尔格雷夫（Harry Mallgrave）、朱汉尼 · 帕拉斯玛（Juhani Pallasmaa）和弗拉斯卡里都没有把比喻的形成看成是建筑中创造视觉暗示的理由，而是看成对制图和建造间内在联系的解释。[3] 尤其对弗拉斯卡里来说，在比喻创造了两个事物基本特性之间联系的地方，存在着制图和建造的一个相似的镜像。

因此，我们的概念体系是由我们周围的建筑产生的；我们建造建筑，它们同时也塑造了我们。建筑由体验构成，而体验又由建筑构成。图中也存在这样的镜像关系。[5]6

然而，手绘的线条并不是建筑物的线条，也很难给人以未来空间知觉体验的真实印象。更确切地说，建筑图纸的运用就像比喻之于它们最初的希腊词源“metapherein”，或者知觉信息从一个物体到另一个物体的“转移”。因此从比喻

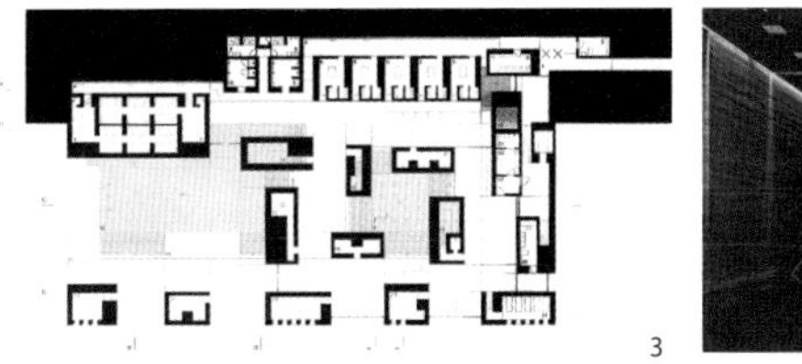

3. 彼得·卒姆托：浴场层平面，瓦尔斯温泉浴场，1996
4. 彼得·卒姆托：浴场层，瓦尔斯温泉浴场

3. Peter Zumthor: plan of bathing level, Valser Therme, 1996
4. Peter Zumthor: bathing level, Valser Therme

的构成来看，绘图法的效果取决于它怎样被翻译成建造法，反之亦然。在瑞士瓦尔斯浴场项目设计的早期阶段，卒姆托寻求发展一种类似的可以帮助他构思并交流设计项目的空间和建造含义的绘图方法。

三、卒姆托的温泉浴场设计中的制作与抵抗

瓦尔斯温泉浴场位于瑞士瓦尔斯阿尔卑斯山的偏远村庄，是连接着一家旅馆的大型洗浴综合体。浴场于 1996 年建成，它举世闻名的原因在于其利用当地又细又长的瓦尔斯石英岩横板，创建出能容纳不同温度的沐浴、冲淋、蒸气室和休息间的 15 个独立单体空间，并创造了丰富的视线、声音和气味的感官环境（图 1，图 2）。这个获得高度评价的现代建筑代表作通过照片的再现被广泛出版，而事实上如果从它的实现过程中图纸和模型的作用角度来考察也同样很有价值。卒姆托解释说，在设计过程的初始阶段，他思考的是如何可以创造一种洗浴的体验，就像 1000 年前人们通过观察场地和当地材料所做的那样。[14]23 受瓦尔斯石英岩自然的和结构的特征启发，卒姆托决定浴场将采用一种比场地周围任何其他东西都要古老的建筑态度。[14]23 为此，他在开始之初假定，预想的图像和预制的形式只会影响他找到“文化上天真”的设计概念的能力。[3]29 这些具有返祖性的动机需要一种使得卒姆托的想象超越传统方式的办法。

在浴场设计的初始阶段，卒姆托回忆了若干幅被他称为“站在水里的岩石”的速写如何引导设计项目连续反复地推进（图 3，图 4）。[14]27 卒姆托最初作为“方形速写”或“体块图纸”提及的图纸频繁出现在项目的出版物中，其中主要表现的是矩形的黑色和蓝色色块，它们是通过把彩色蜡笔的杆身横放在描图纸

5. 路易·康：金贝尔美术馆的平面木炭画，1968—1969
6. 恩里克·米拉莱斯：摩雷德尔水手谷公园和市府大厦的蜡笔速写，西班牙，1992
7. 彼得·卒姆托：瓦尔斯温泉浴场初步的 1: 50 石头模型，约 1991—1992

5. Louis Kahn: charcoal plan of Kimbell Art Museum. 1968—1969
6. Enric Miralles: crayon sketch for Mollet del Valles Park and Civic Center, Spain, 1992.
7. Peter Zumthor: preliminary 1: 50 stone model of Valser Therme, c.1991—1992.

上进行纵向或横向的拖曳而形成的。[14] 38,58 黑色蜡笔的线条更多集中在画面上部，分散在蓝色色块和底部黑色水平或垂直的线条之间。仔细比较卒姆托浴场建筑的最初设计图纸和施工图纸，我们可以发现其建造中一个潜在的方法：在几乎每一张浴场的木炭画里，石块都被逐步地从顶部到底部分层，与来访者被安排从入口到更衣室、从室外水池到下面山谷观看点的“漫步”方式类似。[14]80 画面上没有涂抹的痕迹，表明建筑师并没有重新思考或对纸面上的图像进行重绘。而且，整套图中的每一张都是迅速完成的，一张接一张地探索建筑师想法里的下一张草图。

与卒姆托相似，美国建筑师路易·康（Louis Kahn）和西班牙建筑师恩里克·米拉莱斯（Enric Miralles）都各自对绘图媒介在发展设计中扮演的角色具有浓厚兴趣。康的金贝尔美术馆平面展示了大胆的徒手修改和重绘——用木炭棒的尖端来强调边缘和界限（图 5）。沉迷于制作中，康用木炭棒加强线条或部分画面来强调重点，而不像卒姆托的绘图方式更多的是在重复、弄脏和反复描绘它的许多方面。相反，米拉莱斯在摩雷德尔水手谷公园和市府大厦的速写中对蜡笔的运用和卒姆托对媒介的探索，暗示了建造的形式并抵抗其他做法（图 6）。米拉莱斯改变蜡笔划过纸面的压力，而没有进行涂抹；有时候比起更确定的、充满随机菱形块的、紧绷的锯齿形斑块，轻盈的尝试性线条则表达了可能形式的区域。米拉莱斯和卒姆托的绘图都没有表达形式的准确比例和几何。然而，在一次有关设计过程的讨论中，卒姆托极力地强调了制图在浴场项目发展中的帮助作用，指出建造的想象是源于材料而非形式。

卒姆托通过在纸面上拖曳彩色蜡笔，力图发展一种制图的方法来帮助他同时构思和交流设计项目的空间和建造含义。然而，建筑元素的传统表现方式（包括墙、窗、楼梯等）在他早期的平面图中是看不到的。正如他所回忆的：

我记得这种自由的感觉，它们在探索布局问题的过程中，在基于石材研究解决问题的时候，在自然产生的图纸中赋予它们以形状的时候，在通过谈论它们试图理解它们的时候。[14]38

卒姆托解释说这些图纸由场地的形象所激发，“仿佛它曾经是一个采石场，从中雕刻出巨大的石块然后再加上其他石块”。当这个形象占据并点燃了卒姆托的想象的时候，正处于项目的早期阶段，这时还不知道浴场将由松散的材料建造，“不像我们的石块研究——它们知道”。[14]38 然而，在图纸中，彩色蜡笔画出的体块不是石头或水，也很难成为空间触觉特性的替代品，这表明建筑师必须采用绘图来研究设计项目的其他方面。

卒姆托声称，他对于绘图和建筑内在联系的理解受到了美国诗人威廉·卡洛斯·威廉斯（William Carlos Williams）的启发。威廉斯深信“思想只存在于事物本身之中”[3]27。卒姆托把建筑物的这种特殊物质性称作“气氛”，每个建筑都有属于自己的独特气氛。通过绘制图纸，他相信建筑师能够发现给定场所的气氛，“不是通过简单地让我们头脑中的建筑原始图像成形”，而是通过绘制它们来帮助回答场地、项目和建筑建造方式所引出的问题。[3]13-29 如果一个场所的气氛就是具体事物本身，卒姆托的图纸的材料和制作必定要帮助他感知完成了的场所的营造。

不同材料及过程创造了不同的制作法，故不同媒介不能作为材料的通用表达，而只为其自身性质所特有。帕拉斯玛指出在当代设计实践中的这种不同：

工具不是中立的，它们扩大了我们的技能，在特定情况下指导我们的行为和想法。为了达到绘制建筑项目的目的，木炭、铅笔、毛笔和电脑鼠标是平等的并可以相互转换的观点完全曲解了手、工具和思想相结合的精华。[15]

在早期阶段，卒姆托准备了一个 1 ∶ 50 的石头体块模型，并以正确角度安装，每一块石料支撑了一个悬臂厚板（图 7）。[5] 作为石块的构成，这个模型展示了卒姆托最初的想法：挖出整体庞大的石块，通过建造和挖空来建造浴场。[14]38-42 这种建造方法后来被证明非常昂贵，因而代之以新方法，即水平堆叠瓦尔斯石英岩板来构成体量。然而，石块模型看起来与最初的图纸和竣工建筑的形象是如此接近，以至于很难想象它并不是设计过程中最早的想法。

罗马尼亚雕塑家康斯坦丁·布朗库西（Constantin Brâncusi）解释了不同媒介

促使建造成功的关键在于其独有的特性：

你不能做你想做的，你只能做材料允许你做的。你不能用大理石做本该由木头做的东西，或者用木头来做本该由石头做的东西......换言之，我们不能强迫材料说我们的语言，我们必须伴随它们，直到他人也能理解它们的语言。[18]

正因为对材料有着与布朗库西相似的理解，卒姆托发展了一套与“实体的物体”共事的独特设计过程：“这里没有卡纸模型。事实上，根本不存在传统意义上的‘模型’，只有实体的物体以及在特定尺度中的三维作品。”[3]58 对卒姆托来说，有关建筑材料和空间的敏感记忆是场所设计的宝库。为了设计一个新的建筑，他相信正是建筑物材料和结构的真实性才使得建筑师能根据其性能来发展一个“从实际物体出发又归于实际物体”的建筑。为了这个目的，卒姆托提醒我们对于材料处理的经验：“我们认识所有材料，可是我们并不了解它们。为了设计，为了创造建筑，我们必须学会有意识地运用它们。”以这种方式，卒姆托试图颠倒从想法到平面再到实体物体的标准实践过程。正如他提出的：

我们内心图像的具体特性和感官特性帮助我们避免失去与建筑实际特性的联系，也避免沉迷于图纸的图像特性而将其与真实建筑的特性混淆。[3]59

然而，仅仅处理实在的物体不足以做出设计，如布朗库西指出的那样，设计的目的能够存在于对预先想法的抵抗之中。艺术理论家安东·艾伦茨威格（Anton Ehrenzweig）支持在创造性努力过程中对媒介的抵抗，他曾警告说：

只有在所有的有意控制都被消除时，创造性才能总是与欢乐的时刻相联系。没有被充分意识到的一点是在有意识的智力活动和无意识的直觉这两种感觉之间存在着真正的冲突。创造性思考者如果必须处理几何图形或建筑图表等自身精确的元素并不是什么好事。[7]

卒姆托早期的蜡笔画揭示了制作的一种方法，即通过抵抗“建筑绘图的自然主义和图画技巧”来创造想象力的“开放区域”以获取想法。[3]13 在这些例子中，不用涂抹的平面图制作与用巨大笨拙的石头发展建筑模型有着相同的效果，这是因为石头不能被切割或改变成理想的形式。更进一步地说，是模型中石头的具体性而非建筑师决定了建筑形式和空间的独有配置。相反，图纸的标记、意外和未完成的状态作为“开放区域”被保留下来，从而激发了建筑师的想象和创造性思考。在一次有关卒姆托设计过程的描述中，他解释了设计项目的内在图像在绘图过程中是如何逐渐展示出来的：

随着内在的图像或图纸中新线条的实现，整个设计都会改变，就在瞬间的制作过程中被重新表达。就好像是一种强劲的药物突然生效。我先前对于正在设计的事物的一切认知被一道崭新的亮光所吞没。[3]20

作为一个绘图者，卒姆托从用黑色蜡笔描绘“体块”开始。就在标记开始显现出来、与绘图的手相互作用的时候，绘图的触觉行为引导建筑师随着绘图的过程一起思考。由于绘图材料类似于可能的建筑材料，就仿佛正在纸面上建造建筑一样。

四、小结

通过引导建筑师的意愿，作为激发设计灵感的制图法的运用可以引导建筑师用建筑来思考，而不是思考建筑。在关于绘图的现象学的讨论中，艺术评论家大卫·罗桑德（David Rosand）为作为空间和触觉练习的图纸和物体之间内在关联的类似形式争辩。在其中，“不同的绘图模式代表着不同的认识和理解模式”[16]。想象中的场所的气氛存在于其材质的制作中，神经系统科学已经展示了建筑图纸的制作如何作为分析建造的媒介。图纸上每增加的一笔都在鼓励建筑师去思索它们如何为呈现在建筑师想象中的建造气氛做出贡献。通过这种方式，图纸呈现了建筑师所追求的项目的品质。它不仅用来说明想法，而且还是创造工作与生俱来的一部分，直至项目建造的完成。

注释

1 詹姆斯·埃尔金语，摘自他 2004 年 1 月 29 日写给约翰·伯格（John Berger）的一封信。转摘自 John Berger. Berger on Drawing [M]. 2nd,Cork, Ireland: Occasional Press, 2007: 212.

2 弗拉斯卡里将我引介洛萨默，使我能参与到关于着色独立于材料与应用技术的结合之外的讨论之中，由此我欠弗拉斯卡里一份人情。David Summers. Real Spaces: World Art History and the Rise of Western Modernism[M]. London: Phaidon, 2003: 74.

3 见“*Metaphor: Architecutre of Embodiment*”，马尔格雷夫，第 12 章，第 159—187 页；帕拉斯玛，第 66—69 页；弗拉斯卡里，第 6，第 65—68 页。

4 豪泽在上述文献中描述了这种材料和绘图方式。

5 卒姆托解释，他在以 1 ： 50 的比例设计瓦尔斯温泉浴场的过程中创作了这个模型，随后在向社区申请项目建设许可的会面中使用了这个模型。而之后随着项目的开展，它的形式和建造改变了。出自卒姆托 2004 年 6 月 23 日写给本文作者的邮件。

6 引自 Dorothy Dudley. Brancusi [J]. The Dial 82,1927(2): 124. 由帕拉斯玛在其著作第 55 页中引用。

7 Anton Ehrenzweig. The Hidden Order of Art [M]. St. Albans, Hertfordshire: Paladin 1967: 57. 由帕拉斯玛在其著作第 96 页中引用。

参考文献

[1] Maurice Merleau-Ponty. The Primacy of Perception: And Other Essays on Phenomenological Psychology, the Philosophy of Art, History and Politics[M]. Ed, James M. Edie. Trans, William Cobb. Northwestern University Press, 1964.

[2] Francesco Dal Co, Giuseppe Mazzariol. Carlo Scarpa: The Complete Works [M]. Milano: Electa; New York Rizzoli, 1984: 242.

[3] Peter Zumthor. Thinking Architecture[M]. Baden, Switzerland: Lars Müller Publishers, 1998.

[4] Peter Zumthor. Peter Zumthor Works: Buildings and Projects 1979-1997 [M]. Baden: Lars Müller Publishers, 1998: 80, 157, 160, 215.

[5] Marco Frascari. Eleven Exercises in the Art of Architectural Drawing: Slow Food for the Architect's Imagination[M]. Routledge, 2011.

[6] Gaston Bachelard. The Poetics of Space[M]. Boston, Mass: Beacon Press, 1994: 8.

[7] Eric R. Kandel. In Search of Memory: The Emergence of a New Science of Mind [M]. New York: Norten, 2006.

[8] Joaquín M. Funster. Memory in the Cerebral Cortex: An Empirical Approach to Neural Networks in the Human and Nonhuman Primate[M]. Cambridge, MA: MIT Press, 1995: 2, 35;

[9] Friedrich Hayak. The Sensory Order: An Inquiry into the Foundations of Theoretical Psychology [M]. Chicago: University of Chicago Press, 1976; orig. 1952.

[10] V.S. Ramachandran. A Brief Tour of Human Consciousness: From Imposter Poodles to Purple Numbers [M]. New York: Pi Press, 2004: 71.

[11] Harry Francis Mallgrave. The Architect's Brain: Neuroscience, Creativity, and Architecture [M]. Wiley-Blackwell, 2011: 174, n 36.

[12] Mark Johnson. The Body in the Mind: The Bodily Basis of Meaning, Imagination and Reason [M]. Chicago: University of Chicago Press, 1989: 171.

[13] Harry Francis Mallgrave. The Architect's Brain: Neuroscience, Creativity, and Architecture [M]. Wiley-Blackwell, 2011: 171, n 47.

[14] Sigrid Hauser. Peter Zumthor Therme Vals [M]. Ed. Peter Zumthor. Zurich: Verlag Scheidegger and Spiess, 2007.

[15] Juhani Pallasmaa. The Thinking Hand: Existential and Embodied Wisdom in Architecture [M]. Wiley, 2009: 50.

[16] David Rosand. Drawing Acts: Studies in Graphic Expression and Representation [M]. Cambridge University Press, 2002: 13.

作者简介

马修·曼德拉普，男，美国宾夕法尼亚玛丽伍德大学建筑学院 助教授

译者简介

孙娜佳，女，上海加十建筑工程设计有限公司 建筑师

严晓花，女，《时代建筑》编辑

校者简介

王飞，男，香港大学建筑学院 助教授，上海加十国际 合伙人

建构与结构、材料

超越理性主义的日本当代建筑

触发形态自由的结构方法

Super-Rationalism Contemporary Japanese in Architecture

A Structural Method towards Free Forms

郭屹民
GUO Yimin

埃菲尔铁塔和自由女神像是亚历山大·古斯塔夫·埃菲尔（Alexandre Gustave Eiffel）一生最伟大的两件作品。前者是一个构筑物，后者是一件雕塑物，以截然不同的形态示人。尽管两者都不能算作建筑，却以各自的形态诠释了两类极端的建筑结构方式：本体的与再现的。这两则 19 世纪晚期的作品一方面标签式地标注出欧美大陆间文化价值观的泾渭分明，同时也大致勾勒出 19 世纪的建筑形态与技术飞跃之间矛盾的窘境 [1]。

一、“形态”的含义

“形态”一词的中文与日文（“形態”，音“kei-tai”）汉字相同，表述含义也基本一致，即外在可见的形和内部存在的秩序。小林克弘（Kobayashi Katsuhiro）在比较“形态”与“形式”时指出：“对于形式而言，与其说是指目之所及的形，不如说其更指向附加秩序的状态。或者说其更接近‘构成’的含义。”[1] 就“形式”而言，其更加关注于“形”的成立“方式”，即小林所指“构成”之意。而“所谓建筑上的构成（construction）是指将个体造型要素自身内容（象征的、寓意的，等等）剥离后的目的抽象化，并根据要素间的位置关系来重构以意义为目标的、近代所特有的造形概念。”[2]“形态”（form）的西文释义，汤泽正信（Yuzawa Masanobu）做过如下引述：“形态有以下三重意义：外部形态（exterior form）即可视的形（visual shape）；内部形态（internal form）即结构（structure）；以及变化、转化性质的变换（transformation）”[3]。“结构”显然是指抽象意义上要素位置的“构成”。此外“变化、转化性质的变换”加入到“形态”的含义中，反映出“形态”动态性的一面。与“form”相对的，高木隆司（Takagi Ryuji）在《形的词典》中将其与“morphology”（形态学）之间的差异进行了比较：“‘morphology’一词的起源是19世纪中期，希腊语的‘morph’（形）与‘logos’（语言、理论）结合而来的造词，也可称之为形态学，被认为是暗示了形及其生命运动的浪漫主义歌德式命名……（它）作为生物学上形态变化或组织体的起点，同‘form’、‘shape’、‘type’、‘figure’、‘configuration’等词语相似却有着本质区别，是一个包含有可见的和不可见的‘深层内涵’的单词。”[4]事实上，当“morphologie”被歌德（Johann Wolfgang von Goethe）引入生物学领域之时，就同他所倡导的“原型”变换理论之间有着密切的关联[5]。综上所述可知，“形态”（form）除了外部可见的形，其内部还包含着两种性质截然不同的结构：由要素位置关系所形成的静态“构成”和由形态“原型”变换具有的动态“生成”，即“morphology”的意义所在。自柏拉图（Plato）《蒂迈欧篇》[6]中确立了有关形态几何学的观点之后，无论是文艺复兴时期阿尔伯蒂（Leon Battista Alberti）的《论建筑》[7]、帕拉第奥（Andrea Palladio）的《建筑四书》[8]有关形态几何比例的规则性，还是19世纪末20世纪初海因里希·沃尔夫林（Heinrich Wölfflin）的《美术史的基本概念——关于近代美术样式发展的问题》[9]、保罗·弗兰克（Paul Frankl）的《建筑造型原理的展开》[10]，乃至近现代柯林·罗（Colin Rowe）等的《透明性》[11]、彼得·艾森曼（Peter D. Eisenman）的《概念建筑》[12]、塞西尔·巴尔蒙德（Cecil Balmond）的《异规》[13]等，这些针对形态的研究和著述，都将关注的焦点局限于静态“构成”的讨论。事实上，这种由位置关系构成的形态观因其内向的封闭性导致其无视外部关联，当然这也是其呈现静态的根本原因。“……造型美术所有的一切都是形式。因此，完全的形式分析无疑会导致对精神的掌控。”[14]沃尔夫林的这段话明白无误地表达了这种基于形态结构静态分析的形式主义的自律倾向特征。自律的形式主义忽视形态具有丰富性，无视文化特质和时代背景，剥离对象性地将某种普遍性作为形态分析的目标。另一方面，他律的动态“生成”则观照形态的外部存在，对象化地将文化性、时代性等具体化内容同形态关联。作为动态“生成”需要的“原动力”，反映出形态外部关联同内部生成之间的密切性。“原动力”对形态产生持续推动，势必要具有恒久性和指向性两个特征。作为抵抗重力的结构技术从建筑形态出现之初就被确认为是这种“原动力”的具象化，结构始终是建筑形态的“本体”。山本学治（Yamamoto Gakuji）认为：“技术的停滞带来的是‘样式连续’，在‘样式连续’之中，人类所具有的创造力就只能停留于对形式美的专注上了。”[15] 而技术的进步则意味着“样式的更迭”。“本体”与“再现”的更迭最终呈现为历史上建筑样式的发展。本文将建筑形态作为研究对象，通过对形态内部结构动态生成的分析，一方面可以避免陷入形式主义的片面性，另一方面试图从本体变化的角度来揭示其与再现形态之间的关系。因此，与其说本文摒弃沃尔夫林自律形态观的方法，倒不如说是基于里格尔（Alois Riegl）形态观的历史发展态度[2]。

二、 结构与样式

事实上正是基于对结构的理解，日本传统建筑样式尽管在不同时期接收了大量样式的输入，但最终完成了具有自身特征的形态样式。在木村俊彦（Kimura Toshihiko）看来，如果没有地震和台风，就不会出现日本独特的传统建筑，也不会有我们今天看到的日本当代建筑，尽管就像传统时期所受他律文化影响一样，从接受西方现代主义影响开始，当代的日本建筑也同样完成了这种对他律文化的吸收。佐佐木睦郎（Sasaki Mutsuro）说：“当代日本建筑师的作品都会被认为是带有某种日本独有的感觉，而这种感觉却是来自于当代日本建筑形态中有意识或无意识地抵抗水平力的结构方式的存在。”[16] 无疑，当代日本所经历的建筑自主化过程，同样是建立在对结构这一确立形态（样式）的本体认知之上的。因此，如果要试图界定当代日本建筑形态问题的话，一方面必须从结构在日本建筑当代化过程中的作用来分析，另一方面也必须对日本现代主义的源流给予说明。除去早先的分离派运动以及创宇社建筑会之外，以前川国男（Maegawa Kunio）、坂仓准三（Sakakura Junzo）、吉坂隆正（Yoshizaka Takamasa）为代表的柯布西耶（Le Corbusier）的日本弟子们将正统的西方现代主义带到日本。撇去其间柯布西耶的风格变化，不可否认的是，尽管日本的现代主义并不纯粹，但是来自西方现代主义的影响却是深刻而明显的。这一点在 1953 年完成的“丹下健三（Tange Kenzo）自宅”和筱原一男（Shinohara Kazuo）的“久我山之家”中都存有萨伏伊别墅的原型就可见一斑。而清家清（Seike Kiyoshi）在

“我的家”中则将现代主义工业化的材料、结构、建造混合集成，传递出一种对传统进行现代主义再现的尝试。在铃木博之（Suzuki Hiroyuki）看来，20 世纪 60 年代是日本近代与现代（当代）的分界 [17]。同时期的代代木国立竞技场和大阪世博会庆典广场以结构表现的形态成为日本现代建筑开始步入世界的标志。因此，在日本建筑从现代主义发展至当代的过程中，一方面始终受到来自传统“结构即形态”[3] 观念的影响，另一方面始终受到结构作为形态文化身份保证的观念的影响。由此，双重观念烙印下呈现出来的日本当代建筑，便形成试图以动态生成为视角，基于结构方法的建筑形态分析基础。

三、从“普遍性”到“操作性”

作为前提，对日本建筑的“当代”，即“当代”的跨度及其背景给予界定是必要的。尽管铃木博之将 20 世纪 60 年代作为日本近现代之间的分界，但经历了 70 年代石油危机影响下的技术停滞、形态的后现代符号化转变，80 年代经济复苏及后现代主义终结、解构主义与高技派出现，90 年代结构重新恢复与形态的结合以及信息社会的开端，在这段当代化的过程中，日本建筑的发展呈现出阶段性震荡变迁。1995 年或许是这种震荡爆发的一年，这一年无论是在社会层面还是建筑层面，都对当代日本产生了持续的影响。首先阪神大地震和东京地铁沙林事件从物质和精神两方面对尚存的现实乐观主义敲响了警钟，“Windows95”开启的“网络元年”和手机用户激增则再一次将大众抛向了虚拟世界；建筑一时间也将这种流动的、有机的虚幻性纳入到可接受的视觉观念中，F.O.A 的“横滨客运码头方案”和伊东丰雄（Ito Toyo）的“仙台媒体科技方案”纷纷在这一年中获得优胜，坂茂（Shigeru Ban）不可思议地用“纸”建成了教堂，谷口吉生（Taniguchi Yoshiro）的“葛西临海展望台”则第一次把“轻、薄、透”的建筑可能性展现在世人面前，另外一批“70 后”建筑师本着他们对计算机的了解展现出信息化时代建筑具有的可能性 [4]。这一切都可以将 1995 年锁定为日本建筑当代的开始。同时，这些事件也将完全不同于现代主义试图构建社会共同目标的理想，当代的信息化、个体化和透明化已经展露出一种彻底颠覆现代主义统治基础的新时代的到来。而这一切是如此的令人印象深刻。伊东丰雄就此对当代建筑的特征作了如下的总结：对形态表层的执着，模糊的流动性，形态的直觉性，无阶层的平坦性以及无文脉的消费性 [5]。冈村仁（Okamura Satoshi）认为这种从现代主义到当代的巨变是由于从“普遍性”到“操作性”

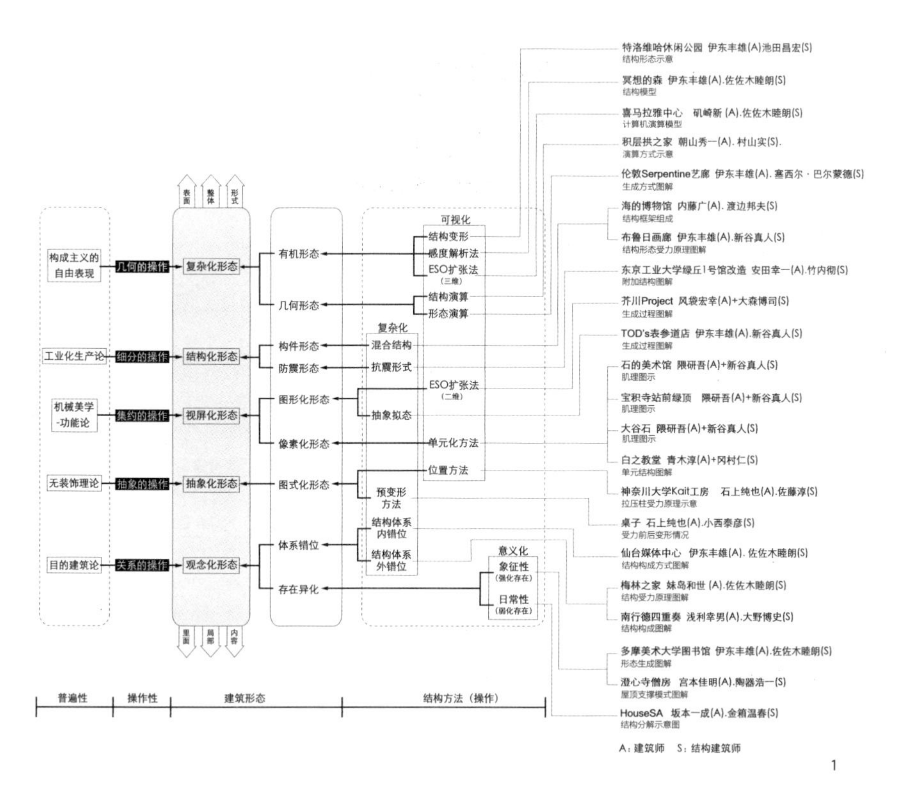

1. 从普遍性到操作性的脉络图系

1. Analytic diagram of design principles, structural methods and architectural morphology

的转变引起的，“操作性”作为具体的、对象的、透明的性质都无一例外地展现出当代社会的特征 [18]。进而深泽直人（Fukazawa Naoto）认为当代的这种操作性正展现出朝向两个极端方向的进化：平板的与身体的 [19]。平板表现出一种透明的表层集约；而身体则被认为指向操作对象的某种关系的呈现。这种二元化将以“均质空间”（universal space）为代表的现代主义原型拉向抽象的两极：形式（pattern）与意义（meaning）。原广司（Hara Hiroshi）提出了“均质空间”的五点特征：构成主义表现、工业化生产论、机械美学——功能论、无装饰理论、目的建筑论 6；柯布西耶的多米诺系统（domino system）所表现的现代主义物质构成无一例外地揭示出现代主义普遍性的本质。从这种从普遍性到操作性的转变，是串联起当代建筑形成的由来，也是本文论述日本当代建筑形态特征的线索。在观念与技术并置含混的当代，试图以单独的方式针对无论是形态还是结构作出描述无疑是困难的。另一方面限于篇幅限制，类型化地选取有限的案例也难免会有以偏概全之嫌。

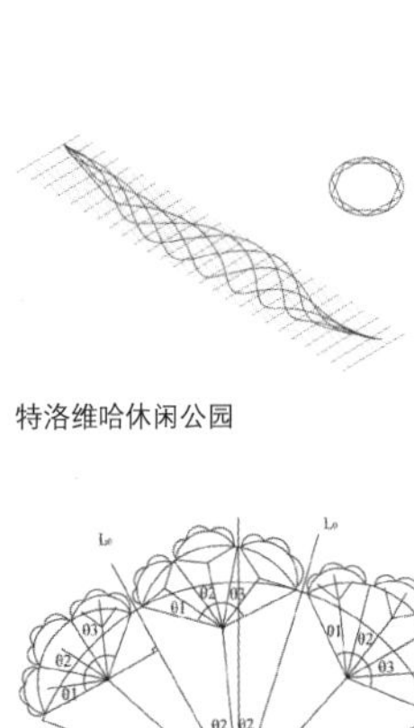

特洛维哈休闲公园

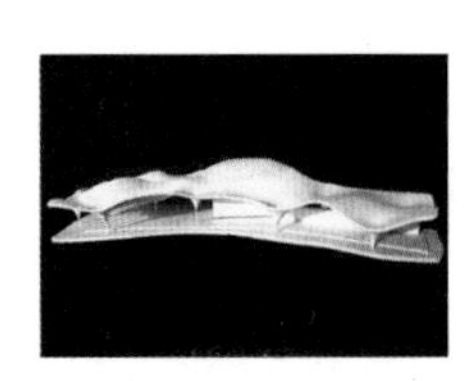

冥想的森

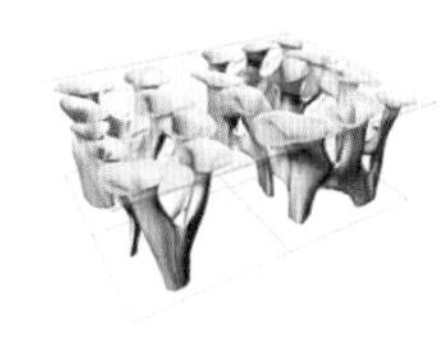

喜马拉雅中心

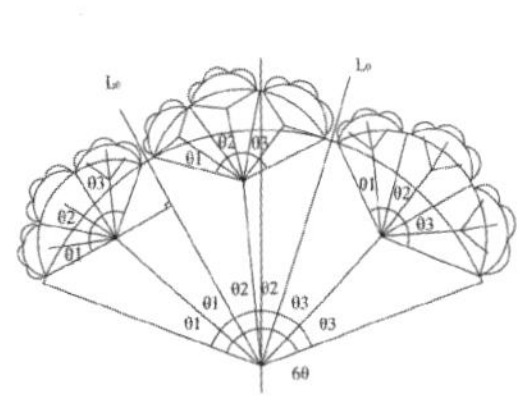

积层拱之家

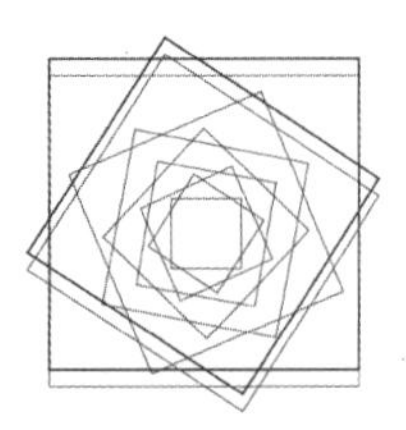

伦敦 Serpentine 艺廊

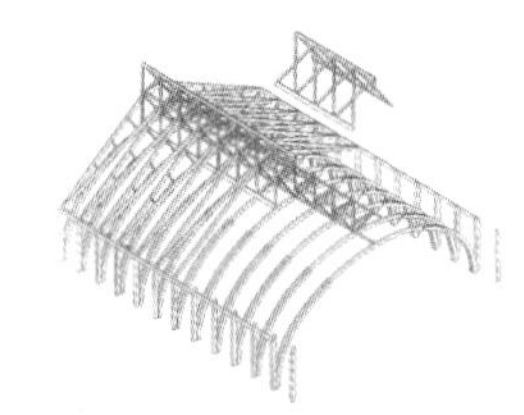

海的博物馆

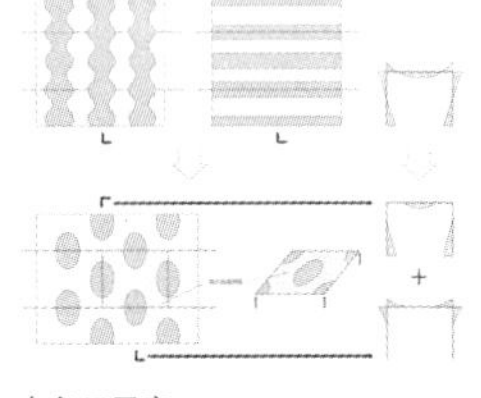

布鲁日画廊

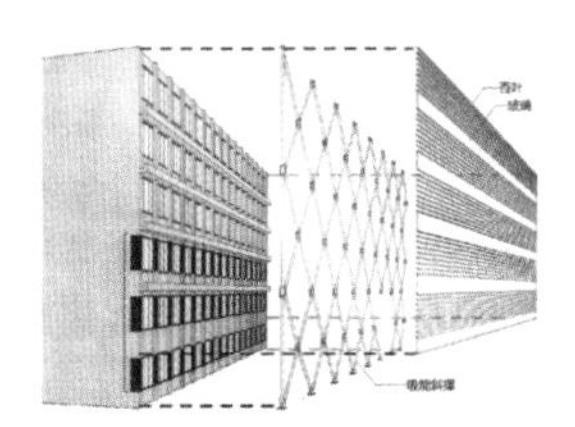

东京工业大学绿丘 1 号馆改造

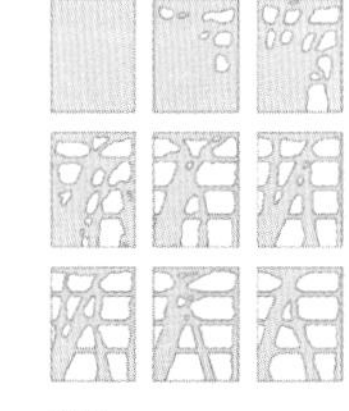

芥川 project

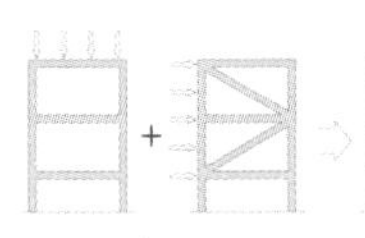

TOD's 表参道店

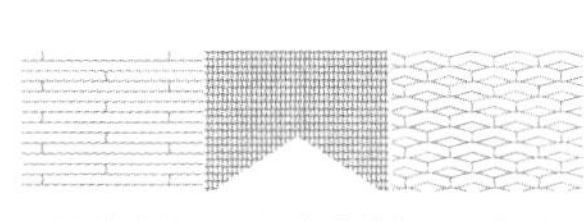

石的美术馆、宝积寺站前绿顶、大谷石三种纹样

白之教堂

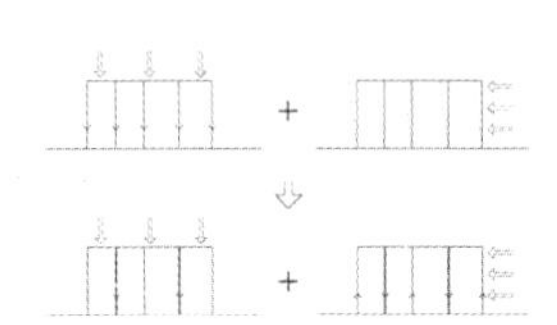

神奈川大学 Kait 工房

桌子

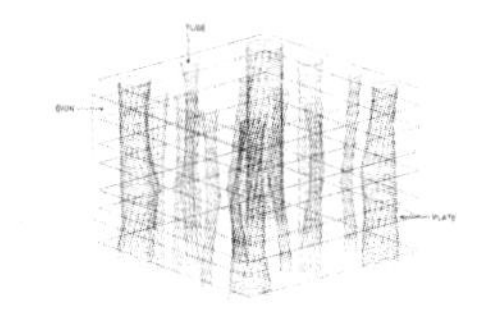

仙台媒体中心

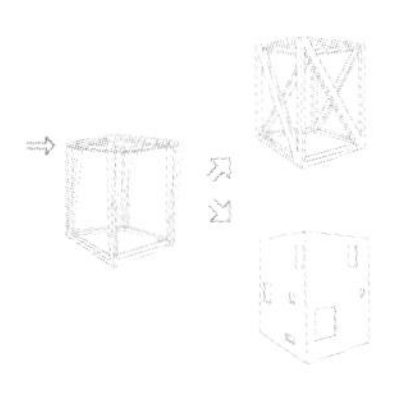

梅林之家

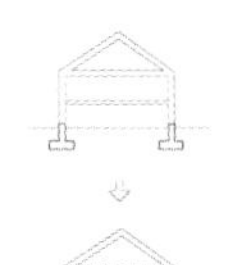

南行德四重奏

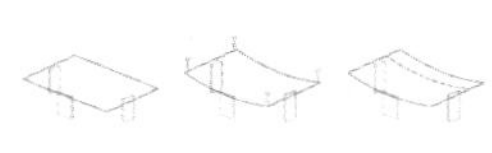

多摩美术大学图书馆

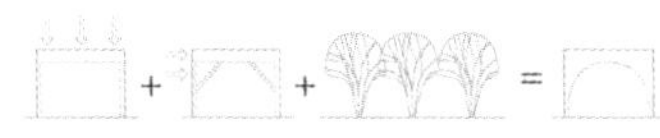

澄心寺僧房

2. 结构方式与建筑形态

2. Structural methods and architectural morphology

四、 当代日本建筑形态的分析

操作性以形式和意义的方式，从形态的外部和内部进行变换演化。对于外部的形态关联的操作，“均质空间”的特征在被从形式到意义展开的几何操作、细分操作、集约操作、抽象操作、关系操作变换成当代日本建筑的五类形态：复杂化形态、结构化形态、视屏化形态、抽象化形态和观念化形态。另一方面，技术的发展促进了结构操作方法的展开：可视化、复杂化、意义化，并通过进一步细分的结构方法从形态内部对形态的生成产生影响。外部和内部操作共同构成了当代日本建筑的形态，也可以被认为是内外操作对峙下的平衡状态。

复杂化形态分为有机形态和几何形态，将构成主义的几何对象化转变成几何操作化，通过操作对象的具体化呈现出形态的多元化。操作方法以结构和形态两种方式展开。

在“西班牙特罗维哈公园休闲廊项目”中，池田昌弘（Ikeda Masahiro）根据建筑师最初构思的卷叶概念以某种复合界面方式提出结构构想。一般而言，空间结构系统形成曲面连续形态相对容易，所以试图用空间网架来实现卷曲连续的空间作为最初的结构方法。尽管空间网架的结构轴向受力清晰，但正是这种清晰性使得其结构构架自律感强烈，同建筑空间很难融为一体。为了避免结构外饰面表现，将原本受力清晰的网架结构材料改成受力模糊的木构件，通过木构件材质本身结构受力的均衡性来代替繁琐的空间网架，而随着螺旋前行的木杆清晰地展现了空间的方向性和运动感。结构的模糊性置换出空间的清晰性。通过某种变形，挣脱了结构自身力学合理性的同时，却达到了结构同空间形态之间的共通合理性。

结构的形态可以分为支撑形态和覆盖形态，佐佐木睦郎认为这两种形态的原型可以追溯到古希腊的神殿和古罗马的万神庙，而人类对结构的理想也正是建立在对高度和跨度的不断追求上[20]。在当代人工与自然的两分性日益模糊的背景下，以自然为师，通过对自然界本身力学原理的新发现，来呈现现代主义封闭力学体系之外的新合理性，是感度解析法和 ESO 扩张法的核心。它们同一般意义上的仿生建筑之间的最大区别在于，前者是基于形态内部核心不可见的力学性质，而后者则更注重外部的拟态。基于自然力学的新合理性，被佐佐木称之为“最适解”的形态搜索是一种可视化的解析与选择，也就是通过设定作为出发点的基本演算（algorithm）规则：感度解析法（覆盖形态）处处弯矩最小和 ESO 扩张法处处应力相等，计算机通过透明化的演算将过程呈现给选择者，选择者则依据“形态→判断→选择→结构计算”的顺序执行。“冥想之森”就是感度解析法的实例，而“上海证大喜马拉雅中心”底部的支撑柱就是利用ESO扩张法的形态表现。矶崎新（Isozaki Arata）称这种基于可视化解析的结构与形态方法为“把身体让渡于机器的半主体性操作”[21]。事实上，这里的“最适解”只是在规定条件区段的平衡点，关键的是“最适解”作为某种对合理的搜寻，平衡了建筑师和结构工程师之间在形态上的某种共通性，而有别于现代主义经济追求下的“合理”含义。另一方面，我们也应该看到，“最适解”也仅是基于计算机形态判断的合理性追求，在将这种抽象性图像转化为具象物质形式时，不免会受到物质固有属性的影响而呈现出抽象的直接形式化的局限性。施工的复杂和模板数量繁多等都不是整体上“最适解”的合理之处。

基于计算机演算不仅可以生成有机的自然形态，也可以生成几何化的形态。本质上演算都是通过对基本几何形的规则化进行开放式操作，与将几何形态作为普遍化的对象不同，当代的几何形态被作为操作的对象。当演算对象是数学几何时，生成形态是形式演算，而当演算对象是具有矢量指向的力学几何时，生成的形态则具有某种力学结构属性特征。“积层拱的家”通过将拱这一力学形态通过分形（fractal）演算，将一个拱通过一分三的规则分叉演化，通过结构验算可知，经过分形演算的复杂结构具有较单拱结构大幅提升的抗风能力，这一点与同样具有分形特征的树枝的受力机制近似。这里作为演算对象的是具有力学特征的拱形，与此相对照，当演算对象是数学几何形时，伊东丰雄的四边形按照每边三等分旋转获得的形态显然只是形态上的生成，其结构是通过常规解析成立的。

结构化形态是工业化技术展现自身存在的形态表现。同现代主义的工业化生产不同的是，一方面在形态的操作上，大块面的、大尺度的形态趋向于身体尺度的产品化，另一方面解析性能的提升为结构形态的复杂化和多样化提供了保证。因此在技术过剩的后工业化当代，结构化形态表现同20世纪60年代的结构表现主义及80年代的高技派（High-tech Style）大相径庭。而同英国的高技派一样，作为历史样式的某种当代再现（高技派作为英国传统哥特样式结构表现），日本传统建筑样式中结构表现的混合性也得以呈现出来。结构不再作为被动的选型，而可以作为设计具有某种主动性。轴向力和受弯、受剪等荷载方式通过某种再编组获得了重新出发的可能。金箱温春（Kanebako Haruyuki）称之为“Hybrid Structure”的混合结构是当代结构合理的形态化，是以一种结构类型的模糊性置换而来的。结构的混合从位置和时间两个方向展开。位置上从原有类型化结构的形态与受力特征出发，在材料、受力以及空间形式三方面进行重构。“海的博物馆”是一纵长型建筑，木质的山形坡屋顶构成了建筑形态的基本外观，但是由于地处海边而必须考虑台风及地震带来的水平荷载，山形结构的抗侧力能力必须得到某种补强。于是，加入了木质的拱形结构构件，同时空间形态也因为结构的混合而呈现出独有的丰富性与节奏感。混合结构在时间上的表现，体现在对原有结构的抗震补强上，这种新与旧之间的叠合表现出空间的、结构的和时间的层次性。“东京工业大学绿丘一号馆”是建成于20世纪60年代的教学楼，新的抗震规范使它面临被拆除的境遇。建筑师与结构工程师通过设置覆盖整个建筑长向立面的阻尼耗能结构构架，来形成吸收地震力的外置体系，而这种包裹式的水平荷载抵抗使得原先教学楼的结构只需承载竖向力作用。建筑师在结构体系上，结合室外的树木和草坪，通过与外部景观相对应的丝网印刷玻璃将结构形态表现模糊化，由此获得建筑形态的整体感。

现代主义的机械美学——功能论将要素功能化和程式化的特征被当代的“视屏化的形态”击得粉碎。模糊的、透明的、平坦的当代化表征归结为“视屏化的形态”。五十岚太郎（Igarashi Taro）认为这种“super flat”（超级平坦）的视觉化特征将建筑等同为视屏[7]。另一方面，日本传统建筑中的透明性、平面性也在这种超级平坦的当代化转笔中找到了再现的可能，“结构即形式”，将结构、装饰、围护集约化地并置于表层之上，通过形状（图形化形态）或像素（像素化形态）呈现视觉信息。图形化形态的实现既可以通过上述ESO扩张法（二维），也可以通过抽象拟态方法实现。前者是基于演算的自动生成型，比如“芥川项目”通过原先的墙体承重结构，在对墙体结构材料设定应力规则和相应的水平竖向受力限定之后，所生成的形态便是这种力学规定的物质表现。后者的拟态则是在原有结构体系进行变形的装饰化表现。“Tod's专卖店”位于东京商业街青山表参道一隅，建筑师为了使建筑外表皮同作为街道最大特征的行道树之间形成视觉上的连续性，试图将建筑外皮抽象成某种树的意象。新谷真人（Araya Masao）在分析了建筑师的意图之后，通过将原有结构体系中竖向墙柱承重形式同水平抵抗的斜撑相结合，将这种竖向体系与水平体系模糊化的结构变形成为抽象的树枝形，进而通过这种结构与装饰、围护的一体化将力学属性模糊化。像素化形态相比于图形化而言，更加关注结构材料肌理的构成。一般而言，像素化形态会通过某种单元的重复和渐变形成整体化形态。隈研吾（Kuma Kengo）以石头为主题的“石头博物馆”和“大谷石博物馆”都是这方面的佳作。青木淳（Aoki Jun）在“白教堂”的设计中，试图通过某种材料肌理的变化来呈现透明与结构肌理的共现。冈村仁在比较了搭建结构体系的不同尝试之后，通过圆环组合的四面体结构单元实现了建筑师的意图。作为原型的正四面体结构虽然轴向受力合理，但在这里通过用圆形代替三角形，虽然需要抵抗多余的弯矩，却成功地得到了三角形网架所无法具有的诗意的形态表现。

抽象化形态是现代主义抽象化的当代发展。当代的抽象化形态在现代主义剥离意义的无装饰理论的普遍性之上，将结构的力学属性排除，从而表现出接近图纸表现的、言语化的抽象极限。而这种将力学属性排除的结构方法一方面来自于信息化的当代，形态视屏化呈现的无重力状态的放大，另一方面为了摆脱原有结构形态体系的限制，需要通过质疑结构固有的形态化方式才能找到释放结构形态自由的途径。当代抽象形态中的位置方法和预变形方法就是基于原有结构体系思考之外的发现。

抽象化形态往往会表现出某种“超结构”的形态，也就是超过了现有结构形态限制的，被认为是无法作为结构成立的形态。而位置方法通过将原有对结构构件单独做形态判断来给予结构描述的方法，转变为通过一组结构构件相互之间互动的位置构成来实现超结构的形态。“神奈川工科大学工房”是石上纯也（Ishigami Junya）对密斯（Ludwig Mies Van der Rohe）“均质空间”的当代再定义，通过布置模糊化均质网格和貌似混沌的结构细柱来产生一种介于有和无之间的半透明的建筑效果。这是一个极抽象的建筑，基本完全由反射玻璃和纯白的超细扁柱构成，掩映在花草和人群之中的建筑若隐若现。空间形态抽象到极致，势必也使结构必须面对抽象化的挑战。在这里采用的结构策略是让所有柱子只进行轴力传递，即让柱子避免受弯而减小横截面。由此面临的问题是，当建筑受到水平荷载时，如何使柱子避免产生弯矩。结构的解决方案是，在建筑物内设置两组柱子：一组是由下而上建造的受压柱，承受建筑屋面的竖向荷载；一组是从屋面由上而下建造的受拉柱，通过预张力和地面连结。由此水平荷载作用于建筑物时由受拉柱将水平力转换成竖向拉力。清晰的结构方法在建筑师对受压柱和受拉柱同质化的表面处理后呈现出形态上的暧昧。

预变形方法则是通过对结构形成与结构使用的形态变化进行反转片式的呈现。一般来说，结构构件在成形到使用后的形变会被作为结构计算的一种预留考虑。这种变形却总是在形态成立之后发生，设计与使用被作为两个不同阶段分置。预变形方法将这种使用后的形变在设计过程中予以吸收，通过对形变的预设来实现使用后的形态理想化。这种将使用与形态一体化的方法一方面展现了抽象化实现的新可能，另一方面则是将建筑结构形态直接关联到了身体的和使用的层面。身体性第一次通过物质呈现出对形态的介入。小西泰孝（Konishi Yasutaka）的作品“桌子”是由一块厚度仅 6mm 的不锈钢板架设在跨度 10m 的桌脚上。通过门式钢架的均布荷载弯矩图可知在距桌脚尽端两侧存在零弯矩点，将此处作为桌脚和桌面板焊接处，以使焊缝最小化，达到桌面平整的效果。桌面的薄钢板在预先测算了受重下弯的形变后，将形变反转至钢板预先上弯变形大小。由此在使用时，桌面在确定荷载作用下呈现出难以置信的抽象性。建筑师为了将这种抽象性凸显出来而在桌面上部贴以树皮，一种矛盾的暧昧性油然而生。“2007 年威尼斯双年展日本馆”是石上纯也在建筑物上使用这种预变形方法的建筑物尝试。通过这种极致的抽象表现，石上纯也展现了日本传统建筑独有的气质：暧昧、透明、平坦，甚至是若有若无的，同时也表现出当代高科技的机智。

在艾伦茨威格（Anton Ehrenzweig）看来，“格式塔”完形的“表层知觉”同弗洛伊德（Sigmund Freud）揭示的“深层知觉”所遵循的原则正好相反：前者是精确的、完整的、理性的审美形式，而后者则是模糊的、片断的和感性的个体经验。而正是两者之间的互动促成了形式感知的丰富性[22]。观念化形态在对现代主义建筑唯目的的一元论解构上，通过对目的意义的关系操作呈现出多元化特点。矶崎新将观念解释为“手法在物质上留存的痕迹”[23]。手法作为抽象形式需要通过物质来呈现，物质固有属性则将这种抽象性通过物质规律变形为观念。物质在作为中介存在的同时，在观念形成之际自身形式却退后了。形式与关系的对立通常都是此消彼长的，而观念化形态却正是建立在关系呈现的意义之上。固化的观念被认为是一种“制度”，有形的或无形的某种封闭化的规定或常识。当代观念化形态通过消解这种固化的“制度”，并将其中的意义通过形态来予以呈现。体系错位形态和存在异化形态是两种不同层面的关系操作。前者是基于建筑组成元素层面的关系操作，后者则是精神感知层面的关系操作。体系错位形态可以分为体系内错位方法即基于结构体系内的错位发现，以及体系外错位方法即指向结构本体之外的错位。“南行德住宅”是由两栋住宅构成的小规模项目，由于业主投资额有限，结构主体在一开始就确定为木结构。大野博史（Oono Hirofumi）在仔细分析了建筑施工与结构合理的基础上，将原先分开施工的混凝土基础和地面以上的木结构的施工分界面进行了错位，把原先的基础施工作业面提升至地面上一层高度。这样，一个被放大的基础作为墙面的一部分出现，上部的木结构施工量减少的同时，内外的空间形态和降低工程投资的愿望都被最大化实现。对原有基础、上部结构的分割化“制度”，通过体系内的错位实现了具有新鲜感的可能性。“仙台媒体中心”一案里，伊东丰雄的最初构思是“海草”，一个基于透层流动概念的全新建筑形态提案。通过对流动结构进行可能性的分析，提出了基于网架支撑系统的结构方法。这里将竖向上的自由支撑通过原本作为覆盖结构的网架实现，颠覆了网架原有的覆盖“观念”，同时这里的结构筒体还被作为建筑内场所分布的间隔以及上下交通筒体来使用，体系内和外之间全方位的错位使“仙台媒体中心”呈现出透明之外的某种模糊性，或许这也正是当代意义上合理性的表现。存在异化形态通过对结构这一原有物质意义的剥离，来强化或弱化精神意义上的表现。强化物质的存在会升华出象征性意义，从而超越结构物质本身的存在。“多摩美术大学图书馆”正是通过这种结构象征性的呈现，使空间表现出某种诗意。建筑师通过对基地周边环境的观察，发现周围原有的树木形成某种具有诗意的场所特征，而这种场所特征通过建筑形成连续性，这成为建筑师最大的构思起点。结构工程师通过对建筑功能上竖向书籍荷载较大且又必须同时对水平荷载给予反应，以及建筑师对环境场地连续性的构思要求，提出了在两个方向上设连续拱的方法：一方面拱的竖向受力与水平抵抗有效地减少了因抗震要求而出现的斜撑等多余结构构件对空间连续性的倾向；同时，连续拱所形成的内部空间形态使内外连续成为可能，强化展现结构形态的同时，空间升华为“诗学”的体验。坂本一成（Sakamoto Kazunari）的“House SA”则将这种讴歌式的象征手法朝着完全相反的方向操作。在坂本看来，形式的出现也就意味着形式之外的事物淡出视野，而作为空间主体的人的身体也会被隔离在外；形式呈现使对象被消费的同时，日常性的使用也变为虚构。所以，为了使形式后退而关系呈现，坂本通过“散焦”（zoom back）的“全般”（all over）式的把握，弱化结构的物质性使其作为空间背景。结构在作为结构存在的同时，又被消解了存在的视觉形式。结果，结构同空间内的其他物质元素被置于一个平坦的、细分的、开放的体系之内，并将场所通过身体还原为某种“日常的诗学”。“House SA”是一个木结构的独栋住宅，其一体化大空间经由一个从入口螺旋而上的坡道构成，形成顶棚的是一个将近 18m 的大跨木屋顶，其顶部还置有正南向的太阳能发电板。高难度的结构没有在这里被强化为空间形式，饰面板很严实地掩饰了屋顶结构，这样一来，空间一体化的室内呈现出物质退后的生活场景。

五、 结语：超越理性主义的可能性

日本当代建筑通过操作性展现出罕见的多元化。而作为这种多元化的共通之处，它们都对应着传统的再诠释，对应着社会的变动，更对应着结构的意识。结构方法在这里作为同形态若即若离却始终以某种确定的存在影响着形态的表现。在某种程度上，结构或清晰或模糊地以各种不同的呈现方式影响和激发着形态的表情。这种难以解释为“合理”的结构存在与表现，却坚定地成为形态表现的保证。现代主义本质上的普遍性试图将“合理”作为构筑社会共同理想的目标，作为超越个体和地域的非对象事物而存在的、经济与效率的替代物。那么，当被现代主义摒弃的个体性、地域性、具体性等这些对象性内容在当代又卷土重来之际，在技术、信息、文化空前饱和的当代，经济和效率这些作为共同体理想的“合理”主义是否还能成为当代意义上的“合理”呢？换句话说，当代意义上的“合理”又指向何处？如果现代主义的“合理性”代表了现代主义封闭系统内被理想化的、经济效率意义上的“最适解”的话，当代建筑所追求的“合理”显然已经超越了原先意义上的“合理性主义”了。这种超越本身就意味着在原有体系外寻找更多的可能性，而通过对这些可能性的发现，也许能找到挣脱现代主义束缚的“可替代的现代”（Alternative Modern）[8]。而其所诠释合理的“最适解”绝不是共同体式的唯一答案，却应该是具体、多元的。日本当代建筑正在将这种超越“合理主义”的“新合理主义”构筑在寻求建筑形态与结构方法相遇的那一处交点上，既不是埃菲尔铁塔的重合线，也绝不是自由女神像的平行线！

注释

1 “之前就有这样将构筑物（building）加上装饰（ornament）等于建筑（architecture）的认识。甚至在 19 世纪这被认为是有关建筑的常识，也就是给一个单纯的小房子加上样式的外衣，装饰的纹样，这样一种将单纯构筑物变成建筑的构想。”鈴木博之. 技術装飾 [J]. 特集 = 実験建築，10+1. 東京：INAX, 2005: 41.

2 与弗兰克尔根据形态样式自身内向的必然性导致的自律演变的沃尔夫林式学派观点不同，里格尔认为建筑的样式是同时代精神、背负世界观的艺术意愿或者说创作意愿相联系的具象表现。

3 增田一真把对日本传统木构的继承与发展分为八点：结构即形态、应力分散型立体架构、各层独立、强度型与黏滞型、耐久上的功夫、材料的自然性、计划的自在性、节点与细部的再评价。增田一真. 建築構法の変革 [M]. 東京：建築資料研究社，1998.

4 藤村龙至从自身作为一名“70 后”建筑师的立场认为，在当代以网络和手机作为交流基础的时代，建筑以往独有的场所性思考已经在信息的物质形式面前彻底败北。高层楼宇和高速公路都是信息理论下的自动产物。这种当代化的巨变已经使我们作为生存在这个时代、以时代方式接受时代的建筑师再也无法躺在现代主义陈腐的理论上了。藤村龍至，TEAM ROUNDABOUT. 1995 年以降 | 次世代建築家の語る現代の都市と建築 [M]. 東京：エクスナレッジ，2009.

五十岚太郎在比较日本“60 后”与“70”后建筑师的差异时指出，与 60 后建筑师从环境、行为、城市的视角出发不同，70 后建筑师直接以信息的、概念的这些同环境无关的抽象视角作为建筑的出发，并通过某种方式将这些抽象内容直接呈现。特集 = ニッポンの新鋭建築家 20 人 [J]. design adDict. 東京：エクスナレッジ，2007(12): 2.

5 这是伊东丰雄在参观了弗兰克盖里在西班牙毕尔巴鄂的古根海姆美术馆以及盖里事务所之后发出的由衷感慨。在他看来，盖里的古根海姆就像是阿姆斯特朗手持星条旗登陆月球一样，盖里也把这种美国式的建筑标签贴到了欧洲大陆。在伊东看来，1997 年建成的古根海姆象征了 20 世纪一个时代的落幕，同时也昭示出下一个时代建筑欲动。伊東豊雄. 「グッケンハイム美術館ビルバオ」があからさまにした未来 [M]. node 二〇世紀の技術と二一世紀の建築. 東京：新建築社，2000.

6 原广司对现代主义“均质空间”的归纳从形态的意义上分别对应：①构成主义的自由表现 = 几何形体与位置关系的形态构成；②建筑的工业生产论 = 标准化、类型化、同一化规定了形态的材料与建造；③机械美学——功能论 = 程式化与对应性，确定了形态的组织方式与设计方法；④无装饰建筑理论 = 非传统、非地域的形态无意义性；5 目的建筑论 = 形态整体的一元性质（类型化）。原広司. 空間 < 機能から様相へ >[M]. 東京：

岩波書店，1987.

7 五十岚太郎认为当代语境下的“super flat”有如下三层含义：1 作为组织论上无有纵向关系的新型活动形态；2 作为无差异的世界；3 作为强调表层世界的，集中于平坦面的设计。五十嵐太郎．現代建築に関する 16 章—空間、時間、そして世界 [M]．東京：講談社現代新書，2006.

8 五十岚太郎的造词。在五十岚看来，这种“可替代的现代”绝非是对当下透明玻璃建筑流行的一种概括。就如同文艺复兴绝非罗马的回归，而是在一种对建筑起源的探求中，通过样式的再现来呈现新的意义一样，“可替代的现代”是“另一个现代主义”，它出现在世纪更迭之际是意味深长的。同后现代主义试图以修辞操作、通过符号学和地方性这些外在要素来试图颠覆现代主义相比，当代出现的“可替代的现代”却是从结构与形式这些构筑建筑形态根源的质疑开始的。連続レクチャー．オルタナチブ・モダン—建築の自由をひらくもの [M]．TN プローブ / 株式会社　大林組，2005.

参考文献

[1] 小林克弘．形態 [A]// 建築論事典 [C]. 日本建築学会，編 東京：彰国社，2008.

[2] 奥山信一．構成 [A]// 建築論事典 [C]．日本建築学会，編 東京：彰国社，2008.

[3] 湯澤正信．文献解題——建築造形論の方法と展開 [A]// 新建築学体系　建築造形論 [C]．東京：彰国社，1985.

[4] 高木隆司，編．かたちの辞典 [M]．東京：丸善，2003.

[5] 湯澤正信．文献解題——建築造形論方法展開 [A]// 新建築学体系 建築造形論 [C]．東京：彰国社，1985.

[6] Plato,Benjamin Jowett.Gorgias and Timaeus[M].N.Y:Courier Dover Publications,2003.

[7] Leon Battista Alberti,Cosimo Bartoli,Giacomo Leoni.The Ten Books of Architecture:the 1755 Leoni edition[M]. Dover Publications, 1986.

[8] Andrea Palladio, Robert Tavernor, Richard Schofield. The Four Books on Architecture[M]. MIT Press, 2002.

[9] Heinrich Wölfflin, Marie Donald Mackie Hottinger. Principles of Art History: the Problem of the Development of Style in Later Art[M]. Courier Dover Publications, 1950.

[10] P. フランクル著．建築造形原理の展開 [M]．香山壽夫，訳．東京：鹿島出版会，1994.

[11] Colin Rowe,Robert Slutzky, Bernhard Hoesli. Transparency: Geschichte und Theorie der Architektur[M]. Birkhäuser Verlag, 1997.

[12] Peter D.Eisenman.Notes on Conceptual Architecture: Towards a Definition[J]. Conceptual Architecture,1970, 78/79:1-5.

[13] Cecil Balmond, Jannuzzi Smith, Christian Brensing. Informal[M]. Prestel, 2007.

[14] Heinrich Wölfflin, Marie Donald Mackie Hottinger. Principles of Art History: the Problem of the Development of Style in Later Art[M]. Courier Dover Publications, 1950.

[15] 山本学治．造型と構造と [M]．東京：鹿島出版会，2007.

[16] 対談：川口衛 × 佐々木睦朗．構造家のたち位置をさだめるもの [J]．日本建築学会：特集 = 構造者の格律，建築雜誌，2010(10)：1609.

[17] 鈴木博之，編．五十嵐太郎，横手義洋，著．近代建築史 [M]．東京：市ケ谷出版社，2008.

[18] 岡村仁．幾何学と構造形態 – 図形から操作へ [J]．建築技術，2005(11): 671.

[19] 深澤直人．環境と行為に相即するデザイン [J]．建築雜誌，2008(3): 1574.

[20] 佐々木睦朗．フラックス・ストラクチャー [M]．東京：TOTO 出版，2005.

[21] 対談：柄沢祐輔 × 磯崎新．アルゴリズム的思考の軌跡をめぐって [J]．特集 = アルゴリズム的思考と建築，10+1．東京：INAX，2007: 48.

[22] [奥] 安东·埃伦茨维希．艺术视听觉心理分析——无意识知觉理论引述 [M]．肖聿，等，译．北京：中国人民大学出版社，1988.

[23] 岸田省吾，磯崎新，日本建築学会，編．建築論事典 [M]．東京：彰国社，2008.

作者简介

郭屹民，男，东京工业大学 硕士；同济大学建筑与城市规划学院 博士研究生

像鸟儿那样轻

从石上纯也设计的桌子说起

Be Light like a Bird

Case Studies from the Tables Designed by Ishigami Junya

柳亦春
LIU Yichun

一、桌子、桥、手套

“70 后”日本建筑师石上纯也设计了一款桌子，桌面是几毫米薄的钢板，跨度近 10m（图 1）。

薄桌子最初的起因是空间而非具体物的好看或者单纯的使用目的，这从一开始就决定了石上纯也的这个桌子的建筑特质并非一件家具那么简单。

1. 石上纯也，餐厅的桌子（图片来源：《城市环境设计》2011 年第 11 期）
1. Table for a restaurant, Ishigami Junya

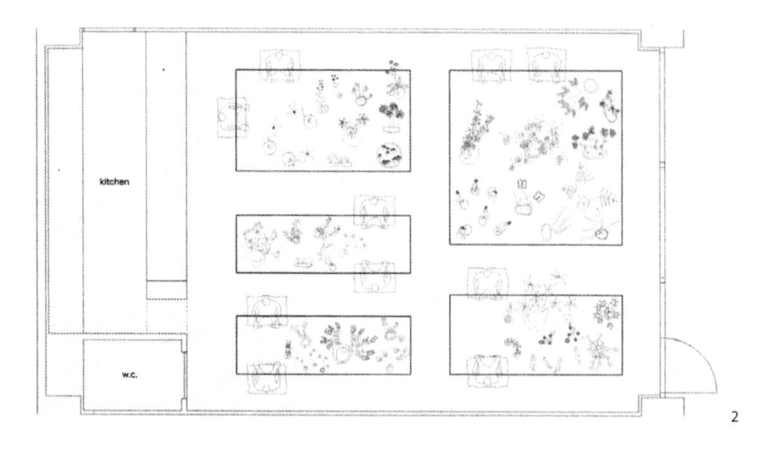

2. 石上纯也：餐厅平面（图片来源：Ishigami Junya. Small Images. Tokyo: INAX Publishing, 2008）
2. Plan of a restaurant, Ishigami Junya

这件钢板薄桌子源于石上纯也为一间餐厅做的室内设计，因为经营定位和客人就餐私密性的要求，业主希望能将每桌的就餐空间设计为包房或卡座的形式。建筑师觉得包房很闭塞，卡座也未免过于乏味，而餐厅的空间并不大。最后，石上纯也想到给每桌的就餐空间设计一张大桌子，就餐的两人或几人坐下后，与邻桌的客人仍能保持足够的距离。由于桌子很大，大到桌子中间的位置人手难以抵及，石上在桌子上增加了很多花草雕饰之类的小物件，既是一种景观，也是一种空间的隔离。由于桌面足够的薄、桌子足够的长或大，桌面上的小摆设就像漂浮在半空中，就餐的空间于是变得仪式化了。经过这种方式的处理，在心理知觉上拉长了邻桌客人之间的距离，薄桌子成为空间建构的手段（图2）。或许在我们看来这般用餐实在过于拘谨，不过对于日本人来说，用餐的仪式化对原本资源匮乏的他们来说一直以来就是传统。

估计石上纯也在想到薄桌子的同时已经选定了钢板这种材料，如何做却是与同样年轻的结构工程师小西泰孝（Konishi Yasutaka）合作的结果。用于餐厅的桌子跨度较小，4.5mm 厚钢板桌面的预变形技术是关键，利用钢材的弹性特点将钢板预起拱变形，然后在自重力以及桌面物品的荷重作用下令其看上去是平的。由于桌面本身的恒载足够重，几个人用餐或者人坐在上面的活载与恒载相比足够小，加上活载造成的变形估计也就几毫米，视觉上很难察觉（图 3~ 图 5）。

重点是后来的那张跨度 9.6m、桌面只有 6mm 薄的桌子。这是为一次展览所做的作品，叫“餐厅的桌子”（图 1）。我想在之前的实践中石上纯也一定是

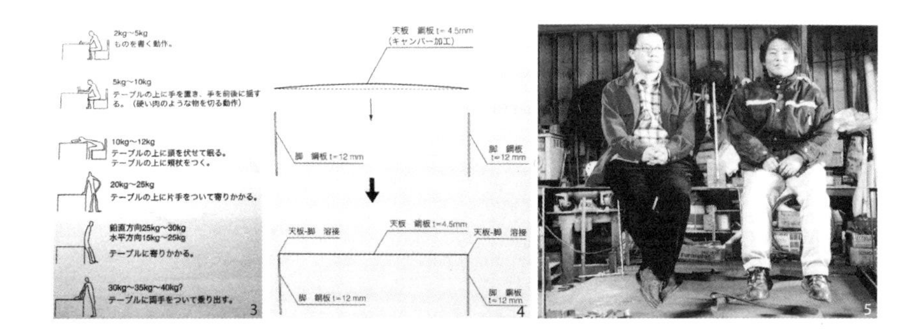

3. 石上纯也：各种使用方式下作用于桌面的荷重分析（图片来源：《触发建筑的结构设计》，日本：学芸出版社 2008）
4. 4.5mm 钢板桌构造简图（图片来源：《触发建筑的结构设计》，日本：学芸出版社，2008）
5. 结构师小西泰孝（左）（图片来源：Ishigami Junya: Small Images, Tokyo:INAX Publishing, 2008）

3. Load analysis on table with various actions of different use-patterns, Ishigami Junya
4. Construction diagram of the 4.5 mm thickness steel table
5. Structural engineer Konishi Yasutaka (Left)

认识到了这个薄桌子在空间与形式上的感染力，为了寻找形式的极限就必须抵达跨度的极限。首先是桌面材料必须足够的轻，相对钢材而言，铝材的重量轻而且强度高，但是由于时间和经费的限制，市场上最长只能找到 8m 长幅面的薄铝板，小西泰孝想 8m 长的桌子也行吧，但石上纯也不肯，觉得 8m 和 10m 效果差很远，一定要 10m 长。最后小西泰孝想出了一个节点，就是在离桌面两端 1m 的反弯点处的构造铰接做法，桌端 1m 长的钢板桌面和桌腿则以无缝焊接的方式刚性连接。铰接点处以间距 150 的 M4 螺钉将两片启口厚度各为 3mm 的钢板和铝板平滑连接为 6mm 厚的整体，这个节点巧妙地连接了两种不同的材料，并同时吻合了门形框架结构的弯矩分布，也减少了制作的难度，使这张长桌子可以由三部分来拼装而成，其中弯曲成卷的桌面更易于运输（图 6~ 图 8）。

小西泰孝的那张力学草图揭示了如此薄的一块钢板达到最大跨距在力学及其构造上的可能性，这个最大化需要将桌腿和地面固定来完成，这样桌子两端和跨中的弯矩都可以相对较小，跨度就可以趋于最大。不过假如桌腿固定，那么作为“桌子”的意义就改变了，所以在最后实施的桌子中，桌腿仍是自由端，也就是桌腿和地面交接处的弯矩为零，这样桌面跨中的弯矩还是相对固定，桌腿变大了。对建筑师而言，并不能为了达到跨度的最大化而牺牲了物体的意义，这是非常重要的。假如桌腿固定，那么这就不是一张桌子了，至少，这不再是一张具有轻盈特质的桌子了。

按建筑师石上纯也自己的解释，这个可能只是被视为日常性家具的餐桌，

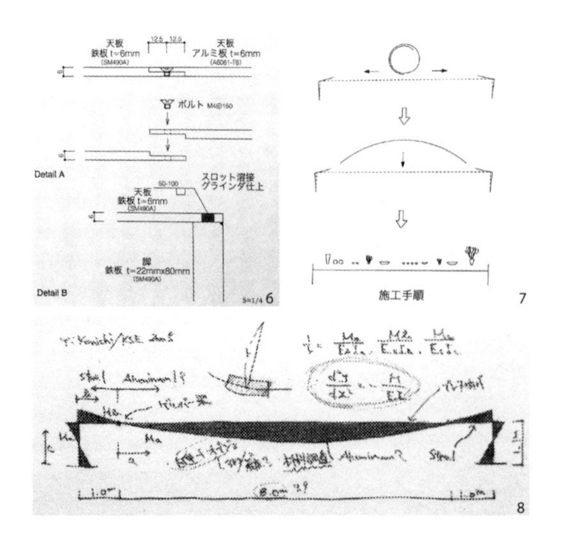

6. 小西泰孝：钢板桌最初的结构概念草图（图片来源：《触发建筑的结构设计》，日本：学芸出版社，2008）

7. 9.6m 长钢板桌的反弯点和桌端的构造节点（图片来源：《触发建筑的结构设计》，日本：学芸出版社，2008）

8. 9.6m 长钢板桌的施工顺序（图片来源：《触发建筑的结构设计》，日本：学芸出版社，2008）

6. The original concept sketch of the sheet-steel table structure, Konishi Yasutaka

7. The point of contraflexure and table ends construction of the 9.6-meter-long sheet-steel table

8. Construction sequence of the 9.6-meter-long sheet-steel table

对他来说却是一个放在“室内”这个“基地”中的建筑。他在这个设计中想探究的是极日常性的物件（如桌子）的非日常性（极度大跨距与极细薄）表现手法所创造的空间张力，以及一张桌子如何在“室内空间”这个“基地”中展现出的建筑特质，继而通过桌子上的小物件配置来探讨微小场域与空间塑造的可能性 [1]。

在这个作品中，建筑师利用桌面的薄来达成空间的距离感，这时身体因素就已经介入了，因为这个薄是和我们通常关于桌子的经验相关的。为了薄以及长（也因为长所以薄）而选择了铝板这种材料，一方面是因为铝材可以加工到足够薄并保持刚度，另一方面也是因为铝板本身的弹性模量性能而使预变形成为可能。最后的节点则是为了在现有材料的极限尺寸下可以有两条线并显示出线两端材料的不同，且线的一侧各有间距 150mm 的 16 个螺钉圆点。但石上纯也并没有让这个节点显露出来，而是选择用一层薄木皮贴在钢板的表面上。在石上这里，完成空间距离感是第一位的，这需要足够的抽象性来表达，所以材料物质的具体性最终被去除了。因为这层木皮的存在，据说在展览的现场，由于视高的原因，大家开始都以为这只是一个普通的大桌子而已，误将展品看作是桌上的那些像枯山水般摆着的瓶瓶罐罐，直到有人无意中触碰了一下桌面，引起桌面像波浪般非常缓慢且柔软地颤动时，人们才发现这张桌子的奇妙之处。桌面仿佛某种液体的表面 [2]，于是很多人开始弯下腰，去探究这几乎没有厚度的桌面，继而发现桌底那 16 个螺钉的构造拼缝，这正是揭示了整个桌子最重要的结构奥妙的细节（图 10）。

9. 石上纯也：餐厅的桌子（图片来源：http://www.flickr.com）
10. 人们开始弯下腰去，探究这个几乎没有厚度的桌子（图片来源：http://www.flickr.com）

9. Table for a restaurant, Ishigami Junya
10. People stoop down to explore the ultrathin table

石上纯也和小西泰孝合作设计的神奈川工科大学的 KAIT 工房的结构表现也同样令人匪夷所思（图 11）。45m 见方、4m 多高的单层建筑中有 305 根细扁钢柱，这些柱子的截面尺寸分别只有 80~190mm 长、16~60mm 宽。柱子中有 42 根是受压构件，而另外 263 根则是受拉构件。施工时，先将受压的 42 根柱子就位以承接屋顶的重量，然后在屋顶上加压模拟极限雪天可能达到的活载，等到屋面结构在设计活载情况下变形就位，再将受拉的柱子从梁架上往下与地面连结，最终整个建筑的每个结构按照结构师小西泰孝的设想，微量变形到预定的尺寸，整个建筑就像拉满了弦的弓，在充满张力的状态下等待着这个多震国家频繁发生的地震力的到来。

11. 石上纯也：神奈川工科大学 KAIT 工房（摄影：柳亦春）
11. KAIT workshop, Ishigami Junya

从结构表现的角度，其实那些受拉构件柱应该完全可以用钢绞线来完成，这样空间内受拉、受压的柱子会一目了然。按惯常的逻辑，这样似乎才是一个“诚实”的设计，但是石上纯也不想这么做，因为在这里，所有柱子的第一任务是空间塑造，细节永远是为整体服务的。建筑师希望人们完全沉浸到这 305 根柱子围合而成的 290 个四边形的空间森林中去，而不是关注为什么这些柱子是棍状的，而那些是线状的。不过，如果你一定要探究这其中的奥秘，你还是会发现，那些扁长些的是受拉的，而趋于方形的则是受压的。

12. 康策特，Suransuns 的步行桥（图片来源：Structure as Space，AA 2006）
13. 桥底的不锈钢带（图片来源:《凝固的艺术——当代瑞士建筑》，雅克卢肯、布鲁诺马尔尚. 大连：大连理工大学出版社）
14. 石板与钢板间的节点（图片来源：http://www.flickr.com）
15. 端头的紧固节点和石板间隐约可见的铝片（图片来源：http://www.flickr.com）
16. 西桥墩的节点构造（图片来源：《凝固的艺术——当代瑞士建筑》，雅克·卢肯、布鲁诺·马尔尚. 大连：大连理工大学出版社）
17. 利用五片叠加在一起的钢板带来增强桥体抗弯刚度（图片来源：Editor Mohsen Mostafavi. Structure as Space. London: AA, 2006）

12. Pùnt da Suransuns, Jurg Conzett
13. Stainless steel belt under the bridge
14. Joint of stone slab and steel plate
15. Fastening node at the end of the bridge and dimly visible aluminium strips between stone slabs
16. Detail drawing of the west abutment
17. The actual bending stiffness of the bridge was strenghtened by five overlapped steel slabs

说到底，在石上纯也这里，抽象性的思考及其表达是首位的，结构、构造与材料在完成了它们的任务之后，最终隐退在空间之后，然而由此产生的空间形式，却又离不开这背后的结构、构造与材料。极致的技术产生了极致的形式，却并不一定要表达技术本身。

再来看看瑞士人约格·康策特（Jurg Conzett）的设计。康策特是个结构工程师，他曾在卒姆托的工作室里工作了 7 年，汉诺威世博会的瑞士馆就是卒姆托和他合作设计的。对他的认识似乎完全不能局限于结构工程师，看看他设计的几座步行桥就知道了。

在瑞士山区 Suransuns 的峡谷里，这座步行桥跨度 40m，厚度却只有 60~80mm（图 12）。这是一座悬索结构桥，悬索的结构可以适应峡谷两岸不同的高差，但考虑到峡谷内的风雨环境，一座较重的悬索桥会比一座较轻的悬索桥更能抵抗风力的作用。于是石材的桥面成为除悬索结构选型外的另一个构筑重点，它首先承担了增加桥体重量的作用。另外，这种石材是当地一种名为“Andeer”片麻岩的花岗石，它既有出色的物理性能又易于采集与运输。在交通不便的峡谷内，易于取材是非常重要的前提。

最终，桥面使用了 60mm 厚的花岗石，桥底是两道大约 15mm 厚、250mm 宽的不锈钢板带，康策特通过构造及给钢板带施加预应力，将桥面的花岗石板“挤”在一起，石板间的对接缝由 60mm×3mm 的铝条填充。铝因其易于延展的性能，成为石缝间泥浆的替代品且被用于找平。这样的预应力构造使所有 60mm×250mm×1100mm 大小的石板成为一个整体，其强度远大于相应尺寸的、完整石板的强度，而分离的小石板显然更易于运输。于是，被挤紧了的石板既满足了桥体重量的需求又增强了桥体的平面内刚度，当桥体在风力或不均匀荷载的作用下向一侧倾斜的时候，另一侧被加大挤进的石板间的相互作用将约束这种倾斜（图 13~ 图 15）。

悬索桥还有一个设计重点是如何加大抗弯刚度以避免振抖的现象，诺曼·福斯特（Norman Foster ）和奥雅纳公司（Arup）共同设计的伦敦泰晤士河千禧桥 2000 年刚落成时发生的振抖事件便与这种现象有关。在这个项目中，康策特利用桥体端部 5 个叠加在一起的长度逐渐收小的小钢板来增加桥体抗弯刚度，这个构造做法可以有效增强悬索桥正面和侧面的强度，也可以降低垂直摆动的频率，大大减小了振抖的危险 [3]。除了石块间的铝片构造，这个端部的层叠钢板构造也是这座步行悬索桥的关键所在（图 16，图 17）。

在这座桥的设计中，具体的构造是直接为抽象的结构原理服务的，与石上及小西的薄桌子中那个铰接点的构造一样，当形式的欲望和建造的目的性高度

18

19

一致的时候，结构与建筑便没有了严格的界限。在这里，桥体的栏杆同时也用来紧固花岗石板与下部的不锈钢带，石板与石板之间的2mm薄的铝片既使相互挤压的石板之间有了柔性的缓冲，也令整个石板桥除了两条钢板带之外有着更富于细节的筋骨性存在。随着时间推移，石板慢慢磨损，这些铝片将逐渐显露它们的光彩。

康策特的这座桥在形式上忠实地表达了它的结构。美既体现在跨越潺潺溪流、悬于峡谷上方的凌空一线，也体现在近处无所不在的材料细节之中。不过我猜想，假如让他来设计那张纸一般薄的桌子，或许会是沉沉的本色钢板以及清晰可见的32根螺钉吧。不知道这是不是瑞士人和日本人思维方式的区别抑或结构工程师与建筑师仍然可能存在的分野？

然而康策特在《工程师眼里的建筑》这篇文章里曾清楚地表明结构设计在建筑设计中的位置，那是他与卒姆托合作七年得到的认识与采取的态度："我并不寻求独立的'工程美学'，即常被人提起的'承重的清晰性'。我的目标更加适度，但同时又雄心勃勃——工程师的工作应是建筑的一个部分，不论它是有形的还是无形的，也就是说，它应该属于建筑。"[4] 当然这是康策特在表述结构师与建筑师共同工作时的态度。

康策特的话验证了小西泰孝在与石上纯也合作时的选择。

石上纯也和康策特的这两个"薄"设计都是很强的"技术活"，却都充满了感性。这两个设计，一个是桌子，一个是桥，但它们都是建筑。

行文至此，忽然想起2002年在浙江台州路桥看到过的一座木石桥。它虽然并不是理性的结构计算下的产物，却仍具有结构性的魅力。这是最简单的一个简支梁结构，三根原木梁承担着跨度方向全部的结构作用。上部的石材作为桥面的构造，并没有参与到整体受力中来，却以另一种方式和木梁一起成为一个桥梁的整体（图18，图19）。

由于采用木材作为结构材料，木材本身的防腐就会成为建造中的考虑重点。这座木石桥的建造者以一个简单却充满智慧的构造应对这个问题。最上面的石

18. 浙江台州路桥的一座木石桥（摄影：柳亦春）
19. 木与石（摄影：柳亦春）
20. 桥身的雨水槽及比例优雅的桥端做法（摄影：柳亦春）

18. Wood and stone bridge in Luqiao, Taizhou, Zhejiang province
19. Wood and stone
20. Gross gutters and well proportioned bridge end

板架空搁在垂直于长向木梁的条石梁上，条石梁的上表面沿长向开了沟槽，最上面的石板的接缝就落在这条沟槽上。遇到下雨天，桥面的雨水先流入沟槽再导入小河里，而最上面的石板平行于长向的木梁恰好遮盖了下部的木材，石板之间的缝隙也就是木梁之间的缝隙；石板和木梁之间架空的间隙则有利于木梁保持干燥。尽管这个构造做法并不能完全保证木梁不受天候的侵蚀，但你能轻易读懂它的意图，它是如此充满关怀并令人赞叹。我们还注意到桥端的构造，圆木梁在两个端头向下开了卡口槽，正好可以扣住桥头凸起的石材，一个简单的榫卯构造解决了桥端木与石之间的连接与固定问题。桥端基座的层叠出挑构造和木梁上间隔的条石梁形成节奏感，而桥面的石板又和上桥的石板台阶及桥两侧的路面材料形成连续性，这一切，皆从桥的侧面清晰地表达了出来。桥的侧面，仿佛就是桥的剖面（图 20）。

这座木石桥当然也是建筑，极好的建筑。

我没有考证到它的年代，它看似乡土的外表下却包含了朴素的现代精神。尽管它在技术上远不如康策特的步行桥来得先进、光鲜，但它一样闪烁着智慧的光芒。它显得很轻松，不刻意，令人愉悦并透露出永恒的力量。在路桥的那次大规模的更新过程中，这座桥被拆毁了。尽管我和同济大学的童明老师多次呼吁应保留这座小桥，哪怕是按照原来的方式重建这座小桥，然而最终还是被一座仿古的石拱桥取代了。

我不知道为什么，那些具有理性启蒙价值的东西总是会在我们这里被忽略，而表面样式总是会占上风。

一个桌子和两座桥，我们可以从中看到材料、结构及其构造在空间及形式上的内在作用。桌子的形式是钢板的极限表达，且暗含一种对“薄”的极致追求。桥也是“薄”的，却是实际需要的结果，因为在那样的山区，如何用最少量的材料最易于施工的方法是建造提案的一个很重要的前提，这个“薄”是各种条件的综合结果。路桥的木石桥则以易于得来的本地材料凝聚了劳动者朴素的智慧，相对于传统的石拱桥来说，它也是轻巧纤薄的。

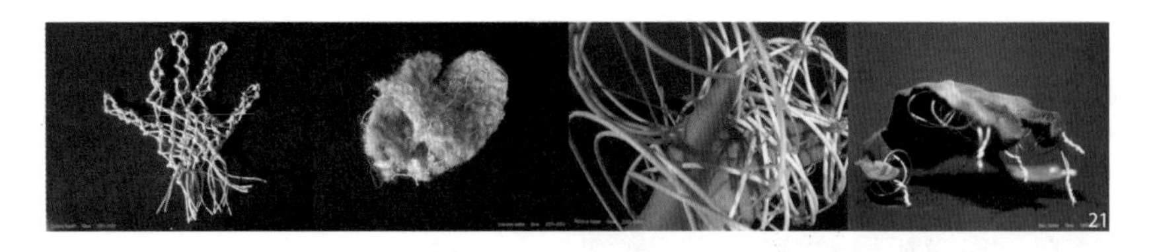

21. ETH 建筑系一年级的手套作业（图片来源：Deplazes, Andrea, edited. Making Architecture, Zurich: GTA Verlga, c.2010）
21. “Gloves” design by the first grade students of ETH architecture department

在这几个案例中，材料的使用都是关键，这令我想起瑞士苏黎世联邦理工学院（ETH）建筑系一年级的一个手套作业，同学们被要求从给定的一刚一柔两种材料库中各选取一种，去制作一副手套。在这个前提下，你必须要运用所选的具体材料建立一种结构，不能直接沿用已有的建构方法，而必须要思考并理解某种结构原理、某种构造方式，才能利用这刚柔两种材料建立一种结构体——附着的、包覆的、互动的……而这种结构体又必须和你的手指发生功能及空间上的关系——保护的、保暖的、运动的……这早已不只是手套，而是建筑了（图 21）。从这个作业中我们能清楚地看到德语语系的建筑史中对“建构”的思考传统被鲜活地、而不是死板的教条式地延续着。结构和构造都是因为具体的目的而发生。

然而我们还是得承认，形式并不是后一步的事情。

二、薄与轻

很显然，石上纯也和康策特的“薄”都是有预谋的。从技术的发展史来看，似乎所有的技术成果都有趋于更轻、更薄的倾向，手机、电脑，不一而足。建筑也是一直朝着越来越轻的方向发展的，从万神庙到哥特教堂再到柯布西耶的多米诺体系，每个时代的创举都有着趋于轻薄的形式特征，这仿佛在告诉我们，未来是“轻”的。但另一个显而易见的事实是，“轻”、“薄”对建造而言并非总是有利的。手机和电脑的薄，必须要克服电源的续航能力与散热的难题，而建筑不论从抗震还是抵抗重力而言，轻与薄都不是建筑结构的最优选择。比如 KAIT 工房的柱子算是细到极致了，它的结构师小西泰孝却明确地说：“要在地震过多的日本做建筑的话，柱子应该做粗，梁也应该做厚。”[5]但小西还是接受了技术的挑战。

因此我们将不得不思考这个问题：未来为什么是“轻”的？也许技术从一开始就意味着去除多余的东西以保持精确，对极致的追求是技术的本能，技术对人类的持续影响同时也深刻地改变着人类的文化及审美。具体到建筑结构而言，这里面深含着抵抗重力及水平力的欲望。我想石上和康策特对“薄”的极致追求都是有意识的文化选择，特别是石上纯也的桌子以及他后来的一系列作品，仿佛伊塔洛·卡尔维诺（Italo Calvino）在1985年他去世之前所写的《新千年文学备忘录》中“轻”的一节里对他自己的文学所做的总结一般：“我的工作方法往往涉及减去重量。我努力消除重量，有时是消除人的重量，有时是消除天体的重量，有时是消除城市的重量；我尤其努力消除故事结构的重量和语言的重量。”[6]卡尔维诺从文学创作的角度尝试解释“轻”是一种价值而非缺陷，对他而言，“轻”是与精确和坚定为伍，而不是与含糊和随意为伍。这显然可以同时描述石上纯也的桌子和康策特的桥。

不过相比之下，石上的桌子显得更为当代一些。石上不在乎原本可以很结构性的东西被刻意遮掩掉，而是借此去强化他想表达的轻薄、抽象，而康策特的桥则是非常诚实地将每一颗螺钉都展现在我们面前。我想起另一位日本建筑师手塚贵晴（Tezuka Takaharu）在一次采访中被问及关于现代主义与当代建筑中的结构表达有什么不同倾向时，他这样回答：“日本有一位叫荒川静香的花样滑冰运动员。看着她的时候，觉得她的骨骼很好，那就是现代主义。而如今，我们看的只是她的滑冰技术，这就是当今的建筑。”[7]这只是个比喻，但基本上我同意他的这个看法，这个比喻表达了手塚贵晴对当今建筑的当代性里积极一面的认识。

要讨论“薄”或者与之相关的“轻”、“透”在建筑中的表现，结构技术是绕不开的。在这个方面，日本的当代建筑在全球范围内具有特殊的典型性。在我看来，伊东丰雄则在当代日本建筑师中扮演着十分重要的角色。

西泽立卫有这样一段关于伊东的故事，“有一次我去参观伊东丰雄的自宅银色小屋，晚上就在伊东家里边喝酒边聊天。伊东先生喝得有些醉了，话特别多，我也很兴奋。在说到什么的时候，他突然一下子捏扁了手上的铝合金啤酒罐，举着对我说：‘建筑应该是这样一种状态。’我吓了一跳。当时桌上还摆着威士忌、日本清酒的酒杯。我就举起威士忌酒杯冲着伊东先生说：‘这个不行吗？’伊东摇头。我又举起日本清酒酒杯，伊东还是摇头，晃着手里捏得变了形的易拉罐。”[8]

22. 伊东丰雄：银色小屋和中野本町之家（图片来源 http://www.toyo-ito.co.jp/）
23. 伊东丰雄：银色小屋（图片来源：Toyo Ito 1970-2001, GA Architect 17）
24. 伊东丰雄：中野本町之家的室内（图片来源：Toyo Ito 1970-2001, GA Architect 17）
25.26. 伊东丰雄：仙台媒体中心（图片来源：GA DOCUMENT 66）
27. 仙台媒体中心钢结构施工现场（图片来源：伊东丰雄建筑设计事务所．建筑的非线性设计 [M]. 北京：中国建筑工业出版社 2005）

22. House Siver Hut and House White U, Ito Toyo
23. House Siver Hut, Ito Toyo
24. Interior of House White U, Ito Toyo
25.26. Sendai Mediacheque, Ito Toyo
27. Steel structure under construction, Sendai Mediatheque

1984 年的银色小屋是伊东丰雄继 1976 年的中野本町之家后的另一个重要作品，如果轻盈的银色小屋就是伊东手里的易拉罐的话，中野本町之家大概就是清酒的酒杯了。银色小屋不仅在材料上从混凝土转入金属、玻璃等更具当代性的轻型建造，也是伊东对日本当代诸如 24 小时便利店等在消费时代出现的新型“游牧”生活空间的回应，也从此引领日本当代建筑进入一个“轻薄”时代（图 22~ 图 24）。

仙台媒体中心是日本当代建筑技术发展中一个很重要的节点。伊东设计仙台项目的初衷是“自由的空间”，所以“墙”是首先要去除的，建筑的流动性和透明性成为重点。于是就连承担垂直荷载力的柱或筒体也要做成镂空状的，13 根管状束柱最后成为主要的结构体，而大跨的楼板结构就成为了建筑的关键。为减少地震的破坏，如何减少建筑自重是结构设计的重点。这个设计其实仍是柯布西耶的多米诺体系的变种，如果采用钢筋混凝土楼板满足设计的跨度的话厚度要达到800~1 000mm，每平方米自重要超过2t。最终日本当代著名的结构师佐佐木睦郎（Sasaki Mutsuro）采用了蜂窝肋的钢板楼面系统，每平方米的重量也达到了1t，但厚度一度只有300mm，除了减轻自重，在视觉上也达到了“轻盈”（其实它的绝对重量仍然是很大的，前面说的石上纯也的大桌子有700kg重，只是看上去很轻的样子）。然而难题并不在于结构的设计与计算，而是施工，全钢的板与肋板系统及其与13根管状柱的连接对焊接技术要求极高，因为铁受热膨胀受冷收缩，焊接的实际精度和理论精度会存在难以控制的误差，最终是20名来自气仙沼的造船工人采用造船的焊接技术并借助计算机模拟才完成了建筑的施工[9]。没有领先技术的支持，这栋建筑是不可能完成的（图25~图27）。

日本另一位著名的年轻结构师大野博史（Oono Hirofumi）有一次这样和我说：“日本当代建筑在结构技术上的突破并不在于计算，而是在于施工。伊东的仙台是个标志点，仙台之后，日本当代建筑的楼板都可以做到足够薄了。”我想之后最极致的大概就是伊东的徒弟——妹岛和世与西泽立卫了，然后就属出自妹岛事务所的石上纯也了吧。妹岛的李子林住宅，外墙壁只有50mm，内隔墙只有16mm厚；妹岛和西泽合作的伦敦蛇形画廊，屋面只有25mm厚；最极致的当然得数石上的这张桌子，6mm厚、9.6m的跨度，高跨比达到1:1 600。一位国内的结构师坦言，在国内的结构规范下，这是他们想都不敢想的。

伊东的多摩美术大学八王子校区图书馆从某种意义上也许意味着一种回归。

图书馆最早的设计意图来自坐在树下读书这样一个简单的空间意象。这时，伊东事务所已经完成了好几个和树有关的设计，这似乎揭示着伊东对树的兴趣，不过那些都是具象的，比如表参道的Tod'S大楼（伊东觉得那些榉树的图标还是具有某种抽象性的）。这个项目开始设计的时候，伊东经过对基地的分析，选择了在地面之上只做一层建筑的想法，结合具体地形的特点，把主要的图书馆空间都放在了地下一层。对于“树下”的穹形空间，通过类似赖特的约翰逊制蜡公司的伞形无梁楼盖结构来模拟，为了将光线引入地下，地面建筑的周边均为大面积玻璃。但校方否定了这一想法，因为地下室过大会影响校前区的雕塑广场，于是建筑因基底收小而不得不向高处发展，最终的建筑是地下一层地上两层，“此时，就必须赋予地上部分结构以一定的建筑形式”，伊东如是说。[10]于是结构的特征从内部空间扩展到了建筑的立面。

这一次佐佐木睦朗给伊东建议的是一个拱形的结构。这是一个介于框架和剪力墙之间的结构形式，结构体和楼板相交处的断面是一个十字形的钢骨混凝土柱，在空间上则是墙拱，交叉的墙拱既可以有效地抵抗地震带来的各个方向的水平力，又有效地解放了空间。换个角度描述，这也是一个梁和柱的综合变

28. 伊东丰雄：多摩美术大学图书馆东立面（摄影：柳亦春）
29. 施工现场，预制的钢板拱和覆层配筋（图片来源：《建筑技术》（日本）2007 年 9 月）
30. 施工现场，角部的模板如家具般精确（图片来源：http://library.tamabi.ac.jp/hachioji/feature/operation/）
31. 佐佐木睦朗：多摩美大图书馆的结构体构造示意图（根据多摩美术大学图书馆官网介绍 http://library.tamabi.ac.jp/hachioji/feature/structure/ 重绘）

28. East elevation, Tama Art University Library, Ito Toyo
29. Construction site, prefabricated sheet-steel arch and arrangement of reinforcement
30. Construction site, the corner cast-in-situ concrete formwork as accurate as furniture
31. Structure sketch of Tama Art University Library, Sasaki Mutsuro

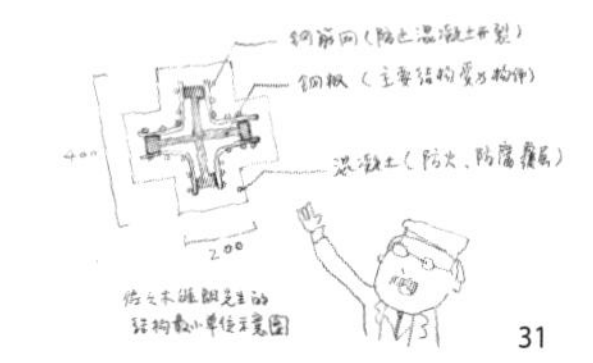

体，最终这个结构体在空间中起了举足轻重的作用，并形成了建筑独特的立面形式（图 28）。

为了使拱壁足够薄、足够轻巧，采用的是钢骨混凝土结构。内部的钢板骨架完全在工厂预制好然后到现场拼装，这样可以达到足够的施工精度。但混凝土的浇筑也是个难题，因为设计留给钢板两侧仅有不到 100mm 厚的模板内空间，为保证良好的灌浆饱和度，预制的钢板肋上开了很多圆洞以利于混凝土在模板内的流动充盈，这也借助了计算机模拟技术才得以完成。最终的混凝土拱壁只有 200mm 厚，内部的钢板骨架为主要的受力体，钢板外的配筋是为了防止混凝土开裂，而混凝土的覆层一方面起到防腐和防火的作用，另一方面也起到制约钢板挠度的作用（图 29~ 图 31）。

这个结构的另一个关键点在于墙拱的布置在空间中并不是均匀的，实际上最大的拱跨达到 16m、高 5.7m，最小的拱跨则只有 1.8m。墙拱也不是直线的，而是在平面上呈现更为自然的曲线形态，首层的楼板因为呼应地形的延展甚至还有 1/20 的坡度（图 32，图 33）。这种非常自由的空间布局显然是出自建筑师的意图，而且从空间营造的角度建筑师也会要求整体结构墙拱采用同样的壁厚，这就会对结构的合理性形成挑战。小西泰孝曾这样说起他的老师佐佐木睦

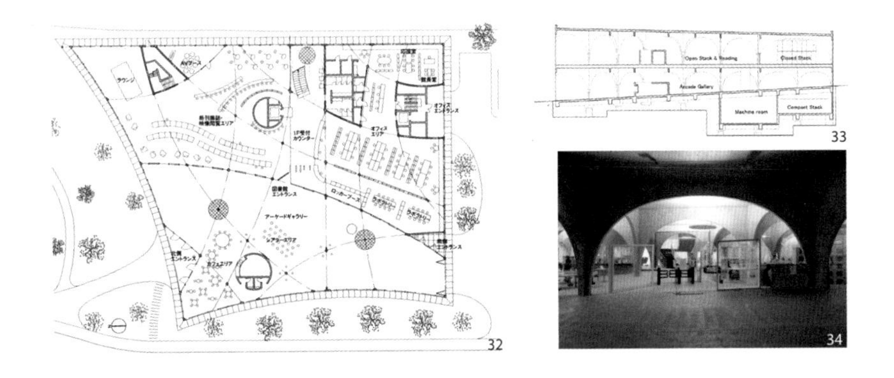

32. 多摩美术大学图书馆一层平面（图片来源：http://www.tozai-as.or.jp/mytech/06/06_ito14.html）
33. 多摩美术大学图书馆剖面图（图片来源：Toyo Ito 2005-2009, EL 147）
34. 多摩美术大学图书馆室内（摄影：柳亦春）

32. First floor plan, Tama Art University Library
33. Section, Tama Art University Library
34. Interior of Tama Art University Library

朗："可能佐佐木所做的并不只是形式的最优解答。我是在他手下成长的，他一直说，不是有合理性就可以了，而是要打破合理性来实现高质量的建筑。"[5]

最终由等厚的薄拱构筑的空间如教堂般幽深宁静，给人以温暖的庇护感，又呈现出自然有机的形态。我相信"薄"壁在这个空间的独特性中是起了作用的，由结构及施工技术完成的"薄"给这座建筑带来了前所未有的当代体验，它显然不同于以往任何一个拱形空间却又似曾相识，然而"薄"又并不是建筑师的直接目的。实际上跨度 16m 见方的混凝土空心厚板只有 300mm 厚，但这并非目的，而只是手段。另一个在暗中控制着空间质量的是结构的纯粹性，最后，佐佐木睦朗用一张草图、一个断面就完全表达了这个建筑的结构系统，结构概念的"极简"竟直接转化为空间的力量。在这里，就建筑的技术而言，并没有革命性的变革，但也只有今天的技术可以做到，技术作为一种手段为建造服务，最终令空间呈现，并选择退隐其后（图 34）。伊东在经历了银色小屋、仙台媒体中心以及 Tod'S 之后，忽然将技术的表现性适当抑制，似乎又回到了那个已被拆除的中野本町之家，那个具有某种原始感的永恒空间中去了。他开始希望借由这种原始空间，去找回都市游牧者逐渐迷失的身体性，而身体性的迷失，正是技术的副作用。

所以我不由得再一次回忆起路桥的那座木石桥。愉悦的背后，也并不仅仅是朴素或者流露的智慧那么简单。它并非没有技术，这种技术性在于木材受弯的复杂性被控制在可感知的经验范围，它的合理性并非来自精确却仍然轻盈。或许这才像卡尔维诺在他的书中引用的法国诗人保尔·瓦莱里（Paul Valery）的那句话："应该像鸟儿那样轻，而不是羽毛。"[1]轻盈因源于自身的力量而更具灵性，"薄"只是一种表现形式而已。

感谢郭屹民博士和平辉、王雪培在本文写作中给予的文献翻译方面的帮助及相关资料的提供。感谢结构工程师易发安和结构博士张准对于文中部分结构原理分析给予的帮助。

注释

1 "应该像鸟儿那样轻，而不是羽毛"，保罗·瓦莱里的法文原文为"il faut etre leger comme l'oiseau,et non comme la plume"，"The Estate of Italo Calvino"拥有英文版权的"lightness by Italo Calvino from SIX MEMOS FOR THE NEW MILLENIUM"（by Italo Calvino）里英文译为"One should be light like a bird, but not like a feather"。伊塔洛·卡尔维诺 . 新千年文学备忘录 [M]. 黄灿然，译 . 南京：译林出版社，2009.

参考文献

[1] 谢宗哲．建筑消隐 [J]．城市·环境·设计，2009 (11): 90.

[2] Aoki Jun. Why call it a mode? Ishigami Junya．Another Scale Of Architecture [M]. Seigensha, 2010: 246.

[3] Jürg Conzett / Mohsen Mostafavi / Bruno Reichlin．Structure as Space [M]．Architectural Association 2006: 225-227.

[4] 约格·康策特 . 工程师眼里的建筑 [J]．世界建筑，2005(1): 26.

[5] 郭屹民．小西泰孝访谈录 [EB/OL]．http://www.douban.com/note/208994228/.

[6] 伊塔洛·卡尔维诺.新千年文学备忘录 [M]．黄灿然，译．南京：译林出版社，2009: 1.

[7] 郭屹民．手塚贵晴访谈录 [EB/OL]．http://www.douban.com/note/214823005/.

[8] 李江．建筑的可能性——日本建筑师西泽立卫访谈录 [J]．世界建筑，2004(2): 18.

[9] 伊东丰雄建筑设计事务所．建筑的非线性设计 [M]．慕春暖，译．北京：中国建筑工业出版社，2005: 118-123.

[10] 伊东丰雄．物体的力 [EB/OL]．http://www.tozai-as.or.jp/mytech/06/06_ito14.html．译文见 http://www.douban.com/note/212418189/.

作者简介

柳亦春，男，大舍建筑设计事务所 主持建筑师

概念与建造的博弈

两个市政厅的建构策略研究

The Coordination Game between Concept and Construction

Research on the Tectonic Strategies of Two City Halls

余国璞
YU Guopu

一、序言

（一）概念与建造

如果我们认同“建构是建造的诗意表达”[1]，那么“建构”就有两层含义：其一，建构是通过构造和结构把重力传递到大地的建造行为；其二，建构不仅是建造的直接表现，它还起着将建筑艺术化的作用，建构可以表达某种概念，使得建筑超出单纯的建造，而达到一定的诗意。

在建筑设计中，上述顺序常常是倒置的。大部分项目是通过对设计条件的分析理解，先有了抽象的概念以及对建筑最终状态的诗意想象，再逐步通过建造实现先前的概念。在这一过程中，概念和建造之间常常会产生矛盾，建筑师在处理这一矛盾中所采取的技巧和取舍，本文统称为“建筑师的建构策略”。这些建构策略会体现在建筑师的表述、设计草图的发展和建筑最终状态的蛛丝马迹中。对这些建构策略进行研究，也就是对概念与建造博弈过程的还原。

需要指出的是，概念有可能是空间的、形式的，或是功能的，等等，本文主要讨论的是形式上的概念。

1.《创造亚当》，米开朗基罗（图片来源：http://tupian.sioe.cn/minghua/7013.html）
2. 塔拉戈纳市政厅正立面（德拉索塔基金会授权）

1. Creation of Adam, Michelangelo, Sistine Chapel ceiling
2. Facade of Civil Government Delegation in Tarragona (By courtesy of Foundation of Alejandro de la Sota)

（二）接触点与研究对象

米开朗基罗（Michelangelo）在他的名作《创造亚当》（图 1）中，描绘了躺在地上的亚当和浮于空中的上帝手指相对接的一瞬间，亚当似乎就要在这一瞬间后脱离重力而飞翔起来。这里，米开朗基罗用最小的接触点（tangency）创造出最大的艺术感染力，表达了人们脱离重力而达到神化的原始愿望。

本文选择了两个市政厅作为研究对象，它们以相似的、重力若有若无的接触点作为形态的主要特征，而它们的建筑师又有一定的师承关系。本文试图通过这两个对象的比较研究，对建筑师如何处理概念与建造的矛盾进行讨论。

二、塔拉戈纳市政厅

塔拉戈纳市政厅（The Civil Government Delegation in Tarragona）位于西班牙加泰罗尼亚省塔拉戈纳市（Tarragona），是西班牙建筑师阿里杭德罗 · 德拉索塔①最为重要的杰作之一（图 2）。德拉索塔在 1956 年赢得了塔拉戈纳市政厅竞赛，1959 年开始建造，1963 年市政厅建成。该建筑既是马德里的佛朗哥独裁政府在塔拉戈纳的市政厅，又是当地统治首领的住宅。德拉索塔在当时政权的复古折衷主义要求下，卓越地运用了现代主义的抽象语言。这一极其纯净的建筑标志着复古折衷主义的结束，也传达了对现代性的渴望[1]。作为德拉索塔最高水平的

① 阿里杭德罗·德拉索塔（Alejandro de la Sota）1913—1996 年，西班牙内战后的重要建筑师，在马德里建筑学院任教多年，广受尊敬。——译者注

3. 埃斯科里亚尔的修道院，曾作为菲利普二世的皇宫（图片来源：http://en.wikipedia.org/wiki/El Escorial）
4. 马德里空军部（图片来源：AV Monograph 113 (2005), Spain Builds, p21）

3. Royal Seat of San Lorenzo de El Escorial, Madrid, Spain
4. The Airforce Ministry of Spain, Madrid,1940—1951

建筑，塔拉戈纳市政厅代表了这类作品：它们位于城市环境中的重要节点，外部形象的纪念性[2]天然地成为其最主要的设计要求，设计的概念也围绕着如何实现纪念性展开。但是，在这种从外到内的设计过程中，纪念性的获得常会与建造的真实性产生矛盾。对于德拉索塔这种坚定地支持现代主义的建筑师来说，这样的矛盾尤为尖锐，尤其在倾向复古杂糅美学的独裁政府时期。

（一）概念的由来

1 时代背景：独裁政府的统治

塔拉戈纳市政厅建设时，独裁政府认为，西班牙的皇室历史建筑最能表达集中政权的权威，因而对建筑有复古式、折衷式的风格要求，特别是在市政厅这类政府行政建筑中。例如建于 1940—1951 年的马德里空军部（图 3）就几乎完整地复制了始建于 15 世纪的菲利普二世皇宫（图 4）的立面，以表现独裁政权的威慑力。但此时，西班牙处于现代主义复兴的初期，有志于重拾现代主义的建筑师们，正顽强地利用各种机会对专制的政治气氛进行对抗（图 5，图 6），德拉索塔也属于其中的一员。在这样矛盾的时代背景下，德拉索塔如何表现这个建筑的姿态，是个困难的课题。

5. 马德里工会大楼，建筑师：佛朗西斯科·卡布勒罗（图片来源：作者自摄）
6. 乌加尔德住宅，建筑师：柯德克（图片来源：AV Monograph 113 (2005), Spain Builds, p21）

5. The Trade Union Building, Madrid,1948—1949(Architect: Francisco Cabrero, 1912—2005)
6. Casa Ugalde, Catalonia, 1951—1953 (Architect: José Antonio Cordech, 1913—1984)

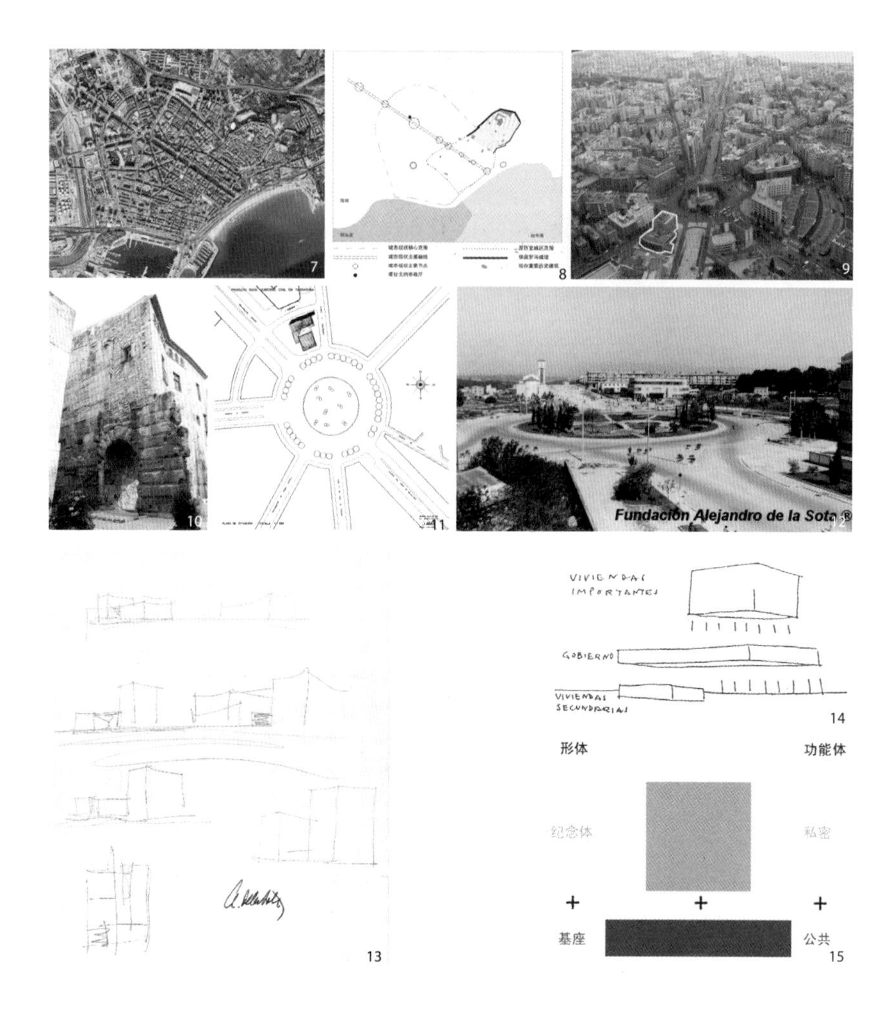

7. 塔拉戈纳市卫星俯瞰图（图片来源：谷歌地球）
8. 塔拉戈纳市城市结构（图片来源：作者自绘）
9. 塔拉戈纳市政厅和新兰布拉大街鸟瞰，远处为地中海（图片来源：http://www.panoramio.com/photo/3390964）
10. 塔拉戈纳老城风貌（图片来源：作者自摄）
11. 塔拉戈纳市政厅区位图（德拉索塔基金会授权）
12. 动工之前的基地环境（德拉索塔基金会授权）
13. 前期草图，对于功能—形体的其他几种考虑（德拉索塔基金会授权）
14. 最终的功能—形体方案（德拉索塔基金会授权）
15. 功能—形体设置原型（图片来源：作者自绘）

7. A satellite view of Tarragona
8. Urban structure of Tarragona
9. A bird's-eye view of Tarragona, Mediterranean Sea in the distance
10. Roman heritage in the old city of Tarragona
11. Site plan of Civil Government Delegation in Tarragona (By courtesy of Foundation of Alejandro de la Sota)
12. Existing site conditions before construction (By courtesy of Foundation of Alejandro de la Sota)
13. Early sketches on function and volume (By courtesy of Foundation of Alejandro de la Sota)
14. The final scheme of function and volume (By courtesy of Foundation of Alejandro de la Sota)
15. The prototype of function and volume

2 基地条件：城市轴线的端点

塔拉戈纳位于西班牙加泰罗尼亚自治区东南部地中海沿岸，是塔拉戈纳省的首府，属地中海气候。塔拉戈纳自古罗马时期就建城了，整个城市有着丰富的历史遗迹。城市的东南面还保留了很长一段古罗马城墙，包围着历史风貌保护区，其间散布着重要的历史保护建筑，成为今天的风景名胜。

塔拉戈纳的新城建设在老城区之外，以老城西北的一点为圆心，呈放射状布置交通和房屋。其中一条大道从圆心开始直通地中海，连接了新城和老城，便是塔拉戈纳市的主要城市轴线——新兰布拉大街（Rambla Nova de Tarragona）。在新兰布拉大街上有着数个城市节点，其中最大也是最重要的就是位于新城几何圆心上的达拉科帝国广场（Plaça de la Imperial Tàrraco）。

塔拉戈纳市政厅就位于达拉科帝国广场的北端，面对着广场，远望老城和地中海。市政厅建造之时，达拉科帝国广场周边还相当空旷，市政厅几乎位于城市的尽头。市政厅的落成，也意味着新城全面建设的开始（图 7~ 图 12）。

在这样的时代背景和基地条件下，塔拉戈纳市政厅的纪念性要求不言而喻，建筑师的概念也变得明确，即利用现代主义建筑语言实现建筑的纪念性。接下来的话题也由此展开。

（二）正面性与功能形体对应性的平衡

1 功能形体设置

为了实现纪念性，德拉索塔首先从功能和形体的设置开始思考。

如前所述，塔拉戈纳市政厅需要满足两个主要功能：市政办公功能与地方长官的住宅。同时，这栋建筑还有一个“令人不舒服的功能”[3]——要在加泰罗尼亚地区郑重地、标志性地表达马德里的中央政权。功能和形体的设置，在敏感的政治气氛影响下，成为了这个建筑非常关键的设计起点（图 13）。

德拉索塔采取的第一个方法是将市政办公功能放在底部，以接纳办公职员和公众，次要的仆人住宅也放在这里。在形体上，以这一部分形成基座，平面形状与周边的街道和广场相适应。这一基座托起了上部相对私密的总督住宅，平面是近似正方的矩形，形体是一个抽象的正方体。这样，基座的部分顺应了周边环境，上部抽象形体则统治了整个周边环境，成为一个标志物（图 14）。这一手法，产生了“下部公共性基座—上部纪念性抽象体”的功能形体设置原型，这一原型后来也被他的后辈广泛地使用（图 15）。

以功能和形体的对应性作为设计出发点，这一思路是符合现代主义精神的。但是，这样形成的纪念性尚不够强，使得建筑师加入了另一个概念——正面性。

2 正面性的引入与产生的矛盾

从两侧观察市政厅可以看到，德拉索塔将市政厅的临街面做得非常平，而让面对广场的面有着很大的凹槽和凸出。在阳光下，市政厅的临街面是一个均匀受光的平面，而临广场面则有非常强烈的光影关系（图 16）。

在这里，德拉索塔通过组织光影关系，赋予了市政厅正面性：面向广场的面是重要的正面，临街的面是次要的侧面。通过对正面的确立，市政厅有了一个姿态，它直接面对达拉科帝国广场，沿着新兰布拉大街，穿过历史城区，遥望着无际的地中海。这一做法对于纪念性的增强无疑是非常有效的。

16. 刚建成时的照片，摄影的处理技巧也强调了正面性的重要（德拉索塔基金会授权）
16. The photograph of Civil Government Delegation in Tarragona when it was completed (By courtesy of Foundation of Alejandro de la Sota)

正面性的引入是从纪念性出发，由外向内的设计思路；而上文所述的功能形体设置是从内向外，通过内部功能的安排在外部做出形体上的对应，由内外的一致性达到纪念性的目标。两个思路都有采用的必要，但产生了一定的矛盾。

3 缝

面对这一矛盾，德拉索塔通过对立面基座与上部体量之间的深缝进行深入设计，达到平衡。

把德拉索塔不同时期的草图放在一起进行比较，就可以看出他是如何在早期从功能形体的设置出发，逐步加入正面性的想法，并使正面性与功能形体的对应性达到平衡（图 17）。

第一张草图中，上下体量间的缝是贯穿所有立面的，功能形体的对应还非常清晰；在上部体块中，正面和侧面已经有了开窗形式的区别，但还没形成建筑面向广场的正面性姿态。第二张草图中光影的作用开始加强，上部体块的正面已经开始产生凹槽，与平整的侧面区别更大，但缝还是贯穿整体，说明功能形体的一致性此时还超过正面性的重要性，但整体方案的纪念性显然是不够的。于是，在第三张草图中，德拉索塔专门思考了缝的设计而忽略了正面和侧面的区别，可以看出他希望将侧面的缝做得浅一点，从而在建筑整体上强调正面性，而又能完整保留功能与外部形体的一致性，但结果却显得有点不伦不类。所以，

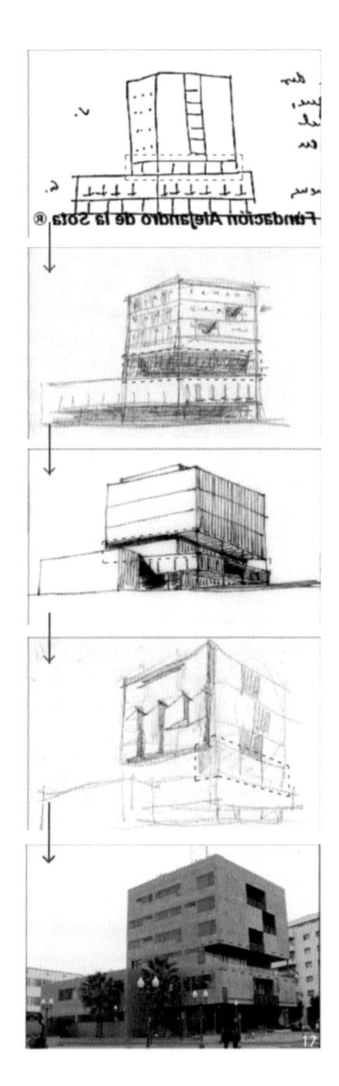

17. 从初期草图到最终建成的发展，正面性的重要性逐渐提高（图片来源：作者根据德拉索塔基金会提供的草图自绘）
17. The process from the early sketches to the building displaying the increase of the importance of frontality

在第四张草图中，他将缝缩短到仅存留在正面上，正面性也终于超过功能形体对应性，但后者依然在正面得到表达，没有被取消。此时，正立面的形式已经非常接近最后的成果，在侧立面还出现了一些新的开窗形式，但德拉索塔很快就放弃了这一想法，并在最后采用了与墙面齐平的开窗，增强了正面性的表达。

以上分析了德拉索塔如何在形体设计阶段理清了正面性与功能形体对应性之间的关系。在实现正面性的过程中，德拉索塔进一步通过结构体系的精巧安排和表现，确定了纪念性与建构真实性的平衡。

（三）正面性与结构真实性的平衡

塔拉戈纳市政厅的正立面被设计成有数个凹槽的石墙，而精心设置的凹槽位置产生了巨大的艺术感染力，使这一正面介于二维与三维之间、重力消失与存在之间，具有神秘的纪念性。为保持讨论的延续性，在此先不讨论正立面本身的形式，而先看建筑师是怎么从结构上支撑正立面性。

从正立面看，塔拉戈纳市政厅似乎是一个钢结构的建筑，密斯式的十字形截面的钢柱使建筑看上去更轻，也更强化了正立面的现代感。然而，从平面图上可以看到，塔拉戈纳市政厅的主体结构是规整的钢筋混凝土柱网，只有靠近广场的四根柱子是钢柱。德拉索塔在这里将主体结构与正立面结构进行了区分，用一张钢结构的面具藏匿了建筑真实的钢筋混凝土结构体系（图 18，图 19）。

这一分离有几个好处：一是从受力上讲，正立面的钢柱事实上只承载了阳台部分的重

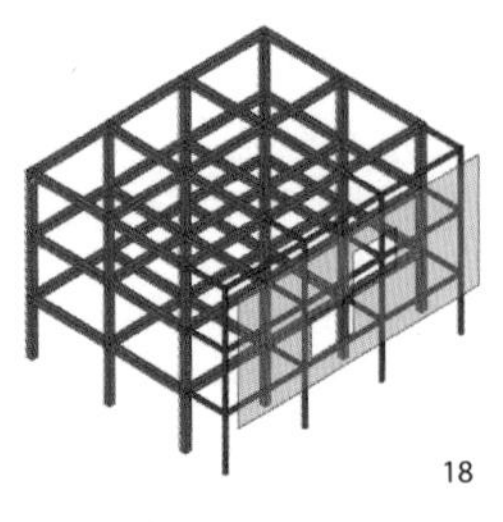

18

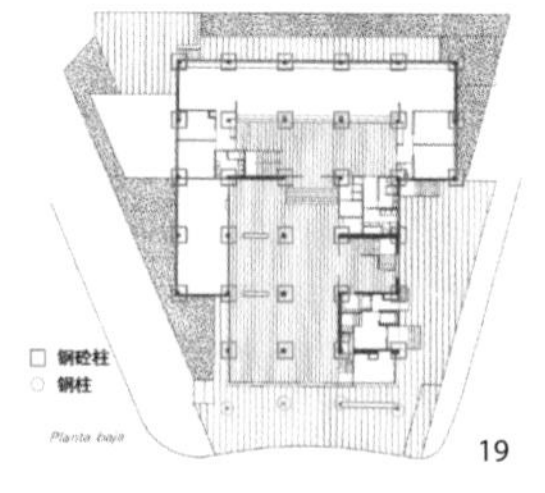

19

20

18. 主体和正面的结构体系分离（图片来源：作者自绘）
19. 塔拉戈纳市政厅一层平面图，不同的结构体系（图片来源：作者根据德拉索塔基金会提供的平面图自绘）
20. 从侧面看到不同的结构柱（图片来源：作者自摄）

18. Different structure systems of the main building and the facade
19. Columns highlighted by different colours on the ground floor plan revealing different structure systems
20. The different types of columns seen from the side

力，这就使得使用更细的钢柱有了合理性；二是四根钢柱根据广场的圆形排列成弧线，使得建筑对中央圆形广场产生了呼应，同时又不影响主体混凝土柱网的规整性；三是钢柱更细而且可以被刷成黑色，看上去消失在正立面的巨大阴影里；最重要的一个好处是，正立面因此在形式操作以及结构体系上都独立于建筑主体，在建构的真实性上有了干净的处理。

这一设计的杰出之处还在于让这一分离在外部得到了表达。德拉索塔在一层的围护界面使用了通透性强的玻璃，使得从侧立面看时，人们可以同时看到正面的钢柱和主体的钢筋混凝土柱，理解到建筑结构体系的分离（图 20）。与此同时，从正面看，正立面的艺术表达力并不受影响。

德拉索塔通过结构体系的分离同时支撑了正面性和建构的真实性表达，并使之在外部具有被阅读的可能。为进一步实现纪念性与建造真实性的平衡，德拉索塔又通过饰面对真实的建造同时进行了藏匿和表达。

（四）饰面对真实建造的藏匿和表达

塔拉戈纳市政厅正立面经过德拉索塔多次推敲，既满足了独裁政府的要求，又表征了现代主义的立场。最终的成果是由三个阳台组成的正立面，这三个阳台形成的巨大阴影按照独裁政府的要求分别象征了执政、立法和裁决三种权力，完成了表达纪念性的任务（图 21）。这几个阳台的交接方式可以说是这个作品艺术感染力的核心（图 22 左），下文将讨论德拉索塔如何通过饰面的处理完成

21. 塔拉戈纳市政厅正立面草图（德拉索塔基金会授权）
22. 市政厅的完成立面和施工中的照片（德拉索塔基金会授权）
23. 塔拉戈纳市政厅阳台内部实景（德拉索塔基金会授权）

21. Facade of Civil Government Delegation in Tarragona, sketch（By courtesy of Foundation of Alejandro de la Sota）
22. Facade after and under construction（By courtesy of Foundation of Alejandro de la Sota）
23. View of the balcony（By courtesy of Foundation of Alejandro de la Sota）

这一效果，又如何同时保证了建造真实性的表达。

从施工中的照片可以看到，几个阳台之间是由结构楼板分开的。所以阴影的对角相接效果，是德拉索塔将深色的薄钢板固定在结构的表面，使其遮住楼板，并与下部的阴影线点与点相交产生的。在这里，薄钢板藏匿了结构的真实性（图 22 右）。

这样的处理手法，效果是很强的。Mansilla+Tunon 事务所的主持设计师路易斯·莫雷诺·曼希亚（Luis Moreno Mansilla，1959—2012 年）在与作者的一次交谈中回忆到，他还是小男孩时曾去塔拉戈纳度假，漫步中偶然看到市政厅时有这样的感受："似乎这些黑色的方块阴影在滑动、上升或坠落……这个石头建筑的正面似乎在移动……这是我第一次觉得，建筑这门行当里，有些什么有意思而深刻的东西在里面。"[4] 事实上，正是因为钢板对结构的藏匿，使得这几个阴影能够以纯粹平面几何化的方式相互交接，让正立面通过阴影达到了与结构常识不符的似是而非的效果，产生了形式上的趣味、动感和神秘感。

另一处对真实建造的隐匿在阳台的天花吊顶上，德拉索塔用黑色的马赛克铺满阳台的吊顶，掩饰了真实的梁板结构。这使得从下往上看，阴影效果得到强化（图 23）。

然而，与此同时德拉索塔又通过饰面对建造的真实性进行了表达。

首先，建筑师在立面石材的铺装上对真实的建造关系作出回应。在每层的楼板位置，德拉索塔贴上偏冷色的石材，使得楼板的位置在立面上得到体现。

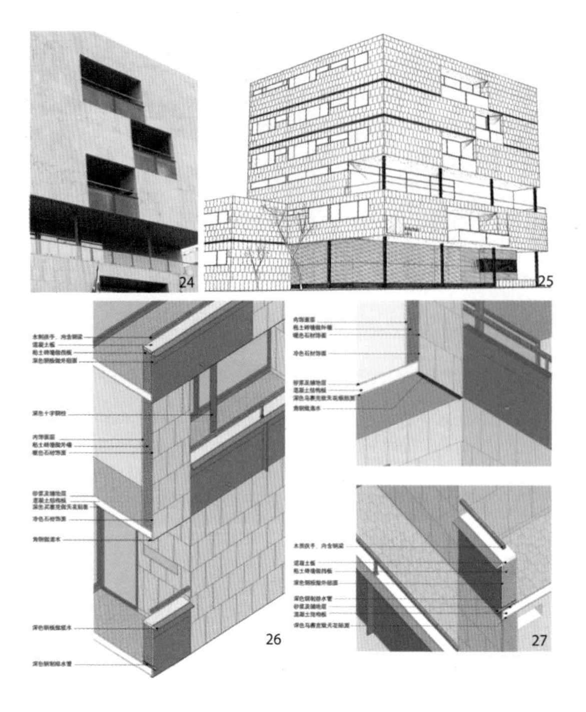

24. 塔拉戈纳市政厅建成实景（图片来源：作者自摄）
25. 塔拉戈纳市政厅表现图，表示楼板位置的面砖被强调出来（德拉索塔基金会授权）
26. 塔拉戈纳市政厅正立面建构示意图（图片来源：作者自绘）
27. 塔拉戈纳市政厅正立面接触点建构示意图（图片来源：作者自绘）

24. Facade of Civil Government Delegation in Tarragona
25. Claddings at floor levels were emphasized, perspective drawing (By courtesy of Foundation of Alejandro de la Sota)
26. Tectonics of the facade, Civil Government Delegation in Tarragona, axonometric drawing
27. Tectonics of the tangency point on the facade, Civil Government Delegation in Tarragona, axonometric drawing

这条楼板线表达了楼板结构的真实性，从而使钢制栏板与结构的关系得到明确。其次，深色钢板的加强筋被暴露在外部，从而提示了钢板作为饰面的存在，而这些加强筋本来完全可以做在内部，使得外立面的几何形式更纯粹；钢板上的落水口也提示了真实楼板的标高位置。其三，从阳台向外看的照片中可以看到，在外部建筑师用石材封住了作为墙体的砌砖，使建筑整体看上去像个完整的石块，但是在内部却将砌砖完整地暴露。此处作为最高规格的总督住宅，建筑师能使用这样的做法，笔者猜测不是经济原因，而是为了表达真实建造关系而刻意的坚持（图 23，图 24）。

最能说明建筑师表达建造真实性意图的图片是他自己画的市政厅表现图。可以看到，这张表现图里最深的部分不是正面巨大的阴影，而是数根建筑师想要重点提示的线。这些线分别是正面的钢柱，侧面透过玻璃看到的混凝土柱和提示楼板位置的冷色石材。可以说，建筑师在最终的设计里，明确了同时实现纪念性和表达建造真实性的意愿和方法（图 25）。

市政厅的饰面层藏匿了建造的逻辑，同时又表达了它。饰面层在与结构分离以表达自身重要性和美感的同时，又与结构联系在一起，清晰地表达了两者之间的关系，达到了纪念性与建造真实性的平衡（图 26，图 27）。

28. 圣费尔南多市政厅（图片来源：http://sancho-madridejos.com/sfh.htm）
29. 圣费尔南多市政厅的前身模型，位于市政厅门厅内（图片来源：作者自摄）

28. San Fernando de Henares Town Hall and Civic Government Centre
29. Model of the former building displayed in the Town Hall lobby

三、圣费尔南多市政厅

圣·费尔南多·德·赫那雷斯的市政厅及市民中心（San Fernando de Henares Town Hall and Civic Government Centre 1994—1999 年，以下简称“圣费尔南多市政厅”）位于马德里东面的圣·费尔南多·德·赫那雷斯市，是城市更新的重点项目。从基地条件、功能、项目定位甚至最终形态上，都与塔拉戈纳市政厅非常相似（图 28）。

这一建筑是西班牙建筑事务所桑乔 - 马德里德霍斯（S-M.A.O. 建筑师事务所，由胡安·卡洛斯·桑乔·奥西纳加（Juan Carlos Sancho Osinaga，1957—）与索尔·马德里德霍斯（Sol Madridejos，1958—）于 1997 年成立）的作品。两位建筑师均在马德里建筑学院受教育，受到过包括德拉索塔在内的多位马德里学派导师和先辈的影响，可以说是这一学派的继承人。因此，在 S-M.A.O. 的作品中能找到这些先辈作品的影子是非常自然的。但另一方面，S-M.A.O. 发现“他们的兴趣超越了严格限制的建筑学界限。他们有意转向更宽广、更开放的领域，他们用跨文化的方式研究历史和文脉”[2]。这样的一种跨文化的思考方式使得他们的作品与德拉索塔的作品产生了有趣的区别，表现了对建筑设计的不同认识。总之，这个市政厅可以视作 S-M.A.O. 向德拉索塔的致敬，又在致敬中希望超越、表达自身态度。

（一）概念由来

圣费尔南多市政厅前身是一个回字形的、带有内院的纺织工厂。后来在内战中，这个工厂被完全炸毁，仅剩东翼的一段东侧墙（图 29）。20 世纪末，在经济复苏的过程中，政府决定恢复这个内院，作为城市新的市民广场和城市轴

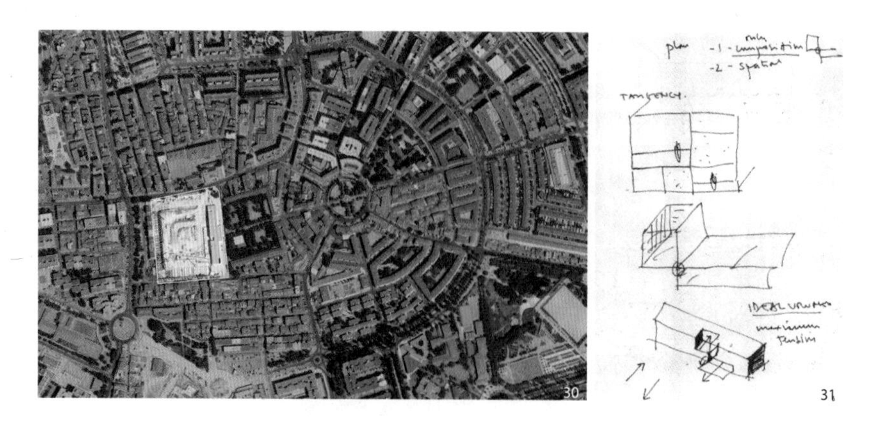

30. 圣费尔南多市卫星图片（图片来源：谷歌地球）
31. S-M.A.O. 对两个市政厅的概念草图图解（图片来源：李翔宁 . 中国策略与全球经验——西班牙 S-M.A.O. 事务所访谈 [J]. 时代建筑 , 2005(1): 72）

30. A satellite view of San Fernando de Henares
31. The S-M.A.O.'s diagram sketches of the two town halls

线的起点。通向马德里的地铁的出入口也设置在这个广场边上。在这个计划中，原纺织工厂的东翼将在原有墙体上加建并作为市政厅使用，为市民提供服务并为政府工作人员提供办公场所。在完全炸毁的北、西、南三翼原址，将新建相同体量的办公建筑，作为商业招租或给政府使用，并与市政厅共同为广场提供围合感。市政厅作为第一个项目启动，标志着城市更新的开始（图 30）。

从大的时代背景来说，西班牙早已过了复古、折衷风格盛行的旧时代，自 1975 年西班牙推行民主政治和复苏经济，德拉索塔这辈建筑师通过实践和教育所积蓄的力量逐渐释放，西班牙的现代和当代建筑得到长足、多样的发展，获得世界范围内的认可。S-M.A.O. 作为马德里学派的新兴力量，一方面对前辈坚持的现代主义建筑传统有继承，一方面也期望提出自己的见解。

这样的态度在圣费尔南多市政厅的概念确立中表现得非常明显。从基地条件和历史变迁出发，这栋建筑回应城市的概念很明确，即保留东侧老墙面对花园和城市轴线，而在墙西侧新建与原工厂相仿的体量，用有表情的西立面面对城市广场。但是在 S-M.A.O. 自己对这个建筑的叙述中，很少提及上述从外到内的概念推导，而更多地强调他们从内到外，用“调子”、“虚空”和“实体”推导设计的概念 :“在圣 · 费尔南多 · 德 · 赫那雷斯的市政厅及市民中心项目中，我们在一个 116m 长、18m 进深、10.5m 高的石灰石长盒子中，向内透射了一个 8m 见方的虚空立方体，引发出一系列围绕它并与之相关的空间。这个透射空间的材质影响着周边由它生成的空间的调子。在朝向广场一面通过一个向室外透射的水平向实体空间与这个虚空间相切张拉。”[3]

当被问起与塔拉戈纳市政厅非常相似的接触点的问题时，S-M.A.O. 也明确地表达了他们想要创造的超越：

“其实我们的市政厅和市民中心项目与塔拉戈纳市政府大楼的概念是有本质区别的。我觉得塔拉戈纳市政府大楼的方法是一个纯粹的立面构图，虽然它是一个非常精彩的立面。我们的概念不仅仅是立面，它主要是空间的实和空的两个体量之间、集于一点的接触。接触点的左上角是将一个体量向内部推动而右下角则是将空间的外立面向下向外的翻转。在这里‘接触’是一个非常重要的概念，通过最小的接触点形成了最大的空间张力。”[4]

这段话表明，在 S-M.A.O. 看来，塔拉戈纳市政厅更像是从二维的形式出发进行的设计，这与他们从三维的空间开始设计就有了本质的区别（图 31）。同时，可以看出“投射”和“接触”的概念在一开始就很明确地被提出，建造在之后加强了这些概念。

（二）结构对概念的支撑

为方便讨论，在这里假设这栋建筑的结构体系是西班牙常用的柱板结构（也有可能是柱梁板体系、梁下封吊顶的做法，不过这并不影响本文的讨论）。

在接触点的部分，建筑师在概念上希望在实体上产生两个虚空，而在结构上采取的策略非常直接：

首先，为了一层水平向的虚空，建筑师将柱子后退，从而使水平向的虚空前没有柱子，同时将底层楼板向外突出作为台阶，从形式上看就造成了翻转的效果。上部实体的重量，包括两层高的墙体完全靠悬挑，这在当代的技术条件下非常容易实现。

其次，在上部的 8m×8m 虚空立方体处，结构则在相对应的地方挖板，留出空间。值得注意的是，结构在二层的楼板靠立面处多挖了一块，将悬挑板全部挖掉。这样的一个小处理是接触点能够做成的关键：如此一来，在立面上的虚空处就没有梁或板，也不需要饰面去藏匿了。同时，这个做法能使二层楼板的大部分是相互连接的，保证了结构的稳定性（图 32）。

（三）饰面对建造真实性的藏匿和显现

在结构调整的基础上，建筑师进一步借由饰面达到空间通过接触点相接的想法，或者说，使上部实体通过接触点搭接在下部实体上从而产生重力似乎消失的效果。

32

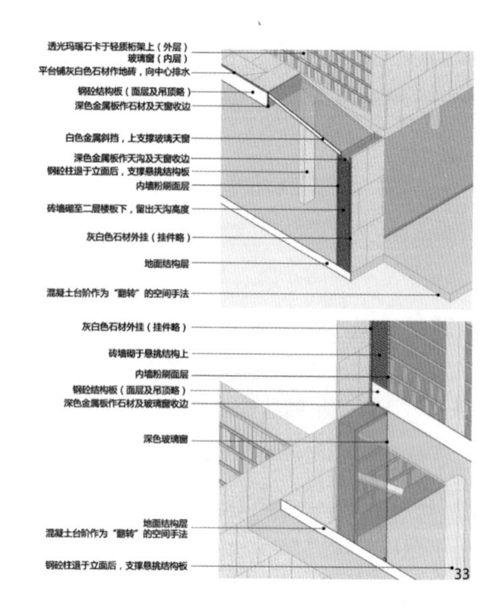

33

首先，在上部实体部分，建筑师用竖向外挂石材覆盖全部墙体，仅在二层楼板处用高度低一些的横向石材表征楼板所处位置。三层楼板处未作横向线条，屋顶女儿墙顶部却有横向石材，更多的是从形式上强调建筑的实体感。这和建筑师的概念是吻合的。其次，在下部虚空处，建筑师采用大面积的暗色玻璃，门把手等金属构件也处理成深色，并在交接处用同样的深色金属板做收边。这些做法强调了下部虚空的阴影。其三，在下部实体处，建筑师在墙上外挂石板，并使得最上层的石板突出墙顶一部分，让左下的石板和右上的实体正好对点相接，而墙与二层楼板之间的空隙则通过一个玻璃斜面来连接，斜面的尽端用金属天沟收口，这个天沟也正好被上述突出来的石板遮住。同时，二层楼板顶部向中心排水，避免天沟的排水压力过大。当然，这样的处理只能使得人在近处时感觉到接触点相接，在远处还是能看到上部空间楼板的厚度和玻璃面。最后，建筑师在上层虚空的界面设置外层透光玛瑙石—内层玻璃的界面，从而使得这个虚空为内部空间带来了精彩的光效果，同时又延续了建筑整体的石材感（图33~ 图 35）。

总之，相对于塔拉戈纳市政厅，圣费尔南多市政厅的饰面对建造真实性的藏匿更多，显现更少，更多地服从于建筑师提出的“虚空对实体投射”的概念。

（四）两个论断

在考察和分析后，笔者对于圣费尔南多市政厅有两个论断供讨论：

32. 圣费尔南多市政厅的“虚空”部分的轴测和结构模型（图片来源：作者自绘）
33. 圣费尔南多市政厅接触点建构示意图（图片来源：作者自绘）
34. 从上部看圣费尔南多市政厅接触点（图片来源：作者自摄）
35. 从下部看圣费尔南多市政厅接触点，混凝土台阶已被敲掉（图片来源：作者自摄）
36. 圣费尔南多市政厅平台现状（图片来源：作者自摄）

32. “Void” of San Fernando de Henares Town Hall and its structure, axonometric drawing
33. Tectonics of the tangency point on the facade, San Fernando de Henares Town Hall, axonometric drawing
34. Looking down at the tangency point of San Fernando de Henares Town Hall
35. The tangency point of San Fernando de Henares Town Hall
36. The current situation of the platform, San Fernando de Henares Town Hall

首先，圣费尔南多市政厅的设计概念中，“投射”和“调子”是空间层次的概念，帮助组织建筑的空间和氛围。“接触”只是让两个空间“看上去像是”点对点接触在一起，是针对建筑如何被看，如何实现一定的纪念性的问题。这仍然是一个形式概念，和塔拉戈纳市政厅本质上是一致的。

其次，这栋建筑的建构策略中，建造从属于概念。建筑师一开始就把建筑思考成一个被空间投射的实体，而建造是为了让建筑更加接近这个想法，建造本身在视觉上被弱化。这就与塔拉戈纳市政厅中建造被特意表达出来的做法产生了区别。

然而，圣费尔南多市政厅的构造和材料处理并没有完全预计到基地气候的较大温差变化。在这个建筑建成 4 年后，笔者去探访时，许多透光玛瑙石已经脱落破碎。由于上层虚空处的界面没有留门且难以拆卸，工作人员不能到达这个虚空所在的平台，破碎的玛瑙石凌乱地散落在平台上。这样的情况令人痛心和深思（图 36）。

四、总结和反思

建筑的最终形态是概念与建造相互博弈作用的结果，本文的分析揭示出两个市政厅建构策略的不同倾向。

塔拉戈纳市政厅的概念与建造似乎得到同等对待，这使得作品建成后传达的信息较为混杂，在分析时也需要层层剥离才能理清脉络。建筑师本身也不倾向于建筑只表达纯粹的概念，更愿意将建筑中多种矛盾因素表达出来，使建筑呈现一种精心安排的、看似随意的混杂感。建筑最终的艺术感染力，也是在设计过程中逐渐弥合概念与建筑的矛盾而形成的。

在圣费尔南多市政厅中，概念的地位比建造更高。建筑师在设计的开始就提出了很强的概念，并非常强调建筑成果对概念的贯彻，建造方式也都从属于这个概念、为了实现这个概念而进行。分析起来也相对简单一点。建筑的最终形态自然显得非常纯粹。

每个建筑师在面对不同项目时都会有自己的选择，因此对两种建构策略的选择是个体化的，没有高下之分。从现场考察和作品分析来看，笔者认为，平等对待概念与建造的建筑给人的体验更加丰富，当大的概念被理解之后，建筑还有很多次级的因素可供感受和解读，建造的人工痕迹也拉近了概念与人体感知的距离。当然，这种建筑需提防过分的炫技，也需要建筑师高超的平衡技巧。

概念引领建造的建筑更容易认知，设计过程更容易控制，建筑从概念到细节的各因素更统一和整体，最终成果在媒体时代也非常便于传播。但是，当体验这样的建筑时，也很有可能因为概念太强，而导致概念被看穿之后建筑显得乏味。为了概念而牺牲建筑中其他因素的做法，似乎也值得商榷。

注释

1 “...a work of violent purity that marks the end of academic eclecticism, heralding a yearn of modernity...” . Luis Fernández-Galiano.The Franco Decades [J]. AV Monograph (Special Issue: Spain Build),2005,113: 27.

2 广义的纪念性包括形式、空间或行为的纪念性等，本文的纪念性主要指形式的纪念性。

3 The building had the uncomfortable function of representing the central power of Madrid in Catalonia. William Curtis. From Monument to Machine[J]. AV Monographs (Special Issue: Alejandro de la Sota), 1997, 68:26.

4 此次交谈发生于 2010 年同济大学与西班牙 *AV* 建筑杂志共同进行的一次联合设计教学活动中。

参考文献

[1] 肯尼思·弗兰姆普敦 . 建构文化研究：论 19 世纪和 20 世纪建筑中的建造诗学 [M]. 王骏阳，译 . 北京：中国建筑工业出版社，2007.

[2] 张斌，林沄 . 诗意的理性：S-M.A.O. 的方法与实践 [J]. 时代建筑，2003(4): 107.

[3] 郑时龄，王伟强，沙永杰，林沄， 编译 . 桑乔 - 马德里德霍斯事务所设计作品 1991—2004 [M]. 北京：中国建筑工业出版社，2004: 63.

[4] 李翔宁 . 中国策略与全球经验：西班牙 S-M.A.O. 事务所访谈 [J]. 时代建筑，2005(1): 73.

作者简介

余国璞，男，华东建筑设计研究院建筑一所 建筑师

日本建筑师吉阪隆正与共存的构成

Yoshizaka Takamasa and the Construction of Coexistence

[日]仓方俊辅 著　李一纯　平辉 译

KURAKATA Shunsuke, Translated by LI Yichun, PING Hui

一、绪论

本文探讨的是从 20 世纪 50 年代到 70 年代活跃于建筑界的日本建筑师吉阪隆正（Yoshizaka Takamasa）的作品及设计思想。吉阪隆正作为柯布西耶的弟子，同时也作为早稻田大学的教授而为人所熟知。20 世纪 50 年代开始的两年间，他在巴黎的柯布西耶事务所工作。回到日本后，他在第二次世界大战后设计的建筑作品常被认为受到了柯布西耶的影响。此外，在教育的层面，他在日本建筑设计教育界十分优秀的早稻田大学长期担任副教授乃至教授，以独特的人格魅力，培养出日本建筑界后来的新锐建筑师和城市设计师，其中就包括日本后现代主义旗手之一的“象”设计集团的创立者，这也是为人所熟知的。

但是，对于吉阪的建筑及其内在思想，并不能单纯看作对过去的记录或是传记性的事实。他给现在和未来的建筑都带来极大的启发。也就是说，从现今的角度看来，吉阪的工作，尤其是围绕建筑的三个关系，为我们开拓了新的视野。这三者分别是：一，建筑中各对比要素的关系——建筑中的“公共”如何达成；二，人工与自然的关系——建筑应当在人工与自然之间如何存在；三，建筑师与团队的关系——建筑设计中的协同工作究竟在何种层面是可能的。

这些内容都与建构相关联。也就是说，既不是无视乡土性的、纯功能性的内容，也不是用语义学就能消解掉的。建筑是由多样要素编织而成的物体，建筑的可能性因此得以扩大。重新阅读吉阪的工作，我想重要的是读出其中超越个人特殊性的理论，并在此基础上进行深入探讨。

二、吉阪的童年

（一）第二次世界大战之前

首先我想从第二次世界大战之前吉阪的童年时代说起。吉阪 1917 年生于东京，比丹下健三小 4 岁。他的父亲是日本共产党中国际派的官僚，母亲来自一个大家族，在江户时代末期之后出现了包括东京大学校长在内的众多享有声望的学者。他的成长环境较为富裕，同时有着良好的文化氛围。

1921 年，吉阪 4 岁的时候，父亲就任内务省社会局的书记官，派驻国际劳工组织（ILO）。包括吉阪在内，一家人移居瑞士日内瓦，两年后才返回日本。

吉阪的小学生活结束后，父亲被任命为国际劳工组织的日本代表，吉阪再次离开日本，之后的 5 年都在日内瓦度过。在日内瓦，吉阪就读于一所国际学校，那里有着各国来的学生。讲义是法语的，有的课用英语和德语教，同时还有拉丁语和希腊语的教学。负责普通课程教学的是曾任高等师范学校校长的老教师，他教给学生们世界各地多样的住居，引发了吉阪对地理学的兴趣。在日内瓦吉阪家住的是租来的贵族洋房。他爱好登山，曾造访过 1931 年竣工的柯布西耶设计的光明公寓（Immeuble Clarte）。

在对本国和别国进行刻意的区别，或是被灌输不同国家之间存在先进与落后之别的固有观念之前，吉阪就已经自然而然地接触到了民俗性的住居、样式主义的洋房以及最前卫的现代主义建筑。吉阪的建筑观与二战后的普通日本建筑师不同，这想必是受其与众不同的童年的重要影响。此外，他在日内瓦生活时掌握了自如使用法语和英语的能力，这也为日后进入柯布西耶事务所工作带来了极大的帮助。

1940 年夏天，吉阪的毕业研究选择在中国的东北部和内蒙古进行住居调研，最后写出了题为《华北、蒙古及新疆住居的地理学调查》的论文。总而言之，毕业论文的研究方向是建筑的地理学研究。他认为建筑的本质中具有与地理和人文环境对应的多样性，并希望探索其中的规律性以应用到新的创造中去。无论是之后作为早稻田大学派出的助手在千岛列岛进行的《北千岛学术调查队建筑调查报告》，还是 1942 年应征入伍之前写的论文《自然环境与住居形态》，都与他的毕业论文是同一方向的。

之后，吉阪在二战结束前的论文中已经显现出他倾向的城市设计方针，其中包括从国际性中发现地域性的价值，以“不失个性而又统一的‘不连续统一体’”为目标，以人为中心追求从住居到城市的综合性。尽管其中也有受到二战时流行的民族学和地缘政治学的影响，但是吉阪的成长环境带来的多种多样的经验对于他的关注点有着更为明显的推动。二战中吉阪进行了一连串的研究，他于二战时期形成的人格中所具有的国际性和他贯穿始终的真挚努力，使得这些研究包含了必须直面不同的风土和文化的要素，并且在二战结束之后得到进一步发展。

（二）二战之后

1945 年吉阪退伍，重新回到早稻田大学助手的位置上，从事住宅和城市的研究和教育。吉阪还曾执教于日本女子大学，该校教科书上刊载了他最初的著述《住居学概论》，从中可以窥见他 1950 年前往法国之前究竟有着怎样的思考。尽管是罗列性的叙述，但我们能从三点中看出他的思考特征：第一，必须将住居和城市进行一体化研究的意识；第二，住居中的空间不仅是可以固定而尺度化地衡量的概念，同时也是在心理上有可变性的概念；第三，精神层面上将“物”看作自身的延伸的观点，其代表就是住居。在这些思考的基础上，吉阪认为住居不仅仅是生活的容器，而应当同时被视为自身“延长”的“物”。之后，吉阪将上述对于“住居学”的思考持续了下去。

1. 1954 年到访日本的勒·柯布西耶和吉阪隆正

1. Le Corbusier with Yoshizaka on his visit to Japan in 1954

1950 年，吉阪以日本二战后第一批法国政府资助留学生的身份于 8 月 23 日离开日本，9 月 23 日到达马赛港，25 日进入巴黎。10 月 23 日首次遇到柯布西耶，并进入其事务所工作。原本预定一年的留学延长到两年，期间参与了罗克（Roq）和罗伯（Rob）住宅群规划以及佳尔（Jaoul）住宅的设计，曾被派到马赛公寓（Marseille Unity）的现场担任监督，还进行过南特勒泽（Nantes Rezé）的公寓实施设计，最后于 1952 年 11 月 11 日回到日本。留法期间他进出图书馆和博物馆，听演讲，参加了 1951 年的 CIAM 大会，还去了巴黎以外的很多地方以增长见闻，但是其中对他影响最大的，还是柯布西耶（图 1）。

2. 吉阪自宅
3. 建设中的吉阪自宅

2. Yoshizaka House
3. Yoshizaka House, under construction

柯布西耶作为建筑师的厉害之处，可以说是让吉阪对“住居学”的意义从反向进行重新认识。在此基础上吉阪所采取的姿态是既不放弃柯布西耶，也不放弃住居学。一方面，从“住居学”的角度去理解柯布西耶，获得与其他众多建筑师不同的认识。另一方面，他将“住居学”和现代建筑相对照，确立其作为批判而存在的意义，同时赋予其基于造型的创造性。留学的经验以及这些思考使得吉阪的态度发生了改变，从留学以前稍微偏向相对化、观念性、西欧主义以及大正教养主义[①]的姿态，在不放弃上述价值的同时变得更为实践而进步，更具有二战后日本的风格。通过这种过程，1950—1952 年的留学为吉阪带来了包括团队设计的方法论在内的做出“决定”的勇气，以及“建筑师”的自我意识，正是因为如此，才成就了作为建筑师的吉阪隆正。

三、吉阪的作品

（一）吉阪自宅

1952 年从柯布西耶事务所回到日本后，吉阪隆正开始通过建筑设计来表现自己的思想。下文将从他的作品中挑选出“吉阪自宅”、“威尼斯双年展日本馆”、“海星学院”以及“大学研究所之家”进行详细论述。

① 大正教养主义指的是希望通过读书获得知识，陶冶人格，并促进社会向善的人生观，在日本大正—昭和初期盛行的思想。——译者注

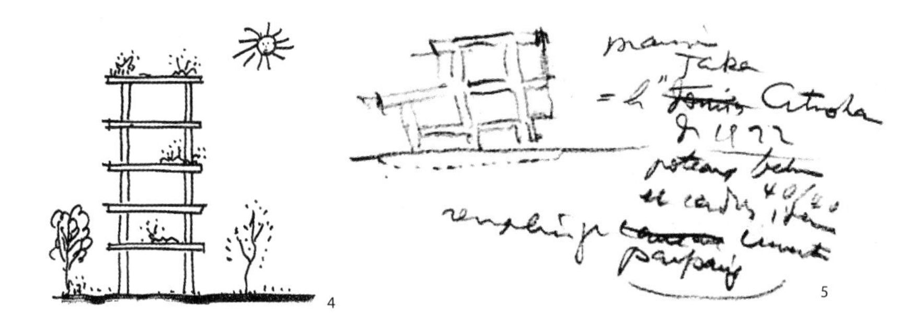

4. 吉阪隆正画的自宅概念图
5. 访问吉阪自宅时柯布西耶做的记录

4. Concept sketch of Yoshizaka House
5. Note taken by Le Corbusier on his visit to Yoshizaka House

吉阪从柯布西耶那里继承了“以形式来提出方案的勇气”。这一点最初表现在 1955 年完成的自宅中（图 2，图 3）。

自宅的原理简明易懂，六根柱子支撑着三层楼板，其间混凝土砌块界定出室内空间。“人工土地”的大概念被加入到自宅之中。“人工土地”是吉阪讲究的思考方式，它被作为公共设施，在其中设立柱子，堆叠楼板，排布管线设备。各个设备都整顿完毕后形成一块条件良好的土地，人们从中租用自己喜欢的部分，按各自喜好建造各自的家。吉阪认为这是一种理想的方式。他的自宅不仅是单一的住宅，同时也含有作为面向未来的社会性提案的原型的意义（图 4）。

毫无疑问，不能仅仅将这座自宅作为一个原型方案来看待。吉阪在自宅中加入了充满个性的造型。外墙的混凝土砖在各处像羽毛一样向外突出；入口附近嵌有一块板，上面刻着汉诗②和拉丁语的格言“大胆才能抓住幸运”；室内有他用留学法国时在路边捡的玻璃碎片手工制作的彩色玻璃，同时也有最先进的垃圾处理器；天花板上垂挂着世界各地的铃铛。这绝不是通常意义上的那种漂亮的设计，而是与居住者的生活融为一体，给人留下特别印象的设计。自宅不能一般化，而应该充满居住者的坚持。可以说这正实践了他在《住居学概论》中对于住宅作为居住者的存在的延伸的思考。

也就是说，吉阪隆正的自宅中有两方面的思想，即从柯布西耶那里学到的提出原型的性格，以及吉阪的“住居学”中认为住居是居住者的东西的观点。这样就使得自由成为可能的系统和细节，在作为两个极端而存在的同时，又是

② 日本的汉诗是指日本人运用中国古诗形式用汉字创作的诗歌。——译者注

6~8. 威尼斯双年展日本馆
6~8. The Japan Pavilion at the Venice Biennale

互补的存在（图 5)。

建成后的自宅，形式上发生了很大的变化。随着孩子的成长，地面上建起房间，不再是原来的底层架空的形式。在室内穿鞋的生活方式转变为通常脱鞋入室的形式，室内也随之改变。建成后很快就碰到漏雨的问题，最后在屋顶上架起斜屋面，外观更像一个家了。住在自宅的 25 年，可以说是一个将作为原型的强烈印象逐渐削弱的过程。设计者本身的这种行为，我们又应当如何理解呢？

与自宅发生关系的并不仅仅是“建筑师”吉阪隆正，事实上还有另一个作为“业主”的吉阪隆正。“建筑师”作为一个系统，能够最大限度地实现“业主”的自由，他选择了“人工土地”。“业主”则是对“建筑师”下达各种要求，在这个系统之中让“建筑师”将“业主”的要求最终变为造型。吉阪的自宅在建成之后就离开了“建筑师”，而转移到“业主”的手中。“业主”则根据状况，在那之后更改用途、变更细节、进行改建。

建筑渐渐地脱离建成时的形态，“建筑师”是否会对此有所不满呢？并不是这样。这一系统容许这种程度的改变，“建筑师”并不认为自己有权力阻止别人进行改变，正是因为“建筑师”认为建筑是“使用者”的建筑。

（二）威尼斯双年展日本馆

1956 年完成的威尼斯双年展日本馆，总体上是用壁柱支撑起一个长宽均为 16m、高约 5m 的白色长方体，是一个比较端正的形态。“卍”字形布置的四根壁柱穿过室内地面直到天花板，用小梁支撑屋面。柱子和全体的结构一起，同时也具有模糊分割单体空间（one-room）的功能。天花板上的小梁之间嵌有玻璃砖，引入自然光。大理石地面上附有和小梁对应的花纹。除入口外，屋顶和地面中央的四方洞口是唯一的开口。上面是天空，下面则能看见室外的雕刻展示场（图6～图8）。

尽管日本馆第一眼看上去形态很简单，但要是将其当作是顺从建筑界潮流、埋没个性的现代主义建筑的话那就错了。其实日本馆有着明确的个性。要明白这一点，最好的办法也许是在会场之中四处走走。日本馆一端的尽头面对英国馆，英国馆左右对称，玄关部分突出，是一座以四根柱式支撑的正统样式主义建筑；右边的德国馆同样是以新古典主义的构成形式布置，较为严肃；左边的法国馆用了曲线门廊，较为优美。在会场中建造的并不全是这样的样式主义建筑。里特维德（Gerrit Thomas Rietveld）设计的荷兰馆强调直线的美学，斯卡帕（Carlo Scarpa）的委内瑞拉馆将玻璃和砖很好地组合在一起。展馆有着各种各样的形式与颜色，既有做得非常漂亮的，也有不怎么样的。尽管如此，如果单单看建筑设计的话，几乎所有展馆都给人同样的感受。对于建筑而言，土地似乎成了多余而麻烦的存在，给人一种如果能将树与大地去掉的话看起来会更好的感觉。

日本馆的建设也面临同样的条件。公园方面规定直径60cm以上的树木是不允许砍的，预算的限制决定了不可能进行大规模的建造。吉阪从设计的开始就尝试活用这些条件。接二连三的修改之后，最终完成的建筑在拥有明晰的形态的同时，充满了对土地的种种关怀。

从架空底层环绕进入建筑入口的路线最能体现这一点。雕刻展示场的地面并不是普通的清水混凝土，看得出里面镶嵌的片状大理石，散布在混凝土表面。进入这条道路之后，内部包含天然石头的混凝土、砂石铺地及乱石铺地，可以让人看到多样的材料。稍微转过弯会登上坡度很缓的楼梯。走到一半就会有一个用砖区分出来的让人稍作休息的空间。在那里转过一个直角，踏上一块石材，就会来到建筑物的入口，上方是一个用阶梯状的混凝土支撑的屋檐。这时既可以推开漆成大红色的门进入展馆内部，也可以绕到建筑的背面走下楼梯，从而回到雕刻展示场。吉阪不仅设计了建筑内部，还设计了在外部环游建筑的流线。"混凝土的底层架空"并没有无视土地进行建造。土地介入设计中，建筑师将土地的性格激发了出来。大理石、砖和混凝土三者尽管有差异，但在作为自然材料进行人工加工这一点上是相似的。

日本馆在面对"身处公园之中"这一困难时并没有进行太过分的处理，而是将其转化为一个乐于接受的条件来对待。虽然有各种困难，但不妥协的矩形将对此的各种考虑都隐藏起来，处于与土地相互对抗的状态中，这种形态在这

9~11. 海星学院
9~11. Kaisei Gakuin (Higher School)

里成为最好的舞台。这种性格是否就能称之为“日本性的东西”只是个说法上的问题，但是在会场之中它成为一个特别的样式却是毫无疑问的。它让人回想起巴黎的大学城里柯布西耶设计的瑞士馆（1933 年）。底层架空的箱体与那些用历史样式来表现国家的建筑群截然不同，从而形成鲜明的对比。细腻与粗野，机械与自然，直线与曲线，追求理念与回应基地，这些对立都被编织、融入明快的解答之中。新的尝试必然招来周围的抵抗，在斗争中形成的个人样式，最后在每个人眼中都逐渐显著起来。

（三）海星学院

说到长崎就会说到坡道和教堂。海星学院的项目与这两者有着很深的关系。法国的玛利亚教堂在 1892 年开设的“学校计划”（Mission School）需要新的校舍。1958 年完成的六层钢筋混凝土建筑对吉阪而言是历来规模最大的一个项目了（图 9 ~ 图 11）。

学校位于靠近东山的小山之上，这里尽管视野很好，却缺乏平地，建设用地选在一片西向的崖地，在这整片地中也算条件恶劣的了。校舍被设计为垂直于斜面。由于有高差，所以东侧的一层到西侧就成了六层。最上面是教师和行政办公室，一至五层则布置教室。在走廊一侧的室外平台可以通过外部楼梯到达其他层。室内楼梯突出于校舍之外，成为开有各种大小的窗的筒形塔楼。外墙和玄关大厅贴有五彩缤纷的瓷砖，教室中则应用模数（modulor）的木制门窗，但是之后替换成普通的铝制品。

在基地内，留有 1898 年建造的罗马风的校舍。学校方面希望“设计能够和原有校舍的优点相吻合”。吉阪隆正采取了与威尼斯双年展日本馆相同的态度，回避了直接的形式，而是根据建筑与土地之间的关系作出更高层次的回答。

学校的运动场被分为东西两块，也就是高处和低处两块。从低处的运动场望出去，并行的教室部分看起来会形成来回曲折的锐角。设计者说这是由于教室需要被放在南边而得到的形态，但是最上面的部分并非如此，所以想必功能并非是唯一的理由。

建筑与土地相对应，强有力的姿态明确地传达出要挑战地形和风土的意思。建筑将太阳光变为强烈的阴影，强调其与自然共存的姿态，白色的外墙和锐利的遮阳板更增强了这种效果。

这与学校的过去是相呼应的。新校舍连接了东西两块分开的运动场，给学校附加了一个新的秩序。螺旋状上升的楼梯塔衬托出上面的玛利亚像，创造出荷兰坡③的景观。楼梯塔作为人类智慧的象征而高高竖立。罗马风建筑以石材建成，在自然之中构筑起稳固的人与神的世界。很显然，吉阪也是想在这里用混凝土进行同样主题的讴歌。吉阪曾说“这是风景的改造”。海星学院的校舍充分体现了吉阪的乐观主义。而这种乐观与其说是与过去割裂的“现代建筑”的乐观，不如说更是对于过去和人类的乐观吧。

（四）大学研究所之家

我们不得不承认，对于建筑师而言，有时候一份设计委托就会成为决定性的因素。如果没有东京都八王子市的这座大学研究所之家，吉阪隆正这位建筑师可能直到被彻底遗忘都很难为人们所理解。他在 1962 年接受这份委托，第七期的工程结束是在 1978 年，整个工程经过了很长时间才完成。基地面积约 2 万 m^2，业主想要一种前所未有的建筑。在这种条件下，吉阪终于得到了能够从细部直到城市，综合地将他的思想转化成实体的机会。

大学研究所之家是 1965 年开馆的，业主想要在自然之中建一座各所大学的学生都能用的研修设施。对此，吉阪给出的建筑解答是活用土地的起伏，在森林之中将“建筑 = 房间”分散布置，从而将整个基地变成交流的场所。基地中种上很多树，在其间布置包括本馆、中央研究室馆、7 栋研究室、100 栋宿舍以及服务中心这些建筑。

本馆是使用者最初到达的建筑，从公路登上坡道，眼前出现的就是本馆。在背面有一个广场，从广场开始道路延伸到各个主要的建筑物。如果说海星学院是切在崖壁上的“锯子”的话，大学研究所之家本馆就是打进大地的一个“楔

③ 指的是长崎市南部的外国人留下的石板的坡道。——译者注

12. 大学研究所之家本馆
13. 大学研究所之家住宿单元
14. 大学研究所之家教师馆

12. Honkan (the main building) of Inter-University Seminar House
13. Lodging quarters of Inter-University Seminar House
14. Teachers' guest house of Inter-University Seminar House

子”。裸露的钢筋混凝土外墙向外倾斜，因为平面是正方形，所以看起来就像是四角锥体插在地面上（图 12）。

在树木之间可以看见完全没有装饰的混凝土墙，那里留下了模具和修补的痕迹。局部添加的凹陷的纹样和随着层高呈现锐角的直线更加增强了这种粗糙的质感。各种不同大小的窗子散布在墙上，上部的倒三角形的孔重复着奇异的整体形态。孔的深处藏着一个“眼睛”，透过天窗射进来的光线让它闪闪发光，静静地注视着来访者。

穿过如同鸟喙一样突出的雨棚，推开黄铜制的螺旋形门把手进入内部。一层是门厅和办公室，使用者首先在这里办手续，然后登上突出于通高中庭的楼梯，穿过布置有馆长室和会议室的二层，就会来到三层的休息室。窗的不规则布置形式和楼板的不同高度带来的非均质性让人感觉舒适，最引人注目的场所中设有一部复杂的楼梯，铁制的立体桁架上加上木制的踏板、铁质的栏杆和宽大的木质扶手。下面铺的是玻璃，所以能直接看到一层。除了这部充满魅力的楼梯之外，还有两种方式到达位于四层的食堂。一种可以看作到达此处的楼梯的延长，与楼梯相连续的桥在门厅的一端横向切断；另一种是从边上的山丘通过外部的连廊进入馆内，从舞台走上去进入食堂。

连廊就像工业制品的设计，与留有手工痕迹的墙面形成鲜明的对比。食堂是按照整个研究室之家的设计容量——200 人能够一起使用为标准来设计的。薄壳结构的天花板其中央部分比较高，将餐桌部分缓缓地包在里面。从窗口望出去可以看到整个基地，如今向远方可以看到高层住宅林立。天窗照下来的光给人以一种解放感。

中央研究室馆是一座能够容纳50人的大厅。从本馆延伸出来的道路是基地中唯一的直线。尽管如此，实际上因为路面是起伏的，所以走起来并没有很强烈的一条直线的感觉。两座建筑在设计中故意偏离轴线，呈现出中心对称的布置方式。

刚开馆的时候，本馆和中央研究室馆之外并没有大的建筑物，两者的对比十分明显。中央研究室馆是四角锥体，建于一个更低的位置，呈现出一种没有窗的封闭状态。内部构成形式是单一空间——地下有一个小机械室，除了天窗和人工照明之外什么都没有。特别针对集会这一用途，而采用了禁欲的手法。

住宿设施总共有100栋，追求的是工业化生产（图13）。预制的钢筋混凝土地基打进地下，然后修建钢筋混凝土的楼板，最后用“L”形的木制面板拼装出整体建筑。屋顶是薄膜壳体。每栋建筑中设有两扇预制的铝合金窗和小型洗手台，其中放置两到三张床。实墙面积很大，使得房间很暗，让人白天不想待在里面，这是为了传递给居住者一种信息，让他去与自然和他人交往。9 ~17户集合在一起，加上研究室，就构成了单元组团。这样的单元一共有七个，整体上都是不规则地凹进凸出，缺少中心性的平面，用于讨论还是很适合的。外墙上画有树木的形状，能很容易地分辨出自己在哪个组团里面。这就好像树干上有一枚叶子的话就是一个组团，七片叶子就是七个组团。一个组团围合出一个小广场，不同的组团隔着坡道并列放置。各个组团有各自不同的表情，正如自然生长的群落那样，贴近土地，有机地构成。

上述建筑被称为“第一期”，在那之后，基地内又建造了各种各样的设施。

第二期中的讲堂和图书馆是在1967年完成的，位于基地中的最高点，临近延伸到本馆的那座桥。两个薄壳屋顶并列，周围环绕着平台。讲堂的屋顶仅用两根柱子支撑，即使在结构上多少有点不太合理，但还是想要追求在两个方向上非常开放的轻快造型。从水平连续的窗子望出去可以看到远处的山，给人以与中央研究室馆完全不同的体验。

第三期是1968年完成的教师馆，基本上就是将之前的单元组团组织到一起（图14），用由墙体支撑的连续六个薄壳屋顶弧线进行连接，其下用木结构建造房间。这倒是像将柯布西耶在昌迪加尔的两个建筑——高等法院入口的屋顶和游艇俱乐部住宅（Club Nautique House）两者构成形式进行结合。拱顶的下部各处为了通行都被留下来，并带有各种变化。从弧内侧设置的外部走廊可以进入内部。因为两个房间共享一个薄壳，所以内部产生了单坡顶的空间。建筑的内外变得难以区别，道路自然延伸到屋顶，人们可以任意地在薄壳屋顶的凹凸上行走，与在自然的起伏上行走的感觉并没有太大差异。

15. 大学研究所之家长期研修馆
15. Long Stay House of Inter-University Seminar House

第四期，即 1970 年完成的长期研修馆，在基地中带来新的发展（图 15）。不仅仅是大学生，教职员和社会人士的研修和研讨会都可以经常在这里举行，因此需要设置适合长期居住的设施。基地越过山谷，选择了面向已有的住宿单元组团的场所。在设计中同样追求与之前设计的建筑相对称。所谓与“几个两人一间的小屋和研究室并列的构成”相对的“1 人—5 人—10 人—25 人—50 人的空间的重复连续构成”，与“完结单位的分散配置”相对的“（看起来）可能增殖的单位的集合”，与“倾斜、曲面”相对的“水平、垂直、平面”，等等。构成的基本形式是在几个垂直竖立的筒状单元之间漂浮着水平的研究室这样系统化的形式。下部架空，上部用作屋顶平台，这可能会很容易让人联想起丹下健三的山梨文化会馆（1966 年）和新陈代谢派的作品。各个单元的中央有中空的筒，周边则螺旋状布置单个卧室。由于没有墙，转而利用高差进行空间分割。从卧室的阳台向下可以看到研究室，不经意间打开门，走到相邻的大研究室的屋顶上，会发现由于建造在斜坡上而产生的多种多样的空间。由于与先前的研究室之家采用了不同的造型语言，这里使人重新发现对其中系统化的性格和心理空间的关注。

同一年，第五期的野外舞台在讲堂下的山谷中建造完成。在舞台的背后，设置了像屏风一样的强化玻璃，异质的直线和材料反射出森林的绿色。

第六期则是 1975 年完工的大学院研究室馆，在一片绿色之中以一种非常机械的姿态建造起来。这时，八王子的民居移建到附近坡道的边上，名为“远来庄”，其茅草屋顶与倒三角形的本馆屋顶相似，都呈一种非常强有力的姿态。

第七期则是 1978 年建成的国际研究室馆。面对住宿设施的要求，吉阪拿出的是当初应对长期研修馆的增殖系统的计划方案。但是研究室的增加也是当务之急，所以按照新的构想来进行设计。他将居住单位组织进用壁柱支撑的人工基础之中。屋顶的一面画上图画，从本馆的食堂都能看到。直线道路的另一边建成玻璃的交友馆，在它下面是最早建造完成的服务中心。

从第一期完成开始，至今已有 40 年。本来光秃秃的山上现在郁郁葱葱，建筑掩映在树木之间，显示着存在感。大学研究室之家总算是在这个漫长的过程中慢慢完成了。

四、考察

（一）对比要素的共存

可以发现，吉阪的建筑在构成上的特征是对比要素的共存。例如，从远处看可视为单纯箱体的威尼斯双年展日本馆也存在一些对比要素。首先是直线和曲线的对比。相对于建筑本身按固定规则划定的直线，进入建筑前的斜坡却是有机的曲线，入口的地毯也使用了细腻的流线形图案。还有粗糙和细腻的对比。墙面抹了大理石粉，这是意大利的传统工艺。细腻的质感进一步衬托出清水混凝土，也可以说是同时使用了国际化的材料和地域性的材料。

再来看看其他作品。海星学院和日法会馆追求的是水平和垂直的对比。最显著的是江津市政厅，层数较低一栋向水平延伸，较高一栋屋顶上的突出部分则强调了垂直性。由桥墩支撑的强烈的造型给人充满机械感的印象，然后又在端部用天然石叠砌成螺旋状的台阶，制造出工学和原始的共存。在与当地传统无关的形态中，又采用了当地的石州瓦。

在大学研究所之家中，工业化和有机性的共存成为重点。本馆的清水混凝土墙面像是在被太阳晒黑的皮肤上刺青一样，与形态强烈且极具机械感的户外桥梁连接，清晰地传达出“工学”与“原始”的连接。在构成上，本馆倒四角锥体与中央研究室馆正放的锥体相对比，通过错开两者的轴线，营造出成对处理时无法处理的关系。对比的要素，随着每次加建而增加。第二期的讲堂和图书馆，将用于本馆屋顶的薄壳结构向前推出，增加了重与轻、封闭与开放、垂直与水平的对比。第三期的教师馆，将本来分开使用的混凝土结构和木结构一并使用，加强了对比的效果。第四期的长期研修馆，是将既存的建筑整体作为对象并进行与之对峙的设计。个别与集合相对，完结与增殖相对，曲线与直线相对。在横跨山谷的选址布局上就看得出这象征了对立是其骨架。吉阪建筑的加建，即使看起来像渐变连续的，也并不是对既存的模仿。增强对比才是他的方法论。

直线和曲线，水平和垂直，粗糙和细腻，国际和地域，工学与原始……吉阪的建筑中包含着许多成对的概念。这并不是图式上的并置，而是以对比要素是否能被同时看到、身体是否能够感知为目标来设置的。因此，所有要素在“共生”的同时又保持距离。要让两极相互突出对方，而决不能只归纳成简单的几个要点。“对比”共存的构成，是吉阪的特征之一。

这里也可以发现他受到柯布西耶的影响。我们可以从马赛公寓中看到直线与曲线、水平与垂直、工学与原始的对比。柯布西耶对马赛公寓是这样解释的：

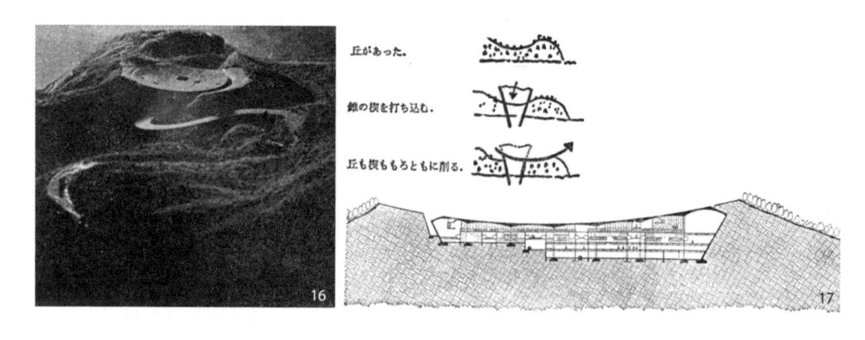

16.17. 箱根国际观光中心竞赛方案
16.17. Hakone International Tourism Center, proposal for cometition

“我决定用对比来创造美。我想在生硬与洗练之间、笨重与紧张之间、精密与偶然之间发现美，从而确立出一种戏剧。我想让人们去思考、去反省。这就是这座建筑的外观之所以如此激烈纷杂多彩夺目的原因。”（《柯布西耶作品集》）对比的戏剧也能在拉图雷特修道院的矩形和曲面、昌迪加尔议事堂的柱结构和墙结构中看到。逃离意义的固化、不归结为单一的性格，贯穿于优秀的历史建筑，也是柯布西耶作品的魅力所在。吉阪将这一点进一步向前推进。

在结果上看，柯布西耶与吉阪在整体和部分的构成上是不同的。柯布西耶的建筑，部分不完全受整体支配，而主张部分的独立存在，但尽管如此，仍然保留着部分聚集成整体的层级秩序。而吉阪的建筑，层级秩序很弱，他追求的是通过从整体到部分的各种尺度，来追求各种各样的形。在特征上各“部分”之间是关联的，但在结果上并没有形成“整体”。从浦邸（Ura House）和“CouCou”别墅（又称近藤邸），到大学研究所之家本馆和生驹山宇宙科学馆，整体形态都比柯布西耶的明了。另一方面，他又根据各房间本身的功能任务，追求各自的形。将这些合并起来，建筑得以成立。即使在相异的尺度之间，似乎相互矛盾的要素也共存其中。

沿着这条线索继续进行比较，以马赛公寓为首，柯布西耶的作品在造型方面被认为具有拟人主义的性格，但吉阪的建筑基本上没有这个特点。但是，“对比的并存”这一作风本身，也可以说是另一种拟人主义吧。人类本身就是一种同时拥有工学和原始、强与弱、理性与非理性等各种相反特征的极端的生物。在柯布西耶《人类的家》（*La Maison des Hommes*，1942 年）中有一幅草图，一半是阿波罗太阳神，一半是美杜莎女妖，象征了人类这种对比的状态。被撕扯成阿波罗的一面与狄俄尼索斯的一面的面孔，被认为是柯布西耶的自画像（查尔斯·詹克斯，《勒·柯布西耶》，鹿岛出版会，1978 年）。但在作品和理论方面，柯布西耶一直朝着明亮的理性方向努力，许多人都被这股“强势”所吸引。吉阪也是这许多人当中的一员，从难以统合的人类画像开始进行建筑思考。比吉阪年长 6 岁的冈本太郎，有过在二战前的巴黎逗留的经历，从 1947 年开始提倡“对极主义”。“无机的要素和有机的要素、抽象与具象、静与动、排斥与吸引、爱与恨、美与丑等对极，不对它们进行调和，而是以分裂的形让它们发出不和谐的声音，在一幅画面中共生。”（《先锋艺术》，美术出版社，1950 年）这是艺术家的工作，它们“作为不得不让工学与原始、国际与传统、艺术与赝品共存的二战后日本的自画像”得到承认。在柯布西耶基础上往前推进的吉阪式“对极”，可视为是从战前的大正教养主义开始思考，经过法国人文主义，再到二战后日本人的形象面貌的表现。没有进行阿波罗式的统合的建筑，某种程度上是对具有各种状况的人类自身投影的承认，给人们以共鸣。“对比的共存”，对于不仅仅是理性、理想的人类来说，是对“建筑应该以怎样的方式存在”一问的解答吧。

（二）人工与自然

吉阪自 20 世纪 50 年代以来，一直有意识地考虑建筑及其在人工与自然之间如何存在的问题。当下，在讨论建筑时不提及自然环境的建筑师很少，但有高度成熟思考的却不多。但仅仅因此也没有足够的证据认为吉阪是这方面的先驱。在手法上，会发现与通常想象的对自然环境的考虑有一定距离。

这里希望把与造型的关系作为问题来讨论，不考虑只把自然环境的工学方面作为对象的问题，例如利用高气密性、高隔热性来减少能源消耗等。然后，“考虑自然的建筑”手法，大概可以归纳为以下三点：

（1）将自然物撒遍建筑，让建筑融入“自然”——立面绿化和自然材料的活用；

（2）通过造型将建筑消隐在“自然”中——地形化和曲面形态的应用；

（3）反过来，通过显露出对立的造型来强调“自然”——几何形态和工业材料的使用。

吉阪的手法，与以上三点均不相同。

最好理解的例子应该是 1970 年的箱根国际观光中心竞赛方案（图 16，图 17）。这是由箱根畑引山国立公园举办的建设国际会议设施的竞赛，要求提出应对自然环境的方案。评审委员长是前川国男，评审是大江宏和白井晟一等建筑师，非常瞩目。吉阪的方案虽然没有入选，但登上杂志后造成了很大的影响。

在绿色的林海中，沉着巨大的混凝土圆盘。平面是圆形，在正面上呈弧面。圆盘越往下部越窄，埋在地里面。由于没有建筑中常见的墙或窗，因此不能清晰把握建筑的规模，切开剖面一看，才知道那是由五个楼层组成的建筑。所有的功能都埋在地下。巨大的屋顶向中心弯曲，中心处开有正方形的天窗。沿着这个弧面，周边的大地也被削去一部分。

这样的手法与刚刚提到的三点都不相同。巨大的圆盘上没有屋顶绿化，冷淡地让墙面暴露在外。如果是想把建筑隐藏在地下，应该不希望顶部显得这么大才对。在基地中选择了有山丘的高地，将它截取出来与建筑共同呈现，更像是在炫耀自己的存在。另外，也不能说他采用几何形态来强调与自然环境的对立。原本丘陵的曲面与新建筑的轮廓线共同创造出一处新的景观。这就像 10 年前颂扬的大坝建设，选择恰当的场所，创造出没有自然就不能成立的风景。与其说是建筑，不如称之为“建设”更为合适。这是一种怎样的自然观呢？

吉阪在竞赛的说明文中，提到了迄今为止的两种自然观（《黑暗中的光——箱根国际观光中心》集七）。一种是包括日本在内的东洋，认为自然终究不能被人类所认识。另一种是在西欧发展的，在物质层面理解自然，努力利用开发的自然观。两者表面上看似相反，实质上在探索的姿态上是共通的。两者的前提都是“对于人类而言”，但是人们并没意识到这一点。以此为前提来思考的话，自然和人类的关系其实还有另一种存在方式。自然是一种通过自己的姿态来打动人类感情的现象。如果要涵盖前面两种自然观来理解的话，就必须要像把这一感情部分作为共同点来把握那样去探寻造型的标尺。吉阪认为，人类的造型创造的根本，在于打入楔子的加法和切削的减法两种方式。

这个倒置的圆锥或许会让人想到大学研讨楼倒置的三角锥体。但是，位于基地较高处的本馆与所处地形并没有关系，研讨楼整体在视觉上能得到概括。两个设计具有更高共同性的地方，应该是大学研讨楼的建筑整体与自然的关系。建筑改变了基地整体的性质，动线横跨在人工与自然的对立中。双年展日本馆和星海学院的手法也是同样的。现在可以清楚看到吉阪对待自然的姿态了，事实上他的姿态与“适应”、“隐蔽”或“对立”都不相同。通过他的介入，沉睡的自然的资质被唤起了。

不过，箱根国际观光中心又具有以上的性格。尽管说建筑是要引出场所的潜力，但为什么要用特定的形态来解决呢？还有其他可能性吗？建筑形态最终还是会被认为无法完全说明白根据和目的，逃不出其“无根据”的结局。在箱根国际观光中心，吉阪面对这一问题，从而想要进行无对象的表现。“就算有了心，人还是不在”、“习以为常的常识也要重新研究”等表述，显示了存在“有意义的事物”而不存在“被赋予意义的事物”的状态。“猛然让人感受到”之后，每个人就会对它赋予意义吧。但是，不能确定什么才是正解。即使逻辑上无根据，目标也要指向感觉上有根据的强烈的形。尽管没有意义也没有意志，自然也能震撼人心。要全新地创造出像这样的未开拓地带。加上人的动作后，真正的“自然环境”是不可能实现的。如果全都是“人工环境”，会产生怎样的可能性呢？从形的角度出发，正视这个问题并进行探求，是这个设计的创新之处。

总之，吉阪的观念并不是考虑无人类的自然，而是要通过自然来扩展人类的可能领域。这一人类中心主义的性格，与刚刚所说的“未来”志向是一致的。

从吉阪所谓建筑物创作的行为表面，是不能把从自然入手理解为深层做法的。换句话说，他不认为从来就存在的自然是无价值的，相反，也不把对它的改变视为应该隐藏的罪恶。他认为建筑物的构筑与自然的改变是不可分的，要同时进行设计。因此，不需要把建筑物从自然中隐藏起来，也不需要依靠对比手法来表现。对环境进行改造，增加人类可活用的场所，建筑不就是要思考这个问题吗？

（三）建筑师与团队

到此为止，我们似乎都在对吉阪个人的作品进行建筑讨论。对此或许有许多人会抱有疑问。这些作品都是由独特的共同设计而诞生的，这一点也为人所熟知。事实上，除了吉阪独自一人设计的自宅和与大竹十一合作的双年展日本馆外，其他作品都是以团队的名义发表的。自 1945 年起的 10 年间团队名称是“吉阪研究室”，后来于 1964 年改名为“U 研究室”。

“不连续统一体”据说与这种共同设计有关。这个词是在 1957 年的圣保罗双年展国际竞赛中诞生的，称作“不连续统一体”即“Discontinuous Continuity”，在讨论吉阪的思想时一定会被提及。

“不连续统一体”，有“组织论”、“形态论”和“计划论”三层意思。将三者关联起来就是“个体与整体的相关”这个词，指的是个体发挥各自的独立性，同时追求作为整体被组织其中。它作为二战以来的思考总结，在吉阪确立自己的创作手法时期被转化为语言。

第一点是“组织论”。“不连续统一体”这个词，传达了通过让每个人的个性得到最大限度的发挥来获得整体的调和的组织方式。这是吉阪对二战后曾一度是建筑界课题之一的“民主共同设计”的解答。关键在于交流。尽管没有事先确定的整体形象或树状的命令系统，各自自发的行动也会通过邻近的交流而相互影响，最后产生的作品就会像复杂的设计图那样。这相当于我们现在所说的“涌现”（emergence）这个词。例如，虽然蚂蚁只能对有限的刺激作出简单的反应，但通过局部的相互作用自下而上（bottom up），最后能造出结构复杂的巢穴。或许把人比作昆虫又会造成误解。吉阪并没有这样明确说过。但是，他关注从单细胞生物到动物一切生物的行动，会注意不到隐藏其中的逻辑吗？爱好生物学的他，难道会从未以冷静的视角尝试把人类作为生物来看待吗？作为“组织论”的“不连续统一体”，并不以“中世主义者”和“民主主义者”常会梦想到的那种伦理的“市民”为前提，而是以更为动物性的我们为前提。

第二点是“形态论”。与前面的“人与人”相对，这里是“物与物”的关系。吉阪把一眼看上去零散的形态聚集为整体的状态称为“不连续统一体”。既不是作为整体分割的部分，也不是作为部分总和的整体，而是通过自律部分的各自主张让整体能够紧密结合，以此寻求部分和整体的有机关系。作为其结果，就形成了各部分追求“形的意义”，在一座建筑中“对比”共存的状态。可以称之为形态之间的交流吧。

第三点是“计划论”。吉阪把“当代”理解为丧失古典式的“统一”的“不连续”的时代。社会眼花缭乱地变换着，那里的街道由飞机联系，在人们生活在个性化的世界里，未必只是像目前为止这样只有相邻的人之间发生“连续”。把目光投向这样的社会，便不仅仅依赖邻接性或同类性，而是去摸索组织入“不连续”的新的“统一”状态。

相互重叠的“不连续统一体”的三层含义，从作品中也能读到。大学研讨楼中，长年的设计过程是“组织论”的实践，建成的建筑也清晰地显示出“形态论”。阶段性地调整集合人数，散落式地排布“房间＝建筑”，作为统合的视觉象征来布置本馆，可以说是对“计划论”的应用。

“不连续统一体”的三层含义，正是因为像这样存在相互关系，所以才必须用一个词来表现。而通过对这些含义进行分别理解，应该能发现其中与现在的建筑共通的意义。

作者简介

仓方俊辅，男，大阪大学工学部 副教授

译者简介

李一纯，男，同济大学建筑与城市规划学院 硕士研究生

平 辉，女，东京工业大学 硕士研究生

隐匿和呈现

两个项目的设计解读

Absence and Presence

The design Interpreting on Two Projects

曾群
ZENG Qun

比较的意义在于发现不同，也在于发现相同。把两个看似截然不同的事物并置在一起，透过它们表面呈现出的差异状态而观察到内在的同质关联，会有助于发掘潜藏在孤立和偶然背后的信息出来，并逐渐剥离表象、深入内核，或者抽取出共同线索，重新串联起不同片段，从而还原事物的真实状态。

在此，笔者选取两个项目的设计和建造来解读并用以探讨“建构”这一理论的实践范例。这是两个独立案例，但有着某些相同的背景和联系。在看似不同的表象中找到一些相同的脉络，或许可以作为“建构”这一关于建筑学本体性的理论的注解。不过需要说明的是，笔者关心的并非形而上的“建构”理论，而是另外两个词：“真实性”和“存在感”。建筑中这种“真实性”和“存在感”同样涉及有关建构的理论，但并不为其覆盖。比如说，当讨论一棵树时，我们更关心这棵树作为完整性的真实存在，而不仅仅关心树枝本身的生发如何科学、合理和美观。

本文解读的两个项目分别是同济大学传播与媒体学院（以下简称“传播学院”）以及由巴士一汽停车库改造而成的同济大学建筑设计研究院（以下简称“同济院”）新办公楼，于近两年先后建成。一个是教育建筑，一个是办公建筑；一个新建，一个改造；一个在郊区，一个在城区；一个小，一个大。同时，它

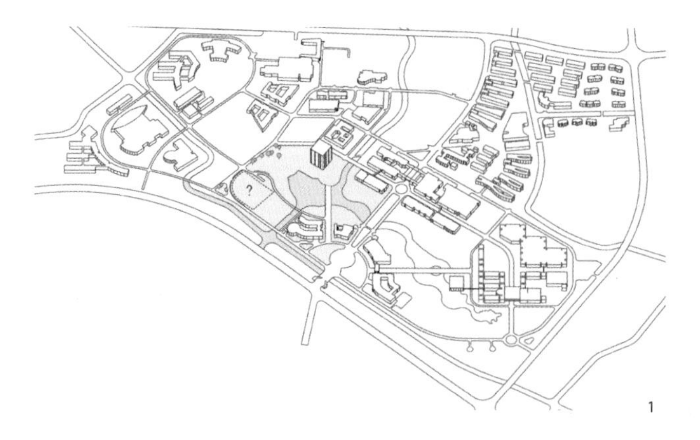

1. 同济大学传播与艺术学院
1. College of Communication and Art, Tongji University

们又有共同点，除业主都与同济大学有关外，两个项目还都与创意工作相关，使用者主要是创意研究者，设计和建造时间差不多，等等。这些相同和不同点要求设计在展现迥异的设计操作的同时，也必须遵循内在的理念，遵循这种背后的理念。在这两个项目中，建筑师试图还原建筑设计在不同背景和要求之下共性的东西，即“建造的真实感”。

两个建筑所在场地迥然不同。传播学院位于同济大学嘉定新校区，该校区是应高校扩招的需要而建设的全新校区，整体上就像一座人工雕凿痕迹严重的大盆景（图 1）。传播学院是这个校区中仅有的文科艺术类学院，被安排在空旷大草坪的一侧。这块中央绿地本来并无规划中的建筑，所以学院建筑一开始就有强行闯入的味道，是个不速之客。这也与当下中国的某种建设现状很吻合，即计划常常被突发事件改变。为了消除这种非逻辑带来的莽撞，建筑师在仔细研究场景后，决定采取一种“隐匿”的姿态来处理这个建筑——通过降低高度、利用地下空间来减少实物存在的突兀感。这样一来不仅契合了原有的规划和场地，而且与大片绿地景观更加贴近和融合，同时对校园中最重要的建筑——位于北面的图书馆表示了足够的尊重，甚至成为图书馆南向的一个有趣景观。原先至少四层的建筑，由于利用地下空间，并减少两层楼面的功能，使得建成后的建筑看似只有一层。与此同时，地下地上空间彼此交融，共同营造出一种颇具创意的空间，贴近大地的同时又向天空展开，踏实而开放（图 2~ 图 7）。

巴士一汽停车库改造项目，则是将现存旧车库改造成同济院的办公楼。同济院是中国名列前茅的建筑设计院，是规模庞大的创意型企业。停车库原来供巴士一汽停放大型公交车，共三层，内部空间很大。大楼位于同济大学老校区

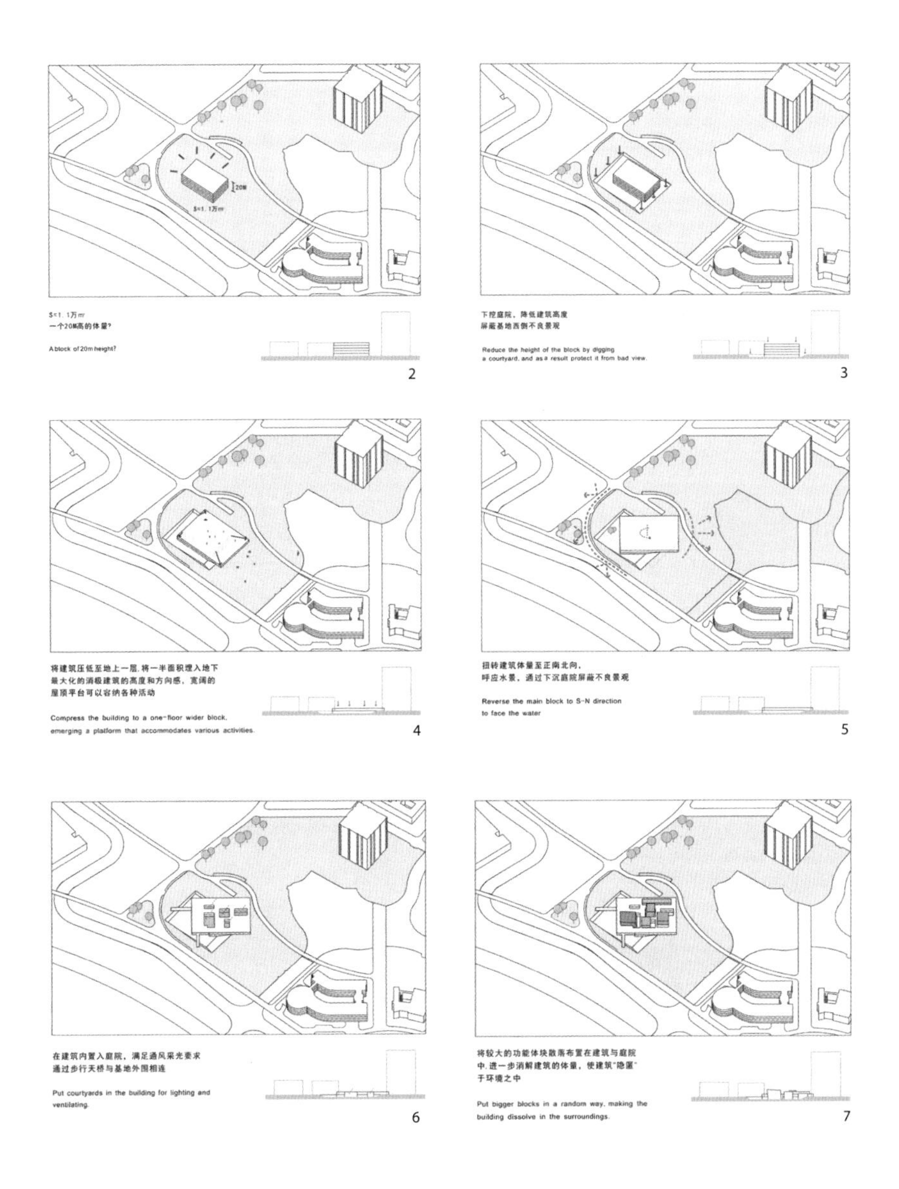

2~7. 从隐匿到消解的设计过程

2~7. Form-generating strategy based on the idea of disappearance of architecture

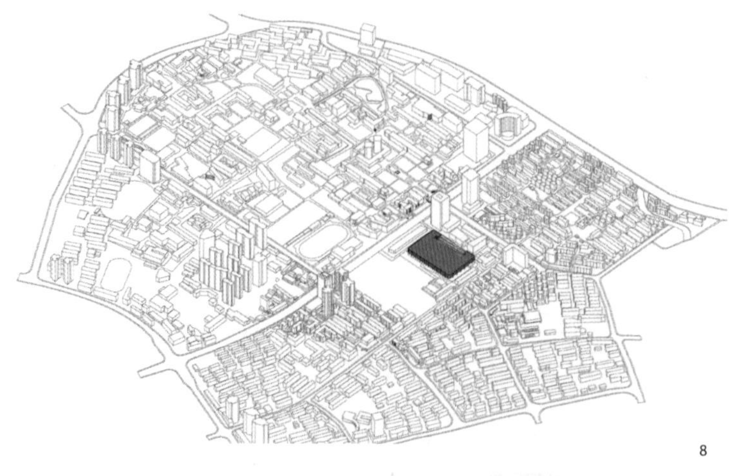

8

9

10

8. 巴士一汽区位图
9. 巴士一汽原状
10. 巴士一汽改建构思草图

8. Location of Parking Garage of Bus No.1
9. Existing condition
10. Concept sketch of the renovation of Parking Garage of Bus No.1

旁边，这里是已经足够成熟的老城区，尽管近十年来周边涌现出了一些新建筑，但旧城区的道路功能和肌理格局已经定型（图 8~ 图 9，图 10~ 图 14）。鸟瞰这个停车库，150m×100m 的占地面积，在街区中显得相当庞大，但是，其高度在周边现存建筑以及未来即将建成的建筑中却并不显眼。沿城市主干道来看，南北两侧的建筑群高度均在 100m 之上，城市景观具有强烈的竖向特征。停车库则是因为以水平形态为主，退后和高度不足而显得低矮。未来随着南面三幢高层的建成（暂名为设计一场大厦，这组建筑和设计院将共同形成同济大学东校区），停车库将成为城市景观中最薄弱的一块。所以，建筑师最初确立的理念就是用“呈现”的方式来弥补建筑在城市尺度中张力的不足，通过加建部分来强化水平意象。与此同时，增建的部分向四平路城市道路方向挑出 8m，通过大悬挑来强调与城市以及道路对面大学校园的对话，将中断的尺度连接起来，从而与南北侧建筑群一起形成整体感极强的校区及街区形象（图 15~ 图 18）。

11. 从四平路看车库
12. 西南侧转角看车库
13. 北侧公交车坡道现状
14. 车库内梁格现状
15. 北侧鸟瞰（南侧空地为南面三幢高层待建用地）
16.17. 四平路方向透视
18. 巴士一汽南侧规划高层建筑

11. View from Siping road
12. View from the southwest corner
13. Existing condition of the north ramp
14. Existing condition of the grillage beam
15. A bird's-eye view from the north (three high-rise towers will be built on the south)
16.17. View from Siping road
18. High-rise towers to be built on the south

“隐匿”和“呈现”从本质上来说都是明确的建造目标，它们决定相应的建造方式和逻辑，并在设计和建造中通过技术手段不断得以体现。围绕“隐匿”和“呈现”的目标，建筑师在整个设计与建造过程中体会到建筑目标和手段的一致，而正是这种一致揭示出“真实性”的存在。

在传播学院的设计中，建筑师采用的是“消解”的方式，将原来应有四五层高的体量压缩成一层高，并将一部分功能放入地下室；由地下庭院获取采光，而地下庭院与中央绿地通过缓坡融为一体。二层部分仅仅突出部分金属盒子，整个屋顶用木地板铺设，并有室外楼梯直接到达。因此，地下层、一层及屋面层共同形成丰富的活动交流场所。内部设计中，公共功能性用房如图书馆、报告厅、演播厅、摄影棚作为独立的箱体散落在矩形的综合空间中，围绕这些功能盒子的是公共交通、交流和展示空间以及通入地下室的小庭院。这种功能组织方式消除了传统意义上的进厅、走道、交通概念，而代之以中国园林漫游式

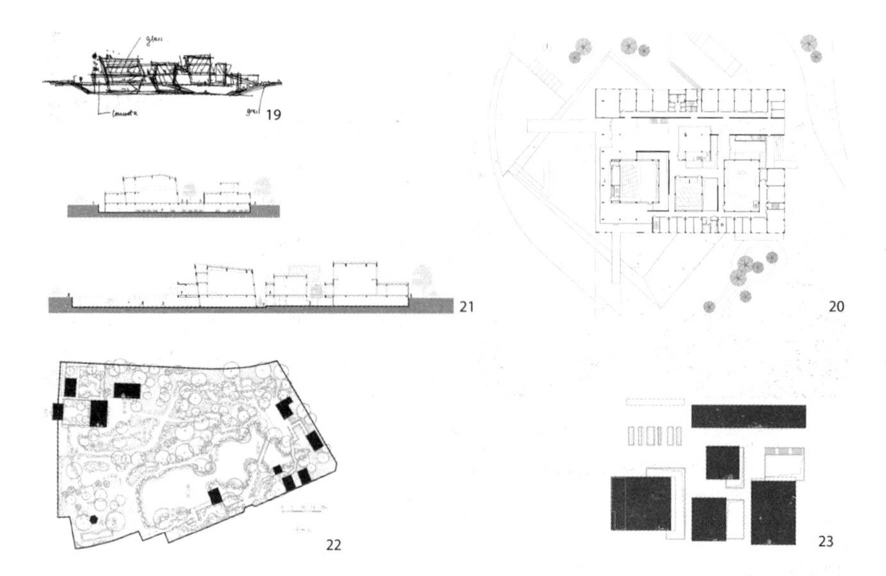

19. 传播艺术学院草图
20. 传播艺术学院一层平面图
21. 传播艺术学院剖面图
22. 传统园林空间
23. 功能用房如同一个个亭台楼阁散落于建筑中，如同中国园林中的漫游空间

19. Concept sketch of the Media & Art College
20. Ground floor plan of the Media & Art College
21. Section of the Media & Art College
22. Traditional Chinese garden, site plan
23. Functionai blocks scattered in this building as pavilions that makes people feel like wandering in a traditional Chinese garden

的体验空间，虚空部分比实体更丰富多变。结构上除独立柱外，墙柱尽量与墙体一样厚，隐藏在墙体中。通过对实体及结构的消解，重新建构一种模糊但生动的空间，这种空间的独特性对艺术创意的激发非常有益（图 19~ 图 29）。

巴士一汽停车库改造项目的设计则强调以一种“增加”的方式来体现建筑与诸多因素的关系，同时保留老建筑中的特色。设计中将扩建部分直接以一个两层高的玻璃体“搁置”于老建筑之上，深色的立面材料与老建筑的抹角造型形成强烈对比。同时，保留的部分包含以下内容：一是能上到三层屋面的汽车坡道；二是原有立面流畅的线条感；三是结构形式的展现。一层部分为大楼的公共使用空间，设计中采用自由流动布局，将公共性房间以一种完全游离的状态放置于规则的旧平面体系中，凸显创意空间的灵活性和可塑性。材料使用铝

24. 东北侧鸟瞰
25. 东侧通往屋面的室外楼梯
26. 南侧次入口局部透视
27. 南侧远望，整座建筑犹如从大地中生长
28. 屋顶上木质铺地与锌板包覆的体量形成一副人造山峦的景观
29. 下沉内院二，悬挑的混凝土连廊提供了空间的多变性

24. A bird's-eye view from the northeast
25. Outdoor stairs to the roof terrace in the east
26. The secondary entrance in the south
27. The building looks as it grows up from the earth, south view
28. Timber pavement and volumes cladded by Zinc sheets form an artificial mountain-like landscape.
29. Sunken garden 2 , cantilevered concrete corridor makes space dynamic.

板、不锈钢、铜等金属以及玻璃，与老建筑粗犷的混凝土形成对比，进而共同营造建筑的丰富性和生动性。所有这些语汇都强化了矛盾和对比，以达到建筑师所要表达的“呈现”的建造目的（图 30~ 图 33）。

虽然两个项目采用不同理念来建构，但仍有很多相同因素得以体现。首先是流动空间，两个建筑都展现了这一现代建筑的空间类型。传播学院中，流动空间围绕功能用房布置，如同中国园林中的漫游空间，而功能用房如同一座座亭台楼阁散布其中（图 34~ 图 36）。巴士一汽改建的一层空间则像一座微型城市，公共空间是一条弯曲的街道，功能用房置于街道两侧，人的活动如在城市街道中行进徘徊，两个建筑的公共空间都提供了丰富、宽敞的交流场所，这有利于激发使用者的创造力和想象力（图 37~ 图 42）。

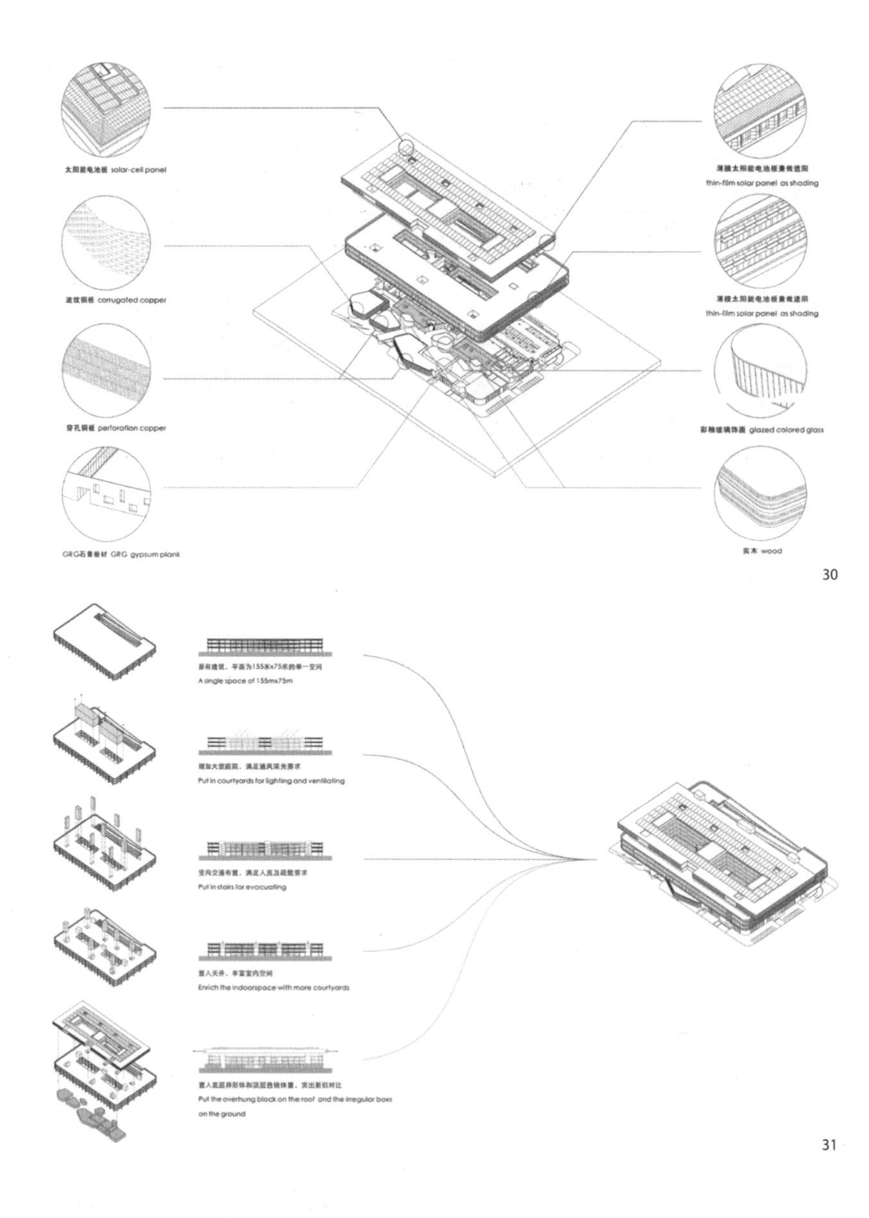

30. 材料分解示意
31. 改造策略
32. 西北侧外观
33. 西南侧建筑局部

30. Materials
31. Renovation strategy
32. View from the northwest
33. Partial view from the southwest

34. 大厅白色石膏板吊顶与深灰色地面对比使空间更加开阔
35. 图书馆彩釉玻璃墙面上书写“New media New life”
36. 中庭楼梯及天窗，大面积的两层混凝土墙面可作为投影展示的背景
37. 门厅核心区域
38. 门厅接待区
39. 旋转的楼梯加强空间流动性
40. 门厅入口空间
41. 旋转楼梯
42. 大厅东侧展示空间

34. Lobby, the contrast between the white gypsum board ceiling and the dark grey ground makes space more open
35. "New media New life" inscribed on the colored glazing glass in the library
36. Atrium stairs and skylight, the double-height concrete wall can be used as projection display screen.
37. Core area, lobby
38. Reception area in the lobby
39. Spiral stairs enhancing the flow of space
40. Entrance space
41. Spiral stairs
42. Exhibition space in the east of lobby

43. 下沉内院一，水平方向的挑空连廊与立面倾斜的锌板幕墙形成对比
44. 下沉内院二，狭长的空间与成排种植的绿竹定义了一个安静的空间
45. 黄昏中的西侧庭院
46. 天井

43. Sunken garden 1, contrast between horizontal elevated corridor and inclined zinc sheet cladded curtain wall
44. Sunken garden 2, a quiet space defined by a long and narrow space and bamboos
45. West garden at dusk
46. Small yard

庭院的引入为建筑的通风以及空间的流动带来很好的效果。传播学院中的园林式庭院以及同济院办公楼中的 7 个小庭院表明了在不同表现方式中使用相同语汇的可能性。多次的表达与重建说明建构的方式和目的都可以围绕一些基本原则来进行（图 43~ 图 46）。

材料的使用也遵循真实性与表现性并重的原则。两个建筑都使用清水混凝土以及具有现代感的金属材料。混凝土真实、朴素、粗犷，金属精致、平直、光滑，二者相互对照，共同传达出既本体又变化的双重词汇。

这两个建筑分别展现了“隐匿”与“呈现”的特征，既是对“真实性”和“存在感”的不同表现，也是建筑设计过程中对形成结构、空间、材料等多种因素综合考虑的写照，使它们呈现出一种特有的、即时即地的、区别于其他建筑的真实存在。

作者简介

曾群，男，同济大学建筑设计研究院（集团）有限公司 副总裁，教授级高工

构筑技术与设计表现

Construction Technology and Performance

徐维平
XU Weiping

关于“建构”（tectonics）一词的争论在国内建筑理论界持续了数年。爱德华·塞克勒认为“建构是建筑师的视觉呈献之道”。如此看来，建筑显然与建构相关；但对建筑师的具体实践来说，建构又一定会与建筑的材料和技术的运用密不可分。建构的思辨过程可以充满诗意，但面临现实中具体的构筑行为（construction）时，问题会变得非常复杂而具体。

构筑技术的恰当和准确，往往反映建筑的基本品质。在快速建造的当代工业背景下，一个建筑之所以打动人，除了其他原因之外，往往是因为项目对于材料的运用和细节的把握，这些材料与技术的真实存在，营造并强化了建筑师期望表达的理念所真实存在的情感与氛围，也是使用者最直观的身心体验。而使用者的直观体验正是评判建筑价值的决定因素，它与材料、空间相以及建筑的采光、通风、热工性能相关。因此，如果“建构”仅探讨纯粹建筑学本身的真实，那么似乎它与当代大多数建筑实践无关；同时，如果“建构”探讨的是建筑构筑及设计表现中面临的种种具体问题的真实性，以及探索建筑如何作为一种媒介将建筑师的设计理念转化为真实的空间和感官体验传达给使用者，“建构”就必然与建筑实践中的各个方面都紧密相关。

以下就以两个真实建筑实践作为案例，探讨“建构”或者说具体的构筑技术如何在设计理念及具体工程案例中得以解读和运用。

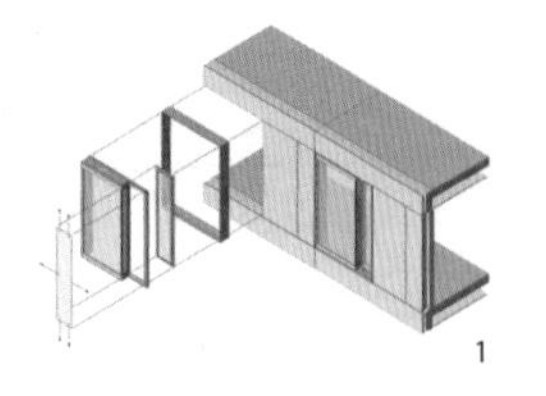

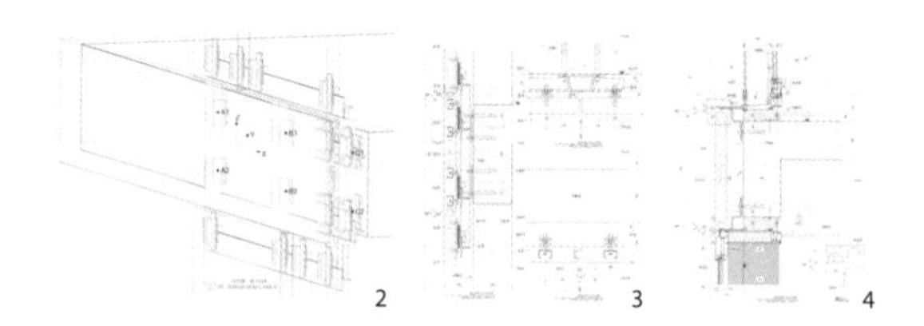

1. 嵌套式窗单元系统轴测示意图
2~5. 干挂式挤压型水泥墙板节点示意图

1. Nested window unit system, exploded axonometric
2~5. Details of dry-hang extruded cement board

一、项目一：深圳紫荆山庄——材料选择与建筑表现

深圳紫荆山庄项目位于深圳市南山区西丽水库附近，位处深圳市生态保护区范围内，建设用地约 5.3hm^2（80 亩），周围环境十分优美。用地边界内部为山坡地带，相对高差约 20m，周边无贴邻道路和建筑。

该项目的主要功能为政府培训设施这一功能需求和使用性质、所处地理位置和山地建筑的空间环境、“粉墙黛瓦”的中式建筑聚落意象以及快速的设计建造工期时限等复杂条件综合而成的具体语境给本项目提出诸多挑战，但挑战和制约往往是促生设计概念的契机。

（一）建筑外墙：挤压型水泥墙板与单元窗的组合设计

基于业主的期望和建筑师的理念共识，项目旨在创造一种“掩映于园林景观中的粉墙黛瓦”的建筑景观。但由于功能需要和建造要求，外墙材料必然不能是砖混结构的“粉墙”。为了从高标准的工业化产品、紧张的工期及工人手工安装的便捷和准确性中寻求出路，挤压型水泥墙板与单元窗组合外墙系统被列入考量。

紫荆山庄外立面的采光区域采用了嵌套式窗单元系统（图 1），预制装配的框架单元与置于其间的玻璃面板和开启扇共同构成立体“画框”，通高的单元窗尺度整合了作为实体墙面的挤压型水泥墙板的模数划分，在平衡窗墙比的基础上提供了最大面积的无障碍观景区间。

窗单元标准模数尺寸为高 2.9m、宽 2.1m，其中宽度尺寸被分为 1.45m+

6. 构木复合材料
7. 构木复合材料的建筑立面表现

6. Araliaceae wood composite material
7. Appearance of araliaceae wood composite material on facade

0.65m，0.65m 区域为内凹 0.33m 的平开窗，1.45m 区域为固定落地玻璃。0.65m 内凹区域外侧设置可拆卸式的不锈钢防虫网和安全玻璃，在提供有组织气流的同时，提高开启状态的安全性以及对外界污染、蚊虫、台风的抗干扰能力。富于细部的单元窗本身也成为建筑形体中的重要表现元素。挤压型水泥墙板是以水泥、硅酸盐及纤维质为主要原料，在挤塑成型下成为中空型条板，然后通过高温高压蒸汽养护而成的新型水泥板。这种材料本身有混凝土独有的温润色泽，与传统的“粉墙”存在某种程度的相似。鉴于严格的面宽模数尺寸，在单元标准墙型的设计中采用两种不同的模数板材组合，与嵌套式窗单元组合形成标准的外墙单元。利用挤压型水泥墙板的板材尺寸大的特点，设计中放弃传统干挂幕墙的后衬框架龙骨体系，每块水泥墙板采用整体外挂式结构，与主体结构之间采用“转换固定钢架”进行形体调整和固定（图 2~ 图 5），每个板块仅靠角部 4 个固定挂钩进行挂装和定位。这种做法较传统干挂幕墙系统节约大量固定件，同时提高安装的准确度。嵌套式窗单元系统在工厂化条件下组装成整体框架单元后，现场先安装框架单元，最后待水泥墙板安装完毕后再安装玻璃面板等模块。这样的安装方式既提高了施工效率，又为现场各工种之间的并行作业创造了条件。

综合楼采用另一种外墙——经济作物竹与构木合成的树脂复合木墙板，这是基于对另一种建筑表现形式的考量：对于外廊式建筑，希望用木材作为隔离室内空间和外在自然的墙体介质，形成对环境气候及当地乡土建筑文脉的回应。然而传统木构在经济性和功能适用性上在本项目中出现了不匹配的问题。在偶然的情况下，设计者接触到一种竹与经济作物构木合成的树脂复合材料（图 6）。

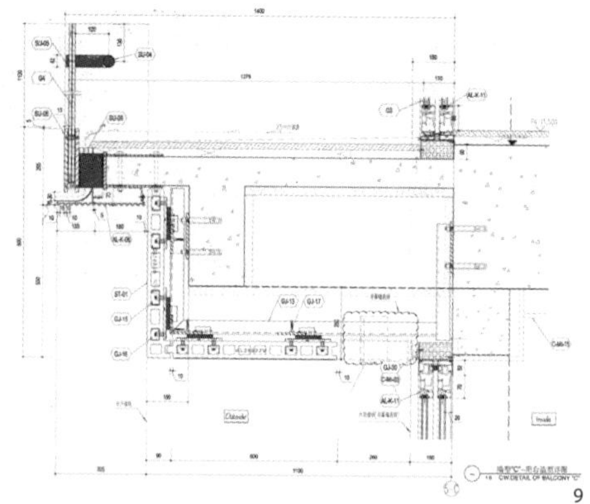

8. 通长夹持板与通透玻璃拦板的构造组合
9. 通长夹持板与通透玻璃拦板的构造组合节点放大图

8. Joint of clamping bar and transparent glass panels
9. Detail drawing of clamping bar and transparent glass panels

构木是一种快生经济作物，南方一些地区大量种植。除了水土保持的作用以外，它的经济价值主要在于可利用外皮加工成高级纸浆从而用于纸币生产，叶子也可制作成饲料。而木材本身与竹子混合后经过高温挤压等多道工序，可以形成密度和强度极高的复合型胶合木材。建筑师偶然间发现该复合木材由于加工时碳化的程度不同可以形成不同的外观纹理，而材料本身超长的板块尺度也是建筑师看重的特质。

基于这样的机缘巧合，建筑师得以在设计中实验性地运用这一新型材料。与传统实木相比，复合木的造价低，并且有良好的耐候性和防火性能。同时，它与塑木等仿木制品相比又有更接近实木的外观和肌理。最后经过多次实验，外廊的复合木装配式外墙呈现出类似红木般的厚重色泽，它与水泥墙板等普通材料经过组合，还原出一种浓浓的传统建筑韵味（图 7）。

当木墙板作为一种能够打动人的材料元素得以表现时，外廊的扶手拦板做法似乎在立面上成为一种视觉障碍。期望呈现的构造关系和逻辑在转述及弱化通常采用的构造方式上得以体现。

构造上设计了不锈钢“通长夹持板”来固定外廊的玻璃护栏。通过外廊楼板封头梁的后退将整个护栏系统抽象为窄向“通长夹持板”与通透玻璃的简约组合，呈现出轻盈的外观效果。在处理外廊排水的问题上，设计者放弃了传统排水地漏，代之以雨水直接顺板的外延排至室外的做法。为此特别设计了弧型排水坡型构件，其上部设计了不锈钢过滤格栅作为铺地与玻璃栏板交接的过渡。排水构件采用型材制作而成，为了满足不同区域的尺寸要求，此构件设计成由若干型材组合拼装的模式。底部的凹凸状纹理很好地解决了不同型材的交接问

10. “灯笼”
11~12. 玻璃大堂室内设计

10. The "lantern"
11~12. Interior design of the glass lobby

题，使之在外观上趋于整体。加之本身金属色与水泥墙板十分接近，整个外廊的端部处理十分统一简练（图 8，图 9）。

外墙的构造设计实现了预期中的建筑图景，且本质上突破了简单的乡土手工工艺对粉墙、木墙的构筑做法。这并不是在传统的匠人手工营造技艺的基础上准确地继承砖构、木构关系，而是基于既定的语境创造性地进行建筑语言表达及利用现代工业技术解决具体问题的对策。这一切与当下的社会背景、生产方式以及建筑师的诉求都有直接关系。

（二）玻璃大堂——建构与隐喻

融于良好景观环境中的玻璃大堂作为整个山庄的公共服务中心，其空间位置的设置既可以服务于园区内各单体建筑，又较好地响应了来自南北两条不同方向路线的功能要求。或许由于时间紧迫，业主要求原建筑设计团队完成公共空间的室内设计并以此来确定建筑的最终整体室内设计风格。这也给了该建筑设计团队一次很好的空间实践机会。

本次室内设计试图突破在内部的 6 个表面上进行装饰覆面的寻常套路，而希望依然用建筑师的语言通过构筑来限定空间。

玻璃大堂采取片段粉墙和木制“灯笼”的设计语言（图 10）。它不仅是延续建筑设计关于“粉墙黛瓦”的寓意和象征，其价值还在于用抽象构筑物取代具象装饰物，从而形成视觉表现力。片段粉墙和木制“灯笼”与玻璃大堂之间的空间构成关系在谨慎地渲染和传递建筑美学意义的同时，似乎也隐喻了现代与传统两种状态可以互为包容、适应以及开放、并存的期望（图 11，图 12）。

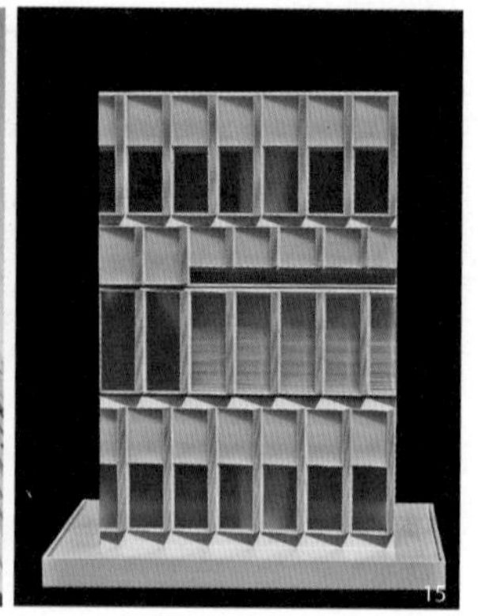

13. 武汉中心效果图
14. 武汉中心幕墙三维空间超级曲面
15. 武汉中心折叠式单元幕墙局部放大模型

13. Wuhan Centre, rendering
14. Three-dimensional super curved surface curtain wall, Wuhan Centre
15. Folded unit curtain wall, Wuhan Centre, model

建构在这里成为一种隐喻的载体，这个室内构筑物并非结构，也并不仅仅作为装饰，它区别于水晶灯和壁画，而是建筑设计的延续。

玻璃大堂这样的问题也是必须考虑的。建筑师希望遮阳不仅是一种功能需要，并且本身也能作为一种室内装饰构件烘托大堂的空间气氛。大堂的木构运用中国的传统纹理，设计者最先想到的便是在遮阳构件上也运用相应的纹理，使之具有整体性。而在图案纹理的设计上，设计者希望图案本身可以更抽象、更具现代感，于是便有了现在以立方体为母题的抽象图案。设计上更是将图案与紫荆花取得形式上的关联，使得形式与立意取得平衡，更易于被业主接受。在外观上，建筑师希望整个遮阳模块不是片状构件而呈现出一定厚度并具有建筑表现力。在材料上，起先在铝和钢中作取舍，后来考虑到工程造价不得不放弃而寄希望于某种替代材料，最后采用了高密度板喷金属漆的方案。“四八尺”的板材经过电脑切割形成设计好的镂空纹理，其外观色泽和厚度也满足预期设想。为了消除板材本身与玻璃幕墙模数间的微差而设计了转接式边框，其与幕墙的交接方式也形成最终的细部表达。

因此，有时最终的细部表现并非由冥思苦想而来，更多情况下，往往是为了解决具体设计问题而自然流露的结果。

二、项目二：武汉中心——表皮的构筑技术

对于一幢高度超过 400m 的摩天楼，或许需要从另一种视角来看待“建构”的问题。建筑以远超过人体的尺度向高空发展，这对于多数城市个体来说，人们观察建筑、感知建筑的距离也越来越远。对摩天楼的外部感知主要通过建筑的形式以及表皮；而建筑的建造过程以及大量功能用房不被认知和表达。但建筑的构筑绝不会因此变得简单，恰恰相反，它变得更为复杂。这种复杂性体现在由量变到质变的转换。以武汉中心的塔楼幕墙为例：塔楼的流线形体为三维空间超级曲面（图 13~ 图 15），整个塔楼主体部分由 9 000 多块单元式幕墙板块构成。因此必须建立一种“系统”来整合庞杂的构件单元。“系统”设计是决定材料能否被准确、高效、经济、美观地表达的关键。我们可以把“系统”设计看作是构筑技术在遇到极端复杂问题时必须增加的设计环节，它似乎与“建构”的概念相关。

（一）关于系统的“建构”

单元式幕墙有便于安装，易于控制幕墙施工质量和进度（包括加工、组装、吊装等方面）以满足工期要求等优点。本工程是超高层项目，因此采用单元式幕墙的做法是唯一选择。

对于武汉中心来说，三维放样的几何形式早于其幕墙系统的构筑技术得以确定。这的确给设计工作带来巨大挑战：传统单元幕墙不能满足非线性复杂工程的要求。这种工程的复杂性体现在两个方面：一是折叠形式的单元板块如何表现材料本身；二是完整的几何建筑形体如何解析、拟合成可以准确定位的线性形体，使单元板块能够由高度工厂化、标准化生产而准确、高效地构筑起来。

最终，建筑师将空间形体中每一个细分的空间曲面板块（四点不共面）解析为竖向平面的标准幕墙板块及水平向的平面转换构件（板块）。这样，竖向平面的标准单元幕墙板块回归到线性系统以完成基本的空间围合。水平向的平面转换构件则解决了上下标准板块间的空间错位以及随之而来的空间闭合问题。通过这样的拟合，建筑形式的生成逻辑被系统地统计为小曲率、大半径曲面的悬挑，竖直，退台变化以及大曲率、小半径曲面的悬挑和退台变化。

每个水平转换构件（或板块）的平面形态是二维平面问题，可以精确定义。这样就解决了相邻板块之间各种不同曲率半径变化的几何定义问题。

而每一个板块本身的细部表现都是构造要求和功能的体现。为了更好地表现三角板块中玻璃面与金属侧面的交接，建筑师放弃原本阳角的处理形式，在

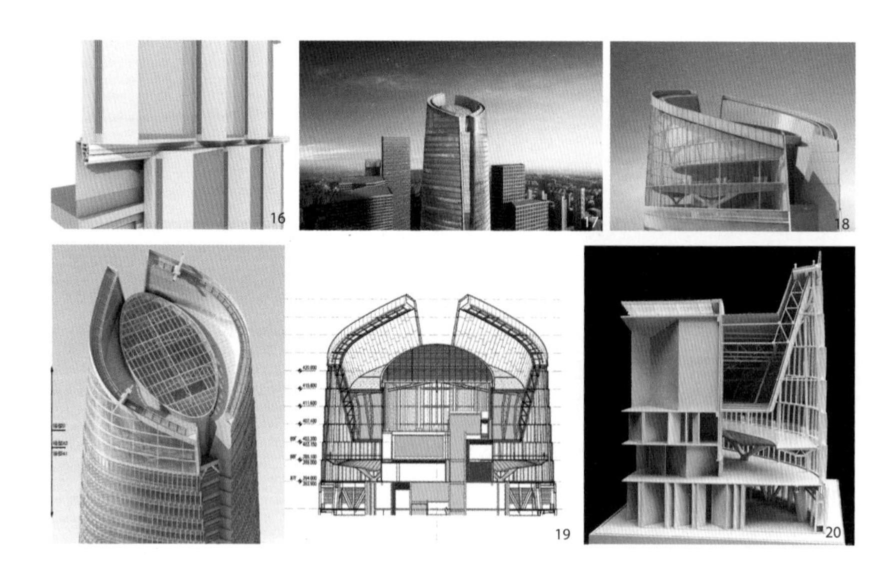

16. 折叠式单元幕墙与通风器的整合设计
17. 武汉中心塔冠效果图
18. 武汉中心塔冠效果图
19. 武汉中心塔冠轴测图及剖面图
20. 武汉中心塔冠局部剖面模型

16. Ventilation device integrated with folded unit curtain wall
17. Wuhan Centre tower-top, rendering
18. Wuhan Centre tower-top, rendering
19. Wuhan Centre tower-top, axonometric rendering and section
20. Cutaway model of Wuhan Centre tower-top

金属面的端部加设一个型材构件，从而使得两种材料各自完整且过渡自然。上下盖板也通过凹槽的设计强化侧边金属板的独立性，细部于是就这样自然地产生了。考虑到若干楼层需要自然通风，相应板块的侧面设计了通风器装置；为了保持板块外观的统一性，所有板块的侧板根部都设计了窄条的竖向密格栅，仅在有通风器的格栅内侧做镂空处理以满足开启通风的需要。这样，有无通风器的板块在外观上近乎一致，通风器本身也成为单元板块的细部亮点（图 16）。

（二）观光层的设计

现在，观光已经成为超高层不可或缺的功能，也是项目的设计亮点所在。武汉中心的观光层位于第 87 层，该层有着近 40m 的高度。为了表现观光大堂的通透感，表皮采用吊索式幕墙，纤细的钢柱与水平钢制环梁组成的结构支撑体系通过每隔约 8m 一道的柱间支撑将水平荷载传递至主体核心筒结构（图 17~

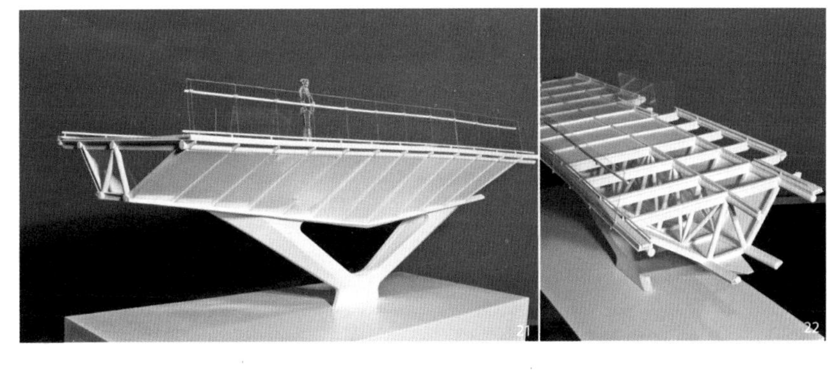

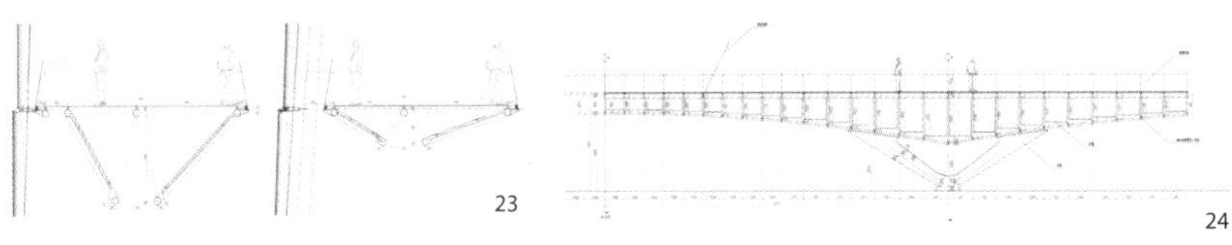

21.22. 观光廊局部模型
23.24. 观光廊构造节点

21.22. Models of the sightseeing bridge
23.24 Detail drawings of the sightseeing bridge

图 24)。观光层内的观光廊也是空间设计中的一大亮点，此设计在满足功能需要的同时，结构形式及其与幕墙表皮的构造关系也是决定观光廊外在形式的重要因素。观光廊凭借两端强有力的竖向支撑而呈现轻盈的悬浮状态，而本身的弧形平面有效地将幕墙的水平荷载传递至两端的主体结构。这样，观光廊本身实现了结构与形式的统一，而所有细部构造也因此变得顺理成章。

（三）视觉样板的选择

在实际工程中，视觉样板起到的作用至关重要。很多时候，重要的建筑材料必须依靠实际比选，才能做出最后选择。以玻璃为例，仅仅一个参数的差别也会对整个幕墙外观造成明显的影响。本项目中，在满足统一的节能要求前提下，比选出 4 种参数上存在微差的玻璃样品进行再次比选。为此还设计了 3 层高的临时建筑，专供使用不同玻璃样品的幕墙单元实样挂装，以便视觉样板的实样勘查，从而能够更有效地选择建筑材料。视觉样板的选择比较过程对建筑最终品质的保证十分必要。

三、结语

关于建构这一建筑学本体性的讨论虽然已经在理论界开展了数年。但从相关实践作品中涉及的范畴来看，似乎又局限在较少数的特定类型和特定尺度的建筑之中。如果建构的使命是对抗商业化和快速建造过程中那些肤浅的风格化、表皮化的建筑，那么在具体实践中，“建构”自身似乎也渐渐呈现出一种“被风格”的趋势。

尽管建筑与形式创造有关，但建筑的产生与结果往往受制于所处年代，并显现出一定的时代特征。有时，虽然建筑的魅力往往体现在把许多真实、普通的东西转化为可以让人们感动的形式和氛围上，但我们如果仅仅把建筑看作一种行为与过程的方式，那它或许真的与形式无关。

面对工程上各种复杂问题的集成，想要达到一种较佳状态，就需要具有一种高度概括和综合能力且表达清晰的体系。或许这正是所谓“形式”能为人们认知的一种建构方式。

建筑师既要关注那些真实与形式之间可能存在的无数关联，也相信建筑的生命可能来源于各种建筑材料的合理诠释：粗糙或光滑、凝重或明快的肌理表现既有助于建筑形成朴素的韵律，也能使建筑的表现更为持久，同时不同材料特性的组合及细部处理既强化了建筑的设计理念，也使建筑在平凡、朴素之间显现出内在的品质和韵味。

作者简介

徐维平 男，华东建筑设计研究院 副总建筑师，教授级高工

数字化建造和建构

数字化建造

新方法论驱动下的范式转化 [1]

Digital Fabrication

Paradigm Shifting under the New Methodology

袁烽
Philip F. YUAN

如今，“形而上学”正在被重新定义，功能和建造的意义已经被纳入更大的系统，如城市主义（Urbanism）和尼科拉斯·卢曼（Niklas Luhmann）的社会系统论（Social Systems Theory）[1]，狭义的人文诗意和人本主义已经过时，社会、经济和消费习惯等多系统的扁平化与相互混合的共生状态正在挑战自然、社会、人与建筑的关系，同时也挑战着反映人的心理、伦理和行为特质的形式。“数字化”和“参数化”正在被“风格”（style）挪用[2]，其本质实际对应的是人与建造、设计与建造以及建造与建筑的新方法和思维路径。多维信息、多维系统的不确定性和复杂性呼唤着新的“差异性”（otherness），那应是一种新的“形而上学”。

我们试图从数字化设计方法和建造方法的角度来重新审视范式的改变（paradigm shifting）及其带来的建造的新路径和背后的推动因素。[3]

“数字化”和“参数化”近来被滥用为代表一种风格或思潮的名词，当“参数化主义”（Parametricism）被误读，甚至被用来错误地指代“数字化设计”或“算法设计”（algorithmic design）时，一切都亟需澄清。[2] 讨论数字化建造问题必须建立合适的理论语境。当今理论界希望用传统理论架构或体系来解释新的建筑实践时，往往会首先找出文字上的关联，譬如用“数字化建构”（digital tectonics）[4] 来联系数字化设计方法与建构思想。但“数字化建构”能否指代

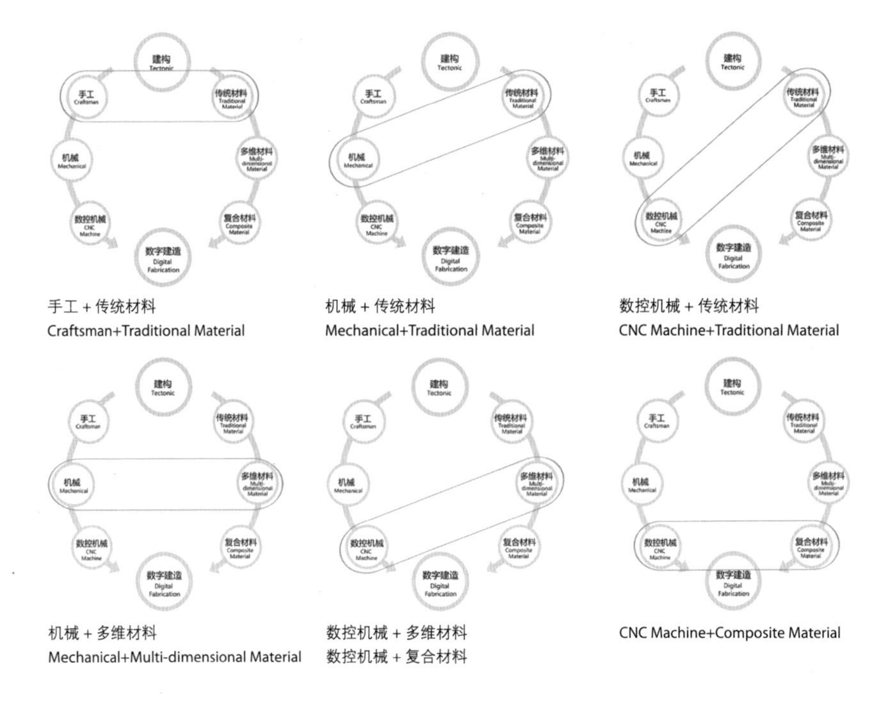

1. 新范式的建造关系逻辑

1. Fabricating logic in the new methodology

“数字化建造”（digital fabrication）呢？传统建构的诗意建造是否仅停留在狭义的层面呢？“数字化建造”究竟是“反建构”（antitectonics）还是一种“新建构”（new tectonics）[5] 呢？“数字化建构”（digital tectonics）是否仅是一种半自主（quasi-autonomous）[6] 的状态呢？本文试图从设计方法的变革、建造工具对设计方法的实现、新兴材料与建造工具的关系入手，重新审视以上几个问题。

一、设计方法和建造工具变革带来的范式转化

设计方法和建造的逻辑以及实现工具的变革深刻地影响着新范式的产生。纵观建筑历史，风格或思潮的发展只是表象，其背后的设计方法和建造工具的改变深刻影响着建筑范式的革命，无论是透视法对文艺复兴的影响，切石法对巴洛克的推动，还是柯林·罗（Colin Rowe）的“透明性”（transparency）概念下的轴测画法对现代主义的作用。如果重新审视当代出现的多重系统理论推动下

的图解理论，会发现图解的方法不仅在对象空间维度的描述上，在建造逻辑上也给出了全新的思维逻辑工具。它对建筑的功能性、环境性和可建造性都进行了与现代主义及以前完全不同的描述与思考。对图解思维的外化及提升得益于设计算法技术，计算逻辑可以与图解逻辑相联系，当今程序编码（如 MayaMEL 编码和 Rhinoscript 编码）和参数建模（采用 Revit 或 DP 等工具）正成为普遍现实，以至于如果不掌握并精通这些工具的话，就很难在当代前卫建筑及景观设计领域中竞争。然而，技术推进应与更高目标和更清晰的远景携手并行。

在此过程中，参数化主义的启发式定义是否带来新范式？帕特里克·舒马赫（Patrik S. Schumacher）试图定义当代前卫设计文化的禁忌（taboos）和信条（dogmas）。不要做的事情（negative heuristics）：避免采用刚性几何元素，如正方形、三角形和圆形等；避免要素的简单重复；避免无关要素或系统并列。要做的事情（positive heuristics）：考虑所有参数可塑的形态；逐渐地区分（以不同速率）、系统地改变并相互关联。[1] 事实上，帕特里克·舒马赫的武断结论“并无法客观地概括新范式产生的全部。因为计算机时代孕育的不仅是一种新风格，而是全新的设计手法。我们将新的计算技术应用于进化的、新兴的系统中，建立并实施测试系统，使图解变成现实，现实变成图解。在这全新的领域里，形式变得毫不重要。我们应探索‘算法技术’的潜在功能，并专注于更智能化和更逻辑化的设计与建造流程。逻辑便是新的形式”。[7]

在建造逻辑上，从文艺复兴到现代主义之前，在于手工与材料的使用方面事实上并没有太多实质性的革命，大规模的机械化生产时代预示了现代主义的出现并揭示了它的意义。如今，随着数控机械（CNC）以及机器人（robot）的产生并在其他学科领域得到普及、3D 打印技术的出现和打印材料的多元化、大量化，一种新的范式的产生事实上已经成为必然。

实现的工具从“手工”、“传统机械”到“数控机械”；在操作对象的层面，从“传统材料”到新三维成型技术下的“多维材料”，再到新材料技术影响下的“复合材料”。图 1 反映出的以上要素的建造关系，事实上可以清晰地描述新范式产生的理由，当然以上建造过程的后台背景是参数化和算法设计方法的支持。

尤为重要的是在此逻辑关系图解中可以解读出：“数字化建构”更加倾向于传统建造工具对传统材料的操作，可以视为运用数字化设计方法延续传统建造，如果用“半自主”状态来描述其理论价值应该比较客观；而“数字化建造”则为数控工具对新材料的操作，这是一种全新的“自主性”设计和建造方法，与传统建构理论完全不同。无论是威廉·米切尔（William J. Mitchell）的反建构理论[5] 还是格雷格·林恩（Greg Lynn）的“合成物”（composites）建造理论[3] 都彻

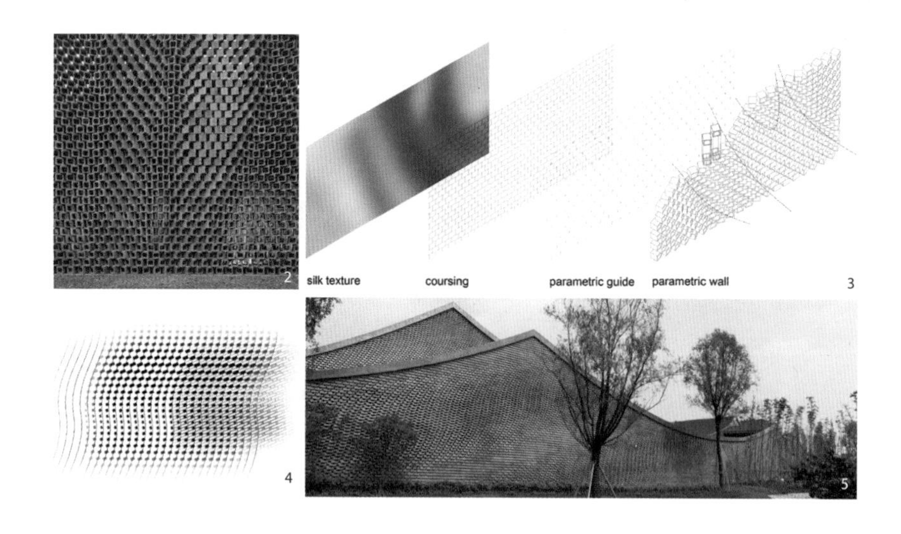

底地划清了“数字化建造”与“数字化建构”的界线。当然，两者对于“诗意建造”的理解体现了不同的哲学和艺术的深意，但两者追求的都是一种“真实的建造”。只不过这种“真实”一个来自对传统的垂青，一个源于对当下甚至未来的预判。我们相信，正在谱写的未来历史（the history of future）会证明一切。

二、数字化建造实现方法与实践

与建构（tectonic）强调过程外隐含的意义相较，建造（fabrication）更注重过程本身的逻辑性。在数字化建造中，数字化方法贯穿整个设计和建造的始末。数字化建构和数字化建造的实现工具都包括了手工、传统机械、数控机械等，材料则同样都包括传统的材料、多维性的材料、复合型的材料。在实际运用过程中，3D 打印技术、轮廓工艺、快速原型制作等先进技术对整个建造过程进行重新定义，全新的建造逻辑带来全新的形式。设计方法的转化与新范式的产生并非线性的，由参数化和算法设计方法贯穿所有案例，并行的实践证实了从数字化建构到数字化建造的现实存在和范式转化的可能性。

（一）手工加工传统材料

自从弗兰姆普敦（K. Frampton）和彼得 · 艾森曼（Peter Eisenman）有趣的电梯对话发生后，数字化设计方法与传统建构理论似乎一直水火不容。但随着建

2.3. 在“绸墙”项目中，通过对丝绸质感中灰度的参数化，将其转译为墙体砌筑方式的媒介
4.5. 成都非物质文化遗产公园兰溪庭项目
6.7. 位于“J-Office”办公空间后院的茶室及其中的扭曲楼梯间

2.3. In the Silk Wall project, parametric processes have been used here to superimpose the contours and definition of silk undulating in the wind - a sign of the buildings developed. We combine parametric design with manual bricklaying.
4.5. Lanxi Curtilage
6.7. Tea house & twisted stairs, J-Office

筑实践的发展，似乎不应局限于弗兰姆普敦理解的建构。运用手工技术操作传统材料时，也可以同时运用数字化的设计方法来实现诗意的建造。同样，对于“纸面数字建筑师”，在中国这样的发展中国家，如何应用传统的施工技术，并能在有限的投资下将复杂的参数化设计付诸实践，是一个必须探讨的更现实的问题。创造性地运用低技术进行数字化建造恰好是连接数字化与建构理论的一种特殊的设计和建造方法。

笔者在数个实际建筑项目中，尝试运用建造材料尤其传统材料进行数字化建造，通过具体设计工人的建造工具和建造过程，实现了参数化低技建造。位于中国上海“五维空间”内的创盟国际“J-office”绸墙，采用的是最便宜的空心混凝土砌块，通过将丝绸质感中的灰度作参数化处理，转译为墙体砌筑方式的媒介（图 2，图 3）。在施工现场，指导工人使用模板为砌块的角度定位，最终墙体呈现出如织物般柔软、皱褶的效果。同样的设计方法也应用在中国成都非物质遗产公园的项目中（图 4，图 5）。另外，在“J-office”办公区的茶室的设计中，内部的连接空间是由扭转放样得到的非线性六面体，建造的过程中将曲面形式通过相互交错的直线进行概括，再等分直线以实现直线间的曲面拟合，如此便将数字化的放样转化为手工可控制的形态（图 6，图 7）。施工时，工人根据直线拟合关系制作的 1:2 的木骨架模板搭建。这一数字化设计与低技手工施工方式相结合的途径对数字化建筑的探讨具有特别的意义。

通过参数化辅助建造的模式，在可控制的范围内使传统营造技法获得新生，技术与传统将找到一个新的契合点从而和谐共处。

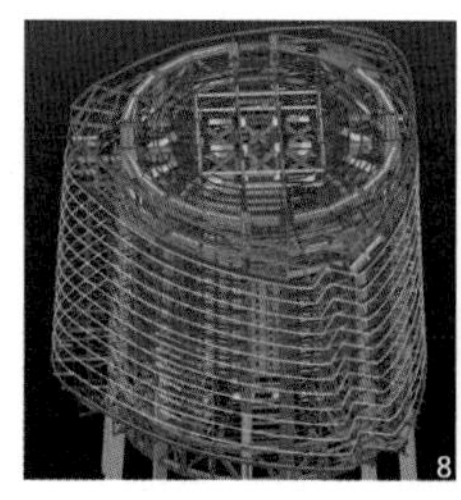

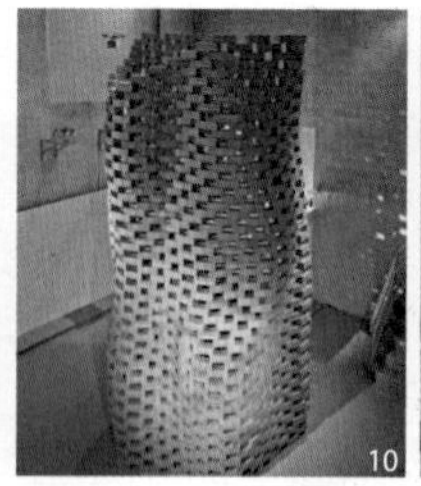

8.9. 在 632m 高的上海中心大厦设计中使用了“Generative Components”，“Grasshopper”，“Digital Project”，“Revit”等多种数字化建筑软件
10.11. 瑞士苏黎世高工（ETH）的法比奥·格拉马里奥与马提亚斯·科赫勒教授运用数控加工技术控制的飞行机器人操控传统的砌砖建筑

8.9. In project of Shanghai Center, the 632m height skyscraper, Gensler used many digital design software, such as Generative Components, Grasshopper, Digital Project and Revit.
10.11. Prof. Fabio Gramazio and Prof. Matthias Kohler of ETH used computer-controlled flying robot to do bricklaying.

（二）机械操作传统材料

在生产实践中，对数字化建造手段的应用也促使工作方式发生变革。“BIM”和“Revit”等系统和软件作为设计创想与成果间的桥梁，使得用传统材料建造的过程发生了变化。多系统一体化的工作方式已经打破了传统的建筑师与工匠直接接触、通过图纸沟通的模式。

实际的项目中，数字化的参与可以通过计算机模拟从吊梁到安装管道的建造全程，精确控制施工步骤，能够综合考虑“信息层与几何学的相互影响，施工与成本的相互影响，以及建筑造型与能耗的相互影响”。在 632m 高的上海中心大厦设计中使用了“Generative Components”，“Grasshopper”，“Digital Project”，“Revit”等多种建筑软件，并利用“BIM”系统汇总数据，进行冲突检测，调整几何结构，用遗传算法计算幕墙玻璃转角的轻微变化，将数据交付施工生产（图 8，图 9）。[4] 虽然使用传统的机械与材料，但整个工作过程在三维的状态下进行，建筑从生成到竣工的过程可以模拟和预判，建筑师设计、传达、获得反馈的方式也相应变化。这种方式颠覆了我们通过平立剖图来求解的诗性的领域。

（三）数控机械操作传统材料

工业机器人在汽车生产制造等行业中的使用已有较长历史。在建筑领域中，瑞士苏黎世联邦理工学院（ETH）的法比奥·拉马里奥（Fabio Gramazio）教授与马提亚斯·科赫勒（Matthias Kohler）教授运用数控加工技术控制飞行机器人，用这种方法砌筑而成的传统的砌体建筑（flight assembled architecture）于 2011 年

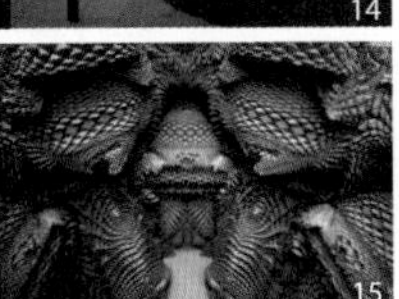

12~14. 在 2008 年威尼斯建筑双年展展出的“R-O-B”的实践项目，该项目用数控机械手段（6 轴机器人）来探索对传统材料（砖）的建造
15.16. 麦克尔·汉斯迈耶的 “第六柱式”

12~14. R-O-B project exhibited at the 2008 Venice Biennale for Architecture, the project used 6-axis robot to do bricklaying.
15.16. The 6th Order, Michael Hansmeyer

在法国奥尔良科技展等国际展览中已有呈现（图 10，图 11）[5]。另外，他们在 2007—2008 年的“R-O-B”实践项目中，同样用数控机械手段（六轴机器人）来探索对传统材料（砖）的建造，该项目在 2008 年威尼斯建筑双年展中引起了强烈反响（图 12~ 图 14）[8]。新的自控工具根据材料性能定制非标准化构件的方法，是数字化建造中融合传统经验与现代技术的方法。两者都需要在实验材料系统中加入以设计为导向的应用，以完成现有物质到适应性结构和复杂几何的转换。传统的材料与机械结合的方式在现阶段的情况下更便于数字化建造应用于实际生产。同时在此过程中，传统意义上的建筑师与建造者的合作模式可能会被颠覆，两者的交接界面可能不再是图纸，建筑师需要更多地参与建造本身，从而使得建筑学的学科自主性在另一层面得到提升。

（四）机械操作多维材料

运用机械手段来建造在实际生产领域中的实践程度更高。建筑师运用数字软件，以系统的逻辑思维协调多维复杂性和非智能的单一实现方式的关系，完成数字化建造。

“从美学的角度，任何形态均可以作为一种数学逻辑来审视，并加以形式化和编码化，因此可以提供无穷小的空间，经确认分析并分层定型。”迈克尔·汉斯迈耶（Michael Hansmeyer）在“第六柱式”（The Sixth Order）中用程序算法探索新建筑形式，将复杂形体进行单元化和像素化，通过最小化的方式来分析和分层进行，即通过图层的切割和叠加来实现复杂的数字化形式，最终形成复杂的作品，提出了一种数字化建造生成对象的过程（图 15，图 16）。[6]

17~19. 密歇根大学 Matter 设计工作室的“潜望：泡沫塔”项目
20. 格雷格·林恩设计的椅子

17~19. Periscope: Foam Tower, Matter Design Studio in University of Michigan
20. Ravioli Chair, Greg lynn

机械操作多维材料的方法打破了成本投入的限制或数控机械的应用限制，要求建筑师具有对材料多角度、多维度的美学和设计敏感性，掌握先进数字技术，但又不依赖技术实现建造的高度自主性。

（五）数控机械操作多维性材料

利用计算机技术及数控加工技术，用多种手法改变建造材料，增加材料在空间中的维度，可以实现建筑形体的多维性营造。数控加工技术（CNC）铣削出传统的轮廓的手段已普遍应用，然而从一块建筑材料上打磨出复杂的几何体块并进行搭建，是与同薄板材料不同的体积处理方法。密歇根大学麦特（Matter）设计工作室将开发成型的表面技巧转换为数字过程，他们提炼了可展表面的原则，通过定制的七轴机械自动控制的热丝切割器加工膨胀聚苯乙烯（EPS），重新使用已几乎无人采用的切石法进行建造（图 17~ 图 19）。[7]

格雷格·林恩形式工作室则在计算三维体的切面和交接的基础上，实现了利用三轴 CNC 对复杂形式的切割和搭建（图 20）。[6]

然而，对材料体积整体操作的费用及时间成本过高，如切石法一般的机器人切割术对材料性质又较挑剔（限于 AAC、EPS、再生石等），为了妥善地解决体积制作与材料多维性实现的问题，要求建筑师以体积操作作为通用做法时需要对使用方法进行研究。

（六）数控机械操作复合性材料

用 3D 打印技术操作的材料需要多种特性来承担成型的要求，从早期的

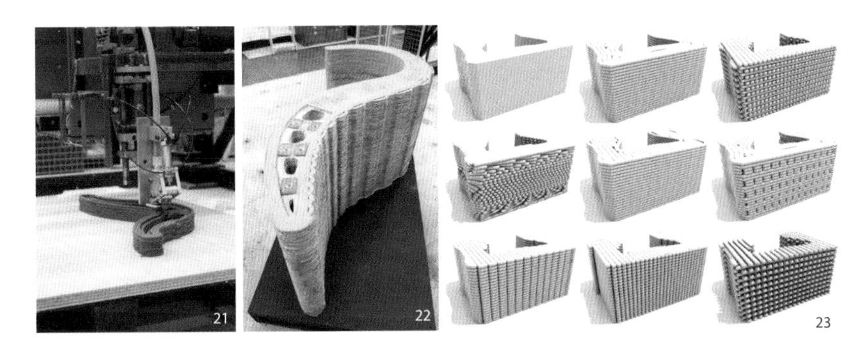

21~23. 福斯特建筑设计事务所是最早采用快速成型制作技术制作实体模型的先行者。
21~23. Foster and Partners is the pioneer to use rapid prototyping technology into manufacturing.

树脂、ABS、复合型不锈钢和复合了高纤维的混凝土材料等各种复合型材料被开发和应用于不同的工艺到如今，对材料的探索仍在进行中。包括航空、医疗等在内的工程领域已经将原型生产应用于实际生产；建筑行业中，莫菲西斯（Morphosis）建筑设计事务所及福斯特（Foster and Partners）建筑设计事务所是采用快速成型技术制作实体模型的先驱（图 21~ 图 23），同时拉夫堡大学自由构造项目已通过 3D 混凝土打印机生产出 2m×2m 的大型建筑构件。[8]“D-shape”打印机的发明，也使得大尺寸 3D 分层成型成为可能，特定的粘结剂与催化剂材料、施工机器人、“Cad—Cae—Cam”设计技术等，这些都使得建筑建造不再受施工者人力的限制。

通过数控机械操作复合型材料的原理已远离传统意义上的建造理念，可以直接依靠三维模型建造实体，不需任何模板，这种建造应对复杂的几何体时体现出高度的自由度和精确度。

三、结语

数字化建造作为一种设计和建造方法，驱动着建筑范式的革命性转化。在设计方法的背景层面，它充分运用数字化手段来实现设计与建造的紧密结合；在建造过程中，其真实性来自建造工具、流程和建筑材料的革新。这种全新的设计和建造的结合使得设计和建造的过程遵从全新的设计本体和建造本身的逻辑。作为新的实践方法，无论是通过“低技”参数化手段还是通过基于技术进步的全新方式来实现，都要求我们对包含“过程逻辑”与“形式意义”的建筑本体进行重新思考。

注释

1 本文亦是笔者为《建筑数字化建造》（*Fabricating the Future*）一书撰写的绪论。袁烽，尼尔·里奇，编著．建筑数字化建造 [C]. 上海：同济大学出版社，2012:9-13.

2 关于这两者概念的释义可参考《建筑数字化编程》(*Scripting the Future*)一书的绪论《参数化释义》(*Parametrics Explained*)一文。尼尔里奇．参数化释义 [A]// 尼尔里奇，袁烽，编著．建筑数字化编程 [C]. 上海：同济大学出版社，2012:9-13.

3 参见格雷格林恩（Greg Lynn）撰写的《从建构（机械组件）到合成物（化学融合）》（*From Tectonics (Mechanical Attachments) to Composites(Chemical Fusion)*）一文。格雷格·林恩．从建构（机械组件）到合成物（化学融合）[A]// 袁烽，尼尔·里奇，编著．建筑数字化建造 [C]. 上海：同济大学出版社，2012:16-21.

4 关于该项目的详细阐述参见陈国荣撰写的《上海中心大厦：形式、性能与智能幕墙》（Shanghai Tower: Form, Performance and Facade Intelligence）一文。陈国荣．上海中心大厦：形式、性能与智能幕墙 [A]// 袁烽，尼尔·里奇，编著．建筑数字化建造 [C]. 上海：同济大学出版社，2012:144-152.

5 Http://www.dfab.arch.ethz.ch/web/d/news/index.html

[8] Fabio Gramazio, Matthias Kohler. Digital Materiality of Architecture [M]. Zürich: Lars Muller Publishers, 2008：57.

6 迈克尔·汉斯迈耶的“第六柱式”（*The Sixth Order*）展于 2011 韩国光州设计双年展（Gwangju Design Biennale 2011）。

7 关于切石法如何与数控机械操作结合的阐述参见布兰登·克利福德（Brandon Clifford）和威尔斯·麦克盖（Wes McGee）撰写的《机器人切石法》（*Stereotomic Robotics*）一文。布兰登·克利福德，威尔斯·麦克盖．机器人切石法 [A]// 袁烽，尼尔·里奇，编著．建筑数字化建造 [C]. 上海：同济大学出版社，2012:72-77.

8 参见扎威尔·德·克斯特里尔（Xavier De Kestelier）撰写的《大型添加制造的设计可能：自由构造》（*Design Potential or Large Scale Additive Fabrication: Freeform Construction*）一文。扎威尔·德·克斯特里尔．大型添加制造的设计可能：自由构造 [A]// 袁烽，尼尔·里奇，编著．建筑数字化建造 [C]. 上海：同济大学出版社，2012:106-111.

参考文献

[1] Patrik S. Schumacher. The Autopoiesis of Architecture: A New Framework for Architecture [M] v. 1. John Wiley & Sons, 2010: 1.

[2] Eric Owen Moss. Parametricism and Pied Piperism: Responding to Patrik Schumacher [J]. LOG, 2011(21): 82.

[3] Mario Carpo. Preface [A]// Mario Carpo. The Alphabet and The Algorithm [M]. Cambridge: The MIT Press, 2011: 2.

[4] Neil Leach, David, Turnbull Chris Williams. Digital Tectonics [M]. Wiley-Academy, 2004: 4.

[5] William J. Mitchell. Antitectonics: The Peotics of Virtuality [A]// Yu-Tung Liu, Chor-Kheng Lim. New Tectonics: Towards a new theory of digital architecture: 7th Feidad Award [C]. Basel: Äuser Birkh Verlag AG, 2009.

[6] Stanford Anderson. Quasi-Autonomy in Architecture: The Search for an In-Between [J]. Perspecta, 2002, 33: 30.

[7] 尼尔·里奇．参数化释义 [A]// 尼尔·里奇，袁烽，编著．建筑数字化编程 [C]. 上海：同济大学出版社，2012:9-13.

作者简介

袁烽，男，同济大学建筑与城市规划学院 副教授

形态生成和物质呈现
整合化设计

Formation and Materialisation
Integral Design

张朔炯
ZHANG Shuojiong

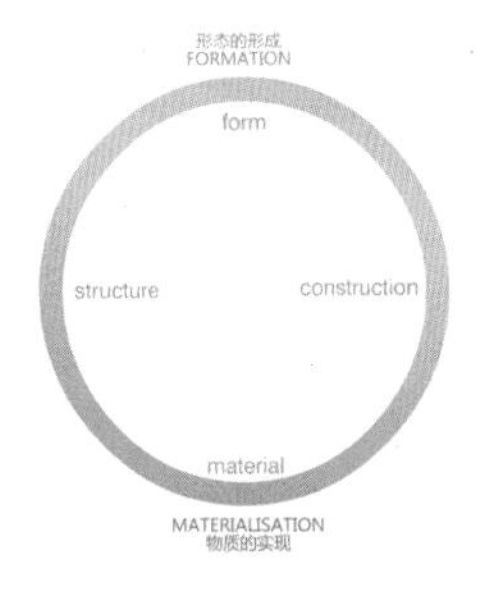

1. 形态生成与物质实现关系图
1. Interrelationship of formation and materialisation, diagram

这几年数字化建筑设计的洪流席卷全球，数字软件技术及加工技术的共同进步推动着数字化形态和数字化建造的发展。许多建筑师和学者在教学和实践领域持续探索和推进，拓展了建筑学的边界。然而，这样的探索一直存在着一种不平衡性——由于通常是由建筑师在推动，其专业分工后的局限性使得建筑师在较易掌控的形态探索方面一往无前，而在技术、建造领域的探索则要慢一些，思考得也少一些。

阿希姆·门格斯（Achim Menges）在数字化建筑探索的同类学者中显得有些特殊。他毕业于伦敦建筑联盟学院（AA School of Architecture），而后在欧洲和美国从事教学和实践，尤其以在斯图加特大学和伦敦建筑联盟学院的涌现技术与设计（EMtech）教学实践最为人所熟知。由于执教于斯图加特大学，门格斯深受弗雷·奥托（Frei Otto）的影响。与不少同样融入数字化洪流的建筑师单纯追求数字化形态生成不同，门格斯的探索从一开始就与材料、加工和建造等基础领域紧密结合，并且跨学科地与结构工程师、仿生学工程师、计算机科学家、材料科学家以及生物学家进行广泛而深入的合作。

门格斯显然看到了数字化领域探索的不平衡性，在多篇学术文章和教学中也屡次提到他对数字化形态生成系统的理解：这一系统不仅反映了形态的

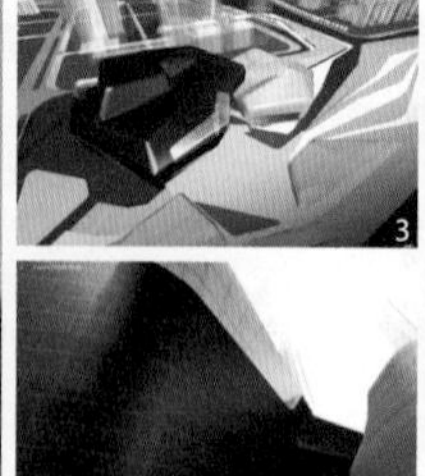

2. 广州歌剧院外立面局部
3~6. 广州歌剧院设计竞赛和建设照片对比

2. Partial view of Guangzhou Opera House
3~6. Design competition image and construction photo

几何表现力（geometry behavior），同时也整合了材料特性、加工限制及装配逻辑，希望以此化零为整。这一系统试图打破在许多实践中形态生成和物质实现手段之间的对立性，将它们整合成一个相互作用的综合体系。这种相互作用的过程，是一个整合了形态（formation）、材料性（materialization）以及结构性能（structure behavior）等各种输入因素及环境影响的复杂而相互关联的系统。[1]

笔者将通过分析读者较为熟知的典型案例以及门格斯的文章中提及的一些案例分析，结合中国的一些案例中呈现出的问题，梳理形态生成和物质呈现之间的几种可能的关系，希望对设计思维和建造手段的整合有一定帮助。

一、广州歌剧院外立面：形态生成与物质呈现的分离

2011 年，扎哈·哈迪德在中国的第一个项目广州歌剧院落成，立即受到国内外关注。除了不羁的外形及流动的空间体验外，外立面的施工质量也一度成为业内的争论焦点。在笔者看来，广州歌剧院作为中国首开先河的几个项目之一，真实地反映和呈现了形态设计手段与物质实现手段不匹配的各种后果。

首先，最显而易见的是外观的问题，也是关注的焦点。歌剧院远观美轮美奂，近观感受却不甚理想，石材的拼接毫无规则，接缝粗糙且不对位（图 2），这也是施工质量广受争论的由来。然而就笔者了解，广州歌剧院的施工控制并非漫不经心，从曲面玻璃和曲面石材的采用上也可以感受到业主和相关设计、建设单位对该项目的重视。只是，这一建筑的曲面形体与石材的天然属性是冲

突的，即便设计方和建设方都投入了大量心血，最后的结果仍然不如人意。探本寻源，广州歌剧院在深化设计中采用的结构体系和材料并不适合复杂的建筑形体，使施工难度和复杂程度大增，这才是导致施工质量难以保证的根本原因。其次，在广州歌剧院这个项目中，形态与物质手段的分离不仅影响了表面的外观效果，结构形式亦反作用于形态本身，制约了形态生成过程。从广州歌剧院竞赛阶段的效果图和建成作品的对比（图 3，图 4）可以看到，完成作品已然和当时“圆润双砾”的形象有一定距离，建筑最终呈现的外观可以看成是忠于三角形大型钢网架结构的一种直译（literal interpretation）。

由建筑师提供的另一张早期效果图可以看出，设计者并非没有考虑适应几何形态的材料系统，只是由于深化过程中外在因素的限制，遗憾地选择了三角形钢网架和石材。然而，这里亦有一个非常有趣的现象：最后建成的建筑诚然没能反映几何形态的设计初衷，却真实地再现了数字化的三维虚拟模型建模痕迹，以及在深化过程中使用数字模型进行“有理化”（rationalization）[1] 的过程（图 5，图 6）。数字建筑中使用的一些有理化技术，如面片化（mesh）[2]、倒角（fillet）等都被如实地记录在建成建筑中。

二、巴库盖达尔 · 阿利耶夫中心：物质呈现追随形态生成

扎哈·哈迪德在后来的项目，比如阿塞拜疆的盖达尔·阿利耶夫中心（Heydar Aliyev Center, Baku）中，找到了更为合理地匹配物质化的解决形式（图 7）。阿利耶夫中心与广州歌剧院的设计手法相似，都利用流动曲面和具有实际功能的封闭空间（音乐厅或大会堂）的若即若离，创造出不羁的外观和丰富动感的公共空间。阿利耶夫中心的建筑主体采用核心筒和钢结构楼板，幕墙与主体结构脱离，采用了自支撑的空间网架结构，并在此结构之上再敷设保温、防水和幕墙系统（图 8）。在这里，无论是空间网架结构体系，抑或幕墙体系，都并非最前沿的技术，但相得益彰的应用使得几何形态、结构体系和幕墙体系顺滑地衔接，没有出现广州歌剧院那种冲突性，完成质量也高出很多。

类似的案例还包括盖里的一系列标志性（iconic）建筑，如毕尔巴鄂的古根海姆博物馆及洛杉矶的迪斯尼音乐厅。盖里敏锐地发现了钛金属板这一非常适合盖里标志性曲面的材料，并由此发展出一整套幕墙解决方案。近年来，盖里事务所更进一步地推动数字化建筑信息管理系统（BIM）的整合，如同一座桥将形态生成和物质呈现这专业分工细化后日渐分野的两部分连接在一起。

7. 巴库盖达尔·阿利耶夫中心设计效果图
8. 巴库盖达尔·阿利耶夫中心施工照片

7. Rendering of Baku Heydar Aliyev Centre
8. Construction photo of Baku Heydar Aliyev Centre

三、特拉维夫伊扎克·拉宾中心：结构、材料和建造的整合

在第二个案例中，物质呈现手段虽然能够满足形态的需求，但仍然处在被动适应的状态，距离门格斯教授提出的整合化设计（integral design）仍然有很大差距。我们更应该把整合化设计看成一个开放的框架而非单一模式，在这个框架内，形态生成和物质呈现通过结构系统、材料特性、加工限制以及装配逻辑等具体细分项无缝衔接起来。在现实操作中，虽然完全理想的无缝整合仍然受制于客观条件，但一些单项的整合化设计思维和技术已然涌现。

门格斯教授在《制造的多样性》（*Manufacturing Diversity*）一文中，提到了摩什·塞夫迪（Moshe Safdie）建筑事务所在以色列特拉维夫（Tel Aviv）设计的伊扎克·拉宾中心（Yitzak Rabin Center），它展现了结构和材料整合的可能性。这个坐落在地中海海滨城市特拉维夫的文化中心拥有轻盈飘逸的洁白屋顶（图9）。这样的双曲面屋顶形态一般采用的建造手段是空间网架结构加幕墙GRC板，如同扎哈·哈迪德的盖达尔·阿利耶夫中心那样，然而过多的构造层次会使屋顶显得厚重而丧失轻盈感。在一次竞标中，位于代尔夫特的“Octatube”空间结构研究机构以一种新型双曲面施工技术获得青睐。

“Octatube”使用了一种新的应力表皮方案，这种新的双曲面施工工艺探索了数控铣削的聚苯乙烯作为承重结构的可能性，而不只是将它作为一个模具使用。这是一种新的“三明治结构”，外部表层玻璃纤维加固聚酯层，中间层的聚苯乙烯作为模具，在浇筑后不再取出，而是通过玻璃钢纵梁加固后直接作为壳体结构。最终的产品仅44mm厚（30mm聚苯乙烯加7mm玻璃纤维加固乙烯基

9. 特拉维夫伊扎克·宾中心曲面屋顶
10.11. 特拉维夫伊扎克·拉宾中心屋面制造、运输、安装过程

9. Curved surface roof of Yitzak Rabin Centre
10.11. Manufactory, transportation and installation of the curved surface roof

酯树脂）。[2] 这个新产品也包含着整个加工装配环节的一系列配合：产品在荷兰加工，分段运输到以色列，由工人在现场装配成更大尺寸的完整屋面板，最后完成机械吊装及屋面板之间的结构固定（图 10，图 11）。

“Octatube”的方案改变了近现代建筑一直以来主要承重结构与覆面表皮系统逐渐分离的趋势，从结构、生产、加工、装配等技术方面和建筑师一起推动了设计的整合化。

四、银河 SOHO 和广州歌剧院室内：一体化无缝连续表面

中国尚缺乏像“Octatube”空间结构研究所这样既能从建筑师角度思考，又有能力对结构材料进行整合的研究机构，不过一些材料厂商也在大规模建设中逐渐学习，寻求技术的提升和突破，并与建筑师一起探索出新的建构手段——尤其在运用玻璃纤维石膏板（GRG）和玻璃钢（FRP）等三维加工和安装技术较为成熟的材料方面。

这种新的手段更在乎保持形态几何特性的完整性和连续性，并以无缝连续为目标，整合结构、材料、暖通等各功能性因素。扎哈·哈迪德事务所于 2009 年在北京完成的银河 SOHO 售楼处的室内，就体现出这样一种完整、无缝的连续性。这种连续性不仅体现在设计的几何形体中，同时也体现在保持结构、围护、家具、照明和暖通的整体性上。建筑师并不设计精美的细部去突显这些建造逻辑，相反，利用几何形态尽可能地把它们都容纳进来，从而从视觉上消弭

12. 银河 SOHO 售楼处室内照片
13. 银河 SOHO 售楼处施工细部
14. 广州歌剧院剧场内部照片

12. Interior view of Galaxy SOHO Showroom
13. Construction detail of Galaxy SOHO Showroom
14. Interior view of Guangzhou Opera House

它们，最终呈现出“效果图”式的纯净的视觉效果（图 12）。

这种无缝化的建造方式仰仗工厂化的预制和材料的现场修补特性，就当前中国现实而言，有效回避了建筑工人现场施工低技、低质的通病。玻璃钢背后的龙骨是少数需要现场搭建的部分，从施工照片中可以看到，杂乱无章的龙骨和光鲜的表皮形成鲜明对比，也是颇具中国特色的（图 13）。

广州歌剧院的室内采用同样的技术，它是国内唯一不安装反声板却依然具有首屈一指的声学效果的歌剧院（图 14）。通过数字化软件和参数脚本，几何形体和声学要求通过曲面的曲率和开口度建立关联：曲面的外凸或内凹的参数对应着声波的扩散和聚焦要求；均匀渐变的三维表皮由其开口和深度参数控制，三维表皮不同的开口密度和深度变化对应着剧场内不同区域墙体各异的吸声要求。[3] 由此，这个充满流动感的曲面不仅整合了墙面、天花和观众看台等建筑元素，同时也整合了照明、声学和制造安装等技术因素。

五、“超级面片”：整合化设计

由以上几个案例不难看出，随着建造技术的发展，物质实现的手段终能适应各种新的形式。然而，在整合化设计的大框架内，形态生成和物质呈现的关系并不是单向的，新的形态生成技术固然在一定程度上促使建造技术随之创新，而各种建造技术、结构模式和材料特性也会反过来推动形态生成的理念和手段。

聚合形态（polymorphism）既是反映了这样一种形态生成影响的物质呈现，

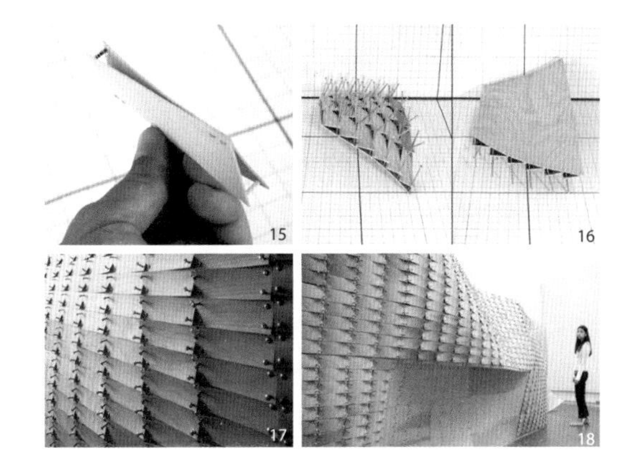

15.16. 超级面片：单元体研究
17.18. 超级面片：单元体组合堆积

15.16. Component study of Metapatch
17.18. Component aggregation of Metapatch

同时物质呈现也反作用于形态生成的形态系统。它是一个跨学科词语，原意指许多元素、图案或个体的聚集。这里有两个限定条件：其一，是许多差异化的元素、图案或个体的聚集，即具有一定的数量和差异化；其二，差异是同属同种的内部差异（in organisms of the same species）。[4] 引申到建筑领域，聚合形态是一种复杂的自适应系统，这一系统不同于以往自上而下的设计系统，而是自下而上、动态和内部适应的。聚合形态系统和其他自适应系统一样，一般具有以下三个属性：（1）自我组织性（self-organisation），一种通过系统内部而不用借助外部控制可以实现的动态和可适应的过程；（2）表现行为（behaviour），一种回应环境变化的能力；（3）材料调节（material conditioning），一种有机体的行为与周边环境刺激建立关联的过程。[4]6-11 自我组织性往往与系统的几何特性相关，而材料调节则蕴藏着材料特性和材料的构造逻辑。

这一新的设计系统，已经开始在一些小尺度的项目上进行探索。由迈克尔·亨塞尔（Michael Hensel）和阿希姆·门格斯指导的，约瑟夫·凯尔纳（Joseph Kellner）和大卫·牛顿（David Newton）在莱斯大学（Rice University）的生成性原型建筑课程设计作品“超级面片”（*metapatch*）便是其中之一。[1]81-82 该方案的基本单元是最简单的方形木片。木片被固定到更大的方形木板上。木片与木板采用四个角螺栓连接，其中两个对角点固定，而另两个对角点的连接螺栓则具有一定可调节度。这样，木片本身具有的一定的弯曲弹性与这种连接方式共同作用，通过每一个木片上两个灵活螺栓的调节，使得木板也获得一定的弯曲。木板获得的曲率既和螺栓的位置、螺栓调节预留的尺寸相关，也和木板、木片本身的材料特性，如尺寸、厚度、打孔率和肌理方向密切相关（图 15，图 16）。

这些木板也可以组装成更大的一组装置，通过螺栓驱动器和木板材料性能的改变，使得原来是平面结构的大木板变为稳定的、可以自支撑的凸（凹）曲面（图 16，图 17）。这样的曲面具有多重曲率，改变打孔木板的穿孔率则木板的结构性能和曲率也随之改变。装置的形态来自几何、材料和极简单的单元体的相互作用，从本质上建立了材料性能和几何表现的关联性。

阿尔瓦罗·西扎（Alvaro Siza）与索托·德谟拉（Edouardo Souto de Moura）2005 年为伦敦蛇形画廊（Serpentine Gallery）所设计的临时展厅可以与之比较。两者同样都是小尺度和木结构，且都拥有复杂的曲面形态，后者利用先进的 CNC 和机器人技术，制造和安装了 427 根形状不一的曲梁 [2]76-77，实现了加工和装配的整合，却鲜见这些技术对前期形态生成的影响。而前者尽管基本单元体更简单，但通过发展出一种形式生成的整合技术，建立了材料性能与几何表现、结构稳定之间的关系，获得了一个变化、复杂的形态。

目前看来，整合化设计过程尚处在小尺度的、实验性的建筑探索中，尚未有大规模建筑实践的案例，但是它将形态、材料、结构、建造整体化考量，形态生成和物质实现相互作用的这种思维和技术，仍然对当代的建筑师有很大帮助。在这个整合化设计的大框架中，有些前沿建筑案例已经进行了实践，这些先锋建筑的影响力亦正逐渐推动设计和建造等多方面的创新。

注释

1 有理化（rationalization）通常指对一个复杂非欧几何形体、曲面进行简化或近似化操作，使其成为可以生产、装配、建造的几何形体、曲面。

2 面片化（mesh）指利用三维软件的几何算法，将复杂非欧几何形体、曲面转化为近似的全部由三角面或四边形面组成的形体、曲面。

参考文献

[1] Achim Menges. Polymorphism [J]. AD, 2006(2): 79.

[2] Achim Menges. Manufacturing Diversity [J]. AD,2006(2):71-72.

[3] 张朔炯，简俊凯 . 图画 – 模型 – 参数化 [J]. 时代建筑，2011(3): 78-79.

[4] Michael Hensel. Towards Self-Organisational and Multiple-Performance in Architecture [J]. AD, 2006(2): 8.

作者简介

张朔炯，男，伦敦建筑联盟建筑学院（AA School of Architecture）建筑学硕士，UNStudio 建筑师

制造的多样性

Manufacturing Diversity

[德]阿希姆·门格斯 著　封帅 译　张朔炯 校
Achim MENGES, Translated by FENG Shuai, Proofread by ZHANG Shuojiong

导读

和大多数建筑学教授一样，阿希姆·门格斯（Achim Menges）教授也在欧洲和美国从事教学和实践的双重数字化探索，而以其在斯图加特大学和英国建筑联盟学院（AA School of Architecture）的教学实践最为人所熟知。阿希姆·门格斯教授的研究领域主要集中于如何利用先进的数字化工具探索新的形态生成（morphogenetic）方式。但与不少同样融入数字化建筑洪流的建筑师单纯追求流线化"找形"（form-finding）不同的是，门格斯的探索与材料、加工、建造等基础领域紧密结合。他追求的形态生成过程，是一个整合了形态（formation）、材料性（materialization）以及结构性能（structure behavior）等各种输入因素及环境影响的复杂而相互关联的系统。门格斯教授在多篇学术文章和教学、实践作品中也屡次提到他对数字化形态生成系统的理解，即这一系统不仅反映了该形态的几何表现力（geometry behavior），同时也整合了材料特性、加工限制以及装配逻辑。在英国建筑联盟学院的涌现技术（emergent technology）专业的教学中，门格斯教授和迈克尔·亨塞尔（Michael Hensel）、迈克尔·温斯托克（Michael Weinstock）一起，研究大自然中的形态生成规则和逻辑，积极地扩展建筑学的边界。

而本文又和门格斯教授的其他文章有所不同。如果说一些文章（例如"*Mopho-ecologies: Approaching Complex Environment*"[①]）概括了门格斯对形态生成系统的理解，如高屋建瓴，那么本文则如同房屋的基石，门格斯在此文中对近年来出现在欧洲和美国的一些数字化建造技术的计算机辅助制造（CAM）应用进行了详尽而细致的介绍和说明。

在当下，由于设计软件的快速发展和普及，原先还属于先锋实践的复杂几何形体已经越来越普遍，而建造环境、施工技术也突破了此前的大规模生产和标准化建筑构件的系统，呈现出日益多元化的发展。门格斯在此文中对比较领先的一些制造公司的前沿性工作进行了调研，并对相似的建筑构件和系统进行了梳理和概括，将复合材料、板材、膜材料、钢、木等材料的CAM先进制造加工和现场安装等过程一一道来。

对中国现实而言，虽然不少数字化实践的前沿建筑师及事务所，比如扎哈·哈迪德（Zaha Hadid）事务所、蓝天组等都在国内参与了设计，然而实际工程中的建造环境仍然相对比较传统，以半新半旧的建造系统去适应日渐差异化、多元化的设计，颇有削足适履之感。但复杂的设计和传统的制造之间的矛盾，已在逐步推动建筑产业向定制化方向改变。此亦为本文意义所在。

——张朔炯

建筑是一种以材料为基础的产业，在前沿实践中，越来越多的复杂几何设计推动了建筑业的快速发展。比较之前大生产及标准化建筑构件和系统的时代，如今的建造环境也表现出越来越多样化的发展。而在这些发展中潜在一个核心的观念，即多样化（或者称为细分）和整合。多样化导致了对原理上相似的建筑构件和系统进行分化，而整合则导致不同种类建筑之间的联系得以加强。

在建筑领域中处于领先的制造公司用实践证明了一个现代的理念：计算机辅助制造（CAM）将会在大生产及其固有的标准化制造向细分化的建筑构件和系统转变的过程中扮演至关重要的角色。所以，对于目前而言，将数字化生产作为战略性观点来理解是十分必要的，而不只是作为一种辅助的行为。更何况，CAM也完全不是一个新近才出现的技术进步。

CAM诞生于20世纪50年代，美国军方支持发展此项技术用于克服机械大生产的局限，最早一代计算机自动控制技术使数控机械在金属加工业中得以应用。接下来的40年中，其衍生系统，也就是今天所说的计算机数字控制（CNC）被应用于更多样的材料和各种不同的尺度中，并且仍然被作为大多数CAM应用的基础。在20世纪70年代，微处理器技术时代到来；80年代个人计算机（PCS）得到发展，桌面型计算机联合增生，相关的计算机辅助设计（CAD）得到应用，这一切都对CAM的传播起到了重要作用。

数字制造的变化，连同它日渐增长的实用性已经开始全面地改变建筑产业。而以前似乎存在于设计师与建造者之间的矛盾，也逐渐被以实用主义而非未来派风格为导向的大量定制化服务化解。多样化的、现有的和新近涌现的数字制造进程以及相关的辅助技能，使世界领先的公司开始探索为复杂的建筑设计定制技术和施工工艺。这些进程不仅着眼于探讨今天可能建造什么，更重要的是

① Achim Menges. Mopho-ecologies: Approaching Complex Environment[J]. Emergence: Morphogenetic Design Strategy, AD,2004,74.——导者注

进一步勾勒出根植于先进施工工艺的未来建筑设计构造潜在可能性的大致轮廓。

一、“Octatube”空间结构：计算机辅助设计的三层合成施工法及爆炸式模具成型

“Octatube”空间结构是荷兰代尔夫特大学的研究机构，十多年来一直致力于探索数字技术支持的先进数字设计及工程的创新研究。这种创新研究是以各种成功的实际建筑项目为导向和支持的。其中位于霍夫多普的九头蛇码头（Hydra Pier）花卉博览会展馆是渐近线建筑事务所（Asymptote Architecture）的竞赛获奖方案。“Octatube”承接了展馆的曲面玻璃外墙施工，包括一个无框的悬挂玻璃蓄水池以及建筑的双曲面屋顶。曲面的玻璃外墙是由热弯的单片玻璃板和冷弯板合成的，曲率达到80mm（3英寸），而边长达到2m（6.5英尺）。玻璃蓄水池尺寸为5m×12m（16英尺×39英尺），是由完全预应力的玻璃平板悬挂形成的。然而，最终发现最大的挑战却在于屋顶的双曲面覆板的施工与组装。

由于自由形式的屋顶单轴对称，“Octatube”发展了一套制造系列三维铝制面板的进程，面板在尺寸、曲率和厚度上差异明显。为了形成面板多样化的双曲面，该机构设计了一套数字制造与爆炸式模具成型的综合化施工进程。爆炸式模具成型并不是一个全新的技术，有文献记载，早在1888年就曾应用于雕刻铁板。从20世纪50年代起，它也被应用于航天工业，作为快速制造复杂几何体的施工工艺，诸如导弹和火箭的鼻锥。爆炸式模具成型技术使用水下爆破技术，迫使金属面板在模具上成型。金属面板被放置在模具的上方，并且被密封在水箱中，模具的空腔则被抽成真空。由于水的不可压缩性，爆炸施加的压力是相对平均分布的，并压迫板材进入模具。真空状态保证了材料和模具表面在成型过程中完全地对位。

像航空工业的其他施工工艺一样，爆炸模具成型也因为太过昂贵而无法适用于建筑工业。然而，“Octatube”通过与荷兰公司“Exploform”合作，结合高级CAM技术将这项技术的造价控制在覆板制造能承受的范围内。制造需要的阴模是由纤维加强混凝土阳模翻制而成，阳模则是由聚苯乙烯块和环氧树脂玻璃硬化，经数控研磨而成。制造所需覆板的数字信息是从展馆屋顶的三维模型上直接导出的。

由于政府对爆炸的严格管制，实际的成型过程在位于代尔夫特的水箱中进行。最终的几何形体精确性在一个侧面得到了着重体现：即使最初数字模型经过复杂细分，再经CAM处理而反映到制造的形体上，在最后成型的板材上仍

然清晰可辨。板材继而被组装在木质的骨架之上，骨架由数控机床根据数字三维模型的数据预制而成。在骨架上，经过数字切割的铝条被焊接在板材的边缘，并用10mm（0.4英寸）的垫圈在板材间的接缝处做了防水处理。喷漆后具有经久平滑的表面光泽，复杂的三维铝板被整体装配到花卉博览会展馆的屋顶上。

在接下来的项目中，"Octatube"尝试了制造光滑双曲面屋顶结构的替代方法。位于以色列特拉维夫的伊扎克·拉宾（Yitzak Rabin）中心，由建筑师摩什·赛夫迪（Moshe Safdie）设计，呈现出五个独特的双曲面屋顶平面，横跨了建筑的两大部分：图书馆和大礼堂。最初这些屋顶结构计划使用钢结构加混凝土覆板，但是"Octatube"在投标中使用了一种替代的应力表皮方法。新的设计向原先横亘于主要承重结构和覆面系统之间的鸿沟发起挑战。通过使用由玻璃纤维加固聚酯层包裹的自承重的聚苯乙烯外壳，"Octatube"探索了一种不同的方法来进行双曲面的施工，研究数控铣削的聚苯乙烯作为承重结构的可能性，而不只是将它作为一个模具使用，正如在"Floriade"展馆项目中做到的一样。最终业主和建筑师设计的结构像一块大型的冲浪板，"Octatube"接受了这项工程委托来建造这五个屋顶。

屋顶具有复杂的几何形状，拥有30m×20m（98英尺×66英尺）的可观跨度，以及8m（26英尺）长的悬挑翼缘，不断变化的风荷载对结构的稳定提出了严峻的技术挑战。尽管如此，"Octatube"仍然在项目完成时制造出了较为接近最初设计概念的几何形式。屋顶被切割为2.5m（8英尺）宽的条带并根据"Octatube"提供的的三维数字模型制造。与之配合的BV公司位于荷兰代尔夫特，已经与"Octatube"在"Floriade"项目上有过合作，用聚苯乙烯块加工成需要的模具，由数控铣削成型。模具接着被运输到荷兰复合材料公司，在那里覆以一层特殊的箔片。一层涂层和一层玻璃纤维毡被提前安置于负形的模具上，玻璃纤维层通过真空注射被浸渍于聚酯树脂中。当这一层完全硬化后，耐火的PIR聚氨酯块被切割，覆盖于另一层玻璃纤维毡之上。最终生成的屋顶构件有30mm（1.2英寸）厚，然后再包裹一层7mm（0.3英寸）厚的玻璃纤维加固乙烯基酯树脂。内部的玻璃钢纵梁加固了壳结构，成功消解了支撑的柱状结构施加的力，同时也预防了顶部和底部的玻璃钢层的分层开裂。"Octatube"的集成式工作方法利用了一个数字主模型来为所有工程任务服务，也包括其后将文件传输至工厂的过程。三维模型还为高效地运输屋顶构件提供了有关数据，即将其嵌套在特殊的容器中，并从荷兰运到位于以色列的基地——特拉维夫，这五个承重的预应力三层合层壳体接下来在基地进行组装，继而由额外的接缝加固件粘在一起，最终被覆以一层玻璃钢面层。

1. 爆炸式模具成型，位于荷兰代尔夫特大学 Exploform 部门
2. 阴模纤维强化混凝土，从数控阳模聚苯乙烯模具上成型
3. 最终生成的双曲面铝制面板，焊接铝制的边缘
4. Octatube 公司，双曲率的铝板试验装配在木质框架上
5. 花卉博物馆屋顶抛光铝板
6. Hydra Pier 项目的外观，Hoofddorp，荷兰，Asymptote 建筑师事务所设计，2002
7. Octatube GRP/PIR 聚氨酯三层构造，由聚苯乙烯模具经数控研磨而成，作为位于莱利斯塔德的荷兰合成材料公司的屋顶片段
8. 真空注入的第一层聚酯最终也成为了构造的一部分
9. Octatube Yitzak Rabin 中心图书馆屋顶分割部件的搬运过程，分割部件置于特制的容器中从莱利斯塔德运送至特拉维夫
10. 在以色列的基地上，图书馆的下层屋顶在进行装配
11. 位于特拉维夫市的 Yitzak Rabin 中心的屋顶结构，由 Moshe Safdie 建筑师事务所设计，2005

1. Explosive forming at the premises of Exploform in Delft
2. Negative fibre-reinforced concrete moulds formed on positive CNC milled polystyrene moulds
3. Resulting double-curved aluminium panel with welded aluminium edges
4. Octatube double-curved aluminium panels. Test assembly of panels on wooden jig
5. Finished panels on Hydra Pier roof
6. Exterior view of the Hydra Pier project in Hoofddorp, the Netherlands, designed by Asymptote Architects, 2002
7. Octatube GRP/PIR polyurethane sandwich construction CNC-milled polystyrene mould for a roof segment at Holland Composites in Lelystad
8. Vacuum injection of the first polyester layer eventually becoming part of the roof surface
9. Transportation of the Octatube Yitzak Rabin Center library roof segments in special containers from Lelystad to Tel Aviv
10. Assembly of the lower library roof structure on site in Israel
11. Roof structures of the Yitzak Rabin Center, Tel Aviv, designed by Moshe Safdie Architects, 2005

“Octatube”在花博会展馆和拉宾中心屋顶结构的方案中显示了集成计算机辅助设计和制造方法是如何制造和组装几何形状复杂的建筑物表皮的。此外，正如“Covertex”在慕尼黑的安联体育场充气覆面系统所展现的一样，数字化生产也为可能包含数以千计的不同组件的建筑系统的施工开辟了新的可能。

二、“Covertex”和“Skyspan”：数字驱动膜结构设计和制造

“Covertex”是一家专门从事膜结构设计的德国公司，于2003年接受委托建造了赫尔佐格和德梅隆中标的慕尼黑安联新体育场的充气屋顶和墙面系统。这需要规划和建造约26 000m^2（28万平方英尺）的立面面积和38 000 m^2（40.9万平方英尺）的屋顶面积，并能容纳2 816人的菱形双层充气垫结构，所有这一切都需要提前定制并根据相对应的切割图案来生成。每个充气垫都由聚氯乙烯（ETFE）制成，无论是透明的或是印有渐变半透明的打印图案的充气垫都被固定于支持气窗的钢结构中，每一块气垫都可以分别充气并配备有一根引流管穿透上层垫表面，以避免在意外漏气的情况下积水过多。

气垫不同的几何形式意味着每一片气垫上的渐变印刷图案和排水孔都有所不同，因为将被安置于结构沉降后的最低点，需要逐一进行区分。此外，所有的气垫表面的对角线都长达16m（52英尺），需要由1.5m（5英尺）宽的ETFE卷轴焊接在一起。贯穿于设计、运输和制造中的复杂性迫使“Covertex”最终利用先进的计算机辅助CAD—CAM技术来进行形式生成以及膜结构的施工过程。建筑师的数字模型只是定义了构造线，被当作“Covertex”接下来的工程施工过程的一个基础。一个定制的软件工具自动跟踪建筑师模型中所有相关的坐标点，将它们记录于计算机表格中。附加的编程程序生成精确的支撑框架的偏移位置，并定义每个气垫对应的附着点。然后这些点使得每一个充气状态的气垫的数码形式得以实现，并形成了其后的切割图案，其中包括有关的坐标信息、切割线和焊缝重叠的位置、渐变的打印图案的相对朝向以及送风和排水孔的位置。

最终产生的数据集使得所有的ETFE构件得以直接切割并标记，通过德国KfM生产的数控切割与标记机器实施完成。随后，数控焊机连接起每个气垫的箍带，整个过程中将生产超过250km（155英里）的焊线。这种技术的局限性也很明显，每一个气垫的转角点都需要手动选取。然而，CAD—CAM的大量使用最终使得“Covertex”在短短15个月内建成共计64 000m^2（689 000平方英尺）的充气覆层系统，其中包括了所有的局部任务，如计算气垫的切割图案、气垫

12.13. Covertex 公司，为安联球场设计的充气外层的装配，慕尼黑，德国，2004

Skyspan 聚四氟乙烯玻璃纤维织物制造

14. 面料在测光台上进行检查
15. 电脑控制切割
16. 高温焊接 PTFE 织物

17~19. Skyspan 可伸缩 PVC / PES 覆层 PVC 织物屋顶，商业银行竞技场，法兰克福，由 GMP 建筑师事务所设计，2005 年

20. 安联球场外景，慕尼黑，由赫尔佐格和德梅隆设计，2004

21~23. Covertex 电脑辅助的 ETFE 膜制造。数控切割和标记 ETFE 膜（图 21，图 22），计算机辅助膜的焊接（图 23），德国 KFM

12.13. Covertex, pneumatic cladding installation for the Allianz Arena, Munich, Germany, 2004.

Skyspan PTFE fibreglass fabric manufacturing

14. Fabric check on light table (top)
15. Computer-controlled cutting (centre)
16. High-temperature welding of PTFE fabric (bottom).

17~19. Views of Skyspan retractable PVC/PES-coated PVC fabric roof of the Commerzbank Arena, Frankfurt, designed by Gerkan Mark & Partner Architects, 2005

20. Exterior view of the Allianz Arena, Munich, designed by Herzog & de Meuron, 2004

21~23. Covertex computer-aided ETFE membrane manufacturing. Digitally controlled cutting and marking of ETFE foil (Figure21, 22) and computer-aided membrane welding at KfM in Germany (Figure23).

制造、生产固定型材、密封、通风和换气系统等。

除了充气气垫系统，还有一种多功能覆盖大型的复杂几何屋顶结构的膜构造，即机械预应力箔膜和织物系统，如同在“Skyspan”——德国的一个专门从事膜结构研究的机构在法兰克福体育场的屋顶中展现的一样。新的商业银行球场由GMP设计，它拥有世界上最大的、达到9 600m^2（10.3万平方英尺）的可伸缩PVC表面，以及8 000m^2（194 000平方英尺）的聚四氟乙烯（PTFE）玻璃纤维织物制的大型膜屋顶。ETFE是一种各向同性的箔膜，而PTFE是一种在经线和纬线方向具有各向异性的玻璃纤维织物，并在织造过程中产生不规则性。基于这些性质，“Skyspan”使用数字双轴测量机测试了每一片织物的生产。经过几个测试周期的测量数据被反馈给工程师，用以指导特定项目中几何形状的数码形式生成。

在这个过程中，对于材料性能和特征的基本了解变得与全面的数字化工具同等重要。一旦预应力的膜结构完成了形式生成，随后的数码图案生成就会将材料的各向异性考虑在内，并决定针对焊缝采取的必要留边。经过在测光台上检查和标记PTFE面料的局部不规则性，生成的图案将被嵌套上料辊并由数控绘图仪切成片段。通过高温焊接来连接PTFE片段，而最外层的PTFE屋顶则会在装配过程施加预应力。内部可伸缩式的体育场的屋顶由PVC—PES覆层的PVC面料制成，需要依附于一个巨大的传输带系统，并能够承受雨水和风荷载。一个新的自驱动缝纫机器在将传输带缝制在一起的过程中被研制出来，用以向不同传输带分别施加预应力。这项新的制造工艺与数字仿真，以及传输带和对PVC施加的预应力的精确计算，确保了可伸缩屋顶得以实现并正常运转至今。

三、SEELE：CAD-CAM一体化的钢铁和玻璃幕墙施工

由于膜结构一贯的灵活性，先进的箔膜和织物构造的关键挑战便只落在了数字化设计中被强调的整合性，即一体化的形式生成和切割图案生成、计算机辅助分析、切割和焊接材料的过程。相比之下，由更坚固的建材诸如金属和玻璃建造的建筑外壳，在制造和施工过程中反而需要应用更大范围的数字成型和制造工艺。SEELE是定制玻璃幕墙设计和施工等方面技术领先的公司，在实践中广泛采用了不同的CAD-CAM流程。

SEELE主要的制造工厂坐落于它位于德国南部的工程部旁边，SEELE利用数控机械来完成大部分覆层的生产工作任务。金属和铝合金型材由一个数控缝

SEELE 电脑辅助制造

24. 数控缝纫
25. 数控钻孔 / 切割机
26. 激光切割与自动化上架系统
27. SEELE 工厂的数控折叠冲床，Gersthofen，德国

SEELE 数字立面扫描

28. 安装完成主要钢结构照片，用以进行误差检查
29. 测量点群的数字扫描标记
30. 三维点云翻译成数字模型
31. 将设计的几何形状和建成的三维模型重叠交叉检查误差
32.33. SEELE 的外观和内部，西雅图中央图书馆的玻璃幕墙，由 OMA/ 雷姆·库哈斯设计，2003

Seele computer-aided manufacturing

24. Digitally controlled saw
25. CNC drilling/cutting machine
26. Laser cutter with automated material shelving system
27. Digitally controlled folding press at Seele's factory in Gersthofen, Germany

Seele digital facade scanning

28. Top to bottom: Photograph of installed primary steelwork to be checked fortolerances
29. Digital scan notating clusters of measure points
30. 3-D point cloud translated into a digital model
31. Cross-checking of tolerances by overlapping the 3-D model as built and the geometry as designed
32.33. Exterior and interior view of Seele's glass facade of the Seattle Central Library, designed by OMA/Rem Koolhaas, 2003

纫机切割，允许不同长度构件的快速生产。一个特殊的数控钻床和焊接设备根据数字规范的距离和角度协议数据，进行钻孔的准备和螺栓固定。所有片材都被自动分配、准备，经由数控的激光切割和标记。激光是一种强大的可控热能，可以在机床的限制内将板材切割和标记为任何形状。在SEELE工厂中，激光与数控上架系统相结合，自动选择、准备和定位材料于激光机床上，提高工作流程的效率。另一台机器则被用以完成金属板材的数控折弯和折叠。

这些CAM设施结合先进的固体CAD应用程序建模，可以同步化工程和制造的数据集。SEELE借此来完成诸如OMA设计的西雅图中央图书馆等高度复杂的建筑物。在这个项目中，SEELE负责覆层施工的预备工作，还有11 900m^2（128 000平方英尺）外部覆层的生产和安装，包括了超过6 500片玻璃面板和3万片镀铝面板。建筑的多面体表皮需要额外的三维工程设计来解决外立面的一系列问题，诸如铝合金型材、硅胶垫片、三重玻璃面板、压力板、排水渠以及在特殊节点处连接五个不同角度的闭合面板。一个全立面的复合数字化三维实体模型提供所有预制组件的生产数据，以及对应的组装信息和运输计划。

数字模型还有助于调整立面系统在生产和安装过程中出现的误差，使得主体钢结构在实际建成后的误差不大于2.5cm（1英寸）。为了完成这些调整，用一个数字扫描程序根据固定的坐标为所有已建成主要结构标记测量点群。由此产生的三维点云可以将已建成的主要建筑系统与立面的设计数字模型进行交叠。交叠后所发现的误差继而就可以在覆层构件制造和现场安装过程中得到校正。

四、“Finnforest Merk”：机器人木材制造

以上描述的大多数CAM工艺都需要专门的机器来执行特定的生产任务，如铣削、切割、焊接等。然而，在少数情况下，诸如汽车制造业使用的更灵活的机器人也开始被引入建筑行业。这方面一个有趣的例子便是德国的木材制造公司“Finnforest Merk”（以下简称“Merk”）对机器人制造单元的使用。当不同的工具终端和相应的软件驱动配备后，这样一个基本的生产型机器人可以执行多样化的制造工艺，从薄板的焊接到复合加固材料的切割和缝合。此外，这种机器人还可以自动识别被加工构件的位置和类型，通过自动更换工具终端来完成整个制造过程，并在完成后检查结果的精度和误差。

装备有这样一个基本的木材制造机器人单元，Merk就可以生产复杂的单体建筑构件和由大量不同构件组成的复杂几何形体。制造复杂建筑构件的一个典

Finnforest Merk 的三维弯曲的木材轨道

34. 基本胶合拱券
35. 为随后的机器人铣削做准备
36. 完成的三维弯曲的木材轨道被安装在一个木制过山车上，索尔陶，德国

Finnforest Merk 蛇形画廊，木结构

37. 机器人制造的木制构件
38. 榫眼固定的格子构件的实物模型
39. 位于伦敦的木制结构组装现场
40. 由阿尔瓦罗·西扎、爱德华·索托·德谟拉以及塞西尔·贝尔蒙德合作设计的蛇形画廊的内景，伦敦，2005

Finnforest Merk 3-D curved timber tracks

34. Basic gluelam arches
35. Prepared for subsequent robotic milling
36. Finished 3-D curved timber tracks installed on a wooden rollercoaster in Soltau, Germany

Finnforest Merk Serpentine Pavilion timber structure

37. Robotic manufacturing of timber elements
38. Mock-up of lattice elements joined by mortice-andtenon connections
39. Installation of timber structure on site in London
40. Interior view of the Serpentine Pavilion designed by Alvaro Siza and Eduardo Souto de Moura together with Cecil Balmond of Arup and Partners, London, 2005

型案例是 Merk 为坐落在德国索尔铎的木制过山车生产的三维弯曲的木质轨道。为了完成这个项目，Merk 结合了多年积累的胶合拱券的专业经验以及配备有铣刀的五轴机器人的机械潜力，CAD - CAM 工程师将相关的数据翻译成机器能够处理的制造协议数据的技能。轨道的高强度需要承受时速 120km（75 英里）的过山车及其施加的高达 4g 的力，除此之外轨道还拥有复杂的曲率，这一切最终都倚赖于机器人将平面弯曲的胶合拱券机械弯曲成为三维曲梁的工艺。

在另一个项目中，由阿尔瓦罗·西扎（Alvaro Siza）和爱德华·索托·德谟拉（Eduardo Souto de Moura）以及奥雅纳公司的塞西尔·巴尔蒙德（Cecil Balmond）合作完成了蛇形画廊，项目主要的挑战是将大量独特的构件组装成为一个复杂的结构构造。画廊中长达 17m（56 英尺）明确跨度的弧形屋顶和墙壁，是通过将一个层叠的木制网格进行波状的位置偏移来完成的。网格构件被安置在相互支撑的图案上，使用榫眼进行连接。每个构件的独特几何形状都由奥雅纳公司的高级几何组标记为特定的格式，从而可以和 Merk 的 CAD—CAM 工程师们进行直接沟通。通过使用机器人技术，所有 427 个独特的木质曲梁都在两个星期内制造完成。装配工作从一个角开始向对面的两条侧边辐射开来，整个网格装配过程也需要一个特定的协议数据来计算独特的环扣曲梁结构的唯一可能的装配序列。

今天，数字化生产和完善的数据集使得建造复杂几何形体的建筑物和由不同组件组成的建筑系统成为切实可行的想法，而不只是一个理想化的目标。目前，最需考虑现有的技能、工艺与新兴技术之间如何衔接。前沿的制造公司既需要发展新的制造技术，也需要了解传统的方法和工艺。事实上，CAD—CAM 技术已经成为一种独立的技术，在现有专业实践中，它的潜力得以充分展现。上述项目和进展表明，当下是整合现有的和新兴的制造工艺的关键时刻，引发数字生产的新意义及其巨大潜力的探索思考。它们互相合成和协同的时刻，也必将使我们重新思考建造过程所具有的重要性和可能的全新定义的有利手段。

本文是基于对全面集成的计算机辅助设计和制造在目前的可能性以及对未来的启迪的深入研究下完成的。其中部分的探索，是由阿希姆·门格斯和迈克尔·亨塞尔（Michael Hensel）参观在德国的专业制造公司和他们的设备后对最新的电脑控制的制造工艺进行的调查和讨论。在这一次旅行后，涌现和设计组于 2005 年在英国建筑联盟学院组织了名为“制造业的多样性”的研讨会，并邀请了重要公司的代表出席，本文集中报导了以下人员当时演讲的作品以及项目：迪尔克·埃默（Dirk Emmer，Skyspan，德国），贝诺伊特·福雄（Benoit Fauchon，Covertex，德国），米夏埃尔·凯勒（Michael Keller，Finnforest Merk，德国，托马斯·施皮策（Thomas Spitzer，SEELE，德国）以及米克·埃克豪特（Mick Eekhout）教授的代表卡雷尔·福勒斯（Karel Vollers）博士（Octatube，荷兰）。

本文译自 *AD* 杂志“*Techniques and Technologies in Morphogenetic Design*”专辑（Vol.76, No.2，编辑 Michael Hensel，由 Johno Wiley&Sons, Ltd 出版）John Wiley& Sons, Ltd. 2006. ISBN9780470015292。由 John Wiley&Sons, Ltd 授权翻译出版。感谢张朔炯为本文的翻译提出的宝贵意见，感谢彭怒老师、Martha Tsigkari、汪弢、*AD* 杂志编辑 Helen Castle 及版权部门的 Julie Attrill 为版权事宜给予的大力帮助。感谢阿希姆·门格斯教授对版权和翻译事宜的积极关心。

作者简介

阿希姆·门格斯，男，斯图加特大学计算机设计学院 教授，英国建筑联盟学院涌现技术与设计组 客座教授，哈佛大学设计学院 客座教授，AKH 建筑事务所 主建筑师

译者简介

封帅，男，福斯特建筑设计事务所应用研究与发展组（ARD）设计系统分析师

校者简介

张朔炯，伦敦建筑联盟建筑学院（AA School of Architecture）建筑学硕士，UNStudio 建筑师

聚合形态

Polymorphism[①]

[德]阿希姆·门格斯 著　张朔炯 译　封帅 校

Achim MENGES, Translated by ZHANG Shuojiong, Proofread by FENG Shuai

导读

阿希姆·门格斯毕业于伦敦建筑联盟学院（以下简称“AA”），后来与他的导师迈克尔·亨塞尔、迈克尔·维斯托克一起，建立了AA的“Emtech”专业，也就是后来为人们所知的涌现技术与设计（Emergent Technologies and Design）专业。

阿希姆·门格斯的理论成型阶段，也正是AA转向技术与实践化教学探索的时期。在AA的建筑执业文凭学院[②]，TS（Technical Studies，即“技术学习”）作为一门必修课程的创立，使得学生在进行软件与计算机学习的同时必须及时与结构工程师以及环境工程师沟通，在设计初期完成方案的结构和环境优化，甚至以此作为设计依据进行下一轮的设计，也就是通常所说的整合化设计（integral design）。

而阿希姆·门格斯以及他倡导的理论与实践，正是这一倾向的集中化反映。“*Mopho-ecologies: Approaching Complex Environment*”[③]一文作为他早年在国际知名建筑杂志*AD*（*Architectural Design*）上发表的宣言式论文，集中而详尽地阐述了一套整合了

① “polymorphism”是一个跨学科词语，阿希姆·门格斯在此引入与其生物学本义有较多相似之处，它在生物学领域被翻译成“多形态现象”。考虑到本文实际内容，为便于读者理解，翻译成“聚合形态”。——导者注

② 伦敦建筑联盟学院（AA）的建筑执业文凭学院（Diploma School）为建筑学生提供毕业后更适合向职业建筑师发展的专业教育，并在学制中加建筑师职业资格的考核。——导者注

③ Achim Menges. Mopho-ecologies: Approaching Complex Environment[J]. Emergence: Morphogenetic Design Strategy, AD,2004,74.——导者注

进化式算法、参数化设计、仿生学工程和数控制造的自我反馈的设计手法和系统。与传统意义上的建筑教育与设计以及新近涌现的各种使用参数化作为设计手段的设计不同的是，阿希姆·门格斯的工作进一步加强了设计系统的实践意义，并且跨学科地与结构工程师、仿生学工程师、计算机科学家、材料科学家以及生物学家进行广泛而深刻的合作与联系，使用自我反馈的计算机系统将建筑的几何形态经过多重工程材料评估，为未来高级整合的设计工程材料施工系统在理论上建立起坚实的基础。

阿希姆·门格斯的德国教育背景使他在搭建理论框架时深受德国建筑师弗雷·奥托（Frei Otto）的影响，而框架中使用的名词也继承自弗雷·奥托以向其致敬。例如，文中经常出现“form-finding”即是一个例证。不同于通常翻译的“找形”，在本文中，它更适合被翻译为“形式生成”，这里的形式是被动屈服于材料属性的，正是不同材料系统本身的性质直接造就了它们更适合的形态，颇有几分路易·康关于砖的论述中具有的诗意。

阿希姆·门格斯在本文中展现的框架内的几大材料系统，也毫不避讳地对弗雷·奥托经典的“形式生成”材料系统进行了致敬式的演绎，不同的是，经过与计算机技术的联姻，古老的材料试验经过精确的控制最大限度地展现了材料的魅力。例如，对于包括膜结构在内的“自我松弛”（self-relaxation）系统等，通过数控系统的控制与矫正，不但可以在几何形态上进行精确控制，从而衍生出极为复杂的变体形态，还在材料性能与施工装配技术上成功地解决了复杂几何形态产生的难题；更难能可贵的是，基于材料的延展性、多孔性、纤维排布方向等性质，设计系统可以针对日照、风场进行环境工程的优化设计，为可持续设计开启了一扇大门。而建筑历史上，弗雷·奥托过去未能实现的各项试验，也在新的时代里得到继承与改进，弥补了多年来使用计算机以及参数化进行的设计中针对工程、材料与施工的思考的缺失，为解决建筑设计长久以来在形态、材料以及环境问题上面临的困扰提出了一套具有深远意义的提案。

——封帅

自然界的形态生成——进化和成长的过程形成了“聚合形态”（polymorphic）系统。该系统通过系统内在的材料性和外在的环境影响的交互作用获得复杂的组织性和形态。由此产生的持续变化的复杂结构，其实是相对简单的材料单元经过一系列连续差异化、等级化的组织形成的，也是系统的性能表现力的根源。

自然形态生成的一个显著特点是形态与材料特性天然不可分割，是一个材料与形态整体性发展的过程。与之形成鲜明对比的是，建筑学的材料实践大多基于分层次的设计手段，即形式生成往往优先于材料特性。建筑师的表现工具通常是为了描述清晰的、有尺度的几何体，他们通常的设计创作并未考虑材料系统本身蕴涵的内在形态和表现性能。实现材料化、生产和建造的方式是由上而下的工程决策，材料方案仅在完成建筑外形和建构设计后才加以考虑。

然而建筑设计中还有另一种形态生成方法，它不分离形式和材料两者的设计过程，从材料要素中展开形态的复杂性和表现性能。在过去五年中，我一直在实践和教学中探索相关的设计研究，包括与不同的同事在伦敦建筑联盟学院（以下简称“AA”）及其他一些学校进行教学合作。这些形态生成方法基于生物学和仿生工程的概念，其核心是需要理解材料系统本身并非是标准化建筑系统和建造的衍生物，而是设计中生成过程的驱动力。

当材料系统的材料特性、几何表现、加工限制和装配逻辑被整合在一起时，材料系统的概念将得到延伸，设计得以由系统内在表现性能出发。这促进了对形式、材料和结构的理解——它们并非互相割裂的元素，而是共同构成一个复杂而相互关联的聚合形态系统，这个系统回应了不同的输入因素和环境影响，且源于先进制造过程的逻辑。由此提出一种新的设计模式，这种模式整合了设计技术、生产技术和系统表现性能。本文将通过五个形态生成设计的实验讨论这种新模式，实验范围由同质系统[1]到多型种[2]。这五个实验分别通过参数化关联、差异化驱动、动态松弛、算法定义以及数字化生长检验一体化的形态生成过程属性。这种设计方法带来的组织潜力和空间的新机遇则超出了本文探讨的范畴[3]。文章的重点在于阐述实现此类一体化设计的相关工具和方法。

一、“形式生成”和动态松弛：膜形态

形式产生与随后的材质化过程的割裂关系表明眼下的设计方法是一种“硬性控制”，建筑师需要竭力实现其设计的建造。在任何材质实现前，设计者必须决定所有元素的精确形状和位置，从几何上设置尽可能多的控制点以描述系统使它能够被建造出来。然而，这样的设计方法没有注意到材料系统内在的自我组织能力的潜力。这就提出了一个基于最小化定义的“软性控制”的设计过程，在形态过程中“谱写”（instrumentalize）材料系统的表现性能。这里，迈克尔·亨塞尔和我在一系列作为展览装置的膜结构[4]发展中探索对形式、材料和结构的整合。膜结构对此类探索而言是一种非常特殊而有趣的材料，它的相关形态与其材料特性以及预应张力过程息息相关。因此，对它的设计方法不能基于几何形体大量控制点的硬性控制，而是要基于某些关键点的局部施力。

“形式生成”（form-finding）这一设计技术由弗雷·奥托（Frei Otto）[5]率先探索，利用了外力影响下的材料系统的自我组织性。在膜结构系统中，特定的边界点和随后的张拉力与材料和形式相互关联，结构形式表现为内、外力的平衡状态。膜结构的形式生成过程可以由实体模型和数字化的动态松弛模拟。后者包含一个数码曲面（mesh），通过基于具体弹性和材料的膜反复迭代计算达到

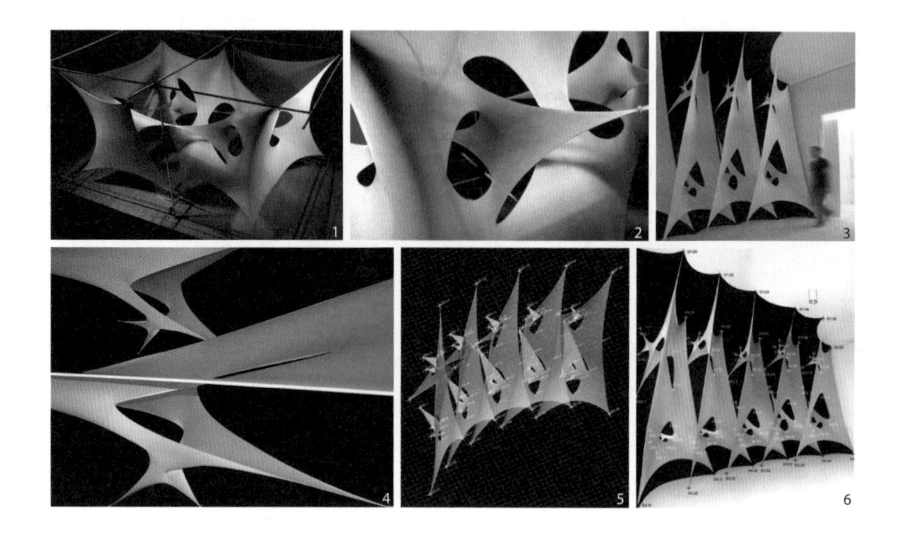

找形和动态松弛
1. 最开始的找形实验
2. 最小曲面孔洞的近景
3. “膜形态 02” 在伦敦建筑联盟的装置
4. 膜结构装置近景，来源于数字化定义的曲面规定、切洞位置及预拉伸行为
5.6. 借由动态松弛过程找到的数字化形态和相应的“膜形态 02” 装置的参数规定

Form-finding and dynamic relaxation
1. Initial form-finding experiment
2. Close-up view of "minimal hole" configuration
3. "Membrane Morphologies 02" installed at the Architectural Association, London
4. Close-up view of membrane installation resulting from parametrically defined patch specification, cut location and pretensioning action
5.6. Digital model form found through dynamic relaxation processes and related specification and installation of "Membrane Morphologies 02"

平衡状态——如果是箔片则各向同性，如果是织物则各向异性——并与指定的边界点和相关受力结合。如果膜本身采用相对非弹性的材料，那么该软件也可以被用来生成关联的切割图案。

文中展示的这个方案的材料是在经纬方向上有不同弹性的尼龙。一个附加的设计元素是在膜上引入开口，在相当程度上改变了膜的表现性能。这些开口很关键，因为它们扩展了系统的表现性能范畴。传统的形式生成方式重点关注材料形式的结构性能，常导致单一参数化评估标准，而这个项目的目的则在于探索多重参数化手段。于是，穿孔膜系统的附加性能——调整不同展示屏的视觉可渗透性与结构形式本身紧密联系在一起。为了谱写这种联系，有两个操作对此设计过程非常关键：其一，每块膜的参数化规格由其自属坐标空间描述的边界点和切割线定义；其二，预张力动作由将这些物体边界点向展览空间所属坐标空间描述的锚点移动获得。这两种操作——局部变量的修改和锚点位置的移动获得的信息反馈创造了多重膜形态，并且这些多重膜结构都保留了系统内在的建造逻辑。不同的表现特性和需求可以产生特有的外形。最终作为结果的膜结构形态其实是形式与受力的稳定平衡状态。在另一方面，膜相互关联的复杂曲面和开口也创造了不一样的视觉渗透度，展示出不同的陈列面。

二、差异化曲面驱动：超级面片（metapatch）

大多数形式生成操作都集中在对系统策略性点的施力上，通常都是对整个系统的“全局”（global）操作。在这里，“全局”指的是整体的系统，“局部”（local）则指次一级位置。值得指出的是，材料系统的自我组织能力并非仅局限于上述案例提到的“全局”性的形式生成上，它同样可以在“局部”行为下施展。后者相关的一个探索案例是约瑟夫·凯尔纳（Joseph Kellner）和大卫·牛顿（David Newton）[6] 在莱斯大学（Rice University）完成的、由迈克尔·亨塞尔和我指导的生成性原型建筑课程设计。这项实验基于以下假定：系统的材料性能由一致的元素组成，且这些元素可以通过一定的“局部”激发以达到可变和稳定的复杂曲线外观。

最初的测试证实，一系列简单的长方形木片紧固在大片木板上可以成为“局部”驱动器。每一片长方形木片通过四个角点螺栓与大片木板连接。其中两个对角点的螺栓与木板的连接是锁紧的，决定着对角线长度，另两个对角点的螺栓则保留灵活可变。拧紧这两个螺栓就会增加单元木片对角间的距离，同时木板开始弯曲。由于每一个大片木板都由这些长方形木片在横纵两个方向覆盖，些微的曲率的增量就会导致“全局”的变形（（de）formation）。更进一步的研究关注了单元木片和木板的变量间的关系，诸如尺寸、厚度和肌理方向、驱动器位置以及扭矩导致的不同几何图案和生成的系统表现。这些数据用以对参数定义、组装顺序和驱动规则进行编程，以进行一个大尺度原型的建造。

大尺度原型的测试装置包含了一些与初始实验所用规格相同的平木板，每一块相同的单元长方形木片和螺栓促进器都缚在它的一面。根据促进器的位置的特定分布，这些单元木片被连接到木板上的正反两个方向，而木板则组装成更大的装置。最终的成果包含 48 块相同的木板、1 920 块相同的单元木片以及

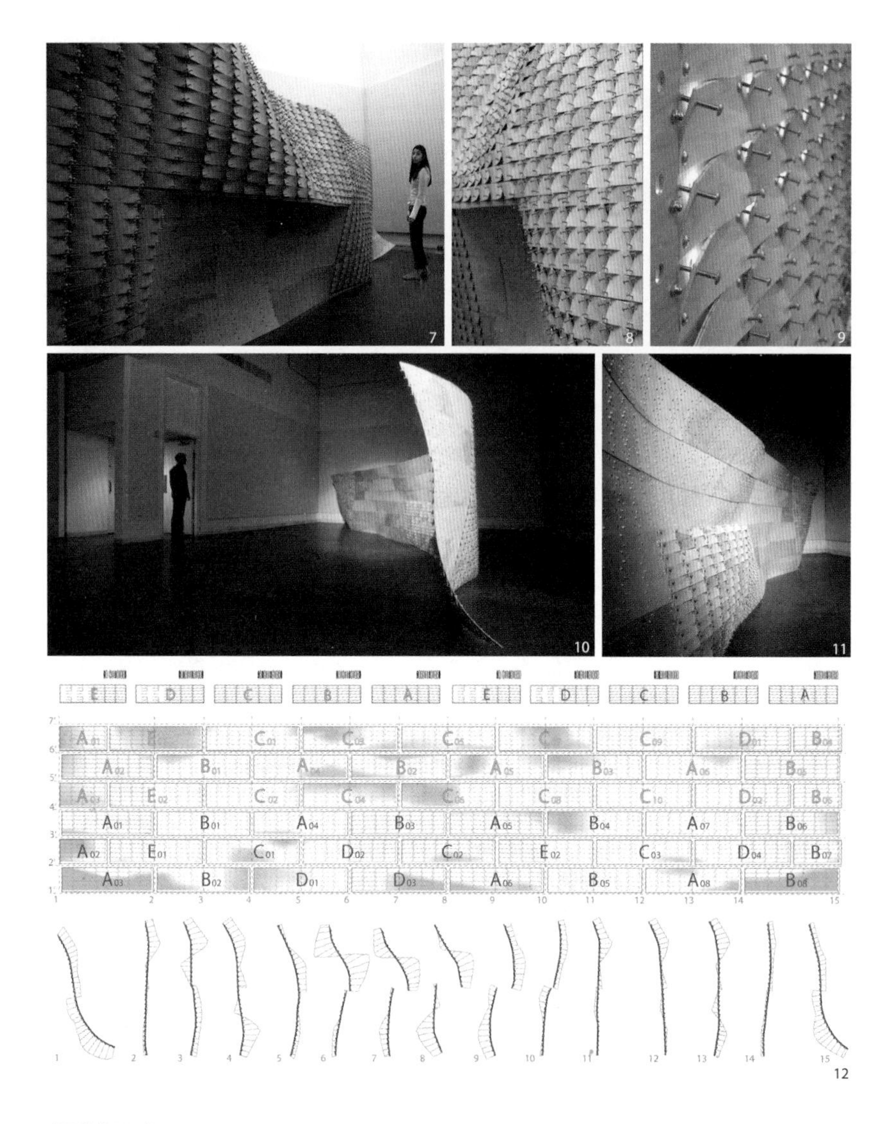

差异化曲面驱动

7. 模型原型展示的曲率来自7680个驱动螺栓的差异化的禁锢程度

8.9. 驱动元素近景和导致的轻微传递图案

10.11. “Modulations” 展览中展示的超级面片原型模型，美国休斯敦莱斯大学，2004

12. 全尺度原型的参数化定义和驱动规定

Differential surface actuation

7. Material prototype displaying curvature resulting from the differential fastening of 7680 actuator bolts

8.9. Close-up view of actuation elements and patches and resulting light transmission patterns

10.11. Metapatch prototype at the "Modulations" exhibition, Rice School of Architecture, Houston, US, November 2004

12. Parametric definition and actuation protocol for full-scale prototype

7 680 个螺栓。组装后，结构一开始是平坦的，随后通过螺栓驱动器的调节使它成长为稳定、可以自支撑的凸—凹曲面。改变这些驱动器的变量则可以厘清多重涌现的状态以及它们固有的表现能力。由于木板经过打孔，曲率改变其渗透多孔性，结构性能也随之调整，并且与系统材料、几何表现的操作从本质上相关联。通过发展一个形式生成的整合技术，建立材料性能和局部促进的基础，从而获得变化的、复杂的形态。这个形态来自材料、几何体以及极为简单的材料单元之间的相互作用。

三、单元体的差异化和增生：纸条实验

第三个通往聚合形态材料系统的方法是单元体的差异化和增生。上述实验依赖于相同单元体的不同促进，而接下来的形态生成技术则基于由几何关系定义的参数化单元体。这些参数化单元体的差异化繁殖增生产生一个次级位置的差异化的材料系统。基于非常简单的单元体——扭转和弯曲的纸条，开展了以下这个设计实验[7]。

在这个项目中，数字化单元体被设定成开放的和可拓展的几何框架，它基于材料系统的逻辑，可以整合制作的可能性、自我成型以及材料的约束条件。通过精巧的实体模型对纸条的扭转和弯曲性能的研究，在数字模型中将基本几何参数定义出来：比如曲率控制点、曲面的可发展性、相切对齐等等。这个单元描述的是单张纸条的非度量（non-metric）的几何关系，这些单元积聚起来，整合为一个大的系统。换句话说，通过参数化几何关系控制的数字化单元体，任意形态都可以由平面的条片（从平板材料切割而得）生成。

大系统则通过单元体繁殖增生为聚合曲面组群的过程得到建立。对此，需要设定一个变化的“增生环境”来控制单元体的增量以及单元形体的催化剂—输入变量。单元体扩散的驱动算法（algorithm）有三个增生原则：(1) 向外的繁殖增加单元体数量直到达到环境边界；(2) 向内的繁殖限定在系统初始设定内；(3) 基于环境—输入的等级化的繁殖作为第二级、第三级……的系统。这三种扩散方式可以组合在一起，形成嵌套的单元系统。

由此产生的系统对“局部”单元体操作、“区域”单元体组团的操作以及“全局”系统、增生环境和扩算算法的操作都保持有开放性。单元体、组团及全局系统间的参数化关联使得这些操作得以快速执行，是一个大批量的自我更新系统。在一个外部受力的模拟环境中，系统的行为倾向即显露其表现性能。举

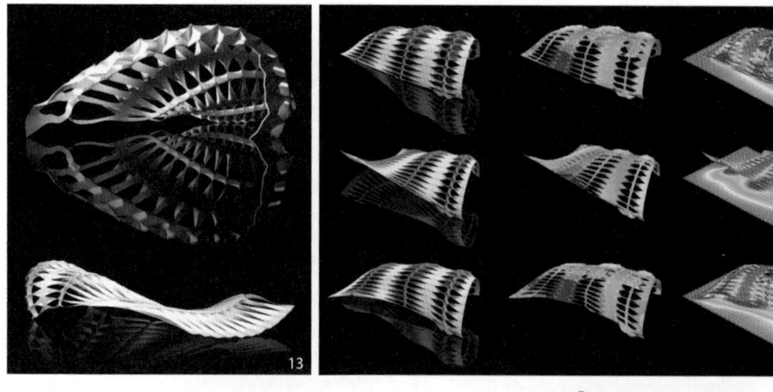

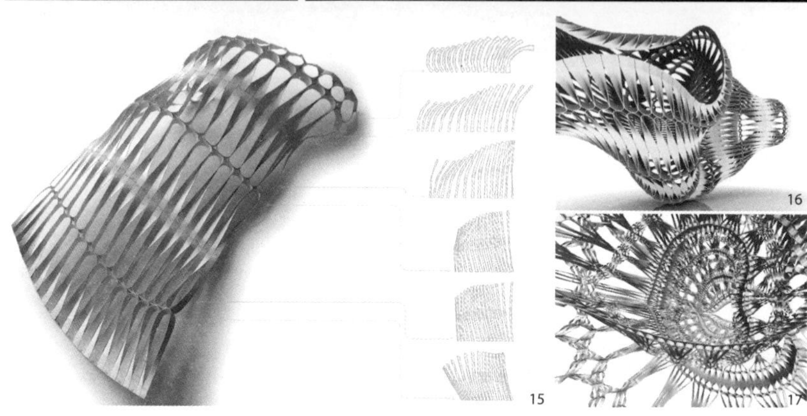

单元体的差异化和增生

13. 纸条系统的实体测试模型，用来观察基于包含材料特性、制造限制和组装逻辑的参数化过程

14. 参数化系统的几何操作（左），其相应结果的结构性能（中：颜色分布表示有限单元体在重力作用下的结构性能分析），及其相应结果的光环境（右：对系统的特定地理光环境分析，基于阴天天空）

15. 实体测试模型，90 根纸条的繁殖增生形成的图案

16. 参数化向外增生

17. 向内系统增生

Component differentiation and proliferation

13. Physical test models of paper-strip system derived through a parametric process embedding the material characteristics, manufacturing constraints and assembly logics observed in physical tests

14. Geometric manipulations of the parametric system (left) and related patterns of structural behaviour (centre: contour plots of finite element analysis under gravity load) and modulation of light conditions (right: geographically specific illuminance analysis on the system and a register surface for an overcast sky).

15. Physical test model of a population of 90 paper-strip components and related strip-cut patterns

16. Parametric outward proliferation

17. Inward proliferation of the system

例来说，将多元系统置于数字模拟的光环境中，就能使参数化操作和光线等级调节之间建立起系统之上的相互关系。

此外，同一模块的结构分析也显示了系统相关的承载性能。这些与外部作用力相互作用的行为倾向可以从不同参数定义的单体形态中追溯。最后形成的力学和光线强度的分布图案促使了局部、区域和全局间更进一步的参数化操作。持续对开放的参数化构架中的单元体定义及增生的输入增加了差异化，使得单一系统内具有了维持多重表现性能标准的能力。这里的重点是参数化设计技术使得几何属性和相关的表现性能在聚合形态的单元族群中被重新认知。在外部环境对系统持续反馈的情况下，这些行为能力使得特定系统都得到个性化发展，在其子位置产生参数化差异，且这些差异化的过程仍然与纸条的材质、制造和装配约束保持一致。

四、生成算法定义：蜂巢形态

另一个发展聚合形态单元结构的技术是生成算法的定义，安德鲁·库德莱斯（Andrew Kudless）在其硕士论文中进行了对比研究，这也是 AA 的“涌现技术与设计计划”的部分成果，该计划由迈克尔·维斯托克、迈克尔·亨塞尔与我创建带领[8]。第三个案例中的纸条实验将材料、加工和装配间的逻辑结合进数字化单元体，与实体模型研究相呼应，并繁殖增生出一个更大的族群。而下面这个案例则集中关注利用算法生成一个连贯的蜂巢系统，这一系统能够在有限的制造技术中开拓不同的几何表皮。

由于大规模生产的条件限制，标准蜂巢系统受限于它们的均质单元尺寸，只能成为平面或者规则曲率的几何体。然而，电脑辅助制造系统（CAM）使得几何体的范围大大扩容，且使生产过程和形态生成过程融为一体。在这个案例中，制造的限制条件被结合在系统获取规则中，对大尺度的原型建造有三方面的要求：首先，为了保证拓扑连续性，所有生成单元需要保持六角形且彼此相切；第二，组成系统的折叠条片状材料是从平面板材料上用激光切割下来的，因此生成的元素必须满足现有生产技术——一是有尺寸限制的二维切割，二是有特殊的材料属性，比如可折叠性；第三，由于每一单元都不同，这就需要相对应的装配逻辑——所有元素必须编号，符合施工顺序。

基于这些方面，数字化生成过程按以下程序进行。为定义最终的蜂巢条片的顶点，点被映射到由设计者决定的平面上，保持其几何可操作性。点的分布

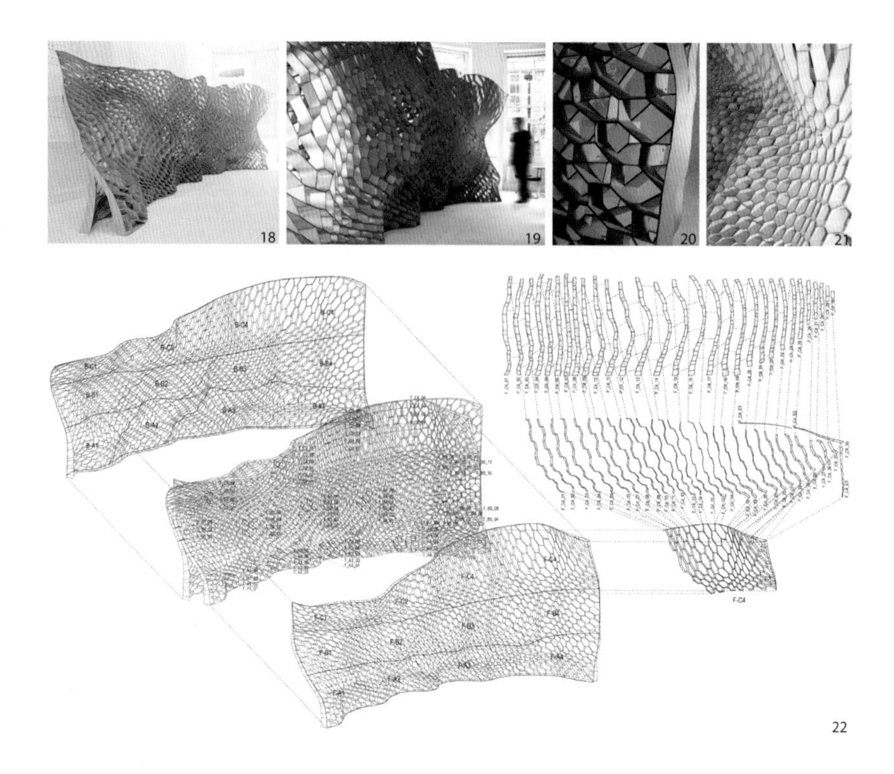

生成算法定义

18. 差异化的蜂巢形态原型模型，在建筑联盟建筑学院设计回顾展中展出，2004

19. 算法驱动的蜂巢形态原型模型，每一个单元细胞就其形状、尺寸和深度都是独特的，这使得单元细胞的密度变化及整体的双曲面几何成为可能

20.21. 近景展示了单元体间平面的交接方式（图 20）和总体的双曲面（图 21）

22. 蜂巢形态原型的数字化模型（左下）以及提取出来的加工数据（右下）

Generative algorithmic definition

18. Differentiated honeycomb morphology prototype exhibited at the AA Projects Review, July 2004

19. Algorithmically derived honeycomb prototype in which each cell is unique in shape, size and depth, allowing for changing cell densities and double-curved global geometry (top)

20.21. Close-up views showing planar connection tabs between honeycomb layers (Figure20) and double-curved global surface articulation (Figure21)

22. Digital model of differentiated honeycomb morphology (bottom left) from which the manufacturing data is extracted (bottom right)

和几何曲面特性之间的相互关系得到参数化定义，同样可以被修改。一个算法程序通过扩散分布的点计算出需要折叠条片的线。此算法循环操作覆盖蜂巢的所有点，并对点进行一次整合偏移（offset），生成一个系统线框模型。在接下来的步骤中，被定义的单元蜂巢被展开、编号，等待接下来的操作。

这个整合了形态生成和建造过程而创造出来的蜂巢系统，每个单元蜂窝都具有独特的尺寸、形状和深度，其蜂窝密度和不规则的形状可以自由改变。蜂巢形成的差异性有很大的性能分别，因为系统现在具有适应结构、环境和其他作用力的能力，不仅仅是针对全局系统，同时也针对局部子位置的单元蜂窝的尺寸、深度和方向。随着材料和生产技术的可能性和限制性紧密地结合在一起，形态生成技术及其参数化定义已成为衡量多元表现性能标准的重要界面。

五、数字化生长和个体漂移：纤维曲面

最后这一个案例综合了介绍过的差异化单元体和映射增生方法，同时伴以数字化模拟增长。[9] 这一合作项目[10]，由希尔维亚·费利佩（Sylvia Felipe）、若尔迪·特鲁科（Jordi Truco）和我，以及伊曼纽尔·鲁福（Emmanuel Rufo）和乌多·赛奥尼森（Udo Theonnissen）共同进行。我们的目标是发展一个由一系列简单、直线元素密集相互交错网络组成的差异化曲面。为了实现相应材料系统的复杂性，这一实验主要探索先进数字生成技术，与计算机数字化控制（CNC）生产过程相呼应。

系统的基本元素是平面的但不整齐的带子，用平板材料从三轴 CNC 机器上刻出来。在一个参数化软件里，一个普通的数字化单元体是通过一定的几何关系设定的，这种几何关系维持了材料元素以及生产技术和过程的限制的不变性。为了使对参数化单元体在系统内的每一次操作都数字化，通常基于三个相互联系的输入因素。基本输入影响了系统类型的特定几何性，由描述系统整体区域和形状的格式塔外皮决定。这个外皮由在环境力学的数字化模拟中生长的几何曲面定义。而这曲面的数字化生长过程又基于扩展的林登麦伊尔系统（简称“L系统”，即“L-systems”）——这一系统通常通过两个因素的交互作用生成形态：其一是几何初始粒子，并结合改变形状元素规则的重写；其二是对现有形状重复诠释该规则的过程。

在这个特定案例中，曲面是由一系列边、点和区域组成的图形数据结构表现。由于所有边线都在数字化生长过程中被重写，曲面的所有部分都在连续地

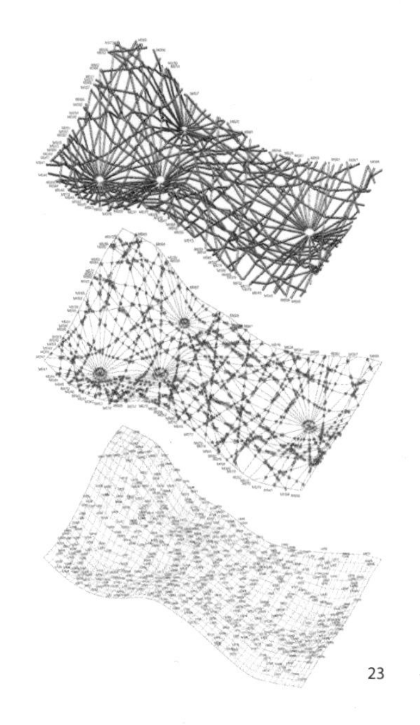

23

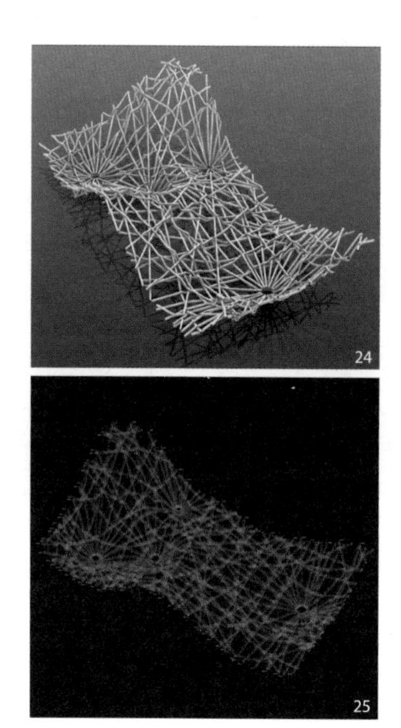

24

25

数字化生长和个体漂移

23. 图解：几何曲面由基于扩展 L 系统的数字化生长过程生成（下），这个几何曲面提供参数化单元体算法分配的几何基础数据（中），其结果生成一个复杂的相互交错的直线网络（上）可以立即进行生产。

24. 纤维自我交错曲面结构

25. 直线网络的数字化定义来源于单元体差异化、映射增生和数字化模拟成长的综合过程

Digital growth and ontogenetic drifts

23. Diagram: The surface geometry generated through a digital growth process based on extended Lindenmayer systems (bottom) provides the geometric data for an algorithmic distribution of parametric components (centre), which results in a complex network of self-interlocking straight members (top) that are immediately ready for production.

24. View of fibrous self-interlocking surface structure

25.Digital definition of a straight member network derived through synthesised digital processes of component differentiation, mapped propagation and digitally simulated growth

变化直到个体漂移[11]达到稳定形态。以这一生长的曲面为基础，还产生了另一个针对材料元素执行的输入信息。与几何曲面特征如总体起伏和局部曲率相呼应，一个变量分布算法建立了一个在曲面上的直线的网络，这个网络表示着每个单元的位置和相应节点类型。数字化单元体接着在系统中相应地繁殖填充，建立起虚拟模型。在随之而来的组织结构中，交错的单元基于制造安装的限制条件仅在它们互相垂直时相交。如果不垂直，它们互相在上方或者下方交错，如同一个鸟巢，最终形成一个具有几何定义的、自我联结的稳定结构。

这些复杂的几何定义、结构性能和产品逻辑间的相互关系不仅能在一个单一系统中保持一致（例如测试原型的近 90 个单元及 1 000 个节点），而且能和生成过程本身融为一体。当考虑到定义曲面的关键性形态生成输入参数是一个自下而上的过程时，这成为非常重要的一点。在这个自上而下的过程中，所有参与方都回应局部的互动以及总体的环境。鉴于这些内部和外部的互动是复杂的，并且“L 系统”译码是非线性的，生成过程的输出是一个开放的结果。这个连续的改变和长链的生成方法结合在一起，使不同的单元体组织类型和表现性能的系统类型的生长成为可能。这样一个整合的设计方法扩展了聚合形态系统向数字化类型学发展的观念。

截至本文完成时，五个实验项目仍然处于建筑原型阶段，有待于在特有环境中实现。但相关的形态生成的设计方法和技术使我们得以重新思考现有设计过程的本质。使用新的设计方法使建筑师能够通过形式和材质的组合逻辑定义特定的材料系统。通过展开材料组织和建造固有的表现性能，它试图推动全新的具有创造性的方式，以取代先有的特定形式，继而为了建造和功能的实现对其合理化的创作方式。更重要的是，它鼓励我们对现有的追求可持续性和相应功能高效性的机械化手段进行基础性的重新思考。

本文译自 *AD* 杂志“*Techniques and Technologies in Morphogenetic Design*”专辑（*AD* 杂志第 76 卷第 2 期，编辑 Michael Hensel，由 Johno Wiley&Sons, Ltd 出版）John Wiley& Sons, Ltd. 2006. ISBN9780470015292。由 John Wiley&Sons, Ltd 授权翻译出版。感谢封帅为本文的翻译提出的宝贵意见，感谢彭怒老师、Martha Tsigkari、汪弢、*AD* 杂志编辑 Helen Castle 以及版权部门的 Julie Attrill 为版权事宜给予的大力帮助。感谢阿希姆·门格斯教授对版权和翻译事宜的积极关心。

注释

1 同质系统的进化变形来源于同一个起始状态。

2 “多型种”包含多个子种或变种。

3 复杂建成系统的组织潜力在阿希姆·门格斯的另一篇文章中得到概括，见 Achim Menges.Morpho-ecologies: Approaching Complex Environments [T].AD Emergence:Morphogenetic Design Strategies,2004, 74(3):48-53.

4 “膜的形态生成”（Membrane Morphologies），形态生成实验 04（2004 年 4 月 . 2005 年 9 月）阶段 1，实体和数字化找形（迈克尔·亨塞尔、阿希姆·门格斯、乔格斯·凯利斯（Giorgos Kailis）、尼古劳斯·斯塔索普洛斯（Nikolaos Stathopoulos））；阶段 2，在 AA 的展览装置，2004（迈克尔·亨塞尔、阿希姆·门格斯、蒂法尼·贝里罗（Tiffany Beriro）、爱德华·卡贝（Edouard Cabay）和巴莱里·赛文维亚（Valeria Segovia））；阶段 3，在莱斯大学的展览装置，2004（迈克尔·亨塞尔和阿希姆·门格斯）。

5 参见 Frei Otto in Conversation with the Emergent and Design Group [J]. AD Emergence: Morphogenetic Design Strategies. AD, 2004, 74(3): 19-25.

6 见约瑟夫·凯尔纳和大卫·牛顿在莱斯大学生成原型建筑课程中关于“超级面片”的内容（2004 年 9 月—2004 年 2 月）。访问教授：迈克尔·亨塞尔和阿希姆·门格斯。访问学者：内里·奥克斯纳姆和安德鲁·库德莱斯。

7 “纸条形态” 形态生成实验 03（2004 年 4 月—2005 年 4 月）。阶段 1，实体和数字化形式生成（阿希姆·门格斯、安德鲁·库德莱斯、拉尼迪亚·莱曼（Ranidia Leeman）和徐米川（音，Michuan Xu））；阶段 2，参数化设定和再生（阿希姆·门格斯）；有限单元分析（尼古劳斯·斯塔索普洛斯）。

8 Andrew Kudless. Manifold – Honeycomb Morphologies [D]. AA School, Emergent Technologies and Design, 2004. 专业主管：迈克尔·亨塞尔和迈克尔·维斯托克。设计主管：阿希姆·门格斯。

9 参 见 Una-May O'Reilly, Martin Hemberg, Achim Menges. Evoloutionary Computation and Artificial Life in Architecture[J]. AD Emergence: Morphogenetic Design Strategies, AD2004,74(3):48-53.

10 “Fibrous Surfaces”，形态生成设计实验 05（2004 年 6 月—2005 年 10 月）。阶段 1，“整体曲面”工作室（希尔维亚·费利佩、阿希姆·门格斯、若尔迪·特鲁科、伊曼纽尔·鲁福和乌多·赛奥尼森），ESARO 西班牙加泰罗尼亚国际大学，位于巴塞罗那；阶段 2，算法分布和材料测试（伊曼纽尔·鲁福、希尔维亚·费利佩、阿希姆·门格斯、乌多·赛奥尼森和若尔迪·特鲁科）；阶段 3：材料原型（伊曼纽尔·鲁福，希尔维亚·费利佩、阿希姆·门格斯和若尔迪·特鲁科）。

11 个体漂移是形式和功能中的发展式变化，与生长不可分。

作者简介

阿希姆·门格斯，男，斯图加特大学计算机设计学院 教授，AA 建筑联盟涌现技术与设计组 客座教授，哈佛大学设计学院 客座教授，AKH 建筑事务所 主建筑师

译者简介

张朔炯，男，伦敦建筑联盟建筑学院（AA School of Architecture）建筑学硕士，UNStudio 建筑师

校者简介

封帅，男，福斯特建筑设计事务所应用研究与发展组（ARD）设计系统分析师

建构理论的当代拓展

粗野建构

当代建筑中的悖论

Brute Tectonics

A Paradox in Contemporary Architecture

[澳] 戈沃克·哈图尼安 著　周渐佳 译
Gevork HARTOONIAN, Translated by ZHOU Jianjia

一、开篇

为什么需要在今天讨论建构的主题？为什么在当今的数字复制时代，戈特弗里德·森佩尔 (Gottfried Semper) 的建筑理论对我们仍然有吸引力？言下之意，是否有关“技艺”(technique) 的讨论使森佩尔在过去 20 年中炙手可热？还是因为我们从他的杰作中领悟到了某种划时代的维度？寻找这些问题答案的过程指向将森佩尔的思想定位在两个虚拟三角形交汇的顶点——建筑师本人之外的另外四个顶点分别对应着卡尔·马克思（Karl Marx）、查尔斯·达尔文（Charles Darwin）、理查德·瓦格纳（Richard Wagner）和弗里德里希·尼采（Friedrich Nietzsche）[1]。

尽管标题听起来雄心勃勃，这篇文章却有着朴素的初衷。为了对之前提出的这些问题给出合理的回答，文章给出了当代建筑中存在的三种建构的可能性。前两种建构类型与屋顶、墙体两个元素之间关系的不同表达有关。一方面，我们有形同伦佐·皮亚诺的大部分近作那样的建筑形式，其中对屋顶的表现占据了主导地位（图 1)。另一方面，也有掩饰了屋顶元素的形式，把我们的视线引向对建筑表皮围合的关注（图 2)。诚然，墙体与屋顶之间建构关系的模糊表

1. 伦佐·皮亚诺建筑工作室 + 巴塞尔 Burckhardt + Partnar AG：贝耶勒基金美术馆，巴塞尔，瑞士，1991—2000（摄影 Michel Denance © 意大利伦佐·皮亚诺建筑工作室）
2. 弗兰克·盖里：纽约古根海姆博物馆，1998，模型（摄影 Wit Preston，© 盖里合伙人建筑事务所）
3. OMA：西雅图公共图书馆，西雅图，华盛顿州，美国，2004. 建筑外观（作者拍摄）

1. Renzo Piano Building Workshop Architects in association with Burckhardt+Partner AG, Basel: Beyeler Foundation Museum-Riehen, Basel, Switzerland, 1991—2000 (Photograph by Michel Denance, image courtesy of Renzo Piano Workshop Architects,Italy)
2. Frank Gehry: Guggenheim Museum New York,1998 (Photograph by Wit Preston, courtesy of Gehry's Partners, LLP)
3. OMA: The Seattle Public Library, Seattle, Washington, 2004, exterior view (Photograph by author)

达具有把建筑推向景观的潜力——地形学建构，表皮构造形成的效果同样值得关注，编织元素创造出一种突破垂直面（墙体）和水平面（屋顶）的效果。在OMA的西雅图公共图书馆（Seattle Public Library）（图 3）项目中，表皮的肌理被加强到足以塑造各种形状，这种做法的后果就是把围合构件的形象转化成一种包裹（envelope）的形象。这篇文章的重点，也是第三种建构形象，正是关于被称为“雕塑式建构”（sculpted- tectonics）的类型。下文中将简要展开的对粗野主义建筑 (Brutalist architecture) 的论述与第三种建构类型密切相关。前者表现出的对物质性和重量感的兴趣使粗野主义建筑的建构形象不至于被简化——既不像现代主义的拥趸那样在外皮与结构之间做出的截然分离，又不像人文主义者所鼓吹的、泛滥于后现代建筑的表皮表达。无需多言，在诸多当代的建构形式中，无论是“覆面”（cladding）的概念还是外皮与骨骼的比喻已经被对围护系统 (covering system) 多种多样的阐释所取代，这种阐释可以是围合（enclosure）、包裹或表皮。

在给出扎哈·哈迪德（Zaha Hadid）、瑞姆·库哈斯（Rem Koolhaas）和斯蒂文·霍尔（Steven Holl）的作品作为雕塑式建构的例子之前，以建筑学的学科历史为基础对建构的发展加以描述是必要的。为了达到这个目的，探究建筑与技术、审美之间耐人寻味的关系至关重要，对建筑学如何在资本主义的生产与消费系统中蓬勃发展给出一个批判性的诠释亦然。一方面，现代史中的建筑师们通过运用可能的技艺赋予建筑与机械、场所相关的美感（通过图像加以传达）。如果说以往的嘉年华与舞台布景中的奇观是为了将事件或剧目戏剧化，那么在当今的数字复制时代，图像的价值远甚于此。晚期资本主义的环境下，图像已然成为一种含义丰富的奇观，与文艺复兴时期的壁画相比有过之而无不及，毕竟后者的影响教化仅限于宗教建筑的室内空间。

已经有不少批判思想家对图像在当代发展中的作用，以及它对建筑的影响进行过讨论[2]。真正使得充斥于当代文化中的奇观独一无二的是如下原因：首先，就技术而言，建筑阶段性的危机并不能被视作一种风格问题，而应该被视为资本主义不同发展阶段的反映[3]；其次，图像有力的呈现是非常有用的，因为它突出了森佩尔在戏剧性建构讨论中所提及的图像的重要性，而近期对数字技术的转向更加剧了这种呈现。森佩尔这位德国建筑师对核心形式（core form）和艺术形式（art form）所做的区分明确地指出了这点，同时预示了一种鲜活的建筑图像。即便有这样的区分存在，森佩尔并没有忽视上述两种建构类别之间存在的关系和美学意义——或源于暧昧不明的诗意，或出自文艺复兴以来以建筑表皮表达石墙受力作用的各种可能性。

在浪漫主义者的话语中，诗意只限于艺术家或建筑师之中。如果把诗意的概念放在一边，上文中言及的森佩尔式的断裂充满了“虚无主义”这个由当代思想家提出的概念，特别是瓦尔特·本雅明（Walter Benjamin）提出的“愿望图像”（wish image）[4]。所以我们才得到了这样的结论：图像既是技术的副产品，又是建筑师有意识或偶尔无意识采用的修饰建造形式的手段。这里有着双重含义：一方面既认同在森佩尔有关戏剧性建构讨论中图像的呈现，同时也表明这样的图像会使得建筑消散于商品拜物主义构筑的美学世界中。因此，分辨戏剧性建筑与戏剧化建筑，或者说奇观建筑之间的差别才显得尤为必要。

新的材料、技术和建筑形式的到来引发了 19 世纪物体的危机，抛开当时为解决危机所做的种种挣扎，森佩尔的贡献在于形成了这样一种建筑理论：这种理论中止了当时建筑传统的平稳转变，预见到建筑危机将成为现代性中反复出现的主题。很明显，对森佩尔的如是阅读是被这样一批建筑师的工作激发的，他们不断地尝试解构建筑既有的传统，甚至于那些有着建构意味的传统。而我们的悖论正是基于这种信念，即历史学家和批评家能够从今天的“激进主义”设计中发现建筑的学科历史是如何在资本主义中得以续写。无论我们对参数化设计中重新抬头的表皮和有机形式抱以何种批判的态度，这些回潮都向建筑师和历史学家提出了最基本的问题，同时寻求一场基于批判史学的建构讨论。

建筑，以及建筑对艺术与科学两相分化的抵抗能力中究竟有什么特别之处？这同样值得思考。建筑与技艺、技术转型之间有着密不可分的关系，所以当它面临需要表现与建造毫不相关的内容时就会陷入困境，特别是外形上的暗喻出现得毫无来由。然而如果自主性是现代主义的关键，那么就有必要提出这样一个论点：在现代性开启之后，建筑就必须放弃象征与图像学的领域，转而投入另一张关系网，成为资本主义周期形成的一个重要环节。所以，命题本身表明了只有在现代框架中，建筑才会对什么是“建筑的”（architectural）产生一种矛盾的觉悟，这就是建筑文化的所在。

在我之前写作的文章中，我借用自主性这一论点来强调建构对当代建筑的重要性。[1] 这种立场的核心同时兼顾技术与美学，还有它们是如何影响建构表达的，比如说柱子和墙体，或者屋顶与围合。历史见证了建筑师在转变中对反思建构文化做出的种种努力，这种转变既发生在技术领域，也发生在美学领域。然而在现代框架中，建筑的自主性——也是它坚守自身学科性的愿景，不断地遭受到这样一种逻辑的挑战。这种逻辑就是希望在一定的现时状态（temporal state）中看到所有的文化产物。如果我们再一次回到森佩尔所说的，建筑的持久性是建立在基座上（the earthwork），那么现时性（temporality）[5] 是如何以建筑学的方式显现的？显然建筑不能被简化成消费品，因为在消费品中同质的外形远胜于独特性或者个人品位之类陈腐的概念。在当代消费文化的主流中，一旦没能拥有全球性的文化产品，没有一个人会觉得身有所属。产品间类型的差异并不是这里要讨论的重点。反而是过度（excess）——无论是视觉上的还是触觉上的——主导了今天的奇观文化，对这种现象我们除了感叹一声“太酷了”之外无言以对。在所有艺术门类之中，包括了供人观看的电影还有供人参观的建筑这两种与资本和技术紧密相关的艺术形式，建筑直到今天都是最具争议的，因为它具备反抗当代奇观文化的潜力，却不可自拔地沉溺。无需争辩的是，建筑在今天已然成为奇观的场所，它的现时性是被一种图像先行的文化塑造的。所以，揭示建筑奇观之下蕴涵的建造文化是历史学家义不容辞的任务。

这里将要谈到的批评的重要性与建筑矛盾的处境有关，这种矛盾是建筑在现代性中真正的宿命，早就为 19 世纪的建筑师所察觉。森佩尔言及制作（fabrication）对建构的必要性时表明了这点。这意味着建筑是建造再加上其他东西，过度并不体现在形式或“表皮”，而在于建造文化的主题。在没有忽视美学理论对当代建筑形式主义手法上的影响的前提下，下文将要展开的论点希望能够表明覆盖（roofing）和包裹这两种重要的建构元素是如何成为对建筑批判阅读中的主题。这里所说的“批判”不仅针对建筑中的非形式主义和美学手段，同样指建筑与当下视觉奇观之间的对话关系。

二、从切石到纸面

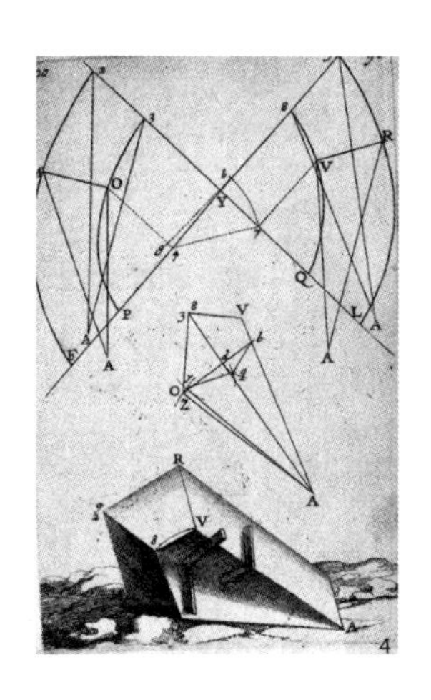

4. 放线图（© Abraham Bosse，La Pratique de trait, 1643. 重印版权，MIT Press，选自 Robin Evans, The Projective Cast，第 206 页）
4. Traits (image courtesy of Abraham Bosse, La Pratique du trait, 1643, reprinted, courtesy of the MIT Press from Robin Evans, The Projective Cast, page 206)

“所有站立起来的必然会倒下”，这句话描述了我们有关重力作用的体验。它同样指导我们如何把东西建立起来。建构试图通过一种有意识的或偶尔无意识的、对重力的常识性表达，将建筑与器物和雕塑区分开来。建构不会抱着“建造是第一位的”这样的偏见，同样不意味着建筑就该看起来坚固稳定。尽管图像构成了建构形象的一部分，但是建构最根本的东西在于：每一个构件作为建构都经历了漫长的建筑历史，不断地变化发展。在建造文化中，没有漂浮的墙，戛然而止的柱子，呈垂直关系的屋顶和楼板，虽然这些视觉上的反常是可以想象或者绘制出来的。这样的说法并没有将建筑形式简单地等同于建造形式，在建筑的建构效果中总有过度的部分存在，并且无法被放在与建造技术的因果关系中衡量，这里所说的过度指的就是图像。在建构中，技艺与效果构成了一种复杂的关系，有时候效果、外观与技艺是直接对应的，有时候技艺被塑造成与理想效果相吻合的模样。柯布西耶追求的是具有机器、轮船那样的精确与美感的建筑效果，多米诺框架的出现正是这种效果的最终实现，尽管把混凝土框架结构用白色表皮包裹起来的做法在 18 世纪的法国古典建筑中就早已出现。

罗宾·埃文斯（Robin Evans）超越风格的论述中曾经令人信服地指出切石术的艺术引发了建筑术的转型，于是有可能出现这样一种对建构的全新理解，以此看待砌体表面结构与装饰的关系。这让我们想到“trompes”——某种程度上来说，这是一种运用了当时最高超的切石原理的建筑形式，以挑战重力的作用。[2]180 在既有建筑上，“trompes”主要承担加建部分的重量，所以被视作一个自承重的结构①。它是依据放线图（traits）②建造的，图纸上线条组成的几何

① “trompe”是一个法语词语，在法文中原指喇叭或类似喇叭的形状，按照建筑形式直译为“穹隆一角的形状”，埃文斯对“trompe”的解释是，“一种张开的圆锥的石材表面，形似喇叭，用来承托建筑突出的尖塔”，见 Robin Evans. The Projective Cast[M]. Cambridge: the MIT Press, 1995: 181.——译者注

② “traits”在这里译作放线图，是一种图纸，依次作为切石的依据。据埃文斯，“‘traits’是一种展开图，按照这种图纸能够精确地切割石材砌块来实现复杂的建筑造型，特别是拱顶。有了‘traits’就能在建造之前获得制作精确的部件。‘traits’不是图解，普通人很难看懂。”——译者注

线组（matrix）明确石头的表面具有的实体属性（图 4）。这些线组成的“形状”（shape）表明需要切割不同形状的石块以建造“trompes”。埃文斯的观察指出放线图同时描述了几何中的轻（lightness）与石头中的重（heaviness），在知觉上形成了对比。这些几何绘图让石匠可以投影出“trompes”的形状。

除了讨论前现代建筑在这样或那样风格中呈现出的建构特点，切石艺术的重要性体现在图纸的两种线上——淡线和重线，它们分别代表“几何建造中想象出来的线和绘制对象轮廓的线”[2]207。埃文斯坚持切石术提供了一种将古典建筑与哥特建筑在建构上加以区分的方式。举例来说，大多数教堂中是先建肋的，肋之间的表面则是后填的。在埃文斯看来，只有极少数建筑师通过运用切石术来获得“既非哥特，也非古典”，甚至不是巴洛克的形式。比如格洛斯特大教堂（Gloucester Cathedral，1367 年）拱顶上的肋券看起来像是依附在一张起拱的床单上，覆盖着整个圣坛。在这个教堂中已经没有柱子与墙体之间明确的区分，“美”（decorum）是依靠结构与装饰之间建构上的统一达到的。[2]220-239 这个变化中暗示的表皮概念以菲利贝尔 · 德 · 洛梅（Philibert de L'Orme）③石头的处理中有迹可循的几何语言为标志[3]。

通过放线图阅读哥特建筑，埃文斯证实了这样一个概念，装饰是建构本身所固有的。当莱昂 · 巴蒂斯塔 · 阿尔伯蒂（Leon Battista Alberti）写下柱子本质上是一种装饰时，实际上指石墙的表面是需要被修饰的。同样，马可 - 安东尼 · 洛吉耶（Marc-Antoine Laugier）认识到柱子的美正是在于它与墙体的分离。通过在柱子与墙体之间建立一种新的建构关系，他真正打开了另一种视野。尽管我无意对这种变化再作展开，但这对本次发言的宗旨却十分重要：首先，对建构而言，过度是必要的；第二，即使以古典的概念出现，这种过度可以被视作建筑术上的一贯推敲，借以超越重量感，即建造形式通过一种轻盈的图像来回应重力的作用。尽管埃文斯通过这两点来提醒我们，在某种程度上古典建筑和哥特建筑都是“开启了对非稳定的想象”[2]211，但是我在下文中将要讨论的是几个当代建筑作品。前文中讲了很多轻盈的图像是如何影响技艺与效果的建构关系，这几个案例就与之有关。

如果说过度，或者说我在别处谈到的戏剧性建构[4]，是建造形式的合理装饰中所固有的，那么当这种过度是技术使然，批评的主旨又是什么呢？在讨论参数化设计对建筑的影响时，这种质询就显得很必要了。如果我们充分理解戏

③ 菲利贝尔·德·洛美（Philibert de L'Orme,c.1514—1570）是一位法国建筑师，也是法国文艺复兴时期的巨匠。作为石匠的儿子，德·洛美精于复杂的几何和石材处理，上文中提到的“trompe”和“traits”有一部分就是他设计的。——译者注

剧化与戏剧性之间的差别所在，这里要谈的问题就是建筑针对这种充斥当今文化的美学所持有的独特理解。战后时代是建筑第一次出现在当代交流技术与符号学理论当中，显然这与当下对图像的体验不同，更不用说当代对图像的态度与放线图的投影图像之间的差别。上文提到的切割使一种没有生命的材料（石头）变成了鲜活的形式的事实让我们又一次想到森佩尔。但正是这些说明了建构中传达出来的表现性图像是从对材料和建造技术的选择中诞生的。今天，正当晚期资本主义生产、维系的奇观试图抽空当代建筑中一切有价值的建构之时，谈论这个问题就显得愈发紧迫。

三、独石切割

现在要讨论的建筑有这样两个共性。首先，它们是与埃文斯对“trompes”的描述相关的——石头通过切割来传达一种轻盈的感觉。第二点与第一点相关，这些建筑不是以绘画的感觉而是以雕塑的感觉来体会的，这不同于多米诺框架中传达的美学效果，后者表皮紧紧地贴合体量，就像游泳者身上的贴身泳衣一样。这样的类比是有用的，它让我们想到粗野主义建筑，在其中大多数的建筑身上，美学和结构是重合的。更重要的是，切割的概念被作为一种手法运用到这些建筑中，使“修饰”达到了一种批判的维度。长久以来，“修饰”作为一种艺术技巧，不仅是建造艺术中的一部分，也与行业（métier）概念始终保持关联。从理论上来说，切割的概念对区分森佩尔所说的戏剧性的建构与戏剧化的建构这种奇观建筑起着根本作用。从定义上来看，戏剧性才是森佩尔理解的建构；但是为了取悦观者而做建筑外观上的修饰时，作品很可能就滑向了戏剧化的一端。以下各个项目中运用到的切割是建筑形象上的一个重要动作，这个切割的动作阻断了建筑向商品拜物主义美学的退化。

对于从切石术以及数字机器中而来同时承载图像作用的图纸而言，几何有着至关重要的作用；无独有偶，也有一部分当代建筑师的工作是致力于将几何加入到雕塑式建构之中。回到埃文斯对切石术的讨论，建筑与几何的关系是通过投影体现的，投影的过程保证了最终获得的图像也是建筑师有意呈现的。一开始为回应重力而产生的图像很可能会投射出非稳定和轻盈的感觉，但是这仍没有违背“一个结构应该看起来和实际一样稳定”的假设。[2]180

除了斯蒂文·霍尔与扎哈所做的雕塑式建构以外，现在要把注意力转向大都会建筑（OMA，Office of Metropolitan Architecture）做的波尔图音乐厅（又译

5. OMA：波尔图音乐厅鸟瞰，波尔图，2005（©OMA）
6. 扎哈·哈迪德：菲诺科学中心，沃夫兹堡，德国，2000—2005，外观（作者拍摄）

5. OMA: Casa da Musica, Porto, 2005，Aerial view (Photograph courtesy of OMA)
6. Zaha Hadid: Phaeno Science Center, Wolfsburg, Germany, 2000—2005, General view (Photograph by author)

作“音乐之家”，Casa da Musica）。勒杜（Claude-Nicolas Ledoux）设计的“农田守卫者之宅”（House of Agricultural Guards）看上去像是一块掷入景观的石头，与OMA的波尔图音乐厅有着异曲同工之妙。但是这两个建筑之间的差别正说明了从柏拉图式几何到与“trompes”几何的转变。后者是一种装饰性的加建，以此来掩饰既有建筑中不协调的部分，而OMA作品中的装饰是独立的，这从整石切割的体量在场地中戏剧化的放置以及突出建筑、随台阶延伸到地面的入口楼板中都能清晰地分辨出来。更重要的是，两次关键的切石动作把建筑确定在与城市主轴平行的方向上（图5）。因为波尔图音乐厅的出现，建筑的场地——博维斯塔圆环（Rotunda da Boavista）上的公园从新旧波尔图之间的结合点一跃成为“城市中两种不同模式的积极邂逅”[5]206。这种转变是由其他的切割促成的，正好与建筑内的空间组织相吻合，通过长向剖面可以觉察出来。体量两端的两个大型开口对应着城市两端的不同风光，主厅切出的“空”（void）正好在视觉上促成了两个部分的连接。不仅如此，这个建筑的剖面为波尔图本已饶有趣味的景观添加了一层新的地貌。

项目中对集体或说公众投入的关注是对纪念性姿态的补充，也重新激活了“公共生活”（res publica）这个特别的概念。这很重要，因为它不仅有阿尔瓦罗·西扎（Alvaro Siza）在巴西“Ibere Camargo”基金会博物馆（Fundacao Ibere Camargo）那样的雕塑式建构，还有密斯在屋顶与柱子的建构中传达出来的公共建筑的感觉，柏林国家美术馆就是其中一例。弗兰克·盖里（Frank Gehry）的迪斯尼音乐厅与汉斯·夏隆（Hans Scharoun）的柏林爱乐音乐厅是被我称为主观创造（subjective creativity）的两个重要例子；以芝加哥艺术学院加建（addition to the Art Institute of Chicago）为例，皮亚诺的大型作品中往往传达出一种静态的美感，西扎和库哈斯作品中体现的戏剧性则是对这种静态美感的不同注解，与渗透参数化设计的表现主义相比亦然。这里有如下两重含义：库哈斯所说的“大”的概念不能只从字面上理解；从手工艺行业中孕育而生的建筑除非把自己变成一种遮蔽（shelter），不然是无法负担大型的功能需求的，无论它的建筑特征如何表达都是徒然。更有趣的是，西扎和库哈斯建筑内部的空，是一种公共火塘（the hearth）。如果说西扎的项目与赖特的纽约古根海姆博物馆有几分相似，那么要把 OMA 的波尔图项目历史化则还需要另外一个例子。焦点并不是强调公共建筑在创造公共空间中扮演的重要角色，而是说当建筑被放大以承载不同功能的时候，如何做到像波尔图音乐厅那样保留建筑中的公共感。这个论点的重要之处在于它为罗西的类型概念提出了不同的见解：对于这位意大利建筑师而言，建筑功能上的转换并不必然意味着自身结构（structure）的改变。

在基督教堂与哥特教堂中都是由非建筑化的因素指示平面与体量上的几何组织。圆形与方形之间的交互还有十字形平面这些人文主义形而上学的表达，都在 19 世纪产生新的建筑类型的需要时发生了进一步转变。1887 年的机械馆（Galerie des Machines）平面上的尺度与几何主要顺应了建筑的功能。种种类型转变之中，上个世纪早期出现的一系列优秀作品同样值得注意，其中的一个重要标志就是出于各种目的而设计的公共空间（public void）。在不胜枚举的例子中，值得一提的是赖特的水牛城拉金大厦（Larking Building，Buffalo，1904 年），建筑中延伸到玻璃天花顶部的柱子包围了建筑中心的矩形开放空间。此外，弗兰姆普敦将这个工作场所中的不足之处归咎为“听从生产指挥”[6]，说明这座建筑预见到公共空间的世俗化。观察一下拉金大厦中的平面组织会发现：体量从中央的矩形空间内升起，四周环绕的是服务空间和将两者整合为一的结构系统。

波尔图音乐厅中的情况相仿，音乐厅的最终设计脱胎于库哈斯 1999 年在鹿特丹设计的一个小住宅 Y2K。根据业主的要求，这座未建成的住宅中包括了一个中央的矩形聚集空间（空），各种服务空间围绕其展开，住宅的整体形式模仿了钻石切面。尺度上从小到大的转变暗示音乐厅的结构系统与住宅中用到的截然不同，与拉金大厦中的结构更是大相径庭。切割的手法引起了建构在这里的变化，在诸多数字编程中奇观甚嚣尘上的状况下，切割作为一种策略有效地阻止了奇观面貌的出现。

戏谑的形式会令建筑与当下的奇观等量齐观，波尔图音乐厅并没有对此效仿，整石体量上运用的切割手法应该被放在“争夺媒介的学科”的语境中加以讨论，“建筑往往宣称自己是自主的。但是以与媒体学科对立的形式出现的建筑学，长久以来一直属于前者”。[6] 其中，由建筑外观与结构系统引发的戏剧性特别值得注意。柯布西耶晚期作品中向雕塑的转向及其对粗野主义产生的重要影响都与物质性有关——建筑中与石墙建造系统相仿的图像使这种物质性得以概念化。但是波尔图音乐厅并不受同一种结构的限制，比如音乐厅内的矩形主厅有独立的结构，两侧长向的垂直边是被称为“墙柱”（wall columns）的结构支撑的。[5]226 我们同样会想到康在萨克生物研究中心的实验室剖面上用到的混凝土空腹桁架（vierendeel trusses），在这个例子中，发掘墙体在结构上的潜能保证了内部空间的自由。在波尔图音乐厅中，内部围合空间的自由与结构选型的限制之间的矛盾通过“墙柱”技术得到解决——“超大图书馆”项目（Tres Grande Bibliotheque）中第一次用到了这种技术，但是这次的“墙柱”以一种四层的层体结构（crust structure）的面貌出现。至此，多米诺框架中，还有康在“房间”概念中暗示的空间及结构的完整会造成空间限制都在这里被规避。音乐厅中最终呈现出来的结构系统好像是把多米诺系统中的垂直分层楼板在假想中转90°。这样剖面与平面的呼应就在无柱空间中建立了起来！

在OMA项目中最根本的转变发生在砌筑（earth-work）与框架（frame-work）的建构：不仅是之前提到的层体结构的顶板与其他结构分离、抬升，形成地下停车场的入口，而且这是传统概念中遮蔽元素与包裹元素的区别发生了根本的变化。自承重的矩形主厅使得侧面围合有了一种独特的表达，一端稍小的视听室和另一端的循环体量的长度决定了围合延伸的长度。把围合向外转达到的进一步建构效果是一种扭转——改变了1927年巴塞罗那德国馆中的柱子和墙体之间的明确关系。[7] 德国馆中布置的装饰性隔墙是为了打破柱网系统的视觉效果。在波尔图音乐厅中柱子的布置是为了投射内部体量和它的外部围合（envelope）。主门厅中的柱子作为加固的构件或是将两片相邻的墙分离开来，或是把上层重量经由混凝土斜柱传递到下层楼板。在波尔图音乐厅中，结构的方案是建筑化的。在入口门厅中，柱子和墙体建构的原始表达占据了主导地位，形成对比的是建筑师对材料装饰所做的策略上的处理。织物、木材、波形玻璃和陶瓷这些材料的运用中，部分装饰显示出对地域的敏感，另一些则完全是由图像驱使的，在OMA的其他优秀作品中并不鲜见。如果说尺度和功能调整上的转变是OMA对公共和纪念性之类的概念在策略上所做的重新定义，那么这些主题如何在中国重复？毕竟在中国展开的城市化进程远甚于欧洲和美洲在20世纪中期所经历的历史。[8]

如果以“技术—科技社会建构论”（social construction of technology）[7]12 的角度来看待戏剧性的建构，它所指的就是建筑作品在一番深思熟虑之后能够让感觉厚重的混凝土体量呈现出一种“轻质”建筑的感觉。这其中包含的变化体现了几种二分化的特征，这些特征是转型过程以及如今建筑材料纷繁多样的核心。在扎哈手中，材料（混凝土）的重量感消散在图像中——奇观渗透下的当代文化的焦点所在，将建筑本身变成了装饰。我曾经在另一本书《物体的危机》中提出过这个观点[9]，在这里加以重述是为了将这个话题与前文中提到的切石艺术联系起来。石材切割（stonecutting），军事工程，数学几何以及建筑构成了切石术的根源，它为针对柱子、墙体的建构学提供了全新的思考角度；同样，它在以风格区分哥特式与古典建筑之外提出了另一种手段。之所以回顾先前的讨论是出于以下两个原因。首先，当下戏剧性的趋势应当放在非风格使然的学科维度中使之历史化，而不是将当代的审美与巴洛克发生关联，或者是跟随德勒兹（Gilles Deleuze）对“折叠”（fold）的阐述；另外，这种戏剧性也可以，或者可以被视作是与特定的“时代精神”（Zeitgeist）的审美中加以考量。我会说“或者可以”是因为今天建筑中体现出来的多数趋势与当代的审美相关——不是由数字技术开启的知觉感受，就是一种巴洛克式的感觉，但这些只是掩盖了自身的历史主义的意图。[10] 其二，我之所以求诸切石术，是为了超越建构来看建筑中图像的历史，还有它从机械化生产向数字化生产的转变。这种转变是重要的，应当被提上议程，特别是考虑到先前提到的戏剧性的建构与戏剧化审美的差别时。更重要的是，这里对戏剧性的讨论是辩证的，我的观点已经表述得清楚无疑：戏剧性的建构是当下向数字化生产发展的一部分，在批判建筑逐渐堕入图像制造的趋势时，它富有深意地提出了一个有用的策略概念。

在诸多既定的建构中，我们现在要谈的是一种建筑回应土地的方式。从多米诺体系那样普适的可能性开始，到德国沃夫兹堡（Wolfsburg）的菲诺科学中心（Phaeno Science Center，图 6）将森佩尔对基座和框架的定义推向了一种夸张的程度。扎哈的设计在很多方面都可以与不远处的阿尔瓦·阿尔托（Alvar Aalto）做的文化中心（Kulturhaus）以及汉斯·夏隆的城市剧院精心对应。中心略呈三角形的平面为亲身体验物理法则和科学魔力提供了开阔的场地，建筑的外部形式、内部空间则形似太空飞船。沃夫兹堡的城市边缘地带以火车站为标志，与建筑师为斯特拉斯堡所做的电车站相似，菲诺中心也被寄予了复兴该地区的希望。这个看似天外来客的物体表面上的切口，还有十根立柱为建筑的一侧提供了公共活动的平台，建筑另一侧的形体沿着旁边的火车轨道延展。平面的第三条边跨过一条坡道，这条坡道被同时作为紧急出口和一条公共通道使用，公共通道连接的是一座穿越铁轨的桥。面向城市的建筑墙面波动起伏，既为前方的公共景观提供了背景，又与阿尔托文化中心进退有致的立面遥相呼应。

菲诺科学中心的主体漂浮在一片暧昧不明的体量上，十根粗壮的圆锥形支撑柱托起一片混凝土板。建筑墙体落在这块作为基础的混凝土板上，连接了屋顶和地板的双向全跨度密肋楼盖结构。在地基下层土的品质不足以作为传统垫层和基础结构的情况下，地下停车场体量起着类似于片筏的作用，把整体结构承托起来。与康的“空心柱”（empty column）概念比较的话，会发现菲诺中心的锥形柱是作为体量内部空间组织的一部分而起作用的。场地上主要的城市轴线对这些锥形柱的作用有所影响，有一些为建筑拉长的主体量提供了入口，另外一些被作为演讲厅使用，其余作为商店和展厅空间使用的柱子可以从主层的集会空间进入。这些柱子被精心处理成仿佛是从作为地基、充满雕塑感的地面上直接升起来的一样。但是动态的外形使得这些柱子与马赛公寓下的立柱有了明显的区分。与后者不同的是，虽然菲诺中心巨大的体量是由这些空心柱支撑并起结构作用的，但是对表面的处理使得它们看起来像是把楼面的表皮拉下来而形成的柱子一样。柯布西耶建筑中的立柱与之相反，模仿了手臂托住体量的感觉。在扎哈的建筑中有些许是追随了赖特在强生制腊工厂（Johnson Wax Factory，1939 年）中树状的柱子，是一个更加收敛、普适的版本。整个体量所创造的戏剧性，包括混凝土围合上的褶皱和切割都标志了这座建筑与新粗野主义[11]观念上的明显区别。与很多其他当代建筑一样，扎哈竭尽所能来使混凝土表皮变得动感、光滑，这种美感与大多数早期工业结构中混凝土沉闷又粗糙的触感截然不同。[7]7 相对于真正的粗野主义建筑而言，在菲诺中心中的每一处切割和表面修饰都是为了进一步夸张建筑主体的动态感所做。比如，沿着建筑南面用的切割手法是为了凸显对角线方向上的玻璃开口，增强已有形式的动感。即使是屋顶的巨大室内桁架系统也是弯曲折叠随处可见，像是在和地面共舞一样，而地表面上的起伏模糊了墙与地面之间的界限。

如果想在另一个层面上把扎哈的作品放到历史中看，我们需要做这样一个补充：菲诺中心里的切割概念是作为一种艺术形式（图像？）而加以操作的，这种手法已经介于奇观建筑和以波尔图音乐厅为例的戏剧性建筑的边缘。这两个项目建构制作中的特别之处在于都试图避免“随着（混凝土）模仿石结构的幻想破灭而出现的两个问题，第一是外立面对内部结构的表现，第二个则直接与建筑的表皮有关”[7]27。20 世纪的 50 年代正值粗野主义大行其道，除了混凝土自身的结构潜力之外，最令建筑师们着迷的是这种材料粗野的美感（外观)。在马歇尔·布罗伊尔（Marcel Breuer）设计的贝格里弛讲堂（Begrisch Hall，1967—1970 年，图 7）中呈现的戏剧性就是前面两个当代建筑的先例。贝格里弛讲堂中的美感是通过实体化的表面达到的。[8] 与大多数整石切割的建筑类似，布劳耶建筑中外立面的简约是“以形式与材料的过度为代价，为达到意向中的效果而精心控制”[9] 才得到的。而菲诺中心的主体量很明显是在另一个直角棱镜体——柯布西耶的独立支柱系统上加入切割和褶皱而得到的。影响扎哈设计的戏剧性的建构（实体表面）既背离了现代也不同于古典传统，它的结构“与其说是对建筑崩塌的着迷，不如说是对信念崩坏的警醒——这个信念即是矩形

7. 马歇尔·布劳耶：贝格里驰讲堂，布朗克斯大学高地，纽约大学，纽约，1961（作者拍摄）
8.9. 扎哈·哈迪德：21 世纪艺术博物馆，罗马，1998—2009（© 伦敦扎哈·哈迪德建筑事务所）
10. 斯蒂文·霍尔：海边隐居，考爱岛，夏威夷，2001（© 斯蒂文·霍尔建筑事务所）

7. Marcel Breuer: Begrisch Hall, University Heights, New York University, New York, 1961 (Photograph by author)
8.9. Zaha Hadid: Maxxi Museum for the 21st Century Art and Architecture, Rome, 1998—2009 (Photograph courtesy of Zaha Hadid Architects, London)
10. Steven Holl Architects: Oceanic Retreat, Kaua'i, Hawaii, 2001(Image courtesy of Steven Holl Architects)

是理性秩序的一种体现”。[2]212 这也是我们将菲诺中心与扎哈的其他近作区分开来的原因。以意大利的卡里亚利博物馆为例，它是巴洛克的、非建构的，外皮的光滑正说明了它的表皮是以自己的方式成立的。

无论是在概念阶段还是在其逐渐转变为实体的阶段，表皮和表皮上的修饰对建筑师如何感知一座建筑尤为重要。当代表皮能形成一种自治的美学问题而与建造的物质性独立开来应当归功于柯布西耶。将这位法国建筑师早期住宅作品中的白色抽象立面与他最为崇敬的希腊神庙中的物质性做个比较，就能明显地看出这点。除此之外，其他的差别就在于平面和立面的关系了。为了效仿现代的抽象美学，柯布西耶早期的作品必须将自己与建造的种种常规还有空间组织拉开差距。相反，卡里亚利博物馆的表皮既没有追随纯粹主义的美学也非粗野主义建筑所信奉。特别是在她的这个项目中，表皮被当作一张薄膜，既没有切割痕迹，也与结构或场地无关。在电脑生成的图像中，最能为人所辨识的就是这个建筑与抛光的、光滑的天然石头在形式上的关联。菲诺中心却不是如此，扎哈在辛辛那提和罗马的另两个公共设施建筑同样不是。正是这些项目中的剖面组织，而非平面—立面的关系，使建筑师能够赋予大建筑细节，并且将它们的体量组织出特殊的效果。[12]

这些观察突现了扎哈对绘图长久以来的着迷，她的大多数作品传达了这样一种愉悦的印象：轻盈，动态，还有“trompes”的建筑术，尽管由混凝土建造，却是装饰的。更重要的是，与建构相比，加诸复杂几何体之上的各种折叠、非线性的概念，还有数字软件的风靡令上世纪末的建筑晦蚀[10]。而今扎哈建筑中对抛光、雕塑的几何形式的垂青又标志着她早期作品中对物质性和细部的关注已经不复存在。

同粗野主义建筑一样，扎哈的建构形象并不满足于由框架结构系统产生的形式。比如说，她的建筑中回避了外皮和骨骼之间的二元定理，诸如戏剧性和装饰这样的修辞在她的作品中达到了雕塑的维度。由建造形式（核心形式）与覆面（艺术形式）之间存在的分裂所产生的“诗意”的思考不是这种修辞的来源。尽管曾经闪现在园艺展览馆中的物质性与细部思考在扎哈的近作中都已难觅踪影，但抛光的表面还是应当被视作材料修饰传统的一部分，与切石术有着渊源。扎哈作品中另一种建构的维度与室内空间充溢着的触觉感有关。暂且不提“poche”这个建筑师赖以区分室外形式与室内空间的概念，扎哈尽可能地让室内氛围充满戏剧性，这种戏剧性从整个建筑中散发出来。在罗马的意大利MAXXI国立二十一世纪艺术博物馆（图8）中，室内空间截然不同，在那里，身体的运动是通过穿越不同材料装修的空间而得到体验的，清水混凝土、涂刷混凝土、木材以及金属，自然光和人工光的交互也加深了这种体验（图9）。

霍尔诸多近作之中呈现出的可观的空间与雕塑的对话，很难不让人回想起他在2001年设计的一座私人住宅——海边隐居所（Oceanic Retreat，图10）。这座朝向大海的住宅伫立在夏威夷考爱岛的一座山坡顶上，建筑效仿了时常萦绕在建筑师想象中的有机隐喻。不仅住宅的两个分离的混凝土体块可以被视作雕塑式的建构，两个体块中二层的L形体量同样被切割、修饰成两个生物的形象，正以站立的姿态扭头凝视对方，主宅和客房部分似乎想对话一样。以下是霍尔对住宅的建构布局要说的话：“像两块大陆因为板块漂移而远离彼此一样，一种想象的潜蚀创造出了两个L形的形式：一个主宅和一个客房。”[11]尽管这两处平行的房子相互错开，从远处看时它们仍像是以建构的语言交谈着。每个部分的上层按照舌喙和树林的细节切割、塑造和装修，狭长的端头像是准备好进入对面体量中阳台的开口一样。这种可见的切割与腐蚀令这两个实体暗含着一种历史时间——它们曾经是一个更大的、意义深厚的世界的一部分。潜在的愿望图像可以被拓展到霍尔所有的拿手好戏中，这意味着除了建筑师现象学上的倾向之外，他的作品可以不受存在主义重量的束缚，也应当被视作一篇极好地诠释了“石头与羽毛”的文章。

现在对独石切割般的建筑的取向中其实有着更深远的意味；独石切割般建

筑的建构切割具备简化后现代交流方式的潜力。当代建筑中形式主义、类型主义或模仿的各种模式中，历史的元素显而易见，这样的元素能够在建筑与它的欣赏方式之间建立起一种清晰的默契。其次，在当代建筑师为矫饰数字建筑的奇观图像一片狂喜中，独石切割般的建筑中内含的匿名性（它的不可接近性又是一种带着熟悉意义的符号）至关重要。如同石潜大海一样，在全球数字生产的时代打造的一片流动建筑中，当代的雕塑式建构是抵抗这股潮流的砥柱。

四、视差

如果要建立起一个针对建筑当下状况的全面的理解，对建筑的分析是极其重要的。一方面它延续这样的理论的思考：现代性的概念在晚期资本主义的状况下是变化的。另一方面，它意在坚持一种对建筑学科历史的不同理解。对于以建构的戏剧性为核心的批判性实践来说，这两种假设的轨迹强调了视差这个概念的重要性。

柄谷行人（Karatani Kojin）[13] 在评论康德与马克思时提到，视差“在某种意义上来说就像是人的脸，它的存在是毫无疑问的，除非是在把它看作图像的情况下，不然它是无法被看见的”[12]。矛盾是视差的哲学立场的核心，这种矛盾影响了主体与客体的对话。[13] 这里，“视差”的概念用来表述核心形式与艺术形式之间，建造与建筑之间既非有机也非线性的关系。如果再次重申前文的观点，建筑中的“过度”暗示的即是对建构产生影响的断裂。这种“影响”并不是通过确定的方式起作用的。艺术形式并不是核心形式的直接写照或镜像，它更像是这样作用的：“诚然，图画在我眼中，但是我同样在图画中。”[13]17 所以，这种“过度”早就包含在建造过程中：它既不是建筑师主体投射的一部分，也不是建造形式的镜像。阅读建构的结果说明了对建构至关重要的建造逻辑很可能自相矛盾地解构了对技术之于建筑的正面解读。这意味着技术对建筑的影响总是经由美学来调和的。这其中隐含着对当代建筑意识形态上的批判。就像在一些土著舞蹈仪式会在面孔上画上纹饰那样，当今建筑中弥漫着的戏剧化是一种象征表达——不可能依靠建筑自身力量来克服实际社会矛盾的感觉通过象征表达了出来。在詹明逊看来，这种阻塞终于“在美学的领域中找到了纯粹的形式解答”。他进一步说道：“意识形态不是影响或投入象征生产的东西；不如说审美这种行为本身是意识形态的……”[14] 这是详述 19 世纪建筑师有关戏剧化建构的理论的原因，也是讨论材料和技艺的原因，不仅如此，在先前提到诸位建筑师时，这也是对他们的作品中富有的美感加以客观审视的原因。另一个结果是使技艺的成形从建筑文化的形成中区别开来这件事变成可能，并且有可能以经济与技术转变为背景重新书写建筑的历史，而这种转变对从工艺（techne）到技艺（technique），从建构到蒙太奇[14]的历史转向尤为重要。在这种结构性的改变中，图像（image）并没有消逝。它的转变仍然被保留在建造内。而当代建筑中渗透着的图像与文艺复兴建筑中的不同，与粗野主义建筑中图像亦不同。以后者为例，图像是受美学与结构的融合影响的。相反，在数字生产的时代，被居伊·德波尔（Guy Debord）归因于商品的奇观被无穷无尽地打造，复制，个人化。这篇文章中展开的历史正是为了澄清“那种能通过图像实现的批判性思考”[15]。

有很多方式能够解释这里提倡的理论范式的有用之处。对处在不同建筑历史阶段的、建造中的可见与不可见之间的辩证关系能建立一种全面的理解。比如说，文艺复兴建筑中的建造主题的不可见暗示的是这样一种情形：形而上学成为主导或占据上风，用弗兰姆普敦对透视技法的看法，物体在“虚幻的空间中被取代，不再遵从自身在文化中的相对价值”。[16]但是，如果要充分理解这篇文章中的理论前提，讨论仍需被拉回到现代性的景观以及森佩尔的建构话语中。[15]

为了唤起读者的回忆，森佩尔戏剧化建筑的要义是超越其被框定在对模仿这一古典理论的局限[16]。森佩尔的论点——建筑的建造是由四种工艺（织物、陶瓷、石工和木工）导致的，以及他对服饰（clothing）概念的特别强调都说明了这位德国建筑师既不是一位材料主义者，也不是一位实证主义者。为了解释这四种工艺中技能是如何发展的、主题是如何显露的，他进一步解释说在制作——哪怕是编织一个简单的绳结的过程中，技艺的本质都是不容遗忘的。森佩尔对“材料置换理论”（Stoffwechsel）的讨论也表明了这点，当属于一种文化生产力的领域内的主题被转换、调适到建筑领域中时，建造艺术中固有的技能和技艺起到了关键的作用。然而这种调适是通过建筑的技艺实现的，特别以饰面原则以及对“表皮”作律令式（lawful）表达为先：这里的表皮并不是指原材料的真实表面，而是那些已经做好准备去接受各种线型或平面型主题的表面（即建造形式）。建筑师花了很长时间将用在铁路与工程中的钢调适成像钢和玻璃建筑中的建筑术的一部分。由此，我们看到了视差概念批判性的所在：建构中变化的主题是通过图像的方式呈现的。阅读的结果之一就是对森佩尔半自主性观念的认识指向了在目的，材料或技艺，还有戏剧性的建构中所谓结构－象征维度的实现这三者之间建立起一种内在的联系。[17]这可以进一步说明森佩尔能够透过现代性的透镜看到建造艺术中分裂的本质。

在讨论到建筑中核心形式与艺术形式的建构时，森佩尔的理论保留了图像——这种图像有着建筑的属性。这意味着建筑不是建造的直接产物；但核心形式（建筑的实体）会无可避免地将建筑推上技术转变与科学革新的轨道。这里包含着对建筑的伦理维度的思考，这不仅让我们回想新粗野主义建筑，同样可以被追溯到建筑与技术长期对峙的历史。塔夫里（Manfredo Tafuri）在评价阿尔伯蒂话语中的“工艺”概念时写道：“诚然，这是悲剧的——创造了安全感、提供庇护和舒适的事物也是撕裂、伤害世界的事物。”他继续写道：“科技在减轻了人类痛苦的同时，也是难以平息的暴力工具。”[17] 塔夫里陈述中引发的悖论能够被引申到森佩尔的艺术形式概念中：它中止了康德对美的概念，围绕着主体的内在想象的艺术形式成了唯一一个建筑能够与美观发生关联的地方，而这种对美的感知是在这样一个技术世界中被开启的，这种技术往往更倾向于按照自己的意愿来改变建筑。艺术形式同样显示出在建筑学科历史中累积形成的触觉感和空间感。所以在核心形式保证了建筑与诸多建造体系的改变是合拍的时候，艺术形式就成了唯一可以镇守的领地：使建筑师可以选择为核心形式赋予那些建造文化上的外观，既从侧面切入“图像建造”的形式与美学效果，又不至于错过最新的技术发展。

更重要的是，通过这篇文章呈现出来的戏剧性的建构可以被视作第三种客观性的起源，而与另外两种客观性——“纯粹功能的”（现代主义）和“纯粹美学的”（后现代主义）[18] 做出比较。从这个意义上来说，建构是普遍的，因为它的首要考虑既不是功能也不是美学，而是在建造上。它同样不是纯工程学的。在适用的技艺与美学的范畴中，戏剧性的建构重新定义了建造的主题，同时兼顾了两种发展：其一，在晚期资本主义的环境下，在建筑数字化的作用下，建造的艺术已经步入了商品的领域和图像建造的世界，与抽象之于现代建筑相比显得更加来势汹汹；其二，当时对早期现代建筑的普遍接受仍是有限的，就像对抽象画的接受一样，当下公众对戏谑的建筑形式的赞赏则应该被视作是齐泽克称为“创伤扭曲”（traumatic distortion）的一部分，一种构筑起主体与客体关系网络的象征秩序被当作“真实”的情形。[13]26 有趣的是，晚期资本主义中建筑状况的独特之处在于它受到了一批建筑师的欢迎。

扎哈·哈迪德事务所的设计总监之一，帕特里克·舒马赫（Patrik Schumacher）声称扎哈的近作中充斥着的表现主义应当被视作一种风格，不仅是向参数化设计看齐，而且“形成了一种与当代生活中社会交流的力量、方式相关的图像与载体，比福斯特的大穹顶来得更为贴切”。在舒马赫看来，福斯特对当下技术的运用与其他大多数建筑师不无二致。[19] 舒马赫的判断很大程度上是基于这样一种看法，在主流的建筑公司中，所有矛盾都是被化解的，科学范式处于一种更加优越的地位来为建筑提供“一套综合统一的理论”。他描述的是这样一种情况：“事物本身能同时起到自己面具的作用——模糊社会矛盾的最有效方法就是公开地展示它们。” [20] 而扎哈传达出来的风格与她个人的艺术标签甚少关系，也不与艺术史学家们广泛研究的当代建筑风格的特性相吻合。舒马赫眼中的这种风格更多的是出自于一种研究方法，它抛弃了“负面助探”而选择了“正面助探”，从而将美学参与到参数化设计中去。

舒马赫对建筑的理论化绝少提及风格之争的史实。他是风格之争的一个晚近注解，却没有唤起“晚近的风格”。在特奥多·阿多诺（Theodor Adorno）看来，后者对时代精神（Zeitgeist）的抨击播下了不同的种子。[21] 如果跟随阿多诺的思想，即将到来的风格必定是跨出自己时代的风格。吉奥乔·阿甘本（Giorgio Agamben）这样写道：“真正当代的人，真正属于他们的时代的人，是那些从未与之真正意见相合的人，也不会根据它的需求妥协自己。所以从这种意义上来说，他们是无关者（in attuale）。但正是因为这些状况，正是通过这种断裂和不合时宜，他们比其他人更能察觉和抓住他们自己的时代。” [22] 甚至是柯布西耶的作品与早期的现代主义并不完全志同道合，连吉迪恩这样的史学家都这样宣称。当时的建筑多是受历史主义风格的影响，这位法国建筑师的作品的确与之格格不入。即使在历史主义出现之前，每一个时代也从未有自己统一的风格。即使大多数新先锋主义作品在寻找与晚期资本主义奇观的和谐（在技术上在图像上都能有所察觉），但是当代建筑中的多样性仍然不容忽视，它是如此丰富，就像国际式建筑曾经昭示的那样。

舒马赫用一连串理论宣告的“终结”作为结语，至少是对现在的结语，这是作者的终结，历史的终结与批判实践的终结。曾经在60年代吸引过克里斯托夫·亚历山大（Christopher Alexander）那批建筑师的科学系统范式，现在又集结了新的力量，一部分原因应该归咎于理论思考的穷尽还有从流行的哲学话语中引介来的时髦概念。舒马赫煽动性的说辞把我们困顿在黑暗之中苦苦思考表现主义的美学本质，这正是他试图兜售的与晚期资本主义相宜的风格。在决定项目最终形式的时候，应该有主体（建筑师）的存在吗？还是最终的形式应该留给程序化的技艺来生产，以获得与当下奇观审美相符合的柔软形式？就像马克思著名的困境之说，一切坚固的东西都烟消云散了。不论对此的答案是什么，不论舒马赫鼓吹的参数化设计中有多少问题，上述文字中追索的戏剧性的建构旨在建立起对当代建筑建设性的批判。剥除历史主义，还有那些因为迷思于“很久很久以前”才成立的经典，特别在讨论的案例充满矛盾的时候[23]；就像战后的粗野主义建筑一样，当代雕塑式的建构同时是抽象的又是具体（concrete）的。它们是抽象的，因为本身戏剧性的形式，还有与流行的对商品形式的审美之间的关联；它们是具体的，不仅因为将混凝土作为建造材料，同样因为这种材料具备的塑造实体的能力。说到底，建筑终究是一个建成的形式。

注释

1 在这两个假想的三角形中各有一个顶点指向森佩尔，其中一个三角形的另两个顶点是马克思与达尔文，另一个三角形中对应的则是瓦格纳与尼采。作者认为森佩尔的思想有着划时代的意义，他对建筑的论述影响了上述诸位思想家的观点。

2 有关图像在当代文化中的讨论，参阅 Hal Foster. Image Building[EB/OL].http://findarticles.com/p/articles/mi_m0268/is_2_43/ai_n7069275/. 2004. 哈尔·福斯特是当代一位重要的艺术批评家与艺术史学家，现执教于普林斯顿大学，代表著作包括《反美学：后现代文化文集》（*Anti-Aesthetic: Essays on Postmodern Culture*）和《重编码》（*Recordings*）等。

3 从沙利文到后现代主义高楼的图像中，琼安·奥克曼（Joan Ockman）在美国风景中看到了认知上的改变——从小市镇到华尔街的转变，见 Joan Ockman. Allegories of Late Capitalism: Main Street and Wall Street on the Map of the Global Village[M]. The Political Unconscious: Re-opening Jameson's Narrative. London: Ashgate Publishing, 2011: 143-160.

4 本雅明在《巴黎，19 世纪的首都》中写道：“与新的生产手段的形式——一开始还被旧的形式（马克思）统治着——相适应的是新旧交融的集体意识中的图像（image）。这些图像就是愿望图像（wish-image）；这些图像体现的是一种集体诉求，希望可以克服并且改变社会生产的不成熟和社会生产秩序的不完善。”见 Benjamin. Paris, Capital of the Nineteenth Century[M]. The Arcade Project. Cambridge: Belknap Press of Harvard University Press, 2002:4.

5 这里的“现时性”（temporality）与“持久性”（durability）是一对概念。在传统观念中，“持久”是建筑的一部分，建筑的持久之美既存在于建造，同样存在于建筑与人体的类比之中，或者是几何比例之中，这点在维特鲁威、阿尔伯蒂的著作中都有提及。可是在现代性里，“现时”与变化改变了美学的古典理解。虽然建筑的持久性还存在于建造中，特别是基座之中，但是森佩尔在核心形式（建造形式）与艺术形式（美学形式）之间作出的区分已经背离了古典概念中对美、对持久性的理解。艺术形式与核心形式的不再一一对应的关系预示了现代性的环境下，美不再是永恒的。对作者而言，这就是建筑是如何体现其“现时性”的所在。

6 Rodolfo Machado, Rodolphe el-Khoury. Monolithic Architecture[M]. Munich: Prestel-Verlag, 1995: 67. 这句话的语境是 80 年代对建筑跨学科的理解，当时其他学科中涌现出的自主性概念对当代的建筑理论产生了深远的影响。在作者看来，由电影术和时尚中发展而来的“切割”概念赋予独石建筑（像雕塑那样强调体块而非体量的建筑）一种不同的诠释。

7 这个话题请见作者著作 Gevork Hartoonian. Ontology of Construction[M]. Cambridge University Press, 1997: 68-80.

8 见作者文章 Gevork Hartoonian. Can the Tall Building Be Considered Artistically[A]//. XIng, R. Francis-Jones, van der Plaat, and L. Neild, ed. Skyplane [M]. Sydney: UNSW Press, 2009: 96-102.

9 这个话题请见作者“*Ontology of Construction*”一书的最后一章。

10 Antoine Picon. Digital Culture in Architecture: An Introduction to Design Professions [M]. Basel: Birkhauser, GmbH, 2010. 具体见“*From Tectonic to Ornament*”一章。

11 这个主题，作者曾在“*Theatrical Tectonics: The Mediating Agent for a Contesting Practice*”一文中有具体讨论，见 Footprint[J]. Spring 2009(5): 77-95. 另见 October [J]. Spring 2011 第 136 期讨论新粗野主义的专辑。

12 见作者著作“*Architecture and Spectacle: A Critique*”，由 Ashgate 出版。

13 柄谷行人是日本现代三大文艺批评家之一，代表了当今日本后现代批评的最高水准。文中对马克思和康德的评价出自他的著作《跨越性批判：康德与马克思》。

14 见作者“*Ontology of Construction*”。

15 以下讨论来源于作者“*Ontology of Construction*”。

16 同注释 5。古典的模仿理论是基于建筑中对称、三段式等构图与人体的类比，而森佩尔对核心形式与艺术形式的区分超越了上述建筑中内在的秩序。

17 戏剧化与戏剧性概念的差别见 Gevork Hartoonian. Crisis of the Object: The Architecture of Theatricality [M]. London: Routledge, 2006.

18 这个观点得益于 Slavoj Zizek. Architectural Parallax, Living in the End Times[M]. London, New York: Verso, 2011: 274.

19 Patrik Schumacher. Parametricism and the Autopoesis of Architecture[J]. Log 2011, 21: 62-79. 另见 Log 同一期中 Ingeborg M. Rocker 对舒马赫一文所做的回应。早期的观点请见 Patrik Schumacher. Let the Style Wars begin [J]. the Architects' Journal, 2010 May, 6. 舒马赫的更多论述请见 Patrik Schumacher. The Autopoesis of Architecture, Vol. 1 [M]. London: John Wiley & Sons, 2010. 对“Autopoesis”一书书评见 The Architects' Journal[J]. 2011 February, 17: 2-6.

20 Slavoj Zizek. Living in the End Times [M]. 2011: 253. 对舒马赫观点的批评见 Douglas Spencer. Architectural Deleuzism: Neolibral space, control and the“univer-city”[J]. Radical Philosophy, July/August 2011, 168: 9-21.

21 这个观点受益于 Edward Said. On Late Style[M]. New York: Pantheon Books, 2006. 特别是“导言”一章。

22 Giorgio Agamben. Nudities [M]. Stanford: Stanford University Press, 2011: 11. 吉奥乔·阿冈本（Giorgio Agamben）是欧洲研究生院（EGS）斯宾诺莎教席教授，意大利维罗纳大学美学教授。对文学理论、欧陆哲学、政治思想、宗教研究以及文学和艺术的融会贯通使他成为这个时代最有挑战性的思想家之一。

23 我从戴维·坎宁安（David Cunningham）富有洞见的文章“*The Architecture of Money: Jameson, Architecture and Form*”中受益颇多，见 David Cunningham. The Architecture of Money: Jameson, Architecture and Form[A]// Nadir Lahiji, ed. The Political Unconscious[C]. London: Ashgate Publishing, 2011:37-51.

参考文献

[1] Tectonics: Testing the Limits of Autonomy [A]//Andrew Leach, John Macarthur, ed. Architecture, Disciplinarity, and the Arts [M]. Belgium: Ghen University A&S/books, 2009: 179-192.

[2] Robin Evans. The Projective Cast[M]. Cambridge: the MIT Press, 1995.

[3] Bernard Cache. Gottfried Semper: Stereotomy, Biology, and Geometry [J]. Perspecta 2002，33: 86.

[4] Gevork Hartoonian. Crisis of the Object: the architecture of theatricality [M]. London: Routledge, 1996.

[5] Rem Koolhaas. El Croquis [J]. 2007, 134/135.

[6] Kenneth Frampton. Modern Architecture [M]. London: Thames and Hudson, 2007: 62.

[7] Jean-Louis Cohen, G. Martin, ed.Liquid Stone [M]. Basel: Birkhauser-Publishers for Architecture, 2006.

[8] Isabelle Hayman. Marcel Breuer Architect [M]. New York: Harry N. Abrams Inc., 2001: 155.

[9] Rodolfo Machado, Rodolphe el-Khoury. Monolithic Architecture [M].Munich: Prestel-Verlag,1995:13.

[10] Harry Francis Mallgrave, Christina Contandriopoulos, ed. Architecture Theory Volume II [M]. MA: Blackwell Publishing, 2008. 535-536.

[11] Steven Holl. Architecture Spoken [M].Rizzoli, 2007.30

[12] Kojin Karatani. Transcritique: on Kant and Marx [M]. Cambridge: The MIT Press, 2003.

[13] Slavoj Zizek. The Parallax View [M]. Cambridge: The MIT Press, 2006.

[14] Fredric Jameson. The Political Unconscious [M]. Ithaca: Cornell University Press, 1981: 79.

[15] T.J. Clark. The Sight of Death [M]. New Haven: Yale University Press, 2006: 185.

[16] Kenneth Frampton. Excerpts from a Fragmentary Polemic [J]. Art Forum, September 1981: 52.

[17] Manfredo Tafuri. Interpreting the Renaissance [M]. Daniel Sherer, trans. New Haven: Yale University Press, 2006: 51.

作者简介

戈沃克·哈图尼安，男，澳大利亚堪培拉大学 建筑学教授

译者简介

周渐佳，女，同济大学建筑与城市规划学院 硕士研究生

面向身体与地形的建构学

Tectonics Oriented towards Body and Topography

史永高
SHI Yonggao

建构，是任何建筑设计都不可回避的问题。从这个角度而言，建构成为建筑学的一个基本命题：一方面它是建筑学科自身建设的重要课题；另一方面，在具体的建筑设计实践中，它更是有着首要的和根本性的影响。

虽然无论从纵向——历时数千年的中国建筑结构、构造体系的发展和形制演变来看，还是从横向——从官方到民间的不同建筑形制和建造文化的共时存在来看，我们都曾经有过丰厚的建构文化传统。但是，“对中国‘建构’传统的基础研究工作——本来可说是中国建筑历史、理论研究中最具有坚实力的部分——却从来未能催发出具有现代意义的建构文化”。[1] 因此，事实上，今天所谓的建构，尤其是其理论命题和表述话语，皆无不源自欧洲的文化与建筑传统。

一、“建构”：外来术语的本土借用与转译

虽然有弗兰姆普敦（Kenneth Frampton）的词源学考察，还是几乎没人能够为“建构”提出一个令人信服并且广为接受的定义。这不仅由于“建构”在学科和主题上的复杂性，更由于它经历的漫长历史和在不同文化的浸染下产生的

意义转译。即便如此，为展开讨论，我们仍然可以尝试归纳它的几种主要含义：一是在《诗学》的译注中陈中梅所作的非常宽泛的解释，即古希腊时期它不仅是一种物质性的操作，还是理性和“归纳”的产物，是指导行动的知识本身[1]；二是地质学用语，表示地质或地层的构造；三是森佩尔（Gottfried Semper）四要素中的木“架构”（framework）；四是阿道夫·波拜因（Adolf Borbein）定义的“连接的艺术”（the art of joining）；五是如今通常认为的一种从结构、建造和材料方面来说的某种建筑品质。

我们当然可以这样从西方建筑与文化的发展中去追溯和梳理其含义，但是观察自己身边它是如何被接受的则更富于现实意义。

建构话语的引入始于20世纪90年代末，并有明确的针对性，即通过事实上的“横向移植西方历史中的建筑观念”来“对抗当代中国在意识形态和商业文化双重影响下的风格化建筑”。换句话说，它是一种疗治风格的药方。与此相对应的，则有回归基本建筑的吁求。张永和在《平常建筑》中提出设计实践的起点是建造而非理论，并把建筑归结为“建造的材料、方法、过程和结果的总和”。这样“建造就形成一种思想方法，本身就构成一种理论，它讨论建造如何构成建筑的意义，而不是建造在建筑中的意义”[2]。在两年后的《向工业建筑学习》一文中，更为清晰地表述为：“它解决建造与形式、房屋与基地、人与空间的关系这三组建筑的基本问题，从而排除审美及意识形态的干扰以返回建筑的本质。”[3] 在文中，回归基本建筑的核心意图在于去除意识形态的干扰，使建筑不再成为表意的工具，拒绝建筑本体以外的因素成为建筑形式（形象、风格）的来源。这几乎是在重复19世纪“我们应当以什么风格来建造”的讨论，其未及言明的答案则是：我们要以建造的风格来建造，即“如其所是”。

在对于建造、材料和结构的还原式吁求中，“建构”概念被简单而明确地理解为“对结构关系与建造逻辑的忠实表达”，看上去很“结构”的和很“材料”的建筑都被形容为“建构”的。

这种措辞简洁的理解虽然不够完整和准确，但它对于实践有明确的指导性，并对当时后现代商业主义和意识形态混合的状况有明确的针对性，作为权宜之计倒也未尝不可，甚至非常有效。这种权宜性并非没有人意识到，朱涛稍后便不无刻薄地指出这种还原性努力的内在缺陷：“所有这些基本、核心的问题实际上在今天都无法被还原到一个纯粹、客观、坚实、自明的基础上。”而“那种被认为‘清除了意义的干扰’的纯建筑学提案实际上是建立在对某一种特定意义系统的预设基础上的”，并警告“如果不深入讨论这些预设价值的意义和局限，以及它们在建构实验者的思考和实践中所展露出中的复杂性和矛盾性，我们很难想象一个建立在虚设价值平台，完全回避思想检验的‘建构学’能够有效地支撑当代中国建筑师的实践多久”[4]。

这种担忧显然并非杞人忧天。如果说那时几乎所有讨论都把建筑呈现出什么样的面貌作为关注核心的话，建构的诉求就是这一面貌不应再由建筑学基本问题以外的因素来塑造。但是，这并不妨碍在大多数情况下，其诉求本身恰恰仍然被理解成以面貌的改变、即另一种面貌的塑造为核心。换句话说，建构自身在这个语境下被接受和理解成、甚至是被有意或无意地塑造成一种一眼看上去可以加以判断的东西。以面貌来对抗面貌，这无异于抽刀断水水更流。若仅仅集中于结构或材料本身，则无疑割裂了它与更广泛意义上的建筑的联系，成为一种静态的图像。如此理解的建构学非但难以有效地疗治风格的滥用，更会因其本身的营养不良而难以为继，失去实践之中本应呈现的丰满与润泽。

假如我们不去否认建筑的根本存在在于它与人之间建立的关系，也认知到大地乃是建筑得以开始的首要前提的话，身体与地形就变得与建造和材料——过去十多年来我们所谓的建构——不可分离。虽然如此，如何去理解身体与地形方能使其更具积极的效用却并非显而易见。

二、身体：肌肤之亲中的“整体知觉”，“单个的人”如何到“社会的人”

肌肤所触，身体所知，实非结构，而在表面。对知觉空间产生影响的也并非抽象的结构，而是表面——无论是独立的、分离的表面，还是结构自身具有的表面。这种依靠表面来建立与空间的关系的取向，很容易让人想起路斯的一段话：“对于耐久性的渴望以及建造方面的要求（而产生的对于材料的要求），常常与建筑的真正目的并不一致。建筑师的根本任务在于创造一个温暖宜居的空间。”这里，强调了空间作为根本任务，表面作为定义空间的手段。他接着说，也有人在意的是一片一片的墙体，剩下的部分便成为房间，“接着再为这些房间选择某种饰面材料”。这使得表面问题纯粹成为装修工作，可想而知，视觉常常居于第一位，身体性的感知与想象则是缺席的。与此相对照的是那些真正的建筑师们，他们“首先试图去感受要实现的效果，并在其想象中看到意图创造的房间”。这看起来仅仅是孰先孰后的问题，可是其中蕴含的是身体的在场或缺席。后者由于先有一个意象，一种身体性的意象，而使身体先行介入。关于这一点，日本建筑师坂本一成（Sakamoto Kazunari）也有类似的论述，他说：“我不怎么考虑‘使用这种材料会产生什么’的问题。我的立场是首先有空间的意象，再

1. 米勒宅中的大理石饰面的建构式连接，阿道夫·路斯，布拉格，1931
2. “祖师谷的家”中结构（柱）与表面（墙）的“错动”关系，坂本一成，东京，1981（郭屹民 编. 建筑的诗学：对话·坂本一成的思考 [M]. 南京：东南大学出版社，2011.）

1. Tectonic joining of the marble cladding in the Villa Müller, Adolf Loos, Prague, 1931 (Source: Leslie Van Duzer & Kent Kleinman. Villa Müller: A work of Adolf Loos [M], New York: Princeton University Press,1994)
2. The wavering relations of column and wall in the House in Soshigaya (Sakamoto Kazunari, Tokyo, 1981)

为了创造这样一个空间而选择最为合适的材料。”[5]

回到建构的概念上来，如果把建构理解成“对结构关系与建造逻辑的忠实表达”，也就是对于重力传递方式和建造逻辑的清晰表达，路斯的建筑即便不是作为反建构的典例，起码也是非建构的。在他的建筑中，结构上的明晰性常常让位于空间上的明晰性而退居次要地位，弗兰姆普敦干脆明确指出，“他那在空间上充满动感的‘容积规划’（Raumplan）根本无法用建构的方式来清晰呈现”[6]。然而，当我们把目光移向他对于饰面的处理上（图 1），发现四周的大理石板兜起了顶面的大理石，他像瓦格纳（Otto Wagner）一样通过这一细节表明了大理石的饰面性。对于这一问题的自觉，以及他对于“饰面本身与被饰面（覆盖）物之间将不可能造成混淆”的坚持，表明了路斯在另一层面上对于建构性的尊重。在这种态度中，他尊重材料的自然属性，但同时又不被结构意义上的建构性压倒，从而牺牲空间的身体性感知。毋宁说，路斯的方式是在结构与身体的两难中取得的艰难平衡，从而把建构的观念延伸至表面的处理中去[2]。

假如身体仅指肌肤的话，无论是通过单一化的视觉方式还是综合化的触觉方式，身体对建构的领会大约也就将止步于表面。在建构的问题上，有必要强调身体的第二只眼睛，即一种思考力，是在直观的经验积累上表现出的一种穿透力。凭借基于这种力量而来的领会，身体得以深入到表面背后不可触及的质素。路斯所谓的“第二位工作”，固然在他的语境下是从属性的和服务性的，但是它与建筑师的“根本任务”必须有一种扭结、叠合，否则将不能满足身体的第二只眼睛的期待。正如于贝尔·达米希（Hubert Damisch）对维奥莱·勒-迪克（Viollet le-Duc）观点的阐述所表明的：“现象学方法在任何情况下都无法取代结构分析，而只能间接地引导我们到达建筑的‘本质存在’。”这种本质存在既非结构亦非表面，而只能在两者相得益彰的互动中呈现。为了说明这一点，让我们再次回到坂本。在“祖师谷的家”这一建筑中，独立于墙壁的柱子显露在窗口中，也显露在两个空间的相连处（图2）。乍看上去，这似乎体现了坂本把结构与空间作为各自独立的事情来考虑，但是我更愿意相信，这是他仔细协调后的一种折衷：他不相信结构是最为重要的，但是他也不相信因为表面的重要性，便可把结构完全降至工具性的地位。既显又隐的后果便有了结构与空间这两个不同系统的叠合，这种叠合是不契合、不匹配的，因而也是不严密、不封闭的。它体现一种包容性的态度，但是又是隐晦的，而非直白的。身处其中，我们将同时认知到与我们肌肤相亲的表面，也意会到——但是又不能完全地把握和肯定——表面背后的支撑体系与逻辑。表面与结构这两者似乎在交错地进入前景与退入背景，这样的暧昧与模糊在人的身体内激起某种探究的欲望，也使建筑在并非动线的意义上不时地处于变动之中，正是在这种不确定性中，身体得以进入其中。

在以上的层面来关注身体之于建构的意义，似乎是要强调那种所谓的建筑现象学了。我的回答是：既是又不是。在当代建筑学中，我们经常见到充满材料的表面肌理与梦幻光线的建筑，可遗憾的是，多数情况下又多少觉得它们更多地沉溺于个人知觉的体验与表达，而缺乏另一向度上的身体性，也就是社会性的身体和处于特定生活模式中的身体。或许在当代讨论这一向度已经困难重重，因为我们甚至不能肯定，在这样一个高度碎片化的社会里，该如何进入这一话题。这早已不再是森佩尔生活的150年前的时代。即便如此，回望一下可能并非毫无益处。

在关于表面（bekleidung）和材料的论述中，森佩尔从来没有离开人类的境况，只去关注单个的人。他对于表面的强调固然是因为它限定了空间，但是更为重要的是，它同时还表达了（articulate）空间。只是在森佩尔那里，这种表达更多地是通过象征性来达成，因此才有了“对于面具的（物质性的）再次遮蔽”（masking the mask）。否定了面具的物质性，象征性方才得以彰显。戴维·莱瑟巴罗指出：“在做过许多人种学和历史学的研究之后，森佩尔主张，纪念性艺术起源于节日（的庆典）。他认为，从根本上来说，建筑是对事件和仪式的记录，也是比较耐久的符号。而一个民族或是社会，正是通过这些事件与仪式，才把自

3. 神经科学研究院中基座与地形的一体化，托德·威廉＋比莉·钱，1995，拉－霍拉，加利福尼亚（自摄）
4. 森佩尔绘制的加勒比原始茅屋的图解
5. 尤恩·伍重对于中国古建筑重檐—台基之建筑意象的提炼

3. The integration of base and topography in the Neuroscience Institute, Tod Williams and Billie Tsien, La Jolla, California, 1995
4. Diagram drawing of the Caribbean Hut by Gottfried Semper (Source: Gottfried Semper, The Four Elements of Architecture and Other Writings[M]. trans. Harry Francis Mallgrave and Wolfgang Herrmann, New York: Cambridge University Press, 1989)
5. Sketch by Jørn Utzon depicting the pagoda-Podium relation in the Chinese architecture (Source: Kenneth Frampton, Studies in Tectonic Culture[M]. Cambridge, Mass.: MIT Press,1995.

己结合在一起。”[7] 这里，我们可以看出森佩尔对于另一意义上身体的强调，尤其表现在下面一段论述中：“临时搭起的支架成为庆典的装置，其上挂满了华丽而新奇的饰品——它们表明这是一个庆祝的场合。这些装置（支架）强化、装饰、打扮了庆典的辉煌，（支架上）……装饰着飘带和战利品。这些庆典装置表明了永久性纪念物的动因（motive）——即将这庄严的仪式，或是节日的庆典，代代相传下去。”[7] 只是，在一个早已世俗化，如今已经碎片化的世界中，我们决然无法再以象征的方式来寻求身体的社会性。在新的条件下，如何让身体经验不再止于个人，并贡献于社会性的向度将是一个巨大的挑战。森佩尔没有指出的是，搭建支架的过程其实本身也是构筑共同记忆的事件，建造本身即是一种身体性行为，不仅是个人的，也是社会的。问题在于，在工业化或半工业化的条件下，“搭建”还为身体性留有多少空间，它还足以支承社会性身体的构建吗？

在一篇关于森佩尔的短文中，莱瑟巴罗在简要提及努维尔、卒姆托、赫尔佐格和德梅隆以及妹岛和世之后，做出了这样的评价：“在对于建筑表面的热衷中，虽然森佩尔的影响清晰可见，但是，他最根本的目标，即努力去发现能够在建筑中表达和保存一个文化中最为深刻的记忆和思想，俨然已经成为一种野心，而今天的建筑师却鲜有那样的雄心去追求了。由于这一原因，如果下一代的建筑师能够再次回到森佩尔的文本，承受它的困难，但是努力去理解其中蕴涵的深意，将不啻是一个明智的选择。”[7] 这样的任务，艰难却又不容回避。它摆在每一位建筑师的面前。

三、地形——建筑如何接触大地，建筑又如何自处于大地之中

如果说身体意味着建造活动的终极指向与依归，因而面向身体的建构有可能使建造避开风格化的危险，并在真正意义上提高建筑品质的话，那么，大地则因为是建造活动的首要前提，而可能具有同样的功效。从这一意义来说，地形（topography）之于建构的重要性是不言而喻的。其实，“tectonic”所具有的“地质与地层构造”这样的地质学基本含义也暗示了它与地形的不可分离。

王骏阳先生在《建构文化研究》的译后记中指出：维奥莱·勒-迪克的“结构理性主义”和森佩尔的“建筑四要素理论”是此书的两个理论基石，且两者相辅相成，缺一不可。[8] 这无疑是非常精辟的洞察与概括。但是，在类似“对结构关系与建造逻辑的忠实表达”这样的理解中，所谓“建构”便只有结构理性主义的精神，而难见森佩尔四要素理论之踪影了。由此失却的不仅是材料的身体性，还有建筑和地形的关系。

作为四要素之一的基台（mound）可以在不同尺度上被引申，也就是这里所说的地形（topography）的基本含义。它既意味着人类对大地的占据，也是建筑与地面的接触方式。在不同的具体条件下，它表现为不同的形式。固然可以是通常所见的抬高，建筑坐落其上；而抬高的基座也可能如范斯沃斯住宅那样挖空，从而模糊了基座的性质；也可以是消隐的，如戈兹美术馆；它甚至可能融入更大的地形，使得建筑似乎是嵌入其中。此时，对于场地和建筑的建造可以用同样的要素来完成，例如位于加利福尼亚州的神经科学研究院（Neurosciences Institute），其挡土墙既是地形又是建筑的一部分（图 3）。如果我们仔细倾听地形的声音，建构的形式或许可以不再仅仅是对结构与建造的再现，它也可能不再被视觉化为又一种样式。或许，这也是弗兰姆普敦论述地形的缘由之一。为此，他把森佩尔原本三个围绕一个构成的等级化四要素（图 4）分为两组，即下部的土作（earthwork），包括了炉灶与基台，以及上部的架构（framework），包括了框架、围护与分隔。在伍重的一张草图中，这一建构形式被表达得淋漓尽致，它精炼地道出了建筑与大地的关系，甚至因为省略了竖向构件，而更好地表达了弗兰姆普敦对四要素的解读（图 5）。

除了表达基地关系的基本含义以外，地形的塑造本身有其重要的象征意义。

6. 伊瓜拉达墓园融合于场地条件，恩里克·米拉雷斯，西班牙，1994（自摄）
7. 时间向度中的伊瓜拉达墓园，恩里克·米拉雷斯，西班牙，1994（自摄）

6. Integration of building and terrain in the Igualada Cemetery, Enric Miralles, Spain, 1994
7. Igualada Cemetery in the topographical time, Enric Miralles, Spain, 1994

而这一点在弗兰姆普敦对于四要素的二分中，在对于这两种类别的某种物质主义方式的强调中被抹杀了[3]。在森佩尔那里，炉灶被称作最古老的宗教象征，并被描述为汇聚的场所和标记；同样，基台也有其他的象征性含义。卡尔·辛克尔（Karl Schinkel）和弗里德里希·基利（Friedrich Gilly）等 18、19 世纪的建筑师和理论家们，便把基台部分的建造与建筑和社会的起始相联系，构筑房屋的基础或是整理建造的场地，意味着为社区、社会和宗教建立范围与领地。因此，所谓的“抬升”（基台），其重点并不在于“砌筑”这样一种建造方式，也不在于砖或石这样的具体材料，而在于它所建立的建筑与大地的关系；而所谓的“汇聚”（炉灶），其重点也不在于“陶艺”，或是作为材料的黏土，而在于它是一个家庭汇聚的中心。这么看来，这种约减或说归类，在形式便利的同时，也缩减了森佩尔原本意图表达的社会性内涵，尤其是那些非物质性的，比方说宗教的、文化的与社会的方面，事实上这些正是森佩尔强调的。

对建筑师来说，在更多时候地形被理解为一种物质性的、可以触摸到的、能够被主动加工的东西。这种理解固然正确，但是又往往掩盖了地形潜在的特性，而正是这些特性决定了其现在，也暗示了其可能的变化。一方面，地形不仅仅是静态的，它是绵延时间中的地形，因而是会不断生成、成长、变化的地形；另一方面，它也并非土地本身，还有自然所施加的影响（图 6，图 7）。这是一种被拓展了的地形，它是广义上对场地的书写，这种含义也体现在其西语概念（topography）的构成当中：“topo-”意味着“场所”（place），“-graphy”意味着“表达”（articulation）、“书写”（writing）、“记录”（registering）[4]。因此，在可以触摸到的物质形态以外，地形同时更是一种潜在的东西，一种有待呈现的东西。也因为这种有待呈现的潜在，它内在地包含了环境在时间向度中的变化，以及这种变化对建筑施加的影响，最为显明的莫过于风化（weathering）。在这一意义上，地形是弱的，是背景，是有待发现和呈现的东西，要随着时间的流逝方能显现。它是低声细语的，甚至是沉默的。它既是建构不可或缺的背景，也是建构不能不去顾盼和保有的内涵。

四、结语

在本文的开始，我列出过关于“tectonic”的几种理解方式。其中，作为节点的建构，或许与编织有关，并进而与表面和身体相联系；而作为地质的建构则自然暗含着地形。即便不做这种概念上的推测，即便根据常识而言，身体与地形乃是建构概念的应有之义，它们也已经被作为重要主题包含在《建构文化研究》的绪论中。这里，我所谓的“面向”，只不过是希望再次凸显它们；也可以认为，之所以这么做是因为在某一特定时期和语境下，这一应有之义一度被淡忘，被忽视了。假如说，很长一段时期以来，我们关于建构的话语多为“横向移植西方历史中的建筑观念”，而少有“建筑师从个人的建筑理念出发结合当代中国特定的技术文化语境自下而上地展开的设计探索”的话[4]，那么，我还认为，这种朝向身体与地形的“面向”，恰恰有可能帮助我们破除那些先验式的建构教条，转向当下，转向实事（reality），转向日常。因为，身体与地形当中总有一些东西逼迫着我们，不能安身于那些转借来的观念和审美体系。在这里，你无法逃离，只能突围，而正是在这种直面现实的突围中，建构方可获得持续实践的生命力，这种实践也才会因为与具体条件的结合而更为丰满和有效。

对于身体与地形，中国的建造传统有着天然的亲近。因此，中国传统建筑中的建构（如果我们可以借用这一概念来表述的话）观念对于无论是结构还是材料本身的表现都没有那么执著。换句话说，那种“如是”的物质观在中国的传统观念中并无特别的意义，它们最终无不要归于人与地这两个价值因素。就这一点而言，对于建构概念中身体与地形内涵的强调恰恰暗合于中国的建造传统，大约也是中国的传统观念在今天仍可做出贡献的地方。

本文为教育部博士点（新教师）基金“材料策略：中国当代建筑设计价值反思与方法重构”（项目号200802861048）的部分工作。

注释

1 亚里士多德《诗学》的中译者陈中梅先生以附录的形式对古希腊时代的建构（tekhnè）概念作了专门论述。首先从词源学的角度来说，他指出希腊词“tekhnè”来自印欧语词干“tekhn-”（木制品或木工），与此相关联的还有梵语词“taksan”（木工、建造者），赫梯语词“takkss-”（连合、建造），拉丁语词“texere”（编织、制造）。从这些词源已然可以看出节点与建构的密切关系。此外，他着重论述了这一概念在古希腊时期的丰富内涵：古希腊人知道“tekhnai”（tekhnè 的复数形式）是方便和充实生活的“工具”，但是，他们没有用不同的词汇严格区分我们今天所说的“技术”和“艺术”。“‘tekhnè’（建构）是个笼统的术语，既指技术和技艺，亦指工艺和艺术……作为技艺，‘tekhnè’的目的是生产有实用价值的器具；作为艺术，‘tekhnè’的目的是生产供人欣赏的作品。”他指出，“tekhnè”不仅仅是一种物质性的操作，它还是理性和“归纳”的产物。它在具有某种功用的行动的同时，还是指导行动的知识本身。关于这一点，陈先生在与“epistèmè”（系统知识、科学知识）和经验（empeiria）的比较中做了进一步的阐述，并做了如下总结：作为低层次上的知识的概括者，“tekhnè”站在“empeiria”的肩上，眺望着“epistèmè”的光彩。“tekhnè”是一种审核的原则，一种尺度和标准，盲目的、不受规则和规范制约的行动是没有“tekhnè”可言的。亚里士多德 . 诗学 [M]. 陈中梅，译 . 北京：商务印书馆，2003: 234-245.

2 关于表面、空间、建构的问题，王骏阳（王群）曾有精辟的论述：“只有将‘表皮’问题与结构、空间等建筑学的基本问题联系在一起，才能使我们避免陷入应该用‘表皮建筑学’来弥补‘建构学’的不足、还是用‘建构学’来克服‘表皮建筑学’之偏颇的理论怪圈。其实，这不仅仅是一个理论问题，三者的综合也是一个具有更好品质的建筑作品的前提之一。”王骏阳. “建构文化研究”译后记（下）[J]. 时代建筑，2011(6)：108. 以及王群. 空间、构造、表皮与极少主义——关于赫尔佐格和德梅隆建筑艺术的几点思考 [J]. 建筑师，1998(10): 38-56.

3 不论是从实际的建筑中，还是森佩尔关于四要素的图解中，我们都不难发现，下部的土作部分（earthwork）通常是重的，上部的架构部分（framework）则通常是轻的；前者是不透的而后者是透明的；前者是一个整体，后者则是组合性的；基台通常在居住平面以下，而构架部分则在其上和周围。这么看来，这样的归纳是非常自然的。但是，当我们说基台与炉灶是相似的因为二者都很重的时候，这些要素的其他意义却被忽视了。

4 关于这一点，没有比戴维·莱瑟巴罗的论述更为精彩了。他从六个方面阐述了这种扩展意义上的地形的特征：是建筑和景观的水平延展；有马赛克式的异质性；既非“如是的”土地，亦非“如是的”材料；不是阳光下形式的游戏；在，却并不彰显；饱含实践的痕迹。David Leatherbarrow. Topographical Premises[J].Journal of Architectural Education, 2004(02), V. 57 Issue 3: 70-73.

参考文献

[1] 朱涛 . “建构”的许诺与虚设：论当代中国建筑学发展中的一个观念 [A] // 中国建筑 69 年（1949—2009）：历史理论研究 [C]. 朱剑飞，主编 . 北京：中国建筑工业出版社，2009: 266.

[2] 张永和. 平常建筑 [J]. 建筑师，1998(10): 28.

[3] 张永和. 向工业建筑学习 [J]. 世界建筑，2000(07): 22.

[4] 朱涛. “建构”的许诺与虚设：论当代中国建筑学发展中的“建构”观念 [J]. 时代建筑，2002(5): 31.

[5] 郭屹民. 建筑的诗学：对话·坂本一成的思考 [M]. 南京：东南大学出版社，2011: 228.

[6] Kenneth Frampton. Studies in Tectonic Culture: The Poetics of Construction in Nineteenth and Twentieth Century Architecture [M]. Cambridge, Mass.: MIT Press, c1995:18.

[7] 戴维·莱瑟巴罗，戈特弗里德·森佩尔 . 建筑，文本，织物 [J]. 史永高，译 . 时代建筑，2010(2): 125.

[8] 王骏阳 . “建构文化研究”译后记（中）[J]. 时代建筑，2011(5): 143.

作者简介

史永高，男，东南大学建筑学院 副教授

实践者的思想性实践

寻找超越“数字”手段的当代实践

Practitioner's Intellectual Practice

Looking for Contemporary Practice beyond Digital Technique

范凌
FAN Ling

一、引言

受彭怒老师和王飞老师邀请，我到“建造诗学：建构理论的翻译与扩展讨论”的会议中，结合自己的实践经历来谈耶西·赖泽与梅本菜菜子（Jesse Reiser，Umemoto Nanako，以下简称“RUR”）的书《新建构地图册》（*Atlas of Novel Tectonics*）。对这个任务的一个正统理解是：把19世纪以来的建构研究拓展到21世纪的当代数字建筑语境中。

借用王骏阳老师在这次大会里的小型研讨会报告题目《建构与我们》——让“建构与我们”在数字媒体时代、后自由化时代和全球化时代继续纠结下去。但是，“数字建构”的蔓延似乎更为迅猛：一方面，“科学是第一生产力”的国策已经让这个趋势具有了默认的合理性；另一方面，计算机设计工具和设计语言也成为职业建筑师在日渐自由化的社会、政治和经济环境大趋势下少有的能找到的技术依靠。从文化层面讨论数字建构的必要性远不及在技术层面的讨论。然而，技术的进步并不能被认为是一个特例。需要警惕的是一些已经发生在“现代主义”建筑中的问题：菲利普·约翰逊（Philip Johnson）和亨利·希区柯克（Henry-Russell Hitchcock）在纽约现代美术馆的“国际式”展览中，明确指出如

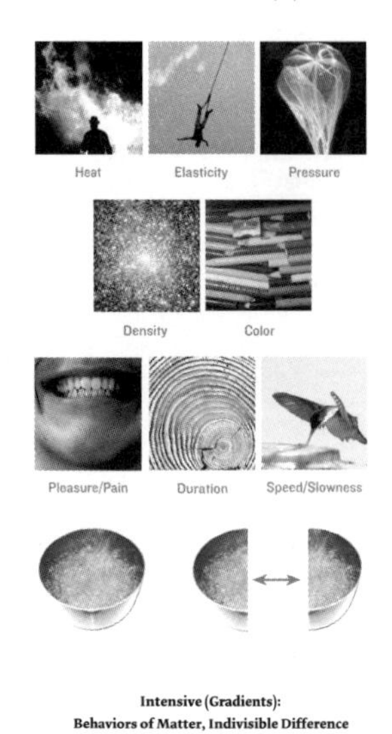

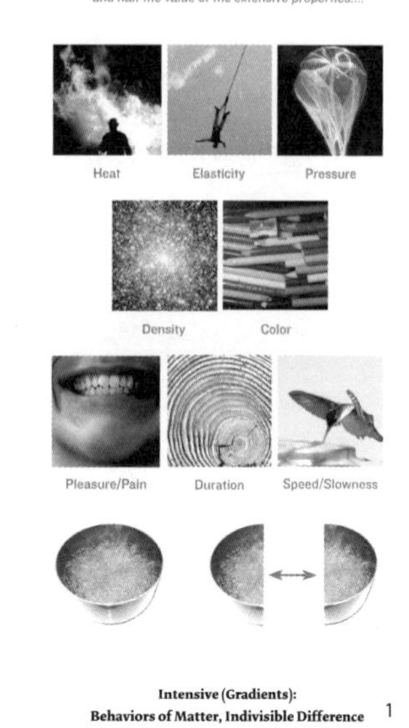

1. 强度性质和广度性质（摘自《新建构地图册》第 76-77 页）
1. Intensive and extensive (from *Atlas of Novel Tectonics*, P 76-77)

何做一个“现代主义”的建筑师，而该展览和相关的出版物也终结了作为一种思考的现代主义，开启了作为一种风格的现代主义——一种关于“新”（novelty）的消费品。本文则希望能呼吁对当代状况所带来的“思维与想法”潜力的关注。

我们可以换一个角度理解“新”——这是一个宏观的、观念的和松弛的“新”——哈佛大学已故政治学教授亨廷顿（Samuel Huntington）认为：21 世纪会重复 19 世纪的政治、社会、宗教的抵抗。20 世纪并不能改变这种历史的重复。“新的另一种理解是对过去旧的东西的重复，而并不一定是改善、发展或者适应。”

我们并不需要同意或者反对亨廷顿的观点，更重要的是，当把诗意的建构延伸到当代数字建筑语境的时候，我们似乎期望一种建构的全面运用和全面合理性。在此过程中，建构的对手“被和谐了”。我很担心对手的消失，这让我无法定位自己，这似乎也是“数字建构”这个看似无懈可击的组合所面临的危机。

二、作为知识分子的实践者

以帕拉第奥（Palladio）、罗西（Aldo Rossi）、艾森曼（Peter Eisenman）、库哈斯（Rem Koolhaas）等为代表的西方“建筑师－评论家”（architect-critic）类型的建筑实践方式正在学科范畴中逐渐消失。大多数建筑实践不是落入即兴表演式的设计行为，就是处于实践的边缘推行追根溯源式的理论实践计划。针对这些情况，也许我们可以武断地认为，这是由于建筑实践状态中思想性的缺失以及建筑师作为“知识分子”的角色的消失。

2006年由普林斯顿建筑出版社出版的《新建构地图册》问世的时候，作为年轻一代的建筑实践者，我们为“建筑师－评论家”物种的复活和回归而欢呼。该书的分类和装帧都让我们想起了20世纪六七十年代活跃在法国的独立知识分子（尤其是萨特和罗兰·巴特），也提醒我们作为“知识分子”式的实践已经是几十年前的事情。我试图回避一种怀旧的情怀，而关注这个角色的工具性和生产力：帮助我们理解今天和创造明天。

三、思想性实践

在很长一段时间里都鲜有建筑师出版自己的写作。这里需要指出的是，所谓的建筑师写作并非指建筑理论、历史的研究成果，也不是建筑师对自己作品的文本阐述。讨论建筑师的写作而不是讨论作品，这不仅在中国，即使在一个更广泛的语境下也似乎有些奇怪。英国建筑评论家罗宾·埃文斯（Robin Evans）曾经精辟地指出：建筑师的写作全部都与设计提案有关。在我看来，许多建筑师进行的文字工作都可以从一种“广告”式的角度进行理解，最终把设计提案放在某种社会、政治、学术甚至更高的层面——作为一种市场策略。因此，也就形成了当今建筑出版的某一种定式：理论、评论的文章加上作品汇总。当然，与这种出版定式形成鲜明对比的常常是一些可以被称为“思想性实践”（intellectual practice）的经典之作：例如，文丘里（Robert Venturi）的《建筑的矛盾性与复杂性》、库哈斯的《疯狂的纽约》、《小、中、大、超大》以及罗西的《城市建筑学》。笔者认为，其中最具有批判性的思想性实践是库哈斯的《小、中、大、超大》。在这本书中，作品和思想性写作之间终于完全融合、不可分割，形成这种整体性的一个重要因素就是书本身的“物质性体量”。这本书的出现是一个颠覆——用理论文字对设计作品进行解释只显得多余。也许，解释、阐述

Material Computation: The Case of the Catenary

The argument for poise in geometry can be equated to an argument for poise in matter. This relates to the historical development of maxima and minima problems in mathematics and physics. The isolation of a minimal or maximal principle appears in the works of the Ancients through the development of modern physics and calculus as the solution to physical problems, as, for example, when the minimum energy is extended to perform a given action, or the minimal path is taken by a particle or wave. The pure minima and the pure maxima are brought together in states of economy, as, for example, in the engineering problem solved by a maximum span with minimum materials. The calculus of variations is the branch of mathematics that deals with these kinds of relationships, the method devised by Joseph-Louis Lagrange to find the change caused in an expression containing any number of variables when one lets all or any of the variables change. While such solutions are resolved through the definition and interaction of variables fed into an equation, our procedures often follow an inverse logic that employs physical modeling in advance of any definitive quantitative determination. We are working with calculus in the tradition of the boot-strap method, which includes Joseph Plateau's mid-nineteenth-century discovery of soap film structures in physical models that predated the system of partial differential equations involved in calculating the surface of smallest area with a given boundary that weren't solved mathematically until 1931. Within this way of thinking, the physical experiment is often

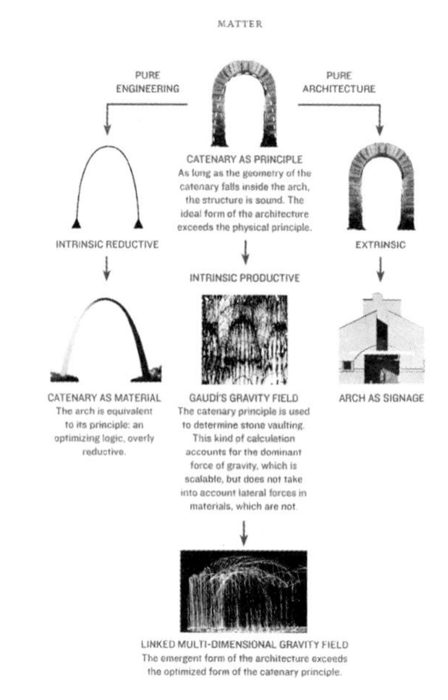

2. 材料计算：悬链线的案例（摘自《新建构地图册》第 150-151 页）
2. Material computation: the case of the catenary (from *Atlas of Novel Tectonics*, pp. 150-151)

一个作品并没有错，把作品和理论并置也无可厚非。只是，真诚地说，有很多思想性写作并不能被简化为一种物质化的证明，不论是通过建筑、图纸、照片还是其他。

从技术和科学的角度进行思考的知识分子从来不占少数，而且在社会、文化、政治等因素与技术的关系日益交织和复杂化的当代语境下，我们毫无疑问地需要质疑对学科发展中的技术进步的过度强调——把某种设计技能进行放大化和特殊化。我们认为：技术进步带来的相应反应是一个在历史上不断进行的过程。历史上的“技术表现主义”也层出不穷，甚至可以追溯到古希腊。而这种技术表现主义，或者更宽泛地说，技术导向的设计途径指向另一个更有意义的讨论角度，即一种建筑实证的角度，重新把建筑本身的实验性和不确定性带入一个动手的层面，而这种动手的实验以及从这种实验中尝试寻找意外和不确定性带来的设计结果，恰恰是一个核心的问题。因此，建筑师从狭义的文化性转向思维的现代性，从表面美学转向科学和实验，从论证转向实证。我认为，这种转向是对我们当代中国建筑实践的善意批判。

四、关联和区别

《新建构地图册》这本书是关于"复杂性"的"简单"读本。若以 RUR 惯用的科学历史观来反思人类所面对的问题，不论是牛顿还是爱因斯坦的研究都还停留在"2"上：或是"2"个物体的关系（牛顿的经典力学讨论的是两个物体之间的万有引力关系），或是一个物体的"2"种属性（爱因斯坦的光的波粒二向性讨论光在不同状态下属性的动态）。"2"以上的很多问题在科学界还都是悬而未决的"猜想"。在"几何"（Geometry）、"物质"（Matter）、"操作"（Operating）、"应该避免的常规错误"（Common Errors to Avoid）、"这个世界"（The World）五个部分中，RUR 分析了"2"产生的"区别"和"关联"。

"区别"如：质的差异与量的差异、变化与变种、连续性与不连续性、选择与分类、传统意义上的身体与非个人的个体、必要的系统与有独立性的系统、建筑与战争……

"关联"如：强度（属性）和容量（属性）、几何和物质 、物质和力、合适尺度和超大尺度、功能策划和歌词之间的类比……

正是"区别的积累形成了差异"（Differences make a difference）。这一系列的"0"和"1"式的编码过程产生的"区别"（differences）形成这本书所代表的"知识分子"式的实践状态所产生的"差异"。美国评论家桑福德·奎因特（Sanford Kwinter）在书首的介绍中指出："差异"所处的语境是一种"新物质主义"（New Materialism）。RUR 亦多次提到"物质实验"的积极作用，"物质实验是获得多重变量之间的实际关系状况的唯一途径"，"软件确实可以模拟和复原，但是任何一个研究物质系统的科学家都会告诉你，物质领域（的实验）会产生更丰富的和更特殊的结果。"[1]152-153 奎因特精辟地指出：物质主义的特征就是"意外"的产生。

在这个语境下，我希望延续"区别"和"关联"来讨论 RUR 思想性实践的学科性作用。一方面，RUR 通过反复强调的"物质实验"、"材料计算"、"新物质主义"和"材料操作"与更时髦的计算机建筑师区别开来；另一方面，他们通过对更复杂的"科学操作"（scientific operation）和"文化语境"的延展，开启了与高迪（Antoni Gaudi）、密斯（Mies van der Rohe）等人的建筑学建构传统

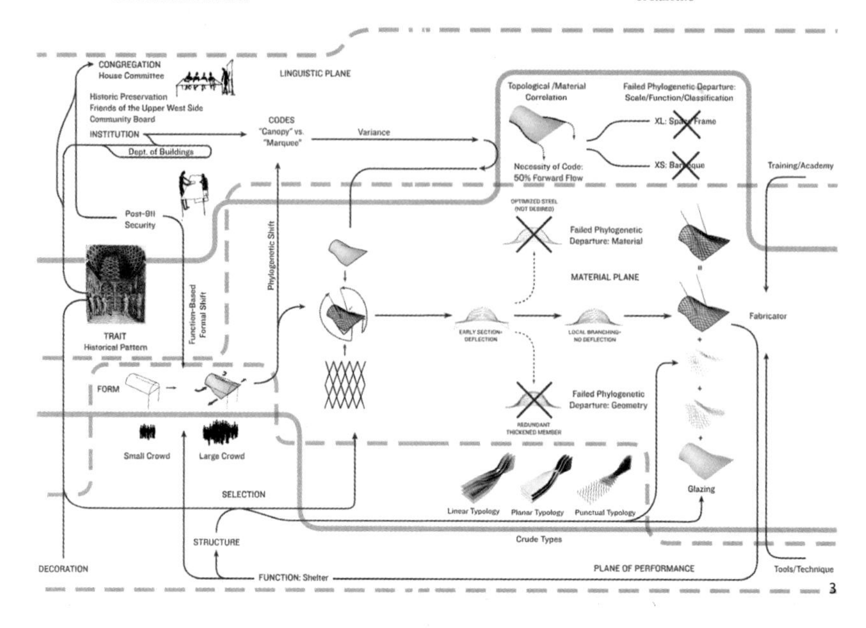

3. 图案的迁移（摘自《新建构地图册》第 184-185 页）
3. Migration of pattern (from *Atlas of Novel Tectonics*, pp. 184-185)

的对话。然而，这种姿态和方法（而不是策略，因为策略往往产生更有效、直接和即兴的结果）可以反映在本书题目所包含的三个关键词上："Novel"（新的）、"Atlas"（地图册）、"Tectonics"（建构）。

五、新

"新"（novelty）或"新的"（novel）暗示了一种新自由主义（Neo-Liberalism）和终极消费主义的社会政治语境，通过创造新的状态从而达到资本集中和资本重新分配。然而这一发展及其泡沫性的后果所产生的问题亦是我们无法回避的（席卷全球的"占领华尔街"运动就是其中的一个重要后果），从这个角度来说，追求壮观的"新建筑"形式是值得质疑的，也极大地贬低了建筑师的多层面角色。奎因特指出，最好不要把“新”埋得太深，成为一种神秘的“创造”，而更应该认为是一种自发的和蓄意的“迁移”（migration）。[1]12 我认为，这一观点把“新”从结果或效果导向了“发现”的过程，“迁移”取代了“转化”（transform）或“生成”（generate），暗示了一种类似化学变化的（新）物质产生过程：例如，树－木材－碳。它们之间在物质上是同构的，却分别具有不同形式的表征，即有机物质（树）、建构物质（木材）和化学物质（碳）。若用一个类似的例子来描述“转化”和“生成”的话，“转化”是“树－木材－木梁”，即一种传统的经典建筑建构；“生成”是“树－树状结构或树状表皮”，即一种数字建构。这个过程最显著的特征之一就在于“意外”，例如火药的发明就是一个著名的意外，从一个状态迁移到另一个，从而产生新的属性和使用潜力。当然，对于这个意外的发现和运用，也需要人的灵感、敏感和实证精神。

六、建构

“建构”在“新”的语境下更接近一种让步，而不一定是回归；是一种遭遇，而不是一种歌颂。也就是说，若建筑是一种社会政治、经济力量作用于空间的物质化，我们需要考虑“新的”背后的深层结构。这种结构指向了“建构”——一种在弗兰姆普敦（Kenneth Frampton）眼中具有“诗意”，在森佩尔（Gottfried Semper）眼中具有“风格”的建筑状态，或者更准确地说，一种广义的“建”和“筑”状态（architectonics）。首先，这种状态不同于抽象的、虚拟的状态，而是一种“新物质主义的表现形式”。奎因特认为：“建构”作用在物质的中心，具有释放物质所蕴含知识的功能；但建构不是静态的，而是一种行为的形式（a form of action），建筑具有传达物质感知的责任。其次，建构针对生产方式：从“福特主义”的“大规模生产”到后福特时代的“大规模定制”[1]159，这个转变的意义并不在于建筑本身的“形式”而是一种“生产方式”上的本质改变所带来的变化。在这里，RUR 有意和参数化或者数字建构之间划清界限，他们感兴趣的并非是一种技术，而是一种新思维的诞生。这种思维包括了建构的时间性和独立性，“每一个构件都有一种精细的跟踪系统，从而能够使每个独特的构件在确定的时间到达确定的位置”。[1]159 而且，RUR 的“新建构”充满了对这种建筑构件的时间性和独立性的追求——在传统建筑中，一个构件的意义体现在整体完成的时候；反之，“新建构”在提示构件的个体性，重新提示了我们如何进行学科之间的交换[1]126。当然，对 RUR 来说，学科交换并不是再现式

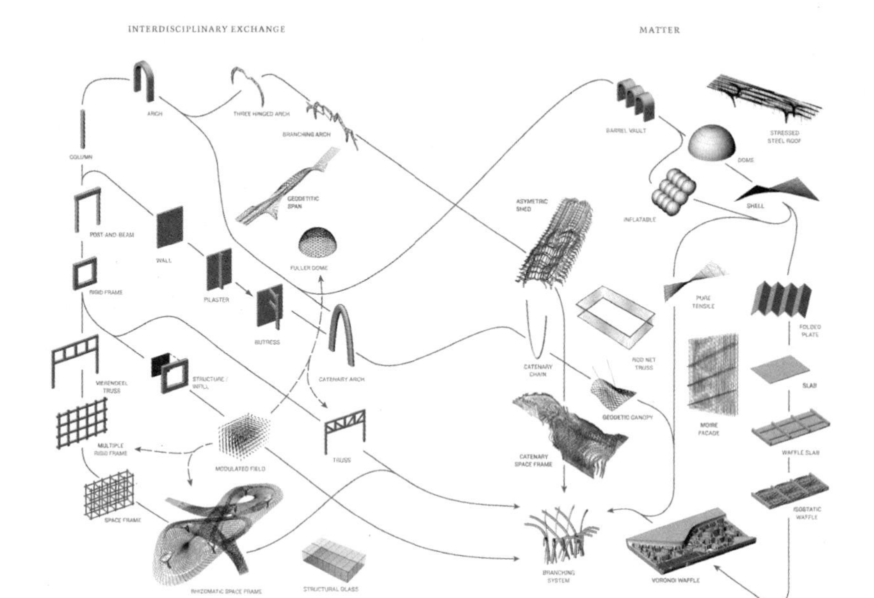

4. 跨学科交换（摘自《新建构地图册》第 130-131 页）
4. Interdisciplinary exchange (from *Atlas of Novel Tectonics*, pp. 130-131)

的，也就是说，并不是通过“跨学科”（trans-discipline）的语言表述形成的类比关系，而是切实地进入另一个学科进行交换。RUR 认为建筑学正在经历一种可以被称为“消耗”的过程：例如通过借用电影或者文学的词汇进行建筑设计概念的装饰性表述，本质上并不利于建筑本身的发展。这里 RUR 强调“概念的模型”（conceptual model）存在的必要性，从而可以支持不同学科之间的“迁移”，并最终能够驻留在这些学科中，形成学科之间的连续性。虽然在 RUR 的实践中，我们依然只能看到这种跨学科的努力还停留在穿越学科的效果上，但这种诉求所需要的强大的跨学科知识和开放的学科边界，是作者希望用“新建构”呼吁的一种实践状态。这里，也许可以发现一种吊诡的现象，在建筑学科内的“新”也许在其他学科中早就已经不“新”了，正如我们看到的材料学、土木工程、软件所提供的新技术对建筑设计的剧烈影响，或者城市研究、新地理学对空间传统观念的强烈挑战，建筑似乎都是一种“后发外生”型的被动实践。RUR 在

《新建构地图册》开始的介绍中指出："让我们感兴趣的是经典模式回应需求的变化所产生的'新'。"[1]33 所以他们反对一种简化和排除的做法，寻找联系和包容。当然，原则是一种实质的联系和包容，而不是一种修辞性的，RUR 总结道，建筑是"具有生命的物质和生活中的问题之间的交换"[1]34。

七、地图册

为了捕捉意外并重新思考意外的合理性和必然性，"地图册"是合适的再现方式。地图册是一系列地图的集合，同时表达"共时性"（多个空间在同一时间的状态）和"历时性"（同一空间在不同时间的状态）。除了空间的地理特征和政治边界之外，地图册往往还包括地缘政治、社会、宗教、经济等潜在的信息。在我看来，"地图册"最重要的作用在于对"迁移"进程的记录和标注。"迁移"避免了"转化"和"生成"等一些列操作性动词，转而使用一种状态性的动词。从一种因果和操作的线性思考变为一种逻辑和思维关系的三维思考。也就是说，"迁移"是一种让"技能"蓄意消失的选择，而剩下的是在"地图册"上诚实的科学发现，若我们接受"新物质主义"的思想方法，我们也一定能够接受把结果作为一种意外的发现的过程。

八、总结：专门化和业余性

巴勒斯坦思想家萨义德（Edward Said）认为知识分子的压力可以通过业余性进行抵抗，"不为利益或奖赏所动，只是为了喜爱和兴趣，而这些喜爱和兴趣在于更远大的景象，越过界限和障碍达成联系，拒绝被某个专长所束缚，不顾一个行业的限制而喜好众多的观念和价值"。知识分子的第一压力就是"专门化"。"没有人反对专业能力，但如果它使人昧于个人直接领域……并为一套权威和经典的观念而牺牲一个人广泛的文化时，那么那种能力就得不偿失"。[2]

我们可以把《新建构地图册》的后两部分理解为两个总结："应该避免的常规错误"是一个关于（滥用）专门化的总结；而"世界"是一个关于业余性（迁移）的总结。该书出版至今已有五年，对于该书的介绍显然有些晚了（当然，介绍该书不只是本文的要义更是本文的触媒）。在这个过程中，计算机技术和参数化设计作为一种专门化的知识和工具，已经逐渐在实践和教育上获得了

“政治上正确”的地位。萨义德的“知识分子”讨论让我们警惕这种专门性是否仅仅为了占领“有利可图领域”。历史的滥用、数据的滥用、图解的滥用、逻辑的滥用是求“新”的四个专门化误区，而我们为了做一个与时俱进的专业人士，似乎不得不用滥用来标榜正确性，不得不用量化的方式标榜速度和高效。“迁移”是一种解放，思维层面的解放，因为“迁移”不像“转变”那么沉重和吃力。20 世纪 90 年代，施乐的研究机构 PARC 的首席科学家马克 · 魏泽（Mark Weise）提出“无处不在的计算机”（ubiquitous computing）。他预测了一个更具有开放性和启发性的思考角度，计算机并不会取代人，虚拟现实也不会取代现实。现实确实也是如此：城市并没有因为人可以远程交流而失去了价值，而是反之升华了价值。智能手机让城市成为一个实时的环境，一个更民主的自下而上的城市逐渐出现了。

总之，我们希望用“知识分子”和“思想性实践”的工具对学科的专业性进行释放，从而通过该书的另一种作用，也许是一种对于作者和作者立场的完全扭曲，提供一种业余性视角，这个视角希望能够打开“数字”和“建构”的边界，提供一个“不关于操作”的观点。因此，我们也能够逃离是与非的二元选择，从而进入一个多元、多层和丰富的政治、文化环境，从而把地域性和全球化所带来的终极诗意和终极信息之间的张力“松弛”下来。

参考文献

[1] Reiser, Jesse. Umemoto Nanako. Umemoto. Atlas of Novel Tectonics [M]. New York: Princeton Architectural Press, 2006.

[2] 爱德华·萨义德 . 知识分子论 [M]. 北京：生活·读书·新知三联书店 2002: 66-67.

作者简介

范凌，男，中央美术学院建筑学院 教师，美国哈佛大学设计研究生院 博士生

一则导言的导读

A Chinese Preamble for an English Preamble on Tectonics

刘东洋
LIU Dongyang

为一则英文导言再写一则中文导读[①]，我想，我还是从我现在的视点拉一根解读的直线，同时切向席沃扎（Mitchell Schwarzer）的导言和他所要导读的 1996 年主题为“解析建构学”的 *ANY* 第 14 期上的那些文章吧。

没错，我们这里的关键词又是“构造”（tectonic）或者叫“建构”。如果某些中文读者对“构造”一词的理解仅限于材料配比、施工程序或力学结构的话，那很准确。翻看当下中文出版物里各类屋面防水、钢结构、混凝土建造的构造手册，我们易得到的“构造”认识是它像或者就是一门应用物理学。我们会读到有关混凝土和缓凝剂的精确配比、在浇筑混凝土之前捆扎钢筋的方式、楼板的荷载计算与施工程序，以及各种规范约束下的可能做法。

建筑构造走向应用物理学也没什么令人称奇的，这一趋势是建筑行业高度专门化、技术化及分工化的科技进步的体现。没有科技进步，建筑就不能被精确地建造得更高更大。而当构造被简化成为应用物理学之后，我们亦发现：一、那些无法数字化和规范化的建造经验，消失在了构造手册之外。二、规范成了

① 《时代建筑》杂志 2011 年第 4 期建筑历史与理论栏目刊登了米切尔·席沃扎（Mitchell Schwarzer）为 *ANY* 系列出版物第 14 期建构专辑撰写的导言《解析建构学》的译文。刘东洋先生的此文是为该译文而写作的导读文章。——编者注

圣旨，因为形成规范的每一次事故和灾难的历史从规范陈述（而不是描述）中被抽离出去；在剥离了事件和时间性之后，规范成了不容置疑的神话。三、如此呈现出来的“构造”做法大多不再提及构造的发明者和成败心得。“构造”具有了超验色彩，彷佛身处个体经验世界之外，遥控着一个个建筑师在施工现场的行为和动作。

这一情形也并非当代中国建造独有。在欧美建筑界里，即使到 20 世纪 80 年代早期，构造知识也仍然处在被主流建筑教育和建筑讨论边缘化、简单化的状态。这也正是弗兰姆普敦（Kenneth Frampton）在其《建构文化研究》一书中想要逆转的局面。通过把“构造”一词再度跟“文化”联系起来，具体而言，通过追溯“构造”一词从古希腊“poesis”（诗作一体）传统的缘起，到 19 世纪英、法、德三国建筑师对“构造史”的理论建构，最终通过解析现代建筑运动里具有代表性的建筑作品在物质建造中呈现思考方式的一个个案例，弗兰姆普敦在 20 世纪 90 年代初期居功至伟地把人们的目光重又导向了材料、节点、结构和“建构”（architectonics）。

这本令人鼓舞的好书也并非没有固执的偏见。马尔格雷夫（Harry Francis Mallgrave）在该书的序中就委婉地问道：“我们如何能够在探究建筑的本体呈现的同时不忘建筑形式表现其他意义的诗性可能？”[1] 马尔格雷夫的“其他可能”当然有所指。弗兰姆普敦在为《建构文化研究》一书遴选以及解析案例的过程中，推崇的基本上是他认为在建筑艺术表现和建筑结构单元之间高度诚实的那些建筑师的建筑。比如，在瓦格纳（Otto Wagner）和路斯（Adolf Loos）的作品之间，弗兰姆普敦会选择前者。[2] 我们也就无需惊讶，在别处，即使是弗兰姆普敦特别推崇的西扎（Alvaro Siza）的建筑身上，弗兰姆普敦会侧重讨论西扎的建筑是怎样跟基地巧妙结合的，而不是西扎的构造做法。若是真的开始讨论西扎式的构造，弗兰姆普敦会表达他基于某种标准的明显否定：“显然，我们不能把西扎当成是一位在构造上具有连贯性的建筑师，因为他作品中的指涉性格（referential character）跟结构（structure）的关系反复无常（play fast and loose）——这里，是从路斯那里借来的一个比喻（trope），那里是从阿尔托（Alvar Aalto）那里拿来的形象，而路斯和阿尔托二人都不是特别看重构造的建筑师。”[3]

容我不再继续转引弗兰姆普敦对西扎构造做法的批评，以上所绕的圈子也只是要为席沃扎短短的导言做个“垫场”。明摆着，这份由艾森曼（Peter Eisenman）夫人辛西娅·戴维森（Cynthia Davidson）主持的 *ANY* 第 14 期，就是针对弗兰姆普敦在《建构文化研究》一书中所秉持的原真性（authenticity）标准所做的一次跟进和拓展。现将该期主要文章的内容概括如下。

沃尔夫（Scott C. Wolf）在《辛克尔构造术的喻像基础》（*The Metaphysical Foundations of Schinkel' s Tectonics: Eine Spinne im eigenen Netz*）一文中，先描述了穆勒（Karl Otfried Müller）1830年在《艺术考古学手册》里给出的构造定义。德语“tektonik”这个词原被穆勒等考古学家用来描述人们在古希腊神庙身上感知到的支撑与受力间的关系。这个词后来泛化成为由兼具实用和美学功能的建筑要素构成的结构体系。“1847年，当穆勒的《古代艺术和它的遗迹》一书被翻译成英文时，‘构造’一词才进入英语语汇。这时，‘建构术’（architectonics）作为一种依靠直觉制造建筑形式和结构的做法，被认为是可以通过几何形式和比例对人施加深厚的心理影响力的。构造被普遍视为一种服务于实际需要，存在于语言范畴之外，但跟潜意识和模仿性的文化实践相伴的原真艺术形式。”[1]

19世纪的中欧文化语境构成了当时构造讨论的重要背景之一。如席沃扎在其《德语语境建筑理论以及对现代身份的找寻》一书中所描述的那样，19世纪是中欧地区工业化与城市化最为迅猛的时期。阶级分化，区别于中世纪和文艺复兴时期那些老城的现代大都会和城市群的崛起，技术发明，民族国家在建筑身上进行的身份塑造，这些事实都把建筑推向一个焦灼的边缘：起码，建筑的实践者和写作者都不得不面对农耕文明时代的灵韵（aura）的消失，面对仓库、工厂、火车站这类往往跟世界市场关系更为密切，而跟地方传统关系不那么密切的新建筑类型。[2]这也正是在构造的讨论中，有关建筑作为工业技术时代里的“人造物”（artifacts），其原真性、装饰、古典主义、新技术等这类分裂性话题特别密集出现的原因。同理，这也解释了为何在唯物论开始发达的时代里，19世纪的构造讨论反而更多地是在唯心主义美学的养育下长大成人的。

跟弗兰姆普敦坚信构造的本体性表达不同，沃尔夫的这篇文章呈现出来的是那时就存在的纠结。文中所描绘的辛克尔（Karl Friedrich Schinkel）探索构造的四个阶段（在构造中寻求现代存在基础的“原始力量”，追求经过美学升华的“基本形式”阶段，“历史主义”探索和对“地域建筑文化”的民族志式的认识）就已经告诉我们，这个时期的中欧地区有关构造文化的论辩发展有多么迅速和沸腾。在这方面，席沃扎的专著肯定更为翔实，他的书里详述了诸如鲁莫尔（Karl Friedrich von Rumohr）、希尔特（Alois Hirt）、森佩尔（Gottfried Semper）、波提舍（Karl Bötticher）、里格尔（Alois Riegl）等人对如何建造发表的各种观点。不过，沃尔夫对辛克尔常听超验唯心论者费希特（Johann Gottlieb Fichte）授课的那段旧事的描述，颇能解释辛克尔建造中那种对于伟大时刻的等待。

布劳绍伊（Martin Brassai）的《石头的生命：维奥莱-勒-迪克的建筑生理

学》（*The Life of Stone: Viollet-le-Duc's Physiology of Architecture*）把关注的目光对准了以保护和改造古代建筑见长的法国建筑师维奥莱 - 勒 - 迪克（Viollet-le-duc）的构造理解和表达方式上。如其标题所示，布莱萨尼探讨的不是辛克尔那样深远的“原始力量”在建筑身上的某种“自我再现”（self-representation），而是在石材身上借助工匠巧手打磨出来的生命灵性。我们都知道，维奥莱 - 勒 - 迪克曾以建造的逻辑、建筑构件受力和施工的操作要求，大幅度地重新阐释了希腊神庙的细部以及哥特式尖拱是怎样从罗曼圆拱演化过来的。如果说波提舍虽然是从建筑部件之间的受力关系中去解读建造逻辑，但他最终回到了人的所谓“创造冲动”上，试图用近乎非历史的视角解释诸如柱头上的托板或是柱身收分，那么，维奥莱 - 勒 - 迪克的侧重点似乎变了一个位置，他觉得那种灵性本就在材料中，而带给使用者的并不只是心理感受，还有功能上的有用性。当然，布莱萨尼一文贡献最大的地方是他对维奥莱 - 勒 - 迪克《建筑谈话录》和其好友博格利（Jean Marc Bourgery）八卷本《人体解剖大全》的比对。布莱萨尼旨在告诉我们，维奥莱 - 勒 - 迪克这位活力论者（vitalist）看待物质结构的方式并不是他一人独有的，起码当时一个圈子里的人都曾享有那种世界观和操作手法。维奥莱 - 勒 - 迪克用来表现中世纪大教堂肋拱那一片片飞在空中的剖面兼透视的画法，也是博格利生动地揭示人体解剖断面又保持整体形象的制图方式。

如果说辛克尔和维奥莱 - 勒 - 迪克都还在力图整合建筑中艺术与技术已然裂开的关系的话，2011 年年初故去的莫汀斯（Detlef Mertins）的《本雅明的“构造化”潜意识》（*Walter Benjamin's "Tectonic"Unconscious*）一文则追随本雅明，承认了这种撕裂，但要在新技术身上看到某些新的潜能。该文和出现的“构造”一词其实跟具体建造并无太直接的关联，起码要经由吉迪翁（Sigfried Giedion）等人拍摄的那些铁桥或轮渡身上叠加的“透明性”（transparency）才能产生关联。我想，这是莫汀斯在标题中对“tectonic”特别加注引号的原因吧。“tectonic”在这更像是在描述现代文化的潜意识构造。

果然，莫汀斯就是从本雅明当年准备拱廊计划的各种脚注中，从本雅明批评波提舍适得其反的“二元论”的过程中[4]，从铁结构带来的新感受，特别是对摄影放大出来的神奇微观细部那里，让我们目睹了进入日常生活的白日梦的现代性构造特征：它的叠加、透明、片段化，最终，是人们仍然存有的对他者的渴望。即使在铁结构的时代里，人们仍然保持着希望在事物之间发生某种对话和存在相似性的梦想。“人类的摹仿力仍然在再现、历史和技术中发挥着作用，在人与非人之间生产着相似性。在每一种情况下，本雅明都重新把‘问题化了的构造’——亦即，试图跟他者性（alterity）进行和解的那种再现——带入辩证关系[5]。由此，本雅明指出了与不论进步还是反动的形而上学和乌托邦说辞都不同的（即将到来的现代性）革命成因。”[3]

以上三篇文章都让我们看到，弗兰姆普敦所捍卫的原真性和本体性话题即使在19世纪都不曾是个固化的命题。沃尔夫笔下的辛克尔是个变化的辛克尔，且并没有真正能够自动地从“结构形式”导出所谓现代的“艺术形式”。在现代性之后，那种相对表里如一的本体与再现关系可能既无法存在，也不是唯一的建造对策。即使在“本体与再现”高度统一的建筑师行列里，这一印象或许也充满了虚构。接下来，拉卡坦斯基（Mark Rakatansky）的《渴望与疑惑的构造行为：康想变成什么，1945—1980年》（*Tectonic Acts of Desire and Doubt, 1945—1980: What Kahn Wants to Be*）就试图指出人们对路易·康的这种虚构。该文最终没有回答“康真的想变成什么”。该文并没有像其他文章那样讲述康的“秩序”是怎样完美地体现在其建筑的静谧或是几何之中的，通过重温康在不同时间的建筑创作和言说，它强调了康曾经希望在诸如艾克斯特图书馆（The Philip Exeter Academy Library）的窗户和阅读座之间，在阅读座和阅读座之间，寻求“渴望”与“疑惑”的联系的过程。这个“渴望”恰恰就是莫汀斯《本雅明的“构造化”潜意识》一文里本雅明所预言的现代“渴望”。于是，“渴望”与“疑惑”被拉卡坦斯基说成是康的建造的真正价值。他也想借此提醒那些效仿康的人：没有了质疑，建筑师就失去了批评力，“就像砖头一样，建筑师如果不从内心参与到跟外化的集体秩序的关联，或者从外化秩序进入内心，那用康的话来说，建筑师就在自己的内心‘开始了自己的死亡’”。[4]

同样，伊森斯塔特（Sandy Isenstadt）的《奇观化构造》（*Spectacular Tectonics*）也重申了建筑师该对“社会梦想”保有一定距离的质疑但不是持简单否定态度的重要性。伊森斯塔特关注的对象正是弗兰姆普敦常会严厉批驳的广告布景式奇观建筑。伊森斯塔特通过三个具体案例试图说明，奇观化建筑如果设计得当，并非注定要导致人们对所谓历史“原真建筑”的混淆，建筑师可以让建筑奇观化，可以发明有奇观特点的构造，可以创造“就在你面前的私密却没有跟你贴上”的效果。说实话，我还真希望伊森斯塔特能把这一讨论拓展出去。

相比之下，弗什（Deborah Fausch）在《后现代构造的对立》（*The Oppositions of Postmodern Tectonics*）中对于当下构造的争论阐述得更为仔细和深入。该文题目里的“后现代”（postmodern）并不是简单的“后现代主义”（Postmodernism）中的那种“后现代”，她讨论的博塔（Mario Botta）和埃森曼怎么着都不能划到文丘里（Robert Venturi）、穆尔（Charles Moore）或约翰逊

（Philip Johnson）的门下。所以，该文中的“后现代”主要是时间段的标记。她总结了博塔在 20 世纪 80 年代这个时间段里的作品，将之定义成面向“制作”（making）、强调“物质性在场”的那类建筑；同时，她还介绍了靠近语法学的形式性的埃森曼建筑。她指出，两者的共同立场在于都承认“海德格尔（Martin Heidegger）在技术、再现、在场和大地根基之间构建的必要关联”，但是，埃森曼的建筑不想把建筑传统上强大的人本主义作为建筑的必然指涉。弗什指出，博塔类型的建筑在面对城市化现状时总显得遗世独立，而埃森曼那种宣扬自主的建筑仍然逃离不了基地、基地外的世界和对当代生存状态的指涉。

弗什这样的讨论无非是想告诉我们，在所谓本体和再现之间并不存在一条鸿沟，它们之间是有秘密通道的。就像我们对于“贴面”做法，很难一概冠之以“虚伪的再现”而否定其文化立场或是表现价值。同为面砖构造，弗什就赞扬了莫尼奥（Rafael Moneo）保留砖缝、展示“砖”之“砖性”（brickness）的构造做法。即使在批评文丘里建筑假面化的做法时，她仍然认同文丘里建筑作为这个时代反讽的价值。

林恩（Greg Lynn）那篇《流变泡体或为何构造是方性的，拓扑是沟状的》（*Blobs, or Why Tectonics Is Square and Topology Is Groovy*）[6] 基本上没有介入有关“本体和再现”的讨论。林恩讲述流变泡体（blobs）的方法有三个视角：①好莱坞 B 级恐怖或科幻电影里那些异形们（aliens）的影像；②对于粘连复合体的哲学界定；③当代建造技术中的流变泡体。其中，科幻片里那些没有肌肤和内脏之分的怪物们只是流变泡体的形象示意图或者代言人，而回溯到莱布尼兹（Gottfried Wilhelm Leibniz）的单子论或是德勒兹（Gilles Deleuze）的生成论，则是要解释清楚积分和微分化的流变复杂性，并不是加减乘除适用的固体状态。后者仅仅是流变世界里的特例。而这个世界的“复杂性（complexity）意味着复合（multiple）和不同体系的融合，融合成为一个聚合体（assemblage），有其独特性（singularity），不可被消减成为任何‘单一’的简单组织方式”。[5] 倘若这种哲学描述还令人觉得有些抽象的话，当林恩给出参数化设计的非线性建筑的例子时，这种“多层复合要素”既“同体”又“各不相同”的复杂性就清楚多了。林恩用了叶祥荣（Shoei Yoh）等人的例子。他说，叶祥荣晚近的项目里，突出的空间主题就是把不同类型的使用配置完全用一个屋顶给罩起来。解决这一难题的传统方法是为所有使用要求找到一个最大或是平均的屋顶高度，通用于整个结构。而叶的做法则不是将屋面结构简单处理成一种可以不断重复的理想态，他尊重具体使用的具体要求，开发出像湿衣服沾身那样能将所有变化高度连起来的一个整体。这类体系中的结构部件彼此很类似，尺寸却不等，因此这一设计策略同时调动了一般性和特殊性。这里的确存在重复，但是这种均质屋面的每一次复制都会带来一次微小的变化或是调整。

为 ANY 第 14 期做总结的，又是席沃扎本人。在其《不可预见的构造术》（*Tectonics of the Unforeseen*）中，席沃扎把该期所有作者有关构造的讨论都归结成当代建筑师对现代性效应这样或是那样的回应。当现代性消解了过去建筑身上那些肯定和永恒的东西之后，围绕建筑构造中的表皮和结构的关系、人的感知与受力的关系、艺术和技术的关系就构成了建筑中要不要原真、如何再现的诸般挑战。席沃扎也重新肯定了文丘里学说在 20 世纪 70 年代的历史价值。因为"不同意现代性有关进步、统一性、超验的指导性价值。文丘里开始呼吁关注现代主义者对历史、文本、心灵的语境抽象化。用一种批判的姿态，建筑的后现代性揭露了现代性有关技术——物质发展和个人永恒的神话"。[12]62

席沃扎同样认为弗兰姆普敦的认识过于简单化[13]，因为影响建筑表达的不再只是土地、自然、天空，"从某种结构学的意义上说，建造不只是纯粹自然力的奴隶，还是应用科学技术和变量语法的奴隶。建造就是一种锻造出来的物质性，一种在水合、轧制、捆扎过程中诸如钢和混凝土重新组合的物质的冲突。而从某种金融学意义上说，建造是要具体体现在浮现的商品经济之中的。建造根本就不是对于供需法则的直觉反馈，而是在诸如利润曲线、利息率、税法、规划法之间进行谈判的场地"。[6]63

"构造总是一种通过位置调度（displacement）来完成的建筑话语（discourse）。过去，这种话语是由于历史主人般的叙事从独特的日常遭遇中被架起来的；现在，却是通过非理性与非超验的喻像化的意识渗透，沉浸到了当下性（presentness）之中的。"[6]65 这是席沃扎在结语中对构造讨论给出的最为哲学的总结。而就整本杂志来说，也是如此。几乎所有对过去的建造的构造哲学讨论都显得颇有见地，却在靠近 1996 年那个时期的建造讨论中，像弗什对于"渐近线小组"设计的讨论中，显示出既让人能够理解又令人失望的模糊。

我们对于流变的观察历来如此，远去了，才逐渐清晰起来。15 年，这样的距离或许能让今天的我们对 *ANY* 第 14 期里曾经"模糊"的时髦建筑有了些新的感悟。于是，尽管我跟席沃扎讨论的是同一本杂志和同一批文章，他的导言旨在唤起当时英语读者对于弗兰姆普敦构造学说之外的其他诗意建造的兴趣，而我的这篇《一则导言的导读》则已经扩散成为中文世界里的多重警觉：对弗兰姆普敦的，对席沃扎的，对 *ANY* 第 14 期那些作者的，对当时的那些案例的，以及对我们自己当下所要面对的建造条件的警觉。

注释

1 MALLGRAVE H F. Forward [A]// Kenneth Frampton Studies in Tectonic Culture [M]. Cambridge: The MIT Press, c1995:VIIII. 参见王骏阳老师的中文译本。

2 这倒不是说弗兰姆普敦不喜欢路斯的建筑。相反，他曾为路斯专辑专门写过评述，在《现代建筑：一部批判的历史》中专辟一章去写路斯建筑和当时维也纳的社会状况。但弗兰姆普敦的确对路斯在“构造”成就上的评价并不高。

3 FRAMPTON K. Alvaro Siza: Complete Works[M]. London: Phaidon Press, c2000:46. 接着，弗兰姆普敦继续说道：“有时，像在他位于彭拿费尔（Penafiel）的乔奥·迪·戴犹斯（Joao de Deus）幼儿园（1984—1991 年）那里，建筑的地构部分（earthwork）被清楚无误地表达出来，可在靠近莱茵河畔魏尔（Weil am Rhein）的维特拉（Vitra）工厂（1991—1994 年）那里，混凝土的穹窿状地下室却被贴上了石材。在诸多情况下，就像巴拉塔（Paulo Martins Barata）指出的那样，覆层似乎暗示着一种本愿的满足（wish-fulfillment）。它只是证实了建筑师本来希望使用的某种材料，却没能真的承担起这种材料的使用。像在圣地亚哥·德·孔波斯特拉（Santiago de Compostela）博物馆身上本来要使用的实材石料，或是维特拉工厂本来要使用的实心砖上层建筑那样。在这两个例子里，砖石材料都像是一层贴面。有时，某种材料可能真在某处以实材方式出现，就像在杜阿尔特住宅（Duarte House）的主楼梯上那样，整部楼梯的踏面和踢面上都贴着薄薄的石材，却在第一步的位置上，使用了一条完整的足材石料。”

4 本雅明对波提舍的批评主要是指，波提舍呼吁的对“结构形式”和“艺术形式”的综合没有形成新的建筑，却导致了对“结构形式”和“艺术形式”越来越清晰的层析。

5 该词在本雅明的原作汉译本文译作“辨正关系”。

6 对“Blob”一词的汉译，征求了虞刚、冯路的意见。特此感谢。

7 但席沃扎不认为弗兰姆普敦的构造学说有任何目的论色彩。

参考文献

[1] WOLF S C. The Metaphorical Foundations of Schinkel's Tectonics [A]// DAVIDSON C C. ANY 14: Tectonics Unbound [C]. New York: ANY Magazine, 1996, (14):17.

[2] SCHWARZER M. German Architectural Theory and the Search for Modern Identity [M]. Cambridge: Cambridge University Press, c1995.

[3] MERTINS D. Walter Benjamin's “Tectonics” Unconscious [A]// DAVIDSON C C. ANY 14: Tectonics Unbound [C]. New York: ANY Magazine, 1996, (14): 43.

[4] RAKATANSKY M. Tectonic Acts of Desire and Doubt: What Kahn Wants to Be, 1945—1980 [A]// DAVIDSON C C. ANY 14: Tectonics Unbound [C]. New York: ANY Magazine, 1996, (14): 29.

[5] LYNN G. Blobs, or Why Tectonics is Square and Topology is Groovy [A]// DAVIDSON C C. ANY 14: Tectonics Unbound [C]. New York: ANY Magazine, 1996, (14): 59.

[6] SCHWARZER M. Tectonics Unforeseen [A]// DAVIDSON C C. ANY 14: Tectonics Unbound [C]. New York: ANY Magazine, 1996, (14).

作者简介

刘东洋，男，自由撰稿人

解析建构学

Tectonics Unbound

[美] 米切尔 · 席沃扎 著　王凯 译　刘东洋 校

Mitchell SCHWARZER, Translated by WANG Kai, Proofread by LIU Dongyang

系列出版物 *ANY* 第 14 期以“建构”为主题进行讨论。就像一切技术术语通常那样，“建构”看起来似乎注定从属于事实（fact），它给人的第一印象是僵硬和基本的，近乎禁欲。难道建构学不是讨论建筑建造特征的实证研究么？它的价值不就在于带给建筑学以实物的优先地位，取代了主观的存在性？关于这些事情的纯抽象写作已经太多了。可是，如果我们凑近一点看就可以发现，建构学的基础揭示了一种隐含的基础，这一层就是超出理性的建构计划的那部分：“建构”作为一种话语。

像所有的建筑用语一样，“建构”承载了很多的意义。它的希腊语词源意为建造（building），“tekton”意指建造者或者木匠。在 19 世纪的德国建筑理论家们那里，建构被更广泛地用来指代建筑的建造性构件（constructional features）和装饰系统之间的关系。到了 20 世纪，这个词被援引来支持关于工艺和细部的现象体验的讨论。更晚近的建构概念则与其他手法（devices，例如客体化视角、线性透视）一样，被解构了看似连贯和整体的逻辑。

在建筑话语中，建构一直与建造问题相关，但是建构从来不是狭义客观性的。至少，建构暴露了再现的复杂策略。我们总是忍不住想，关于建构的思考如何通过“美感”和“美德”的投射和痕迹把结构问题复杂化。同理，我们也很难想象关于建构的讨论不把材料和装饰看成带有超越性的有厚度的覆层。必须承认，这不是我们通常想象建造的方式，但这么说也不会太夸张：经由“建构”，“事实的必要性”让位给了人们对“必要性”的热情。①

建构是建造的产品，也是观念的产物。它包含了挽回全球资本主义和商品文化时代的建筑空洞的宏大企图。但是，仅仅承认建筑的这种妥协状态并不能改善现状。正如*ANY*杂志第14期中的文章所显示的，建构的策略，如果说带给建筑学一定的稳定性的话，也有意无意地让建筑学产生同样程度的分裂。

斯科特·沃尔夫（Scott C. Wolf）、马丁·布劳绍伊（Martin Brassai）、德里夫·莫汀斯（Detlef Mertins）和马克·拉卡坦斯基（Mark Rakatansky）详细研究了现代的建构术，从19世纪30年代风格化的开端到20世纪60年代充满战斗精神的英雄主义。山迪·伊森斯塔特（Sandy Isenstadt）、德布拉·弗什（Deborah Fausch）和格雷格·林恩（Greg Lynn）则反思了过去25年埋在后现代多元主义碎屑中的建构。这些文章挑战了位于建筑学科核心的建造与功能、艺术与理论中的虚饰之间、建造内部与文化表层之间固定化的分别。作为一种结构表达的话语，建构通常掺杂了世界的各种诱惑。关于先锋、美学和最新技术的急迫争论，文化的商品化，地域身份特征及其丧失，都对建造的特征造成了影响。在过去的两个世纪里，互相冲突的观点都在建构话语中争夺地盘。而当代建筑历史理论家的任务，就是将这些争论放到他们参与其中的更广泛的文化讨论中来理解。

19世纪和20世纪的建筑学充斥着关于原真性的教条，而更好的材料、更先进的结构、功能的价值主宰了这些原真性原则的诉求。

因而，这些变量表现出的某种有关真诚的逻辑就一点也不让人感到惊讶了。传统的维特鲁威关于坚固（结构）和适用（功能）之间的配对很久以来给建筑师提供着一种不可约减的平台，而美（美观）则成为剩下的问题。作为应用科学的优势范式的元素，结构和功能可以通过造价、收益和效率被理性地评价。

所谓“面向建造”或者说“面向有用”意味着一种摆脱了历史文化不确定性的个体化存在方式，我们在新千年到来之际②，仍然可以感受到这一立场的这些特点。今天，几乎所有人都觉得建筑师和理论家们最喜欢的肯定是把学科建立在坚实的基础上。其中，在诸多对原真性有相似追求的理论中，脱颖而出的一个理论就是建构术。

今天人们提到建构，经常用赫尔佐格和德梅隆（Herzog & de Meuron）的作品作为例子，他们在结构和填充物之间取得了某种清晰性。对于这两位瑞士建

① 此处意思是说，我们更多关注的是必要性的呈现，而未必是真正的事实。——译者注

② 此文写作于1995年，正是2000年到来之际。——译者注

筑师来说，建筑的性格取决于建造方式和物质性，在这种情况下，地方工艺的传统就与先进的现代建筑技术联系在一起。类似的，在托马斯·费舍尔（Thomas Fisher）为 *PA* 杂志所写的一篇文章中，他告诉我们建构是一种创造形式的策略，产生于建筑师对真实材料的实物和建造过程的浸润中。费舍尔的这种建构立场是拒绝时髦的风格和理论的。

像在更早的对原真性的呼吁中那样，这种建构术是希望通过屏蔽掉在“平等价值化的意识形态”里的建筑衰亡来重新激活建筑学。为了达到这一目的，它不鼓励建筑去参与艺术和人文的文化战争，这集中表现在费舍尔称为“后结构主义那群人”的身上。诸如无序或者人工性之类的话题，尽管在某种不那么重要的意义上来说有点意思，但远离了一种“真实和实在的建筑”。所谓“真实和实在的建筑”，就是将原始的材料娴熟而诚实地转化成为建造物，并进一步将其定形为某种非凡的形式。

在作家、编者费舍尔以及建筑师赫尔佐格和德梅隆那里，建构理论将建筑等同于诚实的工艺和场所的创造，尽管全球化的商品经济似乎趋向于把一切都碎片化。当然，这来自于最近弗兰姆普敦（Kenneth Frampton）发展出来的一种视角，在他 1995 年的著作《建构文化研究》（*Studies in Tectonic Culture*）中被更清晰地表述出来。作为当代最著名也是最有影响的建构理论家，弗兰姆普敦在这里为我们讲述了一个关于建构的宏观历史，从 18 世纪希腊—哥特的实验直到赖特、密斯和斯卡帕之类的现代主义者。因为深切地担心建筑师的执业状态被市场控制，他把建构看作建筑师抵抗市场而掌握建筑生产的手段，建构成为一种为了节点和细部建造的斗争，并在这个过程中，赋予建筑更持久的特性。

但是，这还不是事情的全部。在把建构作为一种反霸权的策略的同时，弗兰姆普敦还把它看成是一种“知识的条件”。从该意义上讲，建构就受到自然、历史、建造和想象之间不可预知的相互作用的影响：“也就是说，框架向天空的非物质性靠近，体块形式总有不仅沉入大地、还融化自身物质性的倾向。”这种“建筑向上和向下消融的属性”在贝伦斯（Peter Behrens）的透平机车间中的复杂隐喻叙事中得到了最好的体现。在这里，建构被悬置在加强和消解物质性之间、模仿性意图和对技术进步的表达之间、个人的自我实现和民族的建构之间。建构同时成为整体性体验和分裂性的再现故事。这是各种独立视角的彼此坍塌。

弗兰姆普敦在他的建构理论中，既寻求描述建筑的现实，同时又想改变这种现实。他写道：“建构术表现自己的模式，就是既要体现现实的不同状态，还要通过一种迂回，作为一种手段去满足各种事物呈现和维系自己的各类条件。”这种建筑的理性，与在更早的现代主义史学家那里一样，只有通过戳穿现代文化中隐含的虚假性才能获得。我们要超越那种表面化的、市场驱动的、塑造了过去两个世纪大多数建筑的层面去理解建构。我们更偏爱那些站在一边，没有沾染利益经济、广告奇观和盲目求新的习气的那些建筑师。在更早的一篇文章《召回令：建构的案子》（1990年）①中，紧接着对根植于建筑（隐匿的）真实性土壤的诗学的呼吁，弗兰姆普敦甚至承认这种呼吁本身就是虚构的：（这意味着）创造一种永恒的而又有时限的时刻。建构，作为创造真正的真实的行为，是一种救赎的尝试。弗兰姆普敦的建构理论对当代建筑文化中一个更具启发性的断层做出了贡献。

这让我想到几个问题：建构美学是否该有伦理和逻辑的必要性？建构的后卫立场和非建构的前卫立场之间是否有区别？建构理论是否应该局限在建筑话语内部？最后，在后结构主义者对启蒙人本主义的反思之后，如何理解建构术的认识论维度？

任何关于建构的彻底研究必须要回应这样的问题。就像*ANY*第14期的一组文章所明白呈现的那样（make plain），原真的真实性——以及引申出来的“建构文化”在野性的自然或纯粹建造中都不存在。它是人类欲望的产物，也正因为如此，它是通过人类远离自然、对欲望进行升华才得到的。同样，建筑建造的建构术，是一种有关调动的社会性参与；也因为这一点，我们可以通过查看每个具体建构理论家将结构和功能配置的客体化程度去区分他们。这些不同层次的客体化方式会区分出各种不同的当代建构理论。弗兰姆普敦的建构理论是一个“返魅”的计划，在这个计划中不利于“建造原真性”神话的文化因素都被无视了。他的学说，就像是精美装扮起来的饰面，显示了建筑学对层叠毛石的碎片化世界的批判性战胜。正如我们将在*ANY*第14期中看到的，关于建构理论其他探索的兴趣点都恰恰在于越界、在于关注（弗兰姆普敦学说）有关建造本真性神话的那些格栅和界面；这些讨论包括了诸如建筑戏剧性构成过程中所谓自我延长的悬置效果（比如波提舍的学说），以及雄浑的多立克柱上楣构怎样在那些描绘着暴力战争场面的浅浮雕上部，用等距的一行行排齿做泛水的。

① 原文“Rappel a L'ordre”是法院术语，意为出错案件需要召回重审，后面“构造的案子”也是出自这个比喻。——译者注

作者简介

米切尔·席沃扎，男，美国加利福尼亚艺术学院 教授，视觉研究系系 主任

译者简介

王凯，男，同济大学建筑与城市规划学院 教师

校者简介

刘东洋，男，自由撰稿人

建构理论在中国的实践和讨论

循环建造的诗意
建造一个与自然相似的世界

Poetics of Construction with Recycled Materials
A World Resembling the Nature

王澍　陆文宇
WANG Shu, LU Wenyu

近些年来，我们在很多西方国家的建筑学院做过讲座，讲得最多的主题就是如何“重返自然之道”。对此，传统中国有几点基本理解：自然体现着比人类更优越的东西，自然是人类的老师，学生要对老师保持谦卑的态度；自然直接与道德准则相关，自然体现着比人类的所为更高的道德准则。

追求“自然之道”，以符合“自然之道”的方式生活，是中国也是亚洲地区曾经共享的价值观与建造方法。在传统城市经历崩溃危机的背后，那些看似越来越强的亚洲国家，特别是中国，实际上面临着尖锐的社会和生态危机。在这种状况下，不仅传统的城市、乡村和园林建筑的价值需要重估，大尺度的社会变化所导致的我们与环境关系的变化也需要重新解读。

无论如何，在我们考虑建筑、城市、生产、建造之前，首先应该反省自己面对自然的态度，我们需要重新树立自然比人造的建筑和城市更加重要的观念。中国传统的建造诗意正是从这个基本点上生发出来，这与现代建筑过度“建筑中心化”的观念有着根本的区别。

中国曾经是一个诗意遍布城乡的国家，但是今天的中国，正在经历一种如同被时间机器挤压的快速发展。30 年前，我们所描述的那种追求适应“自然”的共享价值、建筑观念和建造体系，尽管遭受了相当程度的破坏，但还大致存在着。而在过去的30年，我们经历了西方在过去200年发生的事情。一切都无暇思考，曾经覆盖整个中国的那种景观建筑和城市的体系几乎完全消失了，残存的部分也支离破碎，几乎无法再称之为一个诗意的系统。如果我们能够意识到这种自然、建筑、城市彼此不分的体系的价值，意识到它表达着比现在惯常的建筑观更高的道德与价值，我们就有必要在新的现实中重建它的当代版本。

不过，把中国建筑的文化传统想象成与西方建筑文化传统完全不同的东西肯定是一种误解。在我们看来，它们之间只是有一些细微的差别，但这种差别却可能是决定性的。在西方，建筑一直享有面对自然的独立地位，但在中国的文化传统里，建筑在山水自然中只是一种不可忽略的次要之物。换句话说，在中国文化里，自然曾经远比建筑重要，建筑更像是一种人造的自然物。人们不断地向自然学习，使人的生活回复到某种非常接近自然的状态，一直是中国的人文理想。这就决定了中国建筑在每一处自然地形中总是喜爱选择一种谦卑的姿态，整个建造体系关心的不是人间社会固定的永恒，而是追随自然的演变。这也可以说明为什么中国建筑一向自觉地选择自然材料，建造方式力图尽可能少地破坏自然，材料的使用总是遵循一种反复循环更替的方式。在一栋被拆毁的民居里，我们经常可以发现1 000年材料的累积，这让人想起卡尔维诺的书《关于未来千年文学的6个设想》，一种什么样的视野可以展望1 000年呢？他是从文艺复兴开始写起的，所谓1 000年就是关于过去500年和以后500年的思考。反复使用某些材料，这不仅是出于节约的考虑，实际上，我们从这种方式中读出的是一种信念，人是有可能构建出一种与自然系统非常接近的系统的，它在时间中显现出来。而在我们特别喜爱的中国园林的建造中，这种思想由对乡村和山林生活的向往出发，发展到一种与自然之物心灵唱和的更复杂、更精致的状态。园林不仅是对自然的模仿，更是人们以建筑的方式，通过对自然法则的学习，经过内心智性和诗意的转化，主动与自然积极对话的半人工半自然之物。在中国的园林里，城市、建筑、自然与诗歌、绘画形成了一种不可分隔、难以分类并密集混合的综合状态。而在西方建筑文化传统里，自然与建筑总是以简明的空间区隔方式区别开来，自然让人喜爱，但也总是意味着危险。

传统的中国建筑采用一种用预制构件快速组装的建造系统，但其材料是土、木、砖石等自然材料，不仅方便快速建造，也方便反复改造和更新。体系可以不变，但材料可以适应从很低廉的到很昂贵的，从弯曲零碎的小料到笔直整块的大料。由于这是一种可以反复更新的体系，所以经常很难断定一座传统建筑的年代，它们往往都是一座关于建造年代的迷宫。浅基础是这种建造体系的另一特征，从而减少建造对土地的破坏。这种建造又是以空间单元为基础构造单位的生长体系，它几乎可以以任何尺度生长。就地取材是基本的建造原则，这为建筑带来材料上丰富的差异性。追求自然不仅体现在工艺结构，也体现在建筑布局和空间结构对自然地理的适应与调整，甚至在生活世界的建造中，把真正自然的事物转变为某种建筑和城市的构建元素。根据对“自然之道”的理解，人们在建筑和城市中制造各种“自然地形”。在这个系统中，文人（the literators）指导原则，工匠则负责对建造的研究，这些文人就是中国传统系统里的哲人，他们和工匠协作。但今天中国建筑的现实是，建筑师接受的是来自西方的教育，他们的工作方式几乎与现场无关，与工人也很少接触；工匠的工作就是在现场按图纸浇筑混凝土，他们也几乎没有研究材料和建筑的机会。这种现行系统导致了传统意义上追求“自然”的建造法的终结，现代中国建筑如果要想重建这一“自然”建造系统，需要付出艰苦的努力。

之所以要探索一种中国本土的当代建筑，是因为我们从不相信单一世界的存在。事实上，面对中国建筑传统全面崩溃的现实，更需要关注的是，中国正在失去关于生活价值的自主判断。所以，我们工作的范围，不仅在于新建筑的探索，更加关注那个曾经充满自然山水诗意的生活世界的重建。至于借鉴西方建筑，那是不可避免的，今天中国所有的建筑建造体系已经完全是西方式的，所面对的以城市化为核心的大量问题已经不是中国建筑传统可以自然消化的，例如，巨构建筑与高层建筑的建造，复杂的城市交通体系与基础设施的建造。这要求视野更加广阔与自由，例如，因为尺度转化的需要，我们会越过西方现代建筑，从内在形式上去借鉴西方文艺复兴时期的建筑。

今天这个世界，无论中国还是西方，都需要在世界观上进行批判和反省，否则，如果仅以现实为依据，我们对未来建筑学的发展只能抱悲观的看法。我们相信，建筑学需要回复到一种自然演变的状态，我们已经经历了太多革命和突变了。无论中国还是西方，建筑的传统都曾经是生态的，而当今，超越意识形态，东西方之间最具普遍性的问题就是生态问题。建筑学需要重新向传统学习，这在今天的中国更多意味着向乡村学习。不仅学习建筑的观念与建造，更要学习和提倡一种与自然彼此交融的生活方式，这种生活的价值在中国被贬抑了一个世纪之久。在我们的视野中，未来的建筑学将以新的方式重新使城市、建筑、自然与诗歌、绘画形成一种不可分隔、难以分类并密集混合的综合状态。在这种意识里，这种关于形而上的思考不能和具体的建造问题分开。现代建筑系统已经是今天中国的事实，我们不得不想办法把传统的材料运用和建造体系同现代技术相结合。更重要的是，在这一过程中提升传统技术，这也是我们在使用现代钢筋混凝土结构和钢结构体系的同时大量使用手工技艺的原因。技艺掌握在工匠的手中，是活的传统。如果不用，即使在形式上模仿传统，传统仍然必死，而传统一旦死亡，可以相信，我们就没有未来。

这种艰苦的努力需要从根基做起。在我们主持的“业余建筑工作室”，坚持的基本准则就是要“返回自然”，首先要返回“建造现场”。在传统中国的建造活动中，由于大量使用原生的自然材料，这就需要对材料和工艺充分理解，材料是建造活动中第一位的要素。对今天中国的现实来说，由于体系的惯性和对抗震法规的特别强调，混凝土现场浇筑体系很难在短时期内改变，所以如何让自然材料和混凝土建造系统混合使用就是我们的工作重点。在我们的工作室，建筑师经常要亲自参加建造实验，这在现在的中国是很少见的。作为一个建筑学教师，尽管“业余建筑工作室”独立于我们主持的建筑学校，但工作室的思想和工作方式必然与学校的教学紧密相关，并引领着教育的观念与教学方式。

在2001—2007年间，我们有机会在杭州实验这些思考，因为“业余建筑工作室”赢得了在杭州的中国美术学院的新校园的竞图，负责从总体规划到建筑设计、景观设计的全部工作。场地有800亩（$53.36hm^2$），中间有一座50多米高的小山，名叫“象山”，一座更大的山脉从西向东而来，这里是山脉的终点，两条小河环绕在山的北边和南边。从中国传统城市和建筑的“自然地理”观念来说，场地的选择既要考虑大尺度的地理局势，也要考虑小尺度的微观地理的格局。按此观念，这块场地几乎是理想的，它足以实现一个乌托邦。就大尺度的地理来说，这是一个大学校园，而800亩（$153.36hm^2$）的用地范围，加上超过15万m^2的建筑，这几乎就是一座符合“自然之道”的理想城市的理想用地。

在这个校园的总体构成中，包含着多条线索的平行思考。就大的格局而言，它几乎就是杭州这座城市的传统格局的再阐释。杭州这座城市在中国城市史中的重要性，就在于它是中国景观城市观念的原型。“一半湖山一半城”，就整个城市的观念，湖山景观和城市建筑各占一半。这个观念形成于10世纪，甚至比山水绘画中的类似模式还要早出现2个世纪。中国很多历史城市都参照这个原型建造，北京的紫禁城就参照了这个模式。为了更加与杭州相似，清朝的帝王在北京西郊修建了宏大的颐和园，完全以杭州为其范本。这个模式中，湖山景观在城市构成中占据着中心地位，参照今天的城市状态，也可以说这是一种反城市反建筑的城市模式，没有什么可以超过对自然、土地和植物的守护。这种模式也意味着城市建筑要遵循自然山水的脉络生长和连续蔓延，城市不存在与政治和社会结构相关的权力的等级结构的表达，而是遵循在山水中漫游与生活的诗意方式，如连续的画卷般展开。

第二层的意图，则反映在对自然地形的整理上，无论在作为杭州中心的西湖里，还是在周围的山岭中，都大量存在这种地形再造，体现着人们对“自然之道”的理解，尤其以具有水利工程用途的堤坝为特征。在象山校园里，由堤坝、河坎、池塘、水渠以及分成小块的农田构成的系统，在我们的眼里甚至比建筑重要，没有它们，我们的建筑就如植物无处扎根一样。

第三层的意图，则是这种景观体系如何与微观的建筑场所相融合，对这种融合状态的思考决定了建筑原型的差异。本质上，这种没有层级结构的想法，意味着真正的场所结构是从小的构造单位开始，在连续弯转的运动中，一块一块地逐渐构造出来的。人的目光和思绪可以很远，但人的身体可以接触和感知的范围则是有限的。宋代诗人关于杭州的这种本质有非常美的描述，说这座城市是由“千个扇面”构成。我们在每个既相似又不同的扇面里，喝茶、闲谈、工作，它们既有清晰的界限，又彼此照应。从一个个小世界中，我们自内向外平静地凝视，自然永远是触摸和凝视的首位对象。我们经常忽略这种目光和身体的感觉，是要经过建筑的物质性的空间和更小一级的类似家具的空间，它们加入在这种触摸和凝视的过程中，加入到这种非叙事的叙事线索中，带着方位、角度、时间、速度、趋势、数学、测量、气味、空气流动触及皮肤的感觉、声音、温度、手感、脚感、气氛、重量，精确或者模糊，完美或者不完美，完成或者不完成，微笑或者肃穆。这种状态决定了象山校园的气质，也决定了做法。与那座山相比，建筑是次要的。穿过每一座建筑，最动人的是观看那座山的方式的变化。建筑之间的关系，都被这种原因所左右。

第四层的考虑则是建筑的尺度与空间状态。传统的建筑和园林，无论是实物还是描绘在绘画中，一般都是一层或二层的，而且都比同样楼层的现代建筑的尺度要显得小。而在现代中国，人口的暴增，必然要求建筑尺度的放大。关于这个尺度转换，一直是让中国建筑师烦恼的事情，很少有成功的做法。即使我们非常喜欢的建筑师冯纪忠，他在上海郊区设计的松江方塔园及何陋轩，是从地方传统建筑向现代转化的语言突破，是20世纪中国最重要的新建筑，但在尺度上，仍然是与传统类似。在象山校园里，我们以“一半湖山一半城”的模式，把建筑的连绵群体压缩在场地南北边界，在建筑和“象山”之间形成平行的水平发展的对话关系。建筑因此被转化为与山体类似的事物，建筑的尺度首先是在与山体的对话关系中发生的，但其后这种对话又返回到建筑之间，返回到建筑内部，形成尺度之间的更细腻的对话关系。例如，会在一栋建筑内部再放一栋建筑进去，它们不是大小等级关系，而是完全平等的关系，或者是院落与园林两种不同类型的并置关系。这不仅是在探讨尺度，而是在诉说某种关于尺度的故事。

这种对话不仅是形体的对话，也是自然材料构成的对话，人的视野的对话，空气流动的对话。这种观念把建筑看作一种活的自然事物，所谓自然的材料是指可以与自然空气相互呼吸的材料，或者是已经存在了很久的回收材料。这也是一个在中国当下现实中必须要面对的问题，如此大量的传统建筑被拆毁，大量的传统砖、瓦、石料被随便处理。我们认为，作为一个当代建筑师，面对这种现实必须有所回答。在象山校园，我们使用了超过700万片回收的旧砖、瓦、石料和陶瓷碎片，发展出一种与混凝土相结合的混合砌筑技术。我把这种做法称之为和“时间”的交易，这组建筑刚一完成，就已经包含了几十年甚至几百年的历史时间。这种做法出自我们对这一地区建筑的调查，由于夏天多台风，建筑被吹倒后需要快速重建，倒塌建筑的碎砖瓦没有时间去分类清理，由此工匠发展出这种叫“瓦爿”的技术。我们曾经发现在4m^{2}的一片墙上，砌筑了超过80种不同尺寸的砖、瓦、石料和陶瓷碎片，甚至所有的碎屑都被砌筑在墙体中，没有任何浪费。这些砖、瓦来自不同年代，甚至有1 000年前的，这说明，我取名叫“循环建造”的方式，一直存在于传统中。而工匠们在漫长的时间中把这种实用的做法逐渐发展为精美的技艺。

我们发现，这一地区的工匠只是大概知道这种做法，他们已经几乎没有机会再砌筑这种墙体。而如何与混凝土结合，他们从来没有做过。从2003年起，我和一支工匠队伍在杭州一起研究，在象山校园施工现场反复试验，在经历20多次试验之后，在“象山校园”的校园里开展了大规模的建造。这种系统我们称之为“厚墙厚顶”，做法简单，造价低廉，但有效地减少了空调的使用。

这种做法会遇到大量没有经验的问题，建筑师必须坚持跟踪现场，随时改善做法，建筑师因此有机会与工匠非常深入地交流，真正了解材料和做法，和工匠之间形成一种互相指导的关系。正因为如此，施工就类似某种用手绘画的过程，它使建筑出现了一种如今专业建筑学操作很难出现的生动状态。而和几百个工匠一起工作，意味着这个建筑不仅出自某个建筑师的大脑，而且出自很多双手的触摸和劳作，建筑因此超越某个建筑师的设计而变成了一种人类学的事实。那些曾经被扔弃的废料，经由工匠的手，重新恢复了尊严，而那些在现代施工现场似乎笨拙的传统工匠，也同样恢复了尊严。

我们认为，如果像现在中国所发生的情况，传统只是指那些存放在博物馆中的东西，那么传统实际上就已经死了。传统是活在人的手上的，是活在工匠的手上的。现代建筑师需要发展出一种建筑学，让工匠和他们擅长处理的自然材料保持与现代技术共存的机会，并且可以大规模的推广和使用。只有这样，我们才能说，传统还活着。

对于我们的建筑学校来说，“业余建筑工作室”的象山校园项目，既是校园建设，包括建筑学校的建筑，也是一个教师培训过程。很多青年教师在我们的工作室里，学会了这种实验性设计的全部过程，有些甚至已经能够完成完整详细的施工图设计，也经历了各种材料做法实验，与工程师的配合，与工匠的交流与配合。在“业余建筑工作室”，在我们的影响下，这些助手都具备一定的现场研究和亲手建造的能力。2006 年，我们设计和亲自施工了威尼斯建筑双年展的首个中国馆，在 13 天内，6 个建筑师，带着来自象山校园工地的 3 个工匠，用 6 万片回收的中国传统旧瓦，5 000 根竹子，建造起一座可以让人在上面漫游的 700m^2 的建筑，我们叫它“瓦园”。具备这种能力的建筑师，或许就是我们所说的“哲匠”。

象山校园吸引了全国各地的人来访问，几乎没有人不被它打动。但我们经常听到的评价是：这几乎是一个不可能实现的梦想，它也许只能实现在一个艺术学院的校园内。在校园之外，今天的中国不可能接受它，所以这是一个彻底的乌托邦。

近些年来，我们对中国建筑提出一个论题：是否可能重建一种中国当代的本土建筑学？它的基本建筑观念和原型出自地方性的根源，而不是出自国家主义的空洞象征。如果象山校园的实验只是局限在艺术学院的校园内，这个论题就只是一个非常学院的论题，它必须触及并挑战真正的现实。很少有人知道，在 2003 年，当象山校园的一期还没有完工时，“业余建筑工作室”就开始了宁波博物馆的设计。这是一个过程异常复杂的工程，先后经历了两次竞赛。在 2004 年确定方案之后，业主一直对我们的方案存有异议，对我们的工作缺乏信任。而对我们来说，来自业主的问题并不是最大的问题，最难的是，在这个城市新区的中心，原有的 30 个村落都已经被拆除，只剩下半个。这是一个几年前还拥有丰富传统建筑的地方，特别是拥有“瓦爿”这样一种高超的砌筑技艺，却突然变成一个几乎没有回忆的地方。城市规划使中心区异常空旷，24m 限高的建筑，彼此距离都在 150m 以上，这意味着建筑之间不存在城市的肌理与脉络，也意味着这座博物馆难以找到它在城市文化中的位置，尽管这经常意味着一座空洞庞大的纪念物。

我们把这座建筑当做一座山来设计。如果找不到实际存在的事物为依据，我们可以回到自然去寻找。这个地区也曾经拥有丰富的山水绘画传统，所以这种对自然的返回也涉及这种艺术史。我们同时把这座建筑当做一个村落来设计，建筑上部开裂的体块混合着山体和村落的印象。我们把这座建筑的皮肤和毛发当作一种物质性的回忆来设计，外墙和内墙大量使用“瓦爿”，材料回收自已经被拆毁的村落。我们还把这座建筑当作不同类型的物质材料的对话来设计，使用旧砖、瓦、石料和陶瓷碎片的“瓦爿”技术出自这一地区的建造传统，与它对话的混凝土墙，通过使用一种特殊的竹子模板浇筑，做出一种类似自然的敏感反应的效果。这种做法需要经过大量的现场试验，跟我们一起工作的工匠，已经和我们有过多年共同工作的经验，但光是竹子模板浇筑混凝土的实验，就失败了 20 多次。也就是这种实验精神和对技术的严谨推敲，最终让我们获得了业主无任何保留的信任。作为城市中心的大型公共投资工程，博物馆经历了比象山校园严格得多的政府审查，像“瓦爿”技术或竹子模板浇筑混凝土的技术，都是建筑法规里没有检查标准的技术，需要反复试验，由政府组织的专家委员会进行论证。如果没有业主的决定和信任，任何一项都是不可能实现的。

来自业主的不仅是信任，建筑师需要传达一种坚定的文化自信，使业主意识到要分享一种重要的文化探索及价值。让人感动的是，在博物馆完工后，原来设想日均参观量在 3 000 人以下，然而从第一天开始，每天就有超过 1 万人参观，周围的很多市民来过多次，他们更多是来看这座建筑的。我们询问过一些市民，他们在这里重新发现了与他们已经被拆毁的家园的关系，他们来这里寻找回忆。站在博物馆顶层的山谷中，穿过那些开裂的体块，目光擦过“瓦爿”和竹子模板浇筑的混凝土，人们看着远处正在建造的城市的新 CBD，那里有 100 座以上的超高层建筑正在建造，被叫做“小曼哈顿”。

我们拒绝设计其中的任何一座（建筑）。

如果有人问，什么是中国建筑未来的发展趋势，这是在今天中国的现实中特别难以回答的。我们身处一种由疯狂、视觉奇观、媒体明星、流行事物引导的社会状态中，在这种发展的狂热里，伴随着对自身文化的不自信，混合着由文化失忆带来的惶恐和轻率，以及暴富导致的夸张空虚的骄傲。但是，我们的工作信念在于，我们相信存在着另一个平静的世界，它从来没有消失，只是暂时的隐匿。我们相信，一种超越城市与乡村的区别，打通建筑与景观、专业与非专业的界限、强调建造与自然的关系的新建筑活动必将给建筑学带来一种触及根源的变化。建筑学正在经历从传统景观意识到现代景观观念的变迁，我们特别缺乏一种对建筑的深远思考，这种思考将会振兴新的观念和方法。

我们记得，当象山校园刚建成时，和一位朋友站在校园建筑的门廊下看着象山。那位朋友问，这山是什么时候出现的，我们一时不知如何回答。那位朋友说出了答案：这山是在你们的建筑完成后才出现的。

作者简介

王澍，男，中国美术学院建筑艺术学院 院长、教授

陆文宇，女，中国美术学院建筑艺术学院 副教授

“建构”的许诺与虚设

论当代中国建筑学发展中的“建构”观念

The Promises and Assumptions of "Tectonics"

On the Emerging Notions of "Tectonics" in the Contemporary Chinese Architecture

朱涛
ZHU Tao

“建构学”（Tectonics）正在成为中国青年建筑师日益关注的问题。[1]

在长期受官方意识形态控制，而近20年来又迅速被商业主义主宰的建筑文化状况中，当代中国青年建筑师对“建构”话题的热衷，体现了他们对创建建筑本体文化的渴望。作为一个理解现代建筑文化的概念框架，它有望成为一个契机，汇同建筑师们逐渐苏醒的空间意识和对建筑形式语言的自觉把握，帮助中国建筑师突破现实文化僵局、开始创建真正现代意义上的建筑文化——这恐怕是引进的“建构学”观念对中国当代建筑文化的最大许诺。

然而，“建构”不是一种纯客观的存在，也没有预设的本质。在理性界定的建构学的基础中、边界上甚至概念框架内部，总是出现各种不可预测的界面和紊乱的能量——因为“建构学”不仅关注建筑物，也关注如何建造建筑物，关注在背后支撑建筑师进行建造活动的各种建筑观念。每一次欲将“建构学”通过理性还原以达到一种客观实在的努力，都反过来揭示出“建构学”还是一种话语、一种知识状况。如果无视“建构学”动态、复杂的机制，“建构学”在中国作为一个文化救赎的策略，其许诺可能得不到兑现。对“建构学”的机械的肢解和无节制的泛化，会使“建构”观念降格为一种美学教条、一个学院内的谈资、一场只开花不结果的虚设的概念游戏。

一、“建构”传统与我们

毋庸置疑，我们拥有丰厚的“建构”文化传统。它既存在于纵向的、历时数千年的中国建筑结构、构造体系的发展和形制演变中，也体现在横向的、从官方到民间的不同建筑形制和建造文化的共时存在中。自 20 世纪 20 年代起，梁思成及中国营造学社的一代先驱开辟了对中国建构文化传统的研究工作。这种工作几经中断，在今天又得到了某种程度的延续。但遗憾的是，对中国“建构”传统的基础研究工作——本来可说是中国建筑历史、理论研究中最具中坚实力的部分——却从来未能催发出具有现代意义的建构文化。

自 1949 年建国到 80 年代改革开放，粗略地概括起来，中国建筑学界一直被两种设计观念交替主宰着：以国家意识形态和民族主义为主导的“文化象征主义”和以平均主义经济准则为主导的“经济理性主义”。所谓“文化象征主义”是指在新的国家政权亟需某种有识别性的建筑文化表现时，欧洲鲍扎建筑体系的设计准则被中国建筑师借用过来，混合了某些中国传统建筑符号，在建筑平面、立面上通过隐喻、象征等图像学的构图手法来完成对国家意识形态、民族文化传统和革命精神等的文化表现。“文化象征主义”多表现在一些具有重大政治意义的标志性建筑上，如 20 世纪 50 年代初全国各地探索“民族形式”的一些大型建筑物、1959 年首都“国庆十大建筑”和“文革”期间全国各地所修的“万岁馆”等。上述建筑，并不是完全没有建构的突破，实际上当时一些宏大项目中对结构体系和构造形式的探索，其想象力和大胆程度可能远超过今天中国建筑师的实践，只是这些建筑中的建构特征多被起文化象征作用的装饰物遮盖，而很少得到完整、独立的表现；在另一方面，“经济理性主义”建筑是指以精简、节约和平均分配等经济准则为主导，以重复性生产为基础的建筑产品。“经济理性主义”的设计观念主要体现在那些作为社会基础设施意义上的大规模工业生产和民用生活的建筑，如建国后的大规模城乡规划、公共住宅、工业建筑等。在这一类建筑中，文化象征意义显然让位于更为紧迫的经济现实，因而极少有繁复的装饰，往往相对清晰地显示出它们自身的结构和构造特征。甚具深意的是，在极端苛刻的经济原则限制下，一些极为激进的建构实验曾经涌现出来：如 20 世纪 50 年代中期曾出现过全国上下以竹材代替木材和钢材的“建构”实验运动，另外还有本文随后会提及的 60 年代早期的大规模的夯土实验等。[1]205-208，296-299

自 1949 年到 1979 年的 30 年中，在极端的政治、经济形势下，中国建筑实践产生过非常丰富和极端的内容。然而遗憾的是，今天当“建构”这个术语被进口到中国，承担起文化救赎的使命时，尚不见任何有针对性的研究能深入地回顾在我们的近期历史中，我们的先辈在不同的意识形态中，在相似的技术条件下，在完全没有“建构”这个理论话语的情况下，沿着“建构”的道路曾经走出了多远。这种研究的匮乏，使得今天的很多关于建构的讨论和实验，不得不建立在完全忽略我们自身的建构传统（尤其是近期传统）的前提下，而单纯从西方横向引进建构话语。由于缺乏与自身切实的语境关系对照，我们很难分辨今天建筑师所喊出的话语是否只是我们历史的回声。是否因为这回声延迟了太久，或者因为我们有意无意地忽略了声音的来源，以至于这些回声现在听起来像原初的声音一样新鲜？

20 世纪 80 年代开启了一个建筑的意识形态、风格学和商品经济大折衷的时代。经济的开放和工程建造量的空前增多，并没有使设计观念发生根本改变而是走向平庸的折衷。我们可以看到：一方面“文化象征主义”在大量官方标志性建筑物中继续盛行（如北京西客站、中华世纪坛等）；另一方面在更多的项目中，在市场经济取代意识形态成为社会主导力量时，“文化象征主义”和“经济理性主义”这两种曾经分离的设计观念已被市场的“看不见的手”强有力地扭合起来。以中国的住宅开发为例，一方面，“经济理性主义”较关心平面，因为它一如既往地热衷于建筑形制均质化和建立在重复性为基础的批量化生产——这就是为什么无论地域气候、文化差异有多大，全国上下实际在共同套用有限的几套住宅标准层平面。另一方面，“经济理性主义”关心市场动向，关心为市场及时提供最富感召力（卖点）的建筑风格，而具体制造风格的任务便摊派给“文化象征主义”。“文化象征主义”关注立面，正如建国初民族主义和国家意识形态需要一种文化表现时，“文化象征主义”曾制造出“民族形式”，而当今天城市中新兴的中产阶级迫切需要另一种文化表现时，“文化象征主义”便拼贴出立面的“欧陆风情”。在今天的市场经济时代，建筑的“文化象征主义”和“经济理性主义”结合起来，可被称为建筑“风格的经济学”。

建筑“风格的经济学”的基本原则是：建筑物是一个巨大的商品，“经济理性主义”通过市场时尚来确定建筑形制，“文化象征主义”则负责商品外包装，为建筑确立某种特定的外在装饰风格以象征某种特定的文化身份。根据市场订单的需求不同，风格的表现可能是多样的：或者“民族形式”，或者“欧陆风情”甚至“现代主义风格”，等等，由此建筑的表现已完全被缩减为外在风格的表现——这便是我们当前主导性的建筑文化状况。

二、“建构”的还原

到底什么是建筑学不可缩减的内核，这是近年来在中国逐渐兴起的“实验建筑学”欲对抗商业主义所必须回答的问题；换句话说，究竟建筑学拥有多少其他学科不能代替的自足性，从而凭借这种自足性更有力、更独特地参与到整个社会政治、经济、文化、技术的现代化日程中？

在维特鲁威的三要素中，“坚固”（firmitas）和“适用”（uticitas）长期以来成为建筑师不可缩减的设计原则，而“美观”（venustas）则似乎被理解为建立在前两者原则基础上的一个不确定的价值判断。

近似于此，中国建筑界长期坚持“适用、经济、在可能的条件下注意美观”的方针，“美观”在其中多被理解为受意识形态影响的“文化象征主义”的附加表现，因而成为一种仅“在可能的条件下注意”的建筑状况。

做到“坚固”、“适用”和“经济”似乎已经成为不言自明的存在，而好像可以独立于历史文化的不确定性。今天西方正统建构理论总体仍在遵循这样的途径。不难理解，今天很多中国建筑师和理论家也同样渴望通过对建筑学缩减和还原，清除意识形态的重负和审美意识的不确定性，从而获得一种“本质性”的内核，或者说将建筑学放置在一个看似坚实的基础上，以获得这个学科初步的自足性。

在《向工业建筑学习》一文中，张永和与张路峰表达了这样一种文化策略：

在中国，工业建筑没有受到过多审美及意识形态的干扰，也许比民用建筑更接近建筑的本质。

......清除了意义的干扰，建筑就是建筑本身，是自主的存在，不是表意的工具或说明他者的第二性存在。

如果能确认房屋是建筑的基础，便可以建立一个建筑学：

自下而上：房屋 > 建筑

一个建筑范畴之内生成的建筑学......

相对于另一个建立在思想上的建筑学

自上而下：理论 > 建筑[2]

但是我认为实际的文化状况要远比线性的概念推导复杂得多。即使公认“房屋是建筑的基础”，那么什么是“房屋的基础”呢？是“思想”还是“建造”？进一步追问我们便会面临一个“鸡生蛋、蛋生鸡”的问题：是“建造”的行为发展了关于“建造”的“思想”，还是关于“建造”的“思想”促成了

“建造”的行为？

我们对现实的感知与我们采用的理解现实的概念模型之间的因果互动关系，显然是一个历久弥新的哲学命题。在这里避开繁复缜密的哲学争论，一些简单的语源学分析相信会有助于理解“建筑”基本含义中的概念与实在之间的复杂性。英文“建筑学”（architecture）起源于两个希腊词根：（archè）和（technè）。其中（archè）（基础的、首要的、原初的）指代建筑学所秉承的某些根本性和指导性的“原则”——不管这些原则是宗教性的、伦理性的、技术性的还是审美性的[2]；而“technè”（技术、方法、工艺等）指代的是建筑要实现“archè”中的原则所采用的物质手段。或者换句话说，在建筑学中，一切客观、具体的建筑手段、条件或状况（technè），实际上都受到某种概念性的、抽象的“原则”（archè）的控制和体现。同样，“建构”（tectonic）一词也不能被缩减为纯客观的建筑实在，其古希腊词根（tekton）同时拥有“技术工艺”与“诗性实践”的双重含义。[3]

从古至今，匠师、建筑师对建筑空间、材料、结构与建造的理解和运用从来都不会达到一种纯客观的状态，而对所有这些建筑现象的理论阐释则更会被概念与实在的复杂关系所包围。实际上，这种复杂性已经构成当代中国实验建筑学对“建构学”进行缩减和还原工作时遇到的首要的理论性难题。例如，在《向工业建筑学习》中，张永和与张路峰将“自下而上的建筑”称为“基本建筑”，并总结了“基本建筑”包括的三个基本关系：房屋与基地、人与空间、建造与形式。近似于此，在《基本建筑》一文中，张雷将空间、建造、环境定义为“基本建筑”的“问题的核心”。然而在我看来，更“根本”的问题似乎在于：所有这些“基本”、“核心”的问题实际上在今天都无法被还原到一个纯粹、客观、坚实、自明的基础上。房屋、基地、人、空间、建造、形式、环境等概念，无一不被历史、文化、审美、意识形态等各种话语的“意义”所深深浸染。（比如“基地”一词，既指代作为“客观物质存在”的“建筑物所处的基地”，又同时渗透着特定时代、特定文化中建筑师对基地的“基地性”的理解。）实际上，对每一个“基本”问题的探讨，未必会把我们真正引向建筑学的基础，倒很有可能使我们永久地悬浮在无尽的文化阐释、再阐释的半空中，因为那些“基本问题”很可能是贯穿所有文化层面的无所不包的“所有问题”，而它们之所以看似“基本”，可能恰恰是归因于某种特定文化阐释所制造出来的语言幻像。

本文的宗旨之一便是通过分析证明，那种被认为排除了意义干扰的“纯建筑学”提案实际上是建立在对某一种特定意义系统的预设基础上的，而更为重要的是这些预设的价值体系在今天的文化状况中已不再是自足的，它们不应该逃避理论思辨的严格审查。如果不深入地讨论这些预设价值的意义和局限，以及它们在建构实验者的思考和实践中展露出的复杂性和矛盾性，我们很难想象一个建立在虚设价值平台、完全回避思想检验的“建构学”能够有效地支撑当代中国建筑师的实践多久。

“建构学”不是“建筑物”实在本身，甚至也不单是一门关于“建筑物”的学科。被称为“建造诗学”的“建构学”还是一种知识状况，一种关于建造的话语。在当代中国足够多的令人信服的“建构”作品尚未出现之前，建筑师已经开始通过写作、集会和探索教育改革积极创建了大量关于“建构”的知识分子话语。这从一开始便界定了中国当代的建构文化并不是走向土著部落的纯自发性的“没有建筑师的建构文化”，也不是单纯以实际建构行为和建成的作品展开的客观事件，而更多地从建构观念、建构话语或者说是对建构意义的学术谈论开始的“知识行为”。

如果进一步分析今天中国实验建筑师秉承的建构观念和少数实现的作品，我们同样会发现“建构”远不是处在一种超然客观和“基本”的状态。当代中国实验建筑实践，与其说主要是从建筑师个人的建筑理念出发，结合当代中国特定的技术、文化语境“自下而上”地展开的设计探索，不如说是更多地通过横向移植西方历史中的建筑观念，来表达一种对中国当代商业文化的反抗。具体而言，当代中国实验建筑横向引进并坚持的有限的几个设计原则，“基本上”是现代主义的形式语言、空间意识和建构观念的沿袭。而这些教义何尝不被特定的意识形态、文化意义深深浸透，在此笔者仅针对此三个“基本”系统各举一个相关例子说明。

（一）形式语言：几何学

首先，建筑的形式系统依赖的几何学一直被建筑师认为是一种客观确定的科学而排除了审美及意识形态的干扰，但这种认识在科学界、哲学界经过上一个世纪的广泛讨论已得到彻底纠正。大多职业数学家都同意对某个数学概念的价值判断不存在一个绝对客观的“真理”标准，实际上也包含了相当的“审美”判断，并且“直觉”对数学家的研究及其对数学的理解也起着相当关键的作用。[3]一些数学家甚至提议几何学应被归类在人文学或艺术领域中，因为它主要受审美意识指导。[4]建筑史家罗宾·埃文斯则更直截了当地说，建筑学是由另一门视觉艺术——几何学派生出来的艺术。[5]

其次，不同的几何学观念显然会导致人们对形式的不同理解。一直主导近现代建筑师理解和设计建筑空间形式的投影几何学是以欧几里得几何学和笛卡尔坐标体系为基础的，而当代许多工业设计和动画制作领域的形式探索则建立在微积分和拓扑几何学的基础上。在稍后的分析中，我们会看到欧几里得的平面几何学与柏拉图的超验形式观念不无偶然地结合起来，成为长期以来建筑师理解和操作建筑形式的主导性概念框架。具有讽刺意味的是，该概念框架曾被各历史时期中极不相同的意识形态共同利用，各不相同的文化观念和审美意识都积淀其中。从启蒙运动的理性主义、各种极权政治的新古典主义到现代主义的纯粹主义、立体主义直到今天，建筑师们都广泛认为欧几里得—柏拉图几何体表现了“理想空间”的“本质性”的秩序——尽管在数学领域中，自 17、18 世纪现代数学开始萌生并迅猛发展到今天，欧几里得几何学早已成为完全封闭、停滞不前的知识体系，而欧几里得—柏拉图的理想主义形式观念早已被众多其他的现代形式观念突破。因而与其说今天仍在建筑学中通行的古老的几何学形式体系和观念是一种“自下而上”地探索自然界和空间艺术的经验总结，倒不如说它是一种久已定型、代代相因的文化习性和审美定式，经由社会各种途经“自上而下”地主宰着建筑师们对建筑形式的理解和创作。

（二）空间意识：坐标体系

同欧几里得—柏拉图的理想主义形式观相平行，笛卡尔的空间坐标体系形成了近现代建筑空间观念的认知基础：将动态环境中的物体缩减为不受外界因素影响的中性、均质、抽象的元素，将物体的运动（时间矢量）排除在空间量度以外，将地面抽象为一个绝对的水平面，将物体所受的重力理解为一种绝对垂直向下的“死”荷载，将其实际承受的非线性的受力和不均匀变形因素都排除在均质、固定的坐标体系之外。这样一种极度简化的、静态的空间模型在物理学中自 17、18 世纪莱布尼兹和牛顿各自发明了微积分，以及前者发明了矢量概念、后者发现了万有引力定律之后便不断被众多新型空间模型所代替（其中爱因斯坦的相对论从根本上推翻了经典的时间—空间均质恒定的模型）。如果将今天仍主宰着建筑师的空间意识的笛卡尔坐标体系与其他众多不同的空间认知体系并置在一起便很清楚：现代建筑秉承的空间观念绝不是排除了“审美”、“意识形态”和“意义”干扰的关于空间的“本质性”认识，而仅是众多各自受其特定文化观念影响、制约的概念模型中的一种，并且是一种在当代更广泛的科学、文化、技术语境中已显得相当陈腐的概念模型。

（三）建构观念：视觉美学

“对建筑结构的忠实体现和对建造逻辑的清晰表达”似乎是当代中国建构学

理所当然的审美原则，然而通过后面的分析我们会发现：当很多建筑师仍受困于传统建构美学的预设价值体系中时，今天的建造文化却已经自下而上地呈现出各种异质性。在当代建造技术和建材工业的发展已经摆脱传统工艺单一、整合的文化传统而日益走向文化价值片断化的语境，“忠实”和“清晰”这些价值判断本身都已变得暧昧不清了。

事实上，类似的分析可以被运用到任何关于建筑学的“基本”命题上。总之，当代中国建筑师对“建构学”的还原远没有达到一种真正的现象学的还原深度——如果那样也许反而会推动建筑师们立足于今天更广泛的文化和语境，既对我们的建筑传统也对同样已成为经典的现代主义建筑学赖以存在的知识体系进行深刻的反思和质疑，并系统性地更新建筑学的价值系统。显然，很少有建筑师关心真正的革命，中国实验建筑师在还原到某个中间层次的价值信条和知识状况中得到了满足。面临商业主义主宰的文化状况，当代中国实验建筑师采纳的实际策略是：假定现代主义建筑的价值信条和知识状况对中国建筑学已经足够有用，然后设它为“默认值”，在“默认”好的概念框架中，利用有限的技术手段、自我约束的形式语言和空间观念来集中力量，在中国构筑一种一方面似乎很“基本”但另一方面又可以说是极其抽象或主观的建筑文化。

然而在我看来，在建构被作为一种反抗商业文化霸权的策略时，中国建筑师的一些建构实验的真正意义，恰恰不是体现在如何完美地遵守那些价值的“默认值”上，而是体现在建筑师的实践迸发出的活力与其默认的建构话语体系之间的深刻矛盾中——一种行动与行动原则之间的不协调性中。因为即使是在被极度缩减处理的“建构”的概念框架内部仍会溢出各种不可预测的界面，如自然、历史和个人想象力等等，从而为建筑师的实践赋予一定的活力。而对这些矛盾性和不协调性的详细分析则可能得出两种截然不同的结论：一种结论是回归性的，它最终会证明所有的矛盾性和不协调性恰恰体现了发展中的建构学强大的包容性和必要性，而矛盾性和不协调性也正是建构学的广泛许诺的一部分；另一种结论是颠覆性的，它最终会揭示出建筑师目前采纳的建构观念实际上是一套死掉的价值系统，它完全建立在与当代文化状况无关的一套虚设的概念基础上，它无法帮助建筑师进行有效的思考和实践，反而成为建筑创作的桎梏，那么随之而来的疑问便是为什么仍要坚持它？

三、“建构”的分离

今天，在中国的文化现实中，如果要谈论“建构学”追求的本真性和整合性，我们首先必须面对它内在的分离和缺失。

（一）“建构”本体论与表现论的分离

正统建构学反对装饰的中心论点是建筑的“建造”赋予建筑学以自足性，使之与绘画或舞台布景等图像艺术有根本的不同。建构是“本体性的”（ontological），而绘画或舞台布景则是“表现性的”（或译作“再现性的”，representational）。[6] 然而建构文化远不是取消装饰那么简单，针对中国的特定文化状况，我们必须追问的是：建构价值体系本身是否也存在着本体论与表现论的分离？

换句话说，“建筑本身是建构的”与“建筑表达了建构的意义”和“建筑看起来是建构的”之间是一致的吗？

事实证明：建构行为、建构表现以及对建构意义的阐释话语之间的关系很少是平衡的。如果对这个问题没有批判性意识，完全将“建构”的许诺下注在一种不自觉的实践状态中，对建构的追求完全可能滑向它的反面。

1 “建构”的土坯砖

建筑师对建构意义的过度表现和过度阐释常远远压倒对建构实际作用的探求。据我所知，中国现代建筑史中最激进的一次“建构”实验是 20 世纪 60 年代的“干打垒”运动，该实验直接暴露出“建构”文化本体论与表现论的分离问题。

“干打垒”是中国东北地区农村的一种用土夯打而成的简易住宅。1960 年大庆油田建设的初期，油田职工缺乏住房，他们学习当地农民用“干打垒”的方法建房，使几万职工在草原上立足......1964 年，油田的建筑设计人员，把民间“干打垒”的方法加以改进，并利用当地材料油渣、苇草以及黄土等，做成为一种新的“干打垒”建筑。当时正值经济困难时期，采取这些措施，不失为合理而令人感动的事迹。[1]296-297

然而，在随后的“‘干打垒’精神的演绎”中，我们看到，“干打垒”作为一种特定的“基本”建构手段，其外在表现性的意义（政治意义）被无限扩大，成为一种“无所不包的革命精神”——一种“革命”年代的“高尚”的伦理学、奢侈的"节约风格"和"酷"的美学时尚：

> 会议（1959年上海"住宅标准及建筑艺术座谈会"）认为，大庆"干打垒"精神，就是继承和发扬延安的革命传统……
>
> 会议之后，各地在贯彻"干打垒"精神方面，做出了一些努力，如在第二汽车厂的建设中，现场命令一定采用"干打垒"；有红砖的地方也不许用，竟在锻锤轰击的锻造车间采用"干打垒"，以致在投产后不得不重新再建。四川资阳431厂采用的机制土坯砖，由于不能粘合而加入多种有粘结性能的材料，其造价超过了当地红砖将近一倍。当时的激进言论曾经要求北京也应该搞"干打垒"。由于思想的偏差，实际上成了推行土坯和简易材料的运动。"干打垒"精神难以贯彻，"干打垒"是在"抓革命"的混乱中力图"促生产"的努力。[1]297-299

在今天的文化语境中，这仍不是一个过时的政治笑料，因为在中国建筑界中，对建构话语的广泛讨论和实际建构实验作品的稀少已形成巨大反差；这反差实际上说明建筑界对建构意义的追求或诠释的热望远远超前于真正的建构活动的展开。而今天的市场政治则随时准备着结合狂热的媒体炒作，将建筑师哪怕一点点粗浅的尝试都无限夸大，泛化为一种"精神"、制造出一种风格运动。

2 "建构"的黏土砖

建筑师常不惜采取反建构的手段以使得建筑看起来"建构"。

笔者仍清晰记得第一次阅读路易·康与黏土砖的"对话"所感受到的精神震撼。砖砌体作为传统的承重构件所体现出的坚实厚重感、砖中凝结的黏土所提示的建筑材料与土地的血亲关系、砖的模数与砌砖匠手掌尺度的亲合、砖在被逐块砌筑时所体现的建筑建造过程的仪式化，等等，所有这些技术—伦理心理学—美学上的特质都使黏土砖闪烁一种先验的"建构"的魅力，一种古典意义上建构文化的本真性和整合性：它既是真实地起建构作用的，又是真实地表现建构的，并且的确拥有丰富的表现力。

然而事实是：近20年来，尽管在中国仍有少量真正利用砖承重的建筑项目，但令建筑师沮丧的是建筑工业绝少提供真正具有"建构表现力"的黏土砖——粗陋的工艺只能制造出视觉上不堪入目的黏土砖，即使其结构强度不成问题。由此，即使在黏土砖起实际承重作用的项目中，建筑的内、外墙面也不得不长期被瓷砖、马赛克或粉刷层覆盖。在另一方面，绝大多数建筑实际采用的是混凝土框架结构（或少部分为钢框架），黏土砖即使被运用也仅起非承重性的填充墙的作用。在这种情况下，黏土砖的建构学的"本体"中心实际上已被彻底抽空：无论是从结构合理性、物理性能还是从保护黏土资源的生态学意义上，很多新型填充墙砌块都要比黏土砖优越得多。（这实际上也是不久前中国官方通过行政指令全面禁止生产和使用黏土砖的原因。）

然而，在黏土砖的建构学的“本体”中心已被彻底抽空后，黏土砖的建构的“表现性”仍控制着某些建筑师的想象力：瓷砖、马赛克或粉刷层的视觉上的“浅薄感”实际上在某种程度上“忠实”和“清晰”地揭示了自身所起的面层装饰性的功能。然而这并没有推动很多建筑师开放思想，积极地探索面层建造更多的潜力和反传统的建构表现力，而是刺激着某些建筑师转而追求一些表皮质感无限接近黏土砖，因而“看起来”似乎更接近传统“黏土砖建构”效果的面砖装饰材料。按照这个逻辑推理下去便是：越虚假的装饰材料——越像承重黏土砖、越不像装饰材料的装饰材料反而越“忠实”地表达了“建构”文化，因而越受建筑师的青睐。这个悖谬的推导实际上支撑着相当一批建筑师的创作，使他们仅仅满足于通过模拟黏土砖表面的现象学特征，在视觉表象上渲染出一种对传统建构文化的“表现性”的氛围，而实际上既根本背离了黏土砖的“本体性”建构文化，也压制了对更具当代性的建构文化潜力的探索。

19 世纪德国学者森佩尔（Gottfried Semper）曾将建筑建造体系区分为两大类：一，框架的建构学，不同长度的构件接合起来围绕出空间域；二，受压体量的固体砌筑术，通过对承重构件单元重复砌筑而形成体量和空间。对于第一种，最常见的材料为木头和类似质感的竹子、藤条、编篮技艺等；对于第二种，最常用的是砖，或者近似的受压材料如石头、夯土以及后来的混凝土等。在建构的表现上，前者倾向于向空中延展和体量的非物质化，而后者则倾向于地面，将自身厚重的体量深深地埋入大地。

如果以森佩尔的观点来看待今天“黏土砖—面砖”问题，我们会发现一些当代建构文化中根本性的价值分离：一方面，轻盈、空透的框架充当真正的结构体系，而另一方面框架填充墙体系却依然因循着古典“固体砌筑术”的传统美学——即使建筑师用的是轻型砌块外饰轻薄面砖，也要尽一切可能使建筑外墙“显得”稳定、厚重，看起来如同古典承重墙一样。

在迅速消失的传统建构技艺、产品和文化价值日趋片断化的建材工业之间，建筑师究竟是以一种批判性的态度深入建构文化的分离中，展开更为主动的探索，还是不惜压制所有的文化冲突，以一种折衷的态度，向传统的美学做表面化的回归？从这种牵涉到建构学不同文化策略的意义来看，“黏土砖—面砖”问题不仅仅是一个纯美学趣味和风格的问题。

事实上今天的中国建构文化基本处在一种真空状态，优良的传统建造技艺

1. 重庆西南生物工程产业化中间试验基地，张永和 / 非常建筑工作室，2001
2. 重庆西南生物工程产业化中间试验基地外墙墙身剖面大样图

1. Southwest Bio-Tech Intermediate Test Base by Yung Ho Chang/Atelier FCJZ, 2001
2. Detailed section of exterior wall, Southwest Bio-Tech Intermediate Test Base

消失殆尽，高质量的现代建筑工业标准尚未定型，中国建筑师根本没有预设的“建构”的原则可以遵循。在这样一种语境中，路易·康关于黏土砖的自问自答可以获得一种反本质主义的全新读法：砖自身根本没有完全超越时代和建筑师主体之外独立的“秩序”或“本质”。在康询问砖想“要什么”之前，康一定清楚如果没有建造者创造性的“意志”的介入，黏土永远不会情愿经受高温焙烧，定型为坚实的砖块，而只会维持其散乱的颗粒形式。实际上，从康的腹语游戏中，我们今天读出的不再是他对砖的“本质”所下的终极结论，而更多的是与今天中国建筑师相类似的困惑，那种在建构本体还原与建构表现冲动之间的困惑和挣扎：

康：“你想要什么？”

康心目中的传统建构的砖：“我要拱。”

置身建构技术、文化变迁中的康：“拱太贵，我可以在洞口上为你加一根混凝土过梁……”

只不过，如果对话发生在今天，会稍有一点变动。

康：“你想要什么？”

康心目中的传统建构的砖：“我要砖墙。”

置身建构技术、文化变迁中的康：“砖墙太贵，我可以用轻型砌块砌墙，再在表面贴一层面砖……”

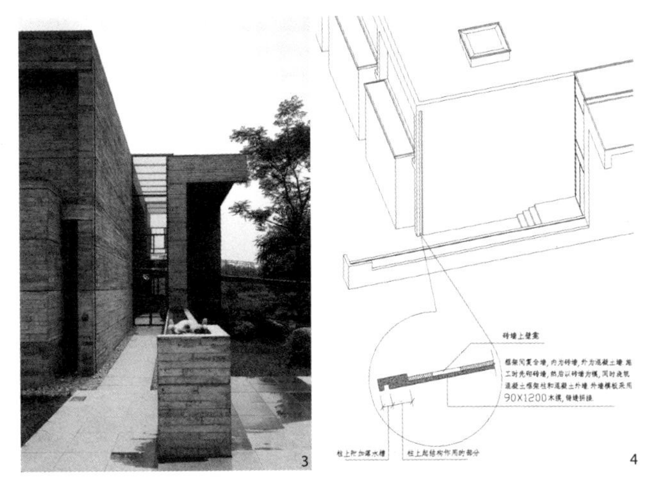

3. 成都鹿野苑石刻博物馆，刘家琨，2001
4. 成都鹿野苑石刻博物馆外墙墙身构造示意图

3. Luyeyuan Stone Sculpture Museum by Liu Jiakun, 2001
4. Detailed exterior wall of Luyeyuan Stone Sculpture Museum

3 “建构”的面砖

张永和的重庆西南生物工程产业化中间试验基地可能是中国当代建筑中唯一主动检视“面砖”的建构性表现的建筑。第一眼看建筑的立面：该建筑像一幢清一色灰砖砌筑的房子（实际上该建筑为一栋多层框架结构，外墙采用了轻型混凝土砌块填充并由装饰性的小混凝土砌块作外贴面）。整个外墙面仍被“固体砌筑术”的美学控制：墙面上挖出的一系列孔洞反衬出整个墙面的实体感，各层洞口位置的上下精确对位以及底层局部的细密的柱廊使人们在视觉上获得一种“实墙”荷载自上而下连续传递的错觉（实际上按框架结构的构造，外墙的荷载是由各层混凝土梁出挑角钢过梁分段承担的）；外墙与基地地面的周边交接处有一圈类似柱础般的放脚，更会加强观者对整片实墙厚重、稳定地“坐落”在基地上的视觉印象（实际上整片实墙都可以轻易“飞”离地面，因为是非承重墙）。整个外墙都有意无意地给人一种承重墙的视觉感受。唯一的转机是透过“实墙”上的各孔洞，人们会从侧面发现由混凝土砌块砌筑的“实墙”的厚度仅有约 100mm，其余侧墙面便是白色或灰色粉刷层，这直接揭示了小混凝土砌块所起的装饰表皮的作用（图 1，图 2）。

对仿黏土砖面砖通行的做法是将面砖满铺建筑外表面以使建筑物呈现为一个类似粘土砖砌筑的实体，而这实际上在视觉上掩盖了建筑的逐层拼装的建造程序和面砖真正起的装饰面层的作用。而张永和的做法是首先利用混凝土装饰砌块砌筑出建筑物的坚实的体量感，然后又在“实墙”的内侧面主动、清晰地揭示出混凝土砌块实际所起的装饰面层作用，从而将今天关于“黏土砖—面砖”的悖谬文化转化为一种略含反讽的面层建构表现游戏。

4 "建构" 的混凝土

当“建构的黏土砖”实际上已在当代建材工业的驱使下完全转化为“建构的面砖”时，西方建材市场中的那一类外表酷似混凝土，但实际上仅起装饰作用的仿混凝土外墙挂板仍暂时未传入中国，但“清水混凝土”的建构的本体作用与表现意义已经在中国实验建筑师手中产生分离。

在刘家琨设计的鹿野苑石刻博物馆中，“为了使建筑整体像一块‘冷峻的巨石’，建筑外部整体拟采用清水混凝土”。在他眼中，“在流行给建筑涂脂抹粉的年代，清水混凝土的使用已不仅仅是建筑方法问题，而且是美学取向和精神品质的问题。”[7]

在这里，显然混凝土的建构的表现性成为建筑师的首要追求，而如果要达到传统的“建构”文化境界，则必须有相应的混凝土的本体的建构方式相配合。设想如果有类似安藤忠雄拥有的经济、工艺条件，刘家琨会毫不犹豫地采用整体现浇混凝土墙的方式，使整栋建筑无论在结构作用上还是在视觉表现上都呈现为一个“独石结构”(monolithic structure)，从而达到传统建构文化的本真性和整合性。然而有趣的是，由于特殊的原因，本体性的建构方法再次不得不与建筑师的建构表现意图拉开距离：“由于清水混凝土这原本成熟的技术在中国是人们不习惯的新工艺，因此采用了‘框架结构、清水混凝土与页岩砖组合墙’这一特殊的混成工艺……”[7] 具体做法是钢筋混凝土框架作为结构骨架，页岩砖墙作为外部填充墙，然后在整个建筑外表皮再浇灌一个混凝土薄层将混凝土框架和页岩砖填充墙包裹起来。整栋建筑外部呈现为一个没有拼装缝隙的“独石”体量，而实际建造却采用内层砌筑、外层浇灌的综合拼装工艺。换句话说，混凝土外皮（除了起部分热工作用）成为一层表现混凝土现象学特征的装饰性外皮，却完全遮盖了在墙身剖面上实际发生的更复杂、或许更具表现力的建构程序（图 3，图 4）。如果“固体砌筑术”的传统美学和混凝土的传统现象学特征没有在建筑师的意识中起压倒性作用的话，建筑师也许会更主动地探索和揭示这种独特建造工序的不同寻常的表现潜力，然而遗憾的是，由于当地工艺条件限制而“被迫”挑战了正统的建构观念和程序，使之出现本体和表现意义的分离之后，似乎建筑师又反过来试图掩盖这种分离，再次以一种折衷的方式回归到对正统的“建构文化”的美学表现上——不管这种回归是否仅是通过一种视觉表象，不管实际上这种表象又是怎样地与建构学的其他固有价值相矛盾。

可以说，当代中国倡导“建构”文化的建筑作品大多在建构本体（建构的实际作用）和建构表现（对建构的视觉表达）两种价值体系间摇摆，却又没有对这种摇摆产生一种清醒的认识，更未能在各种价值分离之间获得一种批判性的意识。而在另一方面，在这种状况下，即使通行的以本真性和整合性为基础的传统“建构”价值原则——“对建筑结构的‘忠实’体现和对建造逻辑的‘清晰’表达”也完全成了一句空话。

深究起来，上述现象也同样暴露出正统建构学话语自身的问题。这个问题可以继续由对混凝土的讨论引出。实际上，恰恰是为实验建筑师普遍喜爱的、起本体“建构”功能——结构作用的现浇钢筋混凝土，在某个层面上最深刻地暴露建构学价值中本体论与表现论之间的分离问题。19 世纪出现的铸铁先是作为砖石结构的结构补充部分，然后发展成为混凝土内部的加力钢筋，使从前一度可以清晰分类的建构体系变得复杂化。水泥粉、石子及添加剂在水的作用下发生非线性化学反应，共同凝结成主要承受压力的混凝土，彻底掩盖了内部主要承受拉力的捆扎钢筋。最终钢筋混凝土内部实际发生作用的复杂结构机制，在外部形式上仅仅缩减性地呈现为一种整合、均质的材料。在某种尺度上，钢筋混凝土既不会“忠实”地体现结构作用，也不可能“清晰”地表达建造逻辑。

然而，具有讽刺意味的是，不正是这种在某种尺度上的建构学意义的重大“缺陷”，构成了钢筋混凝土在另一种尺度上建构“表现”的“优势”吗？首先，因为它整合、均质因而显得“具象”——建筑师得以忽略所有内部复杂的建构事实，仅将它表面的某些现象学特征（质感、色彩、硬度等）认定为该材料的“建构”表现力的全部内容；其次，因为它整合、均质因而又“显得”抽象——有利于建筑师进行现代主义的抽象几何形态操作。

到此，我们可以总结出当代中国实验建筑对建构探索的两个基本观念落脚点：第一，具象的材料现象学特征；第二，抽象的几何学形态。而这两个基本观念所推动的，似乎更多的是建筑师对传统建构“文化意义”上的象征性的视觉表现，而较少对当代建构实际作用的本体性的探索。第一种观念相信通过对一些材料的传统现象学特征的表现可以有效地表达出一种传统建构文化氛围。但是通过上述讨论，我们可以看到，在当代建筑材料工业已抽空了传统材料建构的“本体”内涵时，建筑师对传统材料的现象学特征的美学留恋实际上会阻碍建筑师对当代建构的表现力的积极探索。第二种观念则相信某种特定的几何形态先验地被赋予了建构学的价值，比如相信视觉上简单明了的几何秩序便代表着建筑的“本质的”或“基本的”建造逻辑等美学观念。而后一种观念也同样是建立在一整套虚设的文化概念基础上，也同样存在着内在的本体论与表现论的分离。

5 "建构"的形态

一种特定的建筑形态，不仅要起本体的建构的作用，还要在表现上显得很"建构"（正如维特鲁威要求一栋建筑不仅要在结构上很"坚固"，还要在形式上"看起来""显得"很"坚固"）。而究竟怎样的建筑形态才算"显得"很"建构"呢？这显然不仅与建筑物实际的建构作用有关——因为如前所述，在某些状况下，一些材料或结构（如前述钢筋混凝土）的内部复杂建构机制根本就是"非表现性的"，而在另一些场合，同样的建构原理又可以被赋予多种不同的建构表现形式（如同一个框架结构中柱子的断面形式可以是多种多样的）。事实上，建筑师对建筑形态"建构"与否的判断，当然还与建筑师针对一项具体设计的概念有关，也与建筑师对建筑形式的审美意识密不可分。针对一项具体设计，建筑师的概念可能会各不相同但建筑师的形式审美意识却经常是集体性的，因为后者实际上是建立在一整套带有普遍性的文化观念基础上的。

现代建筑中很多被当代建筑师想当然认为是"建构"的形态，实际上是与本体建构原理相矛盾的。如在柏林国家画廊的顶棚中，密斯采用了钢合金成分各不相同，但尺寸完全一致的钢梁，一方面"本体性"地解决屋面因大跨度及双向悬挑而产生的不均匀的挠曲变形问题，另一方面却在视觉表象上"表现"出一种均质的结构美学和标准化生产、拼装的建造工艺的"假象"。再如安藤忠雄的六甲住宅二期工程中，所有梁、柱均采用了相同的断面尺寸520mm×520mm。如果说在其他一些小型项目中，安藤尚可采用混凝土梁、柱、墙断面尺寸完全相同的做法以达到建筑内外空间、形式的均质化效果，那么针对六甲住宅二期这样的规模，其框架中如此大量的混凝土墙体（实际上是不承重的混凝土填充墙）显然无论从结构还是经济的合理性上都不可能完全采用520mm的厚度以同时平梁柱的内外表皮。安藤的实际做法是利用屋面降板和正立面窗间墙退后的方式在建筑屋顶和正立面暴露出均质的混凝土框架，而在建筑的侧立面和背立面则将大量250mm厚的混凝土外墙体平梁、柱外皮，以使建筑侧面和背后获得一种梁、柱、墙均质合一的视觉效果。总之，类似这样的形态操作，与其说是出于对建构实际作用的"本体性"的真实展现，不如说更多的是基于建筑师对某个概念性的抽象几何形态的追求。[4]

问题在于，某些现代主义的形式观念，仅仅是某一特定时期的文化产物，绝不应成为永恒、终级的审美原则。从理论上讲，今天中国建筑师对建构文化的构筑，不仅应包括立足于现代主义观念体系内的对建构行为和建构表现的探讨，还应包括凭借一些更富当代性的文化观念和技术手段来探讨新型建构机制和美学表现的突破现代主义体系的尝试。然而如前所述，中国当代实验建筑师实际上仅仅采纳了前一种文化策略。在当代中国实验建筑学话语中，多是对现代主义形式语言的毫无保留的拥抱，而极少对背后隐含的文化价值的深入认识和批判性分析。在建构文化的初创阶段，这样一种自我限定的文化策略也许是必要的，然而随之而来的问题在于：在一些建筑师那里，现代主义的某些抽象形式构成技法，既不被理解为某一特定时期的文化产物，也不被当作某种特定的（有局限性的）设计策略和工具，而是在文化意义上被无限地泛化和升华，成为空间和建构文化体系中先验性的、终级的价值信条和极具排他性的审美教条，这实际上已构成了中国建筑师展开真正建构探索的巨大观念障碍。

比如，今天中国建筑界关于建构的话语还未充分展开便已经被一整套虚设的形式审美的陈词滥调笼罩了：除了前述的黏土砖、混凝土等几种材料组成了在中国探讨建构表现的不可或缺的材料库外，均质的坐标网格与方形的梁柱框架经常被直接与“理性主义建构”划为等号；纯粹几何形，尤其是直线和方形会被众多建筑师直接心理投射为“理性”、“清晰”、“纯粹”、“建构”等价值判断；一个正方形在均质的平面坐标网格中略为偏转一个角度便能获得“动态感”；一些稍稍复杂一点的形状，比如几个不同的纯粹几何形的组合或一道连续的曲线，往往被看作是“非理性”的表达；再复杂一些的几何形，即使仍是由同样的几何语言——几何概念构筑而成，却很容易被称为表现主义，甚至被贬为“非建构”或“形式主义”……

这些对建筑形式的先验性的审美判断对建筑师的意识渗透和控制得如此之深，几乎已成为建筑师的职业本能。但实际上，它们根本不是对建构文化的主动探索的结果，而是一整套建立在陈旧文化观念基础上的预设的价值前提。为什么如此众多的建筑师会不加思索、毫无保留地接受这些先验的价值判断，并将其内化为一种顽固的、独断的、具有强烈排他性的审美趣味，似乎有些不可思议，而实际上支撑这些审美判断的文化观念的形成确实是源远流长、错综复杂的。概括说来，这些审美判断是由某些理想主义、本质主义的形式观念折射而成。而追根究底，西方的理想主义、本质主义的形式观念的思想源泉之一是两种西方古典知识体系的混合产物：欧几里得几何学和柏拉图形式论。当古希腊诡辩论者说形式的“美”只能由强权者的政治权力和需要来界定时，柏拉图则认为欧几里得的几何学中体现的基本形式美是超验的，独立于世俗世界、人的头脑、经验和语言之外。欧几里得的几何学与柏拉图的理想主义结合起来（其后又与笛卡尔空间坐标体系结合起来）的形式观念认为，纯粹的几何形状或形体（如方形、圆形、立方体、三角椎、圆柱体等）体现着超越尘世的“理想秩序”。然而，极具讽刺意义的是，起初与柏拉图的理想主义紧密相连，成为反抗“审美”政治化的欧几里得的几何学，因其易于运用、易于辨识的特点，在建筑学尤其是近现代建筑史中，反而成为最易被各种意识形态、政治权力滥用，被用以表现各种不同的“理想空间”的“本质性”和“权威性”的工具，从启蒙运动的理性主义、各种极权政治的新古典主义直到现代主义的纯粹主义、立体主义抽象美学等等。上述当代中国建筑师坚持的形式审美判断，不管其渊源多么复杂难辨，都可以说仍是一种类似的将超验形而上学观念通过纯粹几何学进行世俗表现的“文化象征主义”传统的无意识的延续。

自19世纪早期西方思想界展开对形而上学的批判以来，西方文化、科学、技术中很多领域在突破理想主义、本质主义观念后都获得了长足的进展。在现代几何学中，欧几里得几何学早已不是人类理解形式的主导性知识体系，它即使仍未被废弃，也不过被当作一个特例，正如直线在某些几何模型中被当作曲线的特例一样。而柏拉图形式观中对纯粹几何形体的理想主义文化观念，早已被其他众多现代科学、文化观念所扬弃。例如，在拓扑学中，纯粹几何形体和非纯粹几何形体之间是没有本质构造区别的，它们彼此都可通过特定的变形操作互相转换。在形态发生学理论中，我们甚至可以得到与柏拉图形式观完全相对的价值判断：非纯粹几何形态可被理解为由初始的纯粹几何形态在与周边环境因素和事物运动的互动关系中产生变形而成，因此非纯粹几何形态中既包括了初始纯粹几何形态的形式构成信息，也记录了由纯粹几何形态向非纯粹几何形态变形的形态发展过程信息，还同时反映了该形态所处的外界环境因素中的某些信息。而纯粹几何形态则是被假想处在完全封闭、自足的抽象环境中的“惰性”几何构成。它们不具备对外界环境因素和事物运动的敏感性和互动关系，因而能始终维持均质的形式构成关系，不发生任何变形。因此，纯粹几何形态非但不是体现了“最高空间秩序”的几何形态，反而是空间中信息含量最低、构造秩序层次最低的几何形态特例。更进一步，在近代生物形态学中，生物学家们已经不再将非纯粹几何形态归结为某个先验、抽象、理想化的纯粹几何形态的衍生物，而是直接深入到各种非纯粹几何形态之间对形式之间的转化机制加以考察。例如苏格兰动物学家达西·汤姆森（D'Arch Thompson）将均质、恒定的笛卡尔坐标网改造为一种动态的、可拓扑变形的量度系统，以考察同属一个物种的生命形态在不同的生存环境中，在与不同的环境因素（即文脉）的互动关系中（如物种自身重量、运动速度和环境温度、压力、阻力等之间的关系）

所产生的不同的变形。在这里，均质的坐标网仅仅作为一个初始的、相对的、参照性的量度标准，而绝不赋予那个被均质坐标网覆盖的生命形态以任何超验的、理想的，或比其他“变形”后的生命形态更优越的文化价值，当然，那些关于纯粹几何形态的理想主义文化观念在这样的形式系统中也就变得没有关联、毫无意义。

需要强调的是，这里绝不是说欧几里得几何学和笛卡尔坐标网在当代建筑设计中已经没有运用价值，而是指出那些寄托在欧几里得几何学和笛卡尔坐标体系上的，或者说从这个空间、形式认知体系中升华出来的理想主义形式观念以及一整套相关的理论话语和审美意识在当代文化语境中已经变得陈腐透顶。而也正是从这个意义上来说，张永和与张路峰对“清除意义的干扰”的提议实际上显示出某种程度上的批判性的动机，尽管如前所述，笔者对其还原性的建筑学的提案能否真正成立有所质疑。

总之，当代建筑师关于形式审美的陈词滥调，与其说是体现了他们对人类空间基本建构形式的本质认识，不如说是建筑学相比其他当代人文、科学、技术等学科发展严重滞后的一个突出的文化表现。当然建筑学有其自身学科的自足性，显然也受制于一定的经济、技术条件，但所有这些因素，今天都已根本不再构成建筑师非要坚持其陈旧文化观念的充足理由。笔者并不否认某些建筑师有可能避开对这一问题的探讨，在默认既有的空间、形式认知系统的前提下，在建筑学的其他层面上得以展开某些创造性的工作。然而，当代中国发展中的“建构学”，还亟需一些关于直接针对形式、空间认知系统的“突破性”的理论分析和建构实验。可以肯定的是，如果中国当代“建构学”的基础完全固守在一整套先验的、虚设的、毫无当代性的文化观念上，其众多的文化承诺将不可能得到兑现。

（二）“建构”文化的特定性和普遍性的分离

“建构”文化的特定性和普遍性的分离至少表现在两个方面。

首先，上述关于“建构形态”的讨论，实际上涉及了建筑在特定地点的建构技术、材料特点与普遍意义上的建筑空间类型学、建筑形式基础知识体系和关于建筑形式的文化观念之间的分离。

其次，更早前论述关于“干打垒”、黏土砖—面砖、混凝土的建构之争实际上揭示了“建构”文化的另一个层次的特定性和普遍性的分离：其中特定性是指与地方性相连的异质性的建构文化，如某些地方性的建造技术、工艺和材料运用与空间、形式的组合方式等；普遍性指与全球化经济进程相连的日趋均质性的建构文化，如日趋全球化的建筑产业、标准化的建造技术和材料运用等。本文接下来进一步讨论第二个问题，因为该问题与近年来中国建筑界频繁议论的“全球化”与“本土化”问题密切相关。

回溯历史，建构文化的特定性与普遍性的冲突可以说自 18 世纪欧洲工业革命始便已经在西方社会展开。它的直接表现是现代建筑工业中两种劳工的分化：手工匠人与技术工人。而在 20 世纪西方社会，这两种建构文化的冲突达到了高峰：现代建筑制造业几乎完全抛弃了手工技艺——砖瓦匠、石匠、泥匠的构造文化而转向工业化的大生产。

对建筑文化在技术社会中日益趋同的抵抗，实际上成为当代西方建构文化研究兴起的主因，也是中国当代实验性建筑实践的深层政治、文化动机。这便不难理解，为什么肯尼斯·弗兰姆普敦在 80 年代提出的“批判性地域主义”（Critical Regionalism）在中国建筑理论界尽管从来没有被深入研讨过，却仍然产生如此广泛几乎是毫无保留但又非常肤浅的响应。中国建筑界对弗兰姆普敦的推崇显然更多起因于“地域主义”所暗示的泛文化和政治的意义，而很少源自其对建筑学本体研究的价值。然而仔细分析起来，无论是弗兰姆普敦 80 年代提出的“批判性地域主义”还是 90 年代进行的“建构文化”研究，与其说是对某些特定地方性文化复兴的倡议，倒不如说是置身全球化的洪流中，对普遍意义上的建筑学艺术水准的呼唤。这一点可以从经常被他引用作为“批判性地域主义”代表人物的马里奥·博塔、安藤忠雄、约翰·伍重以及“建构文化”代表人物的密斯、路易·康等人的作品中看出：与其说他们的建筑探索展示了很多他们各自不同的地域文化特点，倒不如说更抽象地展现出一些含普遍性的建筑艺术质量水准，如对工艺、细部、材料的设计和建造的高质量的追求等作为“抵抗建筑学”（Resistant Architecture）的品质。

然而所有这些“建构文化”的品质是否在 21 世纪初的今天仍然具有文化相关性，这已经成为一个问题。与 80 年代尚存的文化怀旧气氛相比，近十几年来全球化进程的戏剧性的加速发展，使我们更加明晰地看到跨国金融和建筑制造工业的大规模扩张，以及大众通讯媒体的均质化力量的扩散已经留下很少的地方“建构”遗产可以恢复。如果说传统的建构美学将本真性和整合性置于文化价值的中心，那么分离和缺失实际上已构成了今天建构文化的基础。

而在另一方面，借助于全球资本主义的长足发展，新兴电子技术、材料科学和生物工程技术正在将人类文化迅速整合并推入到另一个全新的发展范式中。可以预见，伴随着中国大尺度、低造价和高速度的开发运动，以电子技术为统领的新型建材制造、建筑预制和装配技术对传统建构文化的冲击将会以呈指数增长的强度波及中国，从而为中国刚刚展开的对建构基本文化的探讨平添众多复杂性。

所有这些全球化的、全方位的文化、技术的冲击是建立在农耕文明或工业化初期文明上的建筑工艺传统根本无力应对的。而在这种紧迫的文化现实中，当代中国的实验性建筑师似乎仍秉持着一种类古典主义的文化理想，即力图在建构文化的普遍性和特定性的文化冲突之间努力调停，幻想在当代的文化语境中，达至现代主义设计文化与中国本土传统文化的高度整合，从而在当代世界建筑发展中获得一种独特的文化身份，其艰难程度是可想而知的。

在现浇混凝土的技术和工艺已经成熟并被普遍推广的条件下，张永和与王澍力图从生态、伦理、美学、建构等多重意义上为几近失传的民间夯土工艺请愿。在张永和的“竹化城市”乌托邦中，单纯的“竹子”承担了地方自然生态、传统工艺、人文情怀等多重文化使命，蔓延在某个正在走向现代化小城的每一个角落，成为该城市的“基础设施”。刘家琨逐渐地、不无痛苦地识破了一个文化现实：他所面对的是一个早已丧失传统精良工艺又远未进入高标准工业生产的青黄不接的民间施工工业，由此，他所谓的“低技策略”，实际上促使他以一种几乎是孤注一掷的姿态将简易粗陋的民间施工技术进行审美化地升华。王澍反复对“房子”而不是“建筑”，“业余建筑”而不是“专业建筑”的强调，实际上并不是对学院设计文化的抵触——因为无论从作品还是体制上看，他本身就是其中重要的一员；他的宣言仅仅表达了对一个正在消失的充满特定性的建构传统的眷恋和对正在到来的均质化的建造文明的恐惧……

不管怎样，正如全球化进程的不可逆转，“建构”文化的众多内在分离，已绝不可能再获得古典意义上的救赎和整合。如果说正是建构的众多内在分离，而不是虚设的建构学的教条赋予了中国当代建筑学一定的潜力，那么既不是对均质化建筑文化的毫无批判性的拥抱，也不是对某个封闭的、超验的建构传统的回归，而是深入到当代建构文化的分离中，在各种分离之间探索，获得一种批判性的张力，才会使得一种深具当代性的建筑学的自足性成为可能。

综上所述，中国当代实验建筑学对“建构学”的初步探索，正逢一个新旧时代的转折点。它可能会成为中国建筑师迎接一个新时代建筑学的契机——如果它能将自身的立足点从古典主义和现代主义的价值系统中果断、有力地转移到当代文化的语境中；否则，它将仅能代表一个特定的短暂时期的建筑现象，它会因其内在观念的封闭和外在作品在文化意义上的偏狭、琐碎，而不会对后来的建筑学产生持久的影响。

注释

1 在当今中国深入地讨论“建构学”似乎面临三个巨大难题：一，围绕“建构”观念，在当代中国尚没有足够多的令人信服的建筑师的作品可供深入分析和讨论；二，西方建筑学界关于“建构文化”的丰富的理论文献还没有被系统地引进；三，以“建构”为概念框架，近年来对中国远、近期建筑传统的考察工作成效甚微。在这样一种基础极端薄弱的状况下，就笔者看来，近年来少有的有深度的关于“建构”的文章包括：张永和 . 平常建筑 [J] . 建筑师，1998. 84，（10）；张永和，张路峰 . 向工业建筑学习 [J] . 世界建筑，2000（7）；王群 . 解读弗兰姆普敦的《建构文化研究》系列之一、二 [J] . *A+D* 建筑与设计，2001，1、2；王群 . 空间、构造、表皮与极少主义 [J] . 建筑师，1998. 84，（10）；刘家琨 . 叙事话语与低技策略 [J] . 建筑师，Vol. 24.

2 在《向工业建筑学习》一文中，张永和与张路峰将英语“architect”中的“archi”解释为“主、大”，将建筑师“architect”单纯解释为“领头工匠”或“主持技工”，有意无意地忽视了“archi”中指代的抽象的“指导原则”的含义。

3 对“tectonic”的更详尽的语源学分析，参见王群. 解读弗兰姆普敦的《建构文化研究》系列之一 [J] . *A+D* 建筑与设计，2001（1）.

4 张永和曾经注意到安藤建筑中形态逻辑与结构逻辑的矛盾性，如相同截面的混凝土梁柱甚至墙厚度与柱子宽度一致等反结构原理的现象。由此，张永和借用“形态学”来协调这种表现的矛盾：“安藤的形态思考是在相对抽象的点、线、面关系的层面上，与他追求的空间质量有直接的关系。形态与结构的关系是复杂的，或者说形态的思维方式恰恰在于平衡建筑与结构，也在于衔接建筑与材料。形态学是建筑概念与物质世界的一个桥梁。”参见张永和. 平常建筑 [J]. 建筑师，1998，84（10）.

参考文献

[1] 邹德侬. 中国现代建筑史 [M]. 天津：天津科学技术出版社，2001.

[2] 张永和，张路峰. 向工业建筑学习 [J]. 世界建筑，2000（7）：22.

[3] Jacques Hadamard. The Psychology of Invention in the Mathematical Field [M]. Princeton: Princeton Unveristy Press, 1949.

[4] G.H. Hardy. A Mathematician's Apology [M]. Cambridge: Cambridge University Press, 1967.

[5] Robin Evans. The Projective Cast, Architecture and Its Three Geometries [M]. Cambridge: the MIT Press, 1995.

[6] Kenneth Frampton. Rappel a L’ordre, the Case for the Tectonic [J]. Architectural Design 60.1990 3-4, 19-25.

[7] 刘家琨. 鹿野苑石刻博物馆 [J]. 世界建筑，2001（10）：91-92.

作者简介

朱涛，男，香港大学建筑系助理教授，纽约哥伦比亚大学建筑学硕士、建筑历史与理论哲学硕士和博士候选人

现场讨论

现场对话

1

2011 年 11 月 6 日 上午 09：00—12：30

会议主持：卢永毅 教授

讨论主持：李翔宁 教授

卢永毅　各位学者、建筑师、同学们，大家好。非常感谢《时代建筑》邀请我来主持今天上午的学术活动。我们知道，建构理论进入中国快十年了，相关的译介和讨论已逐渐展开和深入。从引进翻译弗兰姆普敦的《建构文化研究》一书，到近三年《时代建筑》杂志的建筑历史与理论栏目对一系列重要建构文献进行的系统翻译，再加上昨天几位国外学者的演讲，我们可以看到建构话题在非常多的角度和层面得以展开。

今天我们继续昨天的讨论，第一位发言人是中央美术学院建筑学院的教师，美国哈佛大学设计研究生院的博士生范凌老师，演讲题目是《实践者的思想性实践》。

范凌　各位早上好。我今天演讲的题目为《实践者的思想性实践》。昨天我问王骏阳老师讲什么，他说“建构和我们”，我说我讲建构和我们没关系。今天，主要结合我自己的实践经验来谈我在普林斯顿大学做研究生时的老师耶西·赖泽（Jesse Reiser）写的一本书，这本书书名的中文翻译为《新建构地图册》。我的阅读一方面基于个人的经验；另一方面，我和两位作者有过两次交集，第一次交集是我在做设计课题的时候，他们教我怎么用蜡来做模型；第二次交集是清华大学邀请两位老师做讲座，我主持讲座之后的学术讨论，学术讨论的核心问题是“为什么我们要用计算机”。在当代中国的建筑讨论里，两位建筑师的这本书被当做计算机设计的圣经，但这两位作者恰恰认为他们的工作和计算机无关。我并不希望过多地讨论这本书真实的意图是什么，而是希望以一种个人化的视角，谈谈我和这本书接触的瞬间。

（研讨会报告，参见范凌论文《实践者的思想性实践——寻找超越“数字”手段的当代实践》）

卢永毅　非常感谢范凌老师的演讲。昨天外国学者的大会发言也许给我们带来理解上的一些困难，但我发现，就我个人而言，今天范凌的发言同样比较费解。范凌展开的是当今西方学者对于相关话题的更多维度的讨论，里面关注的一些话题是非常有意思，与昨天几位外国学者的角度都不太相同，不知道他们听后会给一些什么样的回应，也许会很戏剧性。

下面请王骏阳老师发言，他的题目是“建构与我们”。建构对于我们来说，差不多讨论了十年，这个过程与王老师将《建构文化研究》一书翻译成中文密切相关，它在中国建筑的教学领域，还有职业领域，事实上都在产生影响。那么这种影响究竟如何？这次的会议是一个非常好的回溯和反思的机会，今天先请王骏阳老师来谈谈这些影响，真是再合适不过了。

王骏阳　“建构与我们”其实是彭怒老师给我出的题目，这个题目很大、很沉重，我觉得我其实没有能力讲。今天在这里开会，说明这个问题已经为我们关注，说明建构已经跟我们发生了关系。但是在这个题目之下有很多问题是我们希望通过这个会议来进行探讨的。昨天我在讲座最后提到了我们的讨论既可以借助于弗兰姆普敦的评论，也可以在他的理论框架之外，围绕或是超越弗兰姆普敦的《建构文化研究》而展开。超越是必要的，一种理论并不能够涵盖所有问题，任何一位学者的思考范围也不可能包含所有的问题。况且，这本书是在 20 年之前写的，到了今天情况已经发生了这么多变化，也有很多新的问题需要解决。简言之，我们需要新的“建构的视野”。

但是，我想强调的是，建构问题之所以被我们中国学者如此关注——在国外，在欧洲、美国或日本也许都没有这样热烈的关注——可能是因为我们学科当前的状况导致了我们要去关注这个问题，而不是因为这种理论是一个什么世界潮流，或者一个最新的学派、最新的趋势要我们去追赶。相反，“建构与我们”首先需要我们审视我们自己的建筑学状况。

像范凌老师刚才讲的那些内容，我觉得很好。我相信，包括数字建构等等都在当今中国有所探讨，我们的建筑学必须同时去面对它们。这没有问题，我们大家可以在这个过程中讨论，看看怎么把它们作为建筑学的问题来进行综合思索。但我还是要强调，正因为中国的状况，使我们感到我们还缺乏一些基础。我们谈论建构问题是为了解决建筑学的基础问题，如果这个基础问题不解决，那些新的东西也不可能发展。就像我们的学生进入建筑系学建筑，如果一开始就跟他讲库哈斯，对他说我们现在有什么样的可能，告诉他要像盖里或者谁那样去做，这样讲过之后，他会完全失去对建筑学应该有的基础的把握。

然而，这个基础该怎么确定？昨天其实也谈到了，例如从九宫格啦，从其他什么，或者像 ETH 那样非常强调结构、构造也算一种做法。并不是说要将这些做法尊为教条或者宗旨，它们都是对建筑学基础的不同看法，或者从形式出发，或者从行动出发，来激发建造的意识，而这种建造的意识是在中国以往的建筑学教育当中非常缺乏的。我看到汪原老师他们的《新建筑》杂志有一期谈到中国的建筑院校搞的建构教学，从南到北，从东到西，包括西安建筑科技大学、东大、清华、同济、华南理工等，很多学院都参加了。这是因为对建构的讨论激发了我们对建造问题的认识，认同了这是建筑学中间非常重要的一部分。建构的讨论促使大家思考。现在有那么多的高校已经重视了这个问题，但是重视也不代表没有问题。就像李海清老师在杂志前面写的文章总结，其他学校的老师也有谈到，他们都是在讨论的过程中逐步摸索该怎么做。但是当这些事情被提到议事日程上，就说明了大家已经认识到这是我们原来的建筑学教学所缺失的，而现在我们需要弥补。这不是否定《新建构地图册》上讲的内容，那些内容是在建筑学的基础问题上再进了一步。如果反过来，一开始就跟同学们讲《新建构地图册》上的东西，就会变得很困难，因为他们还没有掌握建筑学的基本知识，他们首先需要了解与建筑学的基础相关的问题。

所以我在这里引用戈特弗里德·森佩尔（Gottfried Semper）的一句话：“只有达到技术的完美，理智恰当地对材料作出符合其性能的处理，并将这些性能融合到形式的思考和创造之中，我们才能够忘却材料，艺术创造才可以摆脱材料，如同一幅简单的风景画也能上升为高级的艺术作品一样。”（Only by complete technical perfection, by judicious and proper treatment of the material according to its properties, and by taking these properties into consideration and creating form, can the material be forgotten, can the artistic creation be completely freed from it, even a simple landscape painting can be raised to high work of art.）关于森佩尔，我有很多东西想与哈图尼安进行讨论。我想把今天的讨论变成一个对话，讨论我们如何理解森佩尔，他对我们今天的建筑有什么意义，以及他留下的很多疑问。森佩尔是一个非常复杂的人，这种复杂性几乎超越了建筑史上所有的复杂人物。无论森佩尔对表皮或装饰等等有过什么样的表述——昨天还提到了他所说的“说谎的技巧”之类的。但是他也讲过上述这样的话，即你在什么前提下才能忘却我们所讲的基础问题，才能以自由的状态进行建筑设计。

另外，我在这里想讲一下坂本先生的自宅。我记得当时在同济展览的时候，这座建筑有一个很好的模型，展现出这座建筑非常完美的结构，结构工程师为此做了很多努力。但是这类物质性的结构问题绝不是坂本要去谈的。他的建筑想讨论的是更高层面的日常的诗学，是超越物质的东西。我们所说的建构问题涉及了材料、建造，往往被认为是很物质的。对于建筑学而言，这些物质的元素无法回避，而又是坂本想要超越的。但是超越它们并不意味着彻底无视建造。事实上，在这座建筑当中，结构非常严谨。我相信在座各位如果参观过坂本的展览，一定会对这个模型有很深的印象，那是个很大的模型，就放在展厅入口边。建筑的屋顶是木结构的，做得非常完美。尽管是一个小建筑，但其实并不太容易，结构工程师花了很大的精力去做。做完之后，他希望结构本身能够在建筑里面得到一定的表现。但是坂本说不，因为如果表现出来就太物质了，这座建筑中还有更重要的东西要表现。所以他就用木合板做吊顶把结构全遮掉了。这位结构工程师为此很沮丧，这不难理解。我要说明的问题是：建构首先是一个基础，做出来了并不一定要表现，你可以表现结构之外更多的东西，但是有没有结构的基础是个本质的区别。

卢永毅　感谢王老师的发言。与昨天在开幕式上的评述一样，王老师再一次强调翻译和讨论的目的是要把建构这样的话题展开，而不是寻找某些结论性的东西。而彭怒老师给你的题目我觉得很好，就是“建构与我们”，因为你从一开始选择弗兰姆普敦的书去翻译，一定是有自己的意图，后来我们建筑界出现相关讨论，引起了圈内那么多人的兴趣。现在，就像你说的，在经历了这么多年的讨论和不断的理论引进之后，我们可以重新进行思考和审视：为什么会引起这么大的兴趣？这些引进、讨论甚至实践探索究竟为我们带来了什么，改变了什么。

刚才王老师特别强调这其实是个“中国的问题”，我很同意，而且在经历了那么多的翻译、讨论和学习以后，今天在与外国学者的对话中再展开更加深入的、更有针对性的讨论，应该更有意思。我的确也像王老师这么认为——建构理论进入中国有一种非常强的批判性，对于中国当代建筑状况的批判性。这种批判性究竟针对中国建筑界的哪些问题，可作再度回溯，以此可以更清楚地审视多年来的影响作用。我觉得这种批判性似乎针对两个方面，一是如王老师所说的，针对学科内部，或者说职业内部的问题，涉及对建筑基本问题的重新认识，对建筑形式和建造原则的关联性的再思考，此时建构话题常常被认为是关于建筑本体问题的再讨论，职业水准和美学问题其实是批判的核心。但同时，热衷建构议题，也成为学科和职业内部抵抗外部压力的方式，这是这个话题批判性的另一方面，它帮助我们建筑界能找到一种理论支持，以力争抵御当代商业文化和行政干预对于职业内部的过度侵入，这从表面看仍涉及美学问题，但实际上似乎是部分地满足了我们建立建筑自主性的诉求。

这两个方面的批判性看似针对当下，其实已慢慢地延伸至我们对整个中国现代建筑发展进程的批判性回溯。刚才王老师讲了建筑不仅仅是建构问题，提醒我们这只是思考建筑的一个视角，而我倒是想说，就这个问题，通俗点讲，还是涉及诸如建造和建筑这样的基本问题，可以引起我们重新思考建筑学学科与土木工程学科、建筑师与结构工程师的关联性问题，引起我们对国内材料与建造技术状况的新观察，而这方面我们是否真地开始了？另一方面的批判性，或许可以联系到范凌老师的发言所展开的更为宏大的思考，即，知识分子的思想实践究竟意味着什么？这种思想实践和物质化的过程是一种什么样的关系？从我们的历史来看，在中国，建造活动、建筑设计一直是在非常强大的政治或社会意识形态控制下进行的，过去的“外部干预”和建造艺术的关系，和现在的状况有何相似又有何区别？建筑的职业自主性是否存在又如何认识？针对这些问题，近年来在国内建筑界是否有过实质性的讨论和实践？西方建构理论的新维度如何展开？我这里所说的只是一个开始，希望在座各位有更多精采的思想交流甚至是交锋。

下面请李翔宁老师来主持讨论。

王骏阳　我再说一下刚才所提的坂本的建筑。最近一段时间，因为坂本先生到南大、东大、同济来教学，我跟他有一些交流，感觉到日本建筑师的作品底气很足。他可以说"我这个建筑，我想怎么怎么，我想超越什么什么"——他的底气很足，因为他的建筑是经得起推敲的。如果去推敲他的建筑中物质性的一面，包括建造、结构等等，都是经得起推敲的。但是，他绝没有只顾着这些东西，他用更多的东西超越了它们，他超越的前提是他有这样一个基础。你如果询问他，他可以回答这些建构相关的问题，但是那绝不是他关心的全部。而我们没有这样的基础，这是我们的问题。

As I told you yesterday, I'd like to invite you to a dialogue about Semper's theories with me, also maybe about your lecture, some problems raised by it yesterday. I'd like to start from your thesis that tectonics is not construction but construction plus something else. I must say I totally agree with you on that. But my question is: maybe you need to expound that thesis. Firstly, what do you mean by that "something else"? Can that "something else" be everything? Secondly, how do the construction and something else come together, and in what way? Because you mentioned yesterday, Unite d'Habitation de Marseille of Le Corbusier, and Palladio's villa as well as Villa Savoye, they are all in different ways to combine the construction and something else, but what are your points?

（我昨天与你提过，我想请你与我进行一个关于森佩尔理论的对话，也包括你昨天的讲座和讲座所引发的一些疑问。我想从你的文章开始。你说建构并不是建造，而是建造加上一些其他的东西。我记得你在书中也曾这样说：建筑是建造加上一些其他的东西。我必须说，我很赞同你的说法，但是我的问题是，也许你可以具体说明一下这句话。首先，"其他的东西"是什么意思？这"其他的东西"可以是任何东西吗？第二，建造与"其他的东西"是以什么方式结合的？你昨天提到了柯布西耶的马赛公寓，还有帕拉第奥的别墅和萨伏伊别墅，它们都以不同的方式将建造与"其他的东西"结合在了一起，你的观点到底是怎样的呢？）

Gevork HARTOONIAN　Thank you very much for your invitation. I'm flattered and at the same time challenged to have to answer everything but ... (WANG Junyang: It's a discussion. Go ahead.) Sure, sure. And yet I'm very glad that your presentation started with that particular quotation from Gottfried Semper. It basically, summarizes what I am challenged by. On the one hand, we have the traditional treatment of material. We can't stop there and say that tectonic is primarily concerned with the treatment of material. That to me is part of the classical notion of techne and the era of craftsmanship. It's not yet imbued with modern notion of technique. In techne, the presumption was that there is an organic homology between thinking and making. Semper goes further suggesting that to create tectonic form one has to push the envelope further to the point that material is forgotten. This is probably the most important aspect of Semper's theory of tectonics: how possibly material can be forgotten? To treat material judiciously means, to embellish it to the point that material "disappears". That is what I meant by forgetting material. It was brought to my attention that in the National Gallery, Mies asked the columns to be painted triple times, over and over again. That to me is embellishment of material, and to get a particular look. Please do not take this word negatively— I mean the look that makes the architect aesthetically satisfied. This is what I was trying to say yesterday about exercising a dual obligation towards construction and excess. Obviously through embellishment the material doesn't disappear; it rather attains a new "appearance" through excess. To go beyond the material of construction and transform material to materiality, that is what tectonics means to me. That's why architecture is not equal to construction. I recall from yesterday presentation, one speaker used tectonic in literal terms of cutting the wood from trees and put the pieces back together. That is construction... Whether we like it or not, we need to make a distinction between architecture and building. Building represent the raw state of construction which needs to be articulated aesthetically. Otherwise, why would Semper say that we should embellish material beyond its physical and natural state? This is the first part of my response to the statement you put on the table.

The second part of your statement concerns issues such as skill and technique. For example, the painterly skills needed to transform landscape into a high-art. There has always been the need to make a distinction between artwork and a painting that just mimics the natural state of landscape. In order for a painting or a building to become a work of art, something extra needed to be done. The discussion obviously concerns how architecture becomes part of a given culture. I have tried to expand these issues in my writing. Tectonic is not construction under which conditions the material could be forgotten. Secondly, through embellishment, the treatment of material artistically, the work attains a presence in the cultural realm. Adolf Loos is a very interesting and a radical figure to me. He wrote that you can paint wood in any color but the color of wood. If you paint wood in its natural color, that is simulation; the wood is not elevated to the cultural realm. So he painted wood if only to forget the natural state of material. At the same time, the metamorphosis of material, according to Adolf Loos is attainable in reference to a particular purpose. There is always this notion of purpose and Semper's concern for the embellishment of material. They go together.

What is interesting about Semper is that he never highlighted technology as a solution to tectonics. His main concern, instead, focused on the quality of material and its transformation to materiality. This is important when you have a new material like iron. In the late Nineteenth Century, architects didn't know what to do with it; how to transform iron into the culture of building. That's why I showed images from that period's use of iron in public buildings. Architects knew how to use iron inside the building. What they didn't know was in what style to built in iron, particularly in civic architecture. At the same time, engineers designed structures, exhibition halls and beautiful bridges; think of the Eiffel Tower, Paxton's Crystal Palace, both magnificent structures even today. Because of the long disciplinary history of architecture architects were not able to use iron in the exterior of building. So for civic architecture, Semper suggested that iron is not an appropriate material mainly because one could not achieve the expected "image" and aesthetics. For centuries, architects used skills and techniques that evolved out of the long history of stone and masonry construction system. Then suddenly comes this industrially produced light material, and the sense of minimalism and lightness permeating the work of engineers. It was very difficult for the early modern architects to conceive and articulate civic architecture using materials such as iron and glass. That's why for me Mies has always been important. He articulated the tectonic of steel and glass architecture.

The other issue that I wanted mention relates to the notion of excess. It can be stated in analogy to the concept of dressing. In my presentation, I showed three possibilities for covering (dressing) the body. Consider the wet suit, first, where the dressing, what we can say the material of cladding, is attached to the body; its shape follows the contour of the body. Similar to a stone, there is no space between the appearance and the shape of stone, between the body and the dressing. The second example, concerns dressing that is basically made for everyday use; its form and contours are cut and tailored (joints) according to the three part composition of the body. Then we have the carnival dressing, very popular in Chinese culture, during which time the body is covered by mask and clothing that defies the contours of the body. Carnival dressing is temporary and perhaps uncomfortable. You can't work and conduct your everyday life dressed in carnival clothing. So there is this exceptional thing that defies the body, the contours of the body, and we can call it atectonic. The other two examples of dressing are tectonic: one follows the physical form of the body through articulated joints and pleats. In the wetsuit, the surface sticks to the body and reveals the shape of the body. This latter example is one reason for my shift of interest to what might be called stone tectonic. It is also a shift from painterly to sculptural. I don't know how much this trend in contemporary architecture might last, and how far I can go with the nuances of this shift. I don't know, maybe the recent attention to sculpted tectonics might not last long. I say so because, speaking dialectically, when a subject is given huge attention it also means that its potentialities are exhausted. There is a lot of talk about digital tectonics today. We should take this seriously. We don't know truly what to do with the overwhelming presence of digital techniques across the culture. Maybe we need to think about this phenomenon critically. I am reminded of Theodor Adorno's discussion of technification of music, by which one attains a particular expression beyond what is expected from a traditional use of a musical instrument. Perhaps digital tectonics raises the issue of the technification of architecture. We still don't know what is its scope of operation in architecture, and what are its tectonic potentialities. I should avoid saying on this subject more that what has already been said. Instead, we should discuss the disciplinary history of architecture. For example, that architecture has to response to gravity forces and topography, even when it has to express verticality. Architecture should confine the material from sheer expression. We have to response to new material in new ways. So I insisted on the importance of the tectonics of column and wall, and the wrapping and roofing.

The last thing I want to mention and maybe we should discuss it further is the situation of Chinese architecture and the question concerning tectonics. Let me put this in the context of the processes of modernization: Hong Kong is quite a different case—in a way we can say, it is a late comer to the scene of modernization. Spain came to the scene of modernization in the 1950s after the fall of fascism. Japanese modernization took place when there was still room to rethink architectural tradition anew. No one can mistake a Japanese architecture; there is a Japaneseness even in the work of their young architects. Now, what is Chinese in Chinese architecture? I don't know. What is the index of modernization in China considering the fact that it takes place at the age of globalization: at a time when information, image, and the culture of spectacular are operating globally? That unfolding is worth of attention. What are the implications of Semper's theory of tectonics in China? Earlier it was mentioned correctly that there is still the possibility of using local techniques in some provinces. Parts of Shanghai remind me the city where I grew up; narrow streets with old trees and nice buildings. This is in sharp contrast with corporate buildings that are very articulated and seek global recognition. So this is of particular concern to me; On the one hand we have what I have discussed in terms of the crisis of object, a phenomenon addressing the state of architecture in late capitalism. On the other, we need to contextualize the crisis periodically. For example, postmodern architecture is discussed in relation to Regan and Thatcher conservative politics. In this line of consideration, one might see a redemptive force in the turn to digitalization of architecture. Well, it got us out of postmodernism if only plunge architecture further into the image making world of late capitalism. We need to talk about these issues and more so about the situation in China.

（非常感谢您邀请我与您对话。我很荣幸，但是要回答所有的问题也的确是一个挑战。（王骏阳：没关系，这只是个讨论）。当然。我很欣喜你以戈特弗里德·森佩尔的那段引文开始你的发言。这段话也恰好总结了我所应对的挑战。一方面，我们有对材料的传统处理方法。我们不能只停留在这里说建构主要关注的是材料处理的问题。这对于我来说，只是技艺和手工艺时代的古典观念的一部分，它还没有融入技术的现代观念。技艺假定了思考和制作之间有一个有机的相似。森佩尔进一步阐明，为了创造建构的形式，必须遗忘掉材料。这也许是森佩尔关于建构理论中最重要的一部分内容：材料如何有可能被遗忘？明智地处理材料意味着对它进行装饰以致于材料“消失”。这就是我所说的遗忘材料的意思。我注意到密斯设计的国家美术馆中，他要求将柱子刷上三遍油漆，一遍又一遍。对我来说，这就是对材料进行装饰，最终得到特别的外观。请不要消极地理解外观这个词，我指的是使建筑师的审美得到满足的外观。这也是我昨天所说朝向建造和超越的双重努力的实践。显然经过装饰，材料并没有消失，而是通过超越呈现出一种新的面貌（appearance）。建构对我意味着超越建造的材料并把材料转化为材料性。这就是为什么建筑并不等同于建造。我想起昨天的演讲，一位发言人在字面意思上使用建构，就是从树林中砍伐木材，然后再拼在一起。这其实是建造。无论我们愿意与否，我们都需要区分建筑与房子。房子代表的是建造的未加工状态，而建造需要与美学关联。否则，为什么森佩尔会说，我们应该超越材料的物理和自然属性对其进行装饰。这是我回应你的问题的第一部分。

你的问题的第二部分与技能和技术等有关。比如，美术技能需要把风景转变为高雅的艺术品。因此一直存在区分艺术作品与描摹风景自然状态绘画的需要。绘画或房子若要成为艺术品，则必须要具有一些额外的东西。讨论显然关心的是建筑如何成为既定文化的一部分。我在我的文章中试图展开这些问题。建构并不是材料能被遗忘的建造。其次，通过装饰——对于材料的艺术处理，作品被展现在文化领域。对我来说，阿道夫·路斯（Adolf Loos）是个非常有趣也非常激进的人。他曾在文章中说过，你可以给木头漆上任何颜色，除了木材本色。将木材漆上本色那只是模仿，并没有提高到文化的高度。因此他为了忘记材料的自然状态而将木材上色。同时，按照阿道夫·路斯的观点，材料的变形要依据特定的目的。因此这种目的的观念和森佩尔对于材料装饰的关注一直都在，两者总是并行的。

关于森佩尔很有趣的一点是，他从来不把技术强调成建构的解决方法。相反，他主要关注的是材料的品质及其向材料性的转化。当你使用新材料（例如铸铁）的时候这很重要。在

19世纪晚期，建筑师并不知道该如何做到这一点，如何把铸铁转化为建筑的文化。这是我展示当时那些公共建筑中运用铸铁的图片的原因。建筑师知道如何在建筑内部采用铸铁。他们不知道的是把铸铁建成什么风格，特别是在公共建筑中。与此同时，工程师设计结构、展厅和漂亮的桥梁。想一想埃菲尔铁塔、帕克斯顿（设计）的水晶宫，它们即使在今天来看也都是非常壮观的结构。由于长期以来的建筑的学科历史及惯例，建筑师不能把铸铁用于建筑外部。因此对于公共建筑来说，森佩尔曾经指出，铸铁并不是一种适宜的材料，因为人们不能通过它得到期望的"图像"和美学效果。几个世纪以来，建筑师运用从石材和砖石结构体系的长久历史中发展出的技能和技术。然后，忽然之间，出现了这种工业生产的轻质材料，以及深入到工程师作品中的极少主义的感觉和"轻"。早期的现代建筑师很难构想并清楚表达那些使用诸如铸铁和玻璃材料的公共建筑。对我来说，这就是为什么密斯一直以来都那么重要的原因。他清楚表达了钢和玻璃建筑的建构。

我想讲的另一个问题与"超越"（excess）的观念相关。这可以与着装概念来类比。我在昨天的演讲中展示了三种覆盖身体的可能。第一种，就像紧身的潜水衣，服装或者说覆层的材料附着在身体上，呈现出身体的轮廓。与石材类似，身体与服装之间或者石材的外观与其形状之间没有空隙。第二种，由于服装基于日常的使用，它的形式与轮廓是根据身体的三个部分的组合而剪裁制作的。再有一种，就是狂欢节的服装，在中国文化中也很常见，覆盖身体的面具和衣服违背了身体的轮廓，它只是临时的并且可能会不舒服，你没法每天穿着它工作或生活。它是服装当中的特例，违背了身体的轮廓，我们称它非建构（atectonic）。另外两种着装是建构的：一种通过清楚的接缝和褶皱尊重身体的轮廓，而潜水衣的表面紧贴着身体，暴露出身体的轮廓。后一种着装方式导致我的兴趣转移到所谓的石材建构上面，同样，我的兴趣也从绘画转移到雕塑。我不知道当代建筑中的这种倾向能持续多久，对这种转变的微妙我又能坚持多久。或许我最近对于雕塑式的建构的注意不会持续很久。我这样说是因为，辩证地看，一个东西被极大关注的时候也意味着它的潜力被耗尽了。今天有很多关于数字建构的讨论。我们应该严肃对待这个问题。我们并不真正知道如何对待文化中数字技术势不可挡的出现。或许我们需要批判地想一下现象学。我想起西奥多·阿多诺（Theodor Adorno）在讨论音乐中的技术运用时也说过这样的话，人们因此获得的独特表达会超过乐器的传统使用方式带来的效果。也许数字建构将提出建筑的技术采用问题。我们还不知道它在建筑中可操作的范围和其建构潜力。我应该避免在这个问题上讨论更多。相反，我们应该讨论建筑的学科历史。例如，即使要表达一种垂直状态，建筑还是要回应重力和地形。建筑应该避免材料直白的表达。我们应该以新的方式回应新的材料。因此，我坚持柱子与墙、围护结构与屋顶的建构的重要性。

最后，我想提到或许我们应该进一步讨论的是中国建筑的现状以及有关建构的问题。这可以在现代化进程的语境中来讨论。我们可以说，香港是一个很另类的例子，对于现代化来说是个后来者。西班牙在20世纪50年代法西斯垮台后实现了现代化。日本现代化的时候，还有空间重新思考建筑传统。人们不会误解日本建筑，即使在日本青年建筑师的作品中也体现了日本建筑的特性。那么，中国建筑的中国特性是什么？我不知道。考虑到中国的现代化发生在全球化时代——信息、图像和奇观的文化全球化运作的时代，中国现代化的标志究竟是什么？这需要我们的注意。森佩尔的建构理论在中国意味着什么？前面还提到在某些省份还存在运用当地技术的可能性。上海有的区域让我想起我成长的城市，狭窄的街道、老树和漂亮的房子，这与那些建造得很好并力图为世界所认可的大厦形成鲜明对比。所以我特别要考虑，一方面，存在我在"客体的危机"所讨论的晚期资本主义的建筑状况；另一方面，我们需要把危机置于语境中。例如，后现代建筑的讨论应当与里根和撒切尔的保守政治联系起来。以这种方式来思考，人们可以看到转向建筑数字化的救赎的力量。只有让建筑在晚期资本主义的图像世界中陷得更深，才可以让我们走出后现代主义。我们需要对这些问题和中国的状况进行更多的讨论。）

王骏阳　今年和去年的春天，我们在“建筑历史理论文献选读”这门课里读了哈图尼安的两本书，阅读中产生了一些疑问。刚才他的回答特别长，中间也提到了狂欢节上的服装等。昨天的讲座中，他讲到了所谓的“戏剧性”(theatricality)和“戏剧化”(theatricalization)。会后有人问我它们意味着什么？我个人理解，“戏剧化”是我们时代的一种追求，例如我们的甲方，如果你的设计做得很简单，甲方就觉得你怎么好像没有做过设计似的，要做得花俏才能代表你确实设计过了。但是仔细思考一下，这种花俏却有不同的方式：一种在我看来是建筑师应该做的花俏的东西；还有一种是跟建构没有关系的花俏，不管是装饰还是其他的做法。用哈图尼安提供的案例来说，一个是斯帕卡做的，另一个是艾森曼做的。艾森曼把建筑作为概念艺术来做，而斯卡帕是把建筑作为一个建筑来做，精心设计，有很多细节的处理。以布里翁家族墓园的池塘建筑为例：这个建筑不是简单的一个柱子上顶着一个盒子，很多交接做得非常有趣，柱子断开了又重新连接起来，还有上面的盒子交接方式都是精心处理的。它是一种建筑戏剧性的体现，它是建筑师应该做的。另外一个案例，是西扎设计的圣地亚哥·德·孔波斯特拉当代艺术美术馆入口，有许多非常戏剧性的交接关系。上面的墙和下面的基座如何交接很有戏剧性，结构关系也是表现的重点，例如钢梁承托了上面的墙，而下面的两个柱子有趣的地方是它们偏在一边，造成了很不稳定的感觉。这种做法是建筑师的做法，或者说是一种好的建构做法。相比之下，艾森曼的花俏则是另一个层面的。艾森曼和斯卡帕的两个案例是蛮能说明问题的。这两座楼梯都很戏剧性，一个是作为建筑师的斯卡帕所做的戏剧化，一个是作为艺术家或者是理论家的艾森曼做的戏剧化。它们都不是平庸简单的，但是出发点不一样，要追求的意味也不一样。这就是建构的内与外的问题。斯卡帕的是建筑的戏剧性，埃森曼的是建筑的戏剧化。

刚才讲到服装的问题，这两个也是哈图尼安书中的案例。左边的是法国一座教堂中的耶稣像，它的服装跟身体结构有关系，另一个是完全平面化的处理，根本看不到和身体结构之间的关系。两者都是服装，前者是着装（dressing），后者是乔装（dressed up），它与身体关系不大，主要为一种效果。为了效果加很多东西，这种现象在今天的环境下有存在的正当性吗？当然有，因为现在这个时代就是这样的时代，这种奇观社会，一切都是乏味的，什么都要追求不一样的效果，但是如何去追求？前面斯卡帕与艾森曼的案例也许能够在一定程度上说明这个问题。

哈图尼安昨天的讲座谈到盖里的毕尔巴鄂美术馆，这座建筑在我们中国从政治家到老百姓都很喜欢，希望在中国也建造这么一个才好呢。它就是追求一种不一样的效果，如果真这么做了，内部空间也可能会很有意思。但是如果仔细分析的话，你会感觉到它跟西扎与斯卡帕的建筑是有区别的。在我们这样一个时代，西扎、斯卡帕似乎已经过时了，是化石级的老古董了，而盖里的建筑是“划时代”的。但是我相信我们建筑学专业的人不会这样思考问题。建构的问题是我们建筑学的门道，所谓外行看热闹，内行看门道。当你看了盖里这座建筑的结构图时，你会立刻想到那是个类似于狂欢节服装的做法，这对一位建筑师来说可能是挺汗颜的一种事情，以为归根结底建筑只是不择手段去做一种造型。当然，盖里也做过很好的作品，不能一概而论。他是个非常优秀的建筑师，无论他早期的自宅还是后来的许多建筑，比如柏林巴黎广场的建筑，做得非常好，建筑当中有个大院子，四周围合起来，里面和下面有个很大的结构，中间做了一个像小房子似的东西。能看出来结构关系很清楚，而且这两者之间是相辅相成的。所以我觉得盖里如果想在建构上有所作为，他完全可以做到。但是我们中国的情况是什么样的？因为有这个毕尔巴鄂，我们就要去学毕尔巴鄂，只要学个外形就够了。因此，正因为我们没有建构的话语，没有建构的道德底线，我们更应该讨论这个问题，至少从专业的角度应该讨论这个问题。

既然讲到着装和乔装，那么悉尼歌剧院的外部也贴了面砖。并不是说贴了面砖就不真实了，就变成了饰面。建筑完全可以做饰面，但是饰面怎么做也是很有讲究的，是建筑师应该思考的问题。悉尼歌剧院的做法和毕尔巴鄂美术馆不一样，在我看来悉尼歌剧院是着装，而盖里的毕尔巴鄂美术馆是乔装。

Ok, that's what I understand your distinction of theatricality and theatricalization of architecture and dressing and dressed up. I want your comments about that.

（以上就是我对你所说的建筑的戏剧性与戏剧化的区别以及着装与乔装的区别，我想听到你的看法。）

Gevork HARTOONIAN　I argue with whatever you said.

（不管你说了什么我都要与你讨论。（大家笑））

王骏阳　You may now say what you want to say.

（你可以说你想说的。）

Gevork HARTOONIAN　The issues that I want to say?

（我想说的问题？）

王骏阳　The distinction between them. I wanted to know why you take up these issues in your writings.

（说说“区别”，我想知道你为什么在你的文章中提出这些问题。）

Gevork HARTOONIAN　I have to think about this issue, and not to say too much but at the same time say something substantial. It's a challenge. Basically, when you read Semper, you come across the idea of dressing and dressed up, a subject also touched by Adolf Loos. He said something like this; that in public one shouldn't dress to stand out. Again we are back to the "dressed up" and dressing, but also the issue of purpose, tropes underlined by both Semper and Loos. Therefore the need to establish a convincing relation between purpose, and dressing. Another issue to be considered is the distinction between theatricality and theatricalization. Theatricality in Gottfried Semper's theory is achieved by animating the dead material. That to me is excess. In order to become part of the cultural, the material has to be animated; it has to go beyond its natural state. It has to be charged with aesthetics, but not excessively. With modernity we have a different culture, perhaps an "artificial", a fabricated one. There is also the culture of building, both of which are challenged by the spectacular world of late capitalism. Think of Frank Gerry's Bilbao effect. I am coming to these issues from a particular body of literature, starting with Marx all the way to "critical theory" of the Frankfurt school, Walter Benjamin in particular. The idea of commoditfication, and the aesthetic of commoditity fetischism, these are the issues that inform our cultural experience today. Why do I wear this shirt? I wear it perhaps because of its attraction; the look of things has become commodifed. As part of the present culture of youth, everything should look cool! And yet nobody defines what do we mean by cool. Nevertheless, it seems we know what we are talking about, because we are living within a culture that is saturated with cool commodities. We are attracted to these things, truly without purpose, without knowing why I like this or that dress. We just buy them because it was advertised, and tailored for us. Very rarely one would buy a fabric today and take it to the tailor asking "do this for me in this style." Theatricalization comes with the culture of capitalism that has roots in modernity. However, a distinction should be made between Modernity at work during the 1930s and the consumer culture of the 1950s. I do not know whether this distinction is applicable to China or not. What I know is that after the 1930s there is no modernity, just capitalism. We hardly can speak of modern culture anymore. This is also part of the problem with the new avant-garde architects. It's ironic to be avant-garde if one agrees with Habermas's discourse on Modernity an incomplete project. This is not a call to go back, but to acknowledge a historical rupture through which Modernity doesn't operate on its own historicity any more. Its project has been taken over by the agencies of late capitalism.

（我必须想一想这个问题，不要说太多，又要说点有用的。这是个挑战。基本上，当你阅读森佩尔的著作时，你会碰到着装与乔装的问题，阿道夫·路斯（Adolf Loos）也提到过这个问题。他曾说过类似的话：在大庭广众之下，人们不能衣着出挑。继续回到着装和乔装的话题，以及森佩尔和阿道夫·路斯都强调的意图和比喻的问题。因此，有必要在意图和着装之间建立令人信服的联系。另一个要考虑的问题是戏剧性和戏剧化之间的差别。在森佩尔的理论中，戏剧性产生于死气沉沉的材料被赋予活力。这对我来说意味着超越。材料要成为文化的一部分，需要重新具有活力。它需要超出自然状态，需要具有美学效果，但不能过度。现代性让我们具有了不同的文化，或许是人工制造的文化，包括建筑的文化，两者都被晚期资本主义的奇观世界所挑战。想一下弗兰克盖里（Frank Gerry）的毕尔巴鄂美术馆的效应。我对这些问题的思考基于特定的文献，从马克思到法兰克福学派的“批判理论”，特别是沃尔特·本雅明（Walter Benjamin）的理论。商品化的思想以及商品性崇拜的美学是形成我们今天文化体验的问题。为什么我穿这件衬衫？我穿它因为它对我来说具有吸引力，事物的形象变得商品化了。作为目前青年文化的一部分，所有的东西都应该看起来“酷”！还没有人能确定我们用这个字到底意思是什么。但是，看起来我们都明白在说什么，这是因为我们生活在充满“酷”商品的文化中。我们被这些东西所吸引，事实上并没有目的，也不知道我为什喜欢这件或那件衣服。我们买它只是因为看到了广告，它是按我们的需要定做的。很少有人会买一块布料去找裁缝，对他说：“为我做成这种样子。”戏剧化与根植于现代性的资本主义文化相伴而生。但是，存在于20世纪30年代的现代性和50年代消费文化之间的区别应该分清。我不知道在中国是否有这种情况。我所知道的是在20世纪30年代之后，现代性已经不存在了，只有资本主义。我们几乎不能再谈论现代文化。这也是那些新先锋建筑师所碰到的问题。如果人们同意哈贝马斯所说现代性是未完成项目的话，成为先锋就很有讽刺意味了。这并不是要大家回到过去，而是承认有一个历史的断裂，其间现代性不再作用于它自身的历史性。现代性的计划已经被晚期资本主义的代理所接管。）

王骏阳　Would you come back to the distinction that you made between these two terms? Maybe both of them as I say, strategies to deal with the culture of spectacle of the late capitalist societies in different ways. Does it matter, theatricalization or theatricality?

（可以回到你所定义的这两个词的区别吗？也许像我说的，它们都是应对晚期资本主义社会景象文化的不同策略。它们重要吗？戏剧化与戏剧性的区别在哪里？）

Gevork HARTOONIAN　It does matter to me. The distinction between theatricalization and theatricality is not like choosing this or that piece of cake. The choice is rather critical, speaking architecturally. The distinction allows us to formulate a critical discourse. This I think is also relevant to China today. How to address the aforementioned distinction critically, and educate students and architects, first to understand the difference between theatricality and theatricalization. Secondly, to develope the scope of the tectonic of theatricality. Scapa's work is quite interesting to me. In the Brion Cemetery, for example, the column is cut twice; once in its reflection in the water. The second time, in the tectonic articulation of that reflection. There is tectonic correspondence between the column and its deflection in the water. I believe if it was under a different circumstance, Scarpa would have articulated the column differently. Why to cut the column and then connect it back? If Scarpa's detailing of the cut and connection says something about the tectonic of theatricality, the suspended and halfway cut column in Peter Eisenman's Waxner center represents nothing short of the effect of theatricalization. What inspires the tectonic of theatricality draws from broader cultural experience, a few with universal connotation. Whether Chinese or Japanese, we enjoy a common sense understanding of the gravity forces, and of the deflected and broken image of a column in water. That's interesting!

（它们对我来说确实重要。对戏剧化与戏剧性进行区分，并不像选择这块或那块蛋糕那样容易。从建筑角度来看，这一区分相当重要。这种区分可以让我们建构出批判的话语。这也与当下的中国有关。如何批判地说明前述的区别，教育学生和建筑师首先明白戏剧性和戏剧化之间的差异，然后发展出戏剧性建构的机会。例如在斯卡帕的布里翁墓地，这个柱子被截断两次。一次是它在水中的倒影，另外一次，是倒影的建构的连接。柱子与它在水中的折射之间也有建构的呼应。我相信如果建筑是坐落在其他环境当中，斯卡帕就会以不同方式处理柱子了。为什么要先截断柱子再连接起来？如果斯卡帕的切断和连接的细部处理能够表示出一些戏剧性建构的东西的话，艾森曼在韦克斯纳中心被截断悬在空中的柱子表现的完全是戏剧化的效果。激发戏剧性建构的东西来自于更广泛的文化体验，很少来自于普遍的含义。无论是中国人还是日本人，我们都会具有对于重力和水中柱子折射和破坏的图像的通常理解。这很有趣！

王骏阳　How do you think these or justify this kind of building, in terms of the tectonics as construction plus something else?

（你怎么看这些建筑，如果用建构就是建造加别的什么的观点看，你怎么评价这种建筑？（指世博会中国馆之类建筑））

Gevork HARTOONIAN　Semper's discussion of the four elements of architecture can be re-approached in terms of the notion of regional architecture.

（森佩尔对于建筑四元素的讨论可以从地域建筑的观念再次考察。）

王骏阳　This is the structure, wooden structure you know, of the traditional Chinese architecture. So in reality, it is not, even the structure of what you see, is nothing to do with the real structure of this building. It's a sort of image, in a steel structure.

（这是一种结构，木结构，来自中国传统建筑，然而这个建筑的结构不是木结构，现在你所看到的结构与它真正的结构没有任何关系。它只是看上去像，只是个图像，用钢结构建造的。）

Gevork HARTOONIAN　This's my point! What you showed us is a good example of theatricalization.

（这就是我想说的。你给我们展示的是戏剧化的一个例子。（大家笑））

王骏阳　What would Semper say about this?

（对此，森佩尔会有怎样的说法？）

Gevork HARTOONIAN　Motif.

（主题。）

王骏阳　Thank you.

（谢谢。）

Gevork HARTOONIAN　The difficulty is, how to transform motives from various cultural experiences, and rethink them in tectonic forms. I am, for example, interested in the idea of montage and cut both developed in the art of film-making. Interestingly enough, the technique of cut is also used in clothing and stereotomy. My mother was a good tailor. She would spread the fabric to mark the pleats and cuts to be made in reference to the body and a particular cut, the look, or fashion. With the suggested double connotations, both as technique and aesthetic, the cut is central to the theatricality of architectural examples that can be called sculpted tectonics.

（困难之处在于如何从多样的文化体验中转化出主题，并且在建构的形式下重新思考它们。举例来说，我对电影制作艺术的蒙太奇思想和剪裁感兴趣。特别有趣的是，剪裁的技艺也运用在织物和砌筑中。我母亲是位好裁缝。她将布料展开，根据身体和特别的剪裁法、款式或者时尚潮流来标示出褶皱和剪裁的位置。剪裁具有技术和美学的双重内涵，是那些能够被称为雕塑式建构的建筑案例的戏剧性的核心。）

李翔宁　下面我们展开自由讨论。这里在座的不仅有研究建构理论的学者，还有主要从事着实践的建筑师，我想就王骏阳老师刚才说的“建构与我们”进行讨论。

第一个，什么是建构？建构对我们到底意味着什么？建构和我们讲的建造、结构、构造之间是什么关系？第二个是在不同的民族和不同的文化里面对建构概念的不同理解。我记得曾跟坂本老师讨论过建构，可能从他们的角度来看建构是一个西方的概念，在东方传统里面对于建构的认识和西方的不太一样。坂本老师认为，建构这个话题在20世纪80年代和90年代初被翻译到日本，很快日本的建筑师认为这也是东方传统里的一个部分，对于建构的接受和理解跟西方有很大的不同，所以这个讨论没有进行下去。我想对于中国当代建筑，它的价值究竟在哪里？第三个是关于建构的时间性问题，在讨论现代主义时，建构是一个重要的议题，但今天它对于我们的意义何在？从当代的建筑作品中，看到的常常是和建构相反的做法。比如库哈斯的作品伊利诺理工大学活动中心将建造暴露出来，追求的是粗糙的、未完成的状态。还有在妹岛的作品中，对于一个玻璃的悬挂系统，别人可能希望通过构造把它展示出来，但是妹岛希望消解这样一个体系。我们以前都会觉得两块玻璃粘在一起，简单地用硅胶一打，是很不好的构造方式。但是当代很多建筑师的作品，希望不要出现很多层，最好表面就是硅胶。最近数字化对建构也产生很多挑战，数字化建筑实际上是对建构的一种抵抗，它希望混淆建筑承重结构和表皮的分界，把它都变成液体的状态，都包裹在里面。比如我们用三维打印机来做这种事情，通常都会认为数字化是对建构的抵制。但是也有很多人认为，数字化也可以成为建构的延展范围，建构通过发展和不断演变，也可以涵盖当代建筑的很多东西。所以我觉得这也是大家能够讨论的一些问题。最后一个，对于当代中国的一些问题，王骏阳老师觉得建构有助于我们批判中国的负面现象，有一个抵制的作用，这个大家也可以讨论一下，比如说媚俗、后现代、符号、形式主义、全球化、审美泛滥、资本主义等等这些问题，是不是这么多问题都可以通过建构来解决？当代如何认识建构的理论和实践的状态？即使斯卡帕本人来到中国，他也造不出布里翁墓地那样的建筑。可能不是建筑师的话语体系，而是社会的生产体系造成这样的结果。是不是用建构的理论把建筑师“武装”好就可以解决中国当代建筑的这些现象？这也是我所关心的一个问题。我想用这些问题抛砖引玉。

常青　建筑圈子里做设计的、做学问的、做教学的聚在一起讨论这个话题很有意思，我对此没有专门研究，作为一个外行也加进来说上几句。

王骏阳老师翻译的这本书可以说是近十年来的译著中对中国建筑界影响最大的一本。这里面讨论的所有问题都是基于“建构”这个词，而会议的主题又是书的中英文转译，我想就此谈点个人看法。

先来谈谈第一点。“Tectonics”既是一个地质学的概念，属于自然现象，也是用到人造物上的普遍概念，特别是造房子，构造是个本体性的问题，也就是如何把不同的构件有意味地连接在一起形成建筑空间。无论怎么说，建筑的“tectonics”与地质的不同，会带有人的灵性甚至可能做到鬼斧神工。完成一个“structure”的过程是“construction”，而完成“construction”的最重要技艺就是“tectonics”。从建筑学的角度看，这三个词中“tectonics”是最接近建筑学本体的一个词，王老师将其翻译成“建构”，台湾翻译成“构筑”，日本翻译成“构法”，在理解上各有各的细微差别。这让人想起另一个更直接针对建筑的同义词“architectonic”，也就是“建筑构造”或者“建筑术”。如果把“tectonics”在弗兰姆普敦的语境里看作这个词的简称，那么“建构”的译法似乎要更完整一些。但这个中文词在其他人文社科学科里已经使用很久了，比如“建构主义”对应的英文是“constructivism”，强调历时性，为的是与共时性的“structuralism”区别开，也就是说人家是把“建构”与“建造”或者“构成”这些历时性的概念联系在一起的。这么看来“建构”又不如以“构法”、“构术”这样的词来翻译共时性的“tectonics”更贴切，更易于与“建造”区分开来。当然话又说回来，语言讲约定俗成，“建构”的译法大家都在用，已经被普遍接受了，这里只不过提到它在转译方面的选择问题。

再说说第二点。弗兰姆普敦写这本书的出发点，我认为最重要的是两条，一个是反对现代主义的同质化，抹杀建筑的地域性，所以他一上来就引人种学的案例；另一个是反对后现代主义的表象化，忽视建筑的本体性，所以他把文丘里这些人排除在建构体系之外。有趣的是，把这两条合起来就是所谓的“建构文化”、“建造诗学”。然而究竟什么叫作诗意的建造？到底怎么样的构造意匠才可以称之为这个层面上的“建构”？这个可能是讨论的核心，见仁见智，很难取得共识。我认为，弗兰姆普敦这部著作基本上是一本特殊视角的百年建筑史论，他提出以有意味的构造作为建筑本体的核心引起了我们的共鸣，但那并不是一种学术准则或者设计方法，我觉着从这本书中能学到些什么就可以了。昨天的报告有三位学者，我听他们举了很多例子来说明有意味的构造如何赋予了建筑的诗意。但是给我印象最深的是斯皮罗教授用的一个词“bricolage”，有些像中国传统的“因材施用”，是说建造要适应此时此地的条件，这倒更贴近建构理论的初衷。而意匠的东西出自地点和材料，不一定要预设所谓的诗意，也就是试图用构造刻意地表现象征啊、隐喻啊什么的。我觉得建筑的诗意恰恰是自然的、不经意的，意匠能以构造的自然逻辑表达出来就好。所谓“体宜”，所谓了然于胸，都是设计主体的事，而意义关联域是另一回事。想想看，没有厚实的内功，虽然兴趣盎然，诗意的建造也只能是说说，或者玩玩构造游戏而已，在形式上故弄玄虚则更显浅薄，而我们讨论的主题应该不是这个。实际上，建构或者构造意匠不是集思广益出来的，所以我建议不妨适可而止，在建筑师中淡化这个形上的讨论，把问题留给理论家，用修炼内功提高建构的感觉和能力。这就是我的观点。

袁烽　很高兴能够参与关于建造诗学的讨论。还是回到开始的话题，建构能不能解释一切的问题？建构的理论是不是一种普世哲学？在当下的城市建筑语境下，如果把它变成一个终极的或一成不变的条律来指导实践的话，我认为是比较危险的。建构是什么？我想简短地做一个回应。首先建构不是一个思潮，而是一种诠释和传承建筑设计文化的方法。所以我更愿意把建构放在设计方法论演化的历史中来讨论，当然，建构也可以作为一种设计方法的批判思考过程。

诗意的逻辑与建造文化不是恒定的，而是在设计方法的演变历史中被不断重新定义。这当中有两个非常重要的视角，第一个是对建筑师的设计工具的思考，第二个是对建造方式的思考。手工的也好，或者多维度的CNC技术也好，我们用什么样的方法设计和用什么样的方法建造是思考建构文化的重要视角。这两个问题是脱离于诗性之外的核心内容，所以我更愿意从设计工具的历史和建造方式的历史来看建构的问题。

刚才谈得很多的是真实(real)和虚假(fake)的问题，这个在建筑形式意义层面上的讨论，更多地出现在对后现代思潮的批判中。以此来批判现代中国的建筑实践是否脱离于本体，视角显得狭窄了一点。关于建构的讨论应当更加关注我们所处时代的建筑产业生产方式以及潜在的设计方法的革命和建筑产业的革命。

我想回到刚才范凌讲座里很有意思的部分，如果从绘图的发展历史来看，或者说从表达建筑的方式的演变来看，从平立剖、轴测再到图解，发生了很多设计方法的革命。在我开设的关于"图解设计方法"的研究生建筑理论课上，我们对《新建构地图册》（*Atlas of Novel Tectonics*）这本书和埃森曼的《图解日记》（*Diagram Daily*）进行关联阅读。其实在设计方法的层面，已经演绎着一场空前的变革，这关乎如何表达建筑和建造建筑的全新方式。已经出现了图解设计方法，虽然有很多的分类，但图解在本质上是在运用多系统的逻辑思维方式，超越了平立剖、轴测图等方法来思考和表达设计。我认为从埃森曼到耶西·赖泽，有一个非常内在的设计方法与表达的革命。刚才范凌提到了四个危险，我觉得这个是不是可以作为实践建筑师或者理论研究者重点关注的问题。所谓的真实是什么？真实从哲学意义上来讲并非一成不变。它的本质一个来自本体，一个来自表现性。如在后现代时期，所表现的是一种形式能指意义的转译。在当下讨论建构问题，则应当诗意与真实地去表达新的设计方法和新的建造方法，并寻找其历史关联性与文化存在意义。

李华　非常遗憾昨天没有听到大会的主题演讲，因此，我的回应更多的基于今天的讨论，或许跟大会的议题不完全吻合。

建构现在在中国是一个很重要的话题。和前几年相比，它也许过了最"流行"的时间，我觉得这反而是一件好事。在某种程度上，这个会议的召开正好是一个反思的契机，事实上，这个话题本身还有待扩展。今天早上王骏阳老师讲的这个问题特别好，他说的是在中国的条件下，我们为什么要引进或者他个人为什么要翻译弗兰姆普敦的这本书。值得注意的是，翻译这本书的目的跟弗兰姆普敦写这本书的语境并不一样。弗兰姆普敦写这本书的时候，他面对的是什么，我们在谈论这本书的时候我们面对的是什么，这中间肯定是有关系的，其中的关系和区别，是挺值得关注的，因为它会帮助我们认识建构在建筑学发展中以及中国的条件下的具体意义和作用。换句话说，建构可能是在欧美建筑语境中发展出的概念，但引入中国后，被接受和关注，面对的是既相关又不同的问题，也会衍生出新的阐释和实践，这需要我们不断地认知、反思和检视。

由此，涉及不同语境间的概念翻译。对于"tectonics"这个词的中文翻译，有一些争议。直译的话，"tectonics"可以翻译成建构或者构造。但具体的翻译，需要理解其使用的语境，可能比简单地说它应该翻译成构造还是翻译成建构更有意义，因为在不同的语境里面，这个词所指的范畴可能是不一样的。在英语的某些使用里，"tectonics"指的是构造，与"construction"的意思相差不大，而"构造"这个词在中文里，基本上是指物质层面的建造。在我看来，就弗兰姆普敦的这本书而言，它当然也想回到物质层面上，但又不仅如此，弗兰姆普敦用"tectonics"这个词涵盖了比物质层面更多的东西，即包括了蕴含于物质中的文化，所以需要一个与"构造"不同的中文词来翻译，以示区别。"建构"这个词是不是最为准确，或许可以再议，但就我个人来说，我是支持王骏阳老师的翻译的。至于说这个词在翻译之后的中文语境中的使用，它的衍生或者转译，是另一个话题。就翻译本身来说，要根据不同的语境择选不同范畴指代的词，而不是在中英文之间建立简单固定的一一对应的对应词。这是我想讲的第一点，算是对李翔宁老师的问题的一个回应。

第二个问题，讲到斯卡帕如果来到中国，在目前的条件下，他又会做成什么样。这个可能是我们谈建构问题和谈中国建筑的时候，都会想到的一个事情。比如说，现在西扎在中国也有项目做，我们可能也会问这个问题，不管是引入一个建筑师，还是引入一种建筑思想，在中国的条件下，或者说在本地的条件下，它可能会成为什么。我想这个问题的意义在于它的有效性，或者说意义何在。例如，在中国谈论其他文化中的“tectonics”的实践时，有多少是能够在我们现有的条件下解决的，或者说我们在可以转变的技术上面又做了多少事情？刚才常老师讲了圈子文化，我想从话语的角度和观念的讨论上，还是必要的。在面对具体实践的时候，在跟实践建筑师谈的时候，他们所关心的问题与这个讨论之间的关系也是值得关注的。从话语到教育一直到实践，是一个很漫长的过程，事实上，我们对自己现有的条件和面对的问题的研究，还远远不够。

史永高　刚才王骏阳老师最后提到世博会的中国馆，是希望能够基于我们的当下状况来引起一些讨论，但因为时间关系，没有办法进行下去。如果我们回忆一下，今天上午范凌发言以后，王骏阳老师是从哪里开始的？他其实是从对于哈图尼安的一个提问，即昨天讲的“建构与建造”开始的。他问这个所谓的“something else”到底是什么东西？然后哈图尼安回答。在我听来好像是建构不只是一个建造，还可能是一些特别的做法，是对于表面的处理。同一种材料，你以为这么处理之后显现它的本色，但是你用另一种做法，它就呈现另一种特征。或者你把它漆成黑色，这都是在表面的处理上面。不过在我看来，对于表面的处理仍然可以归结为“construction”的一部分。我们或许应该思考在建构的讨论里面，是否“something else”也会指向某种文化记忆等一些非物质层面的东西？否则建构的讨论完全可以仅仅在方法和工具层面上展开。这本来是一个可以深入的话题，但后来没有继续下去。此外，我还想指出的是，对于材料的不同处理一方面有其合理性，但是一旦忽略了尺度上的变化，效果往往适得其反。王骏阳老师后来谈到的世博会中国馆，事实上跟这个事情有点关系。在提出这个问题的时候，王老师用了一个德语的词语“Stoffwechsel”，英语叫做“material substitution”，即一种材料替代另外一种材料。这在世博会的中国馆里面是一个非常重要的事情，大部分的建筑师对于这种做法持一个比较批判的态度，这种做法里面都有一个真与假的关系。当然在袁烽的视角里，可能这个问题完全是另外一个时代的问题，但回到当下的话，这个事情仍然是非常重要的。王骏阳老师一直在强调我们是否有这么样一个建筑建造文化的基础，如果说还没有，我们是否还需要强化这一点，而不是模糊这一点，这是他比较强调的。其实我知道王老师一直非常关注用一种材料代替另一种材料这个问题，到底在什么程度上可以接受，在什么程度上是不可以接受的。确实在森佩尔的论述里面这是一个非常重要的话题，他也举了 19 世纪同一时期的讨论，用石头代替木材建神庙，等等，他甚至会说如果你要保留一个文化的记忆，你必须要否定这个材料。这些都是非常非常复杂的事情，我觉得难以一言以蔽之。但如果说有一张图片恰恰摆在我们面前，看一下世博会的中国馆，我们立即便会有一个直观的感受和想象，到底什么样的材料替换是可以接受的？什么样的是不可以接受的？可能最重要的是它的尺度，跟我们原有的木构建筑差异太大了。而且是从木材到钢材，在这种跳跃性的尺度上，毕竟建筑规模、力学特征上差异太大，是否已经失去它原本应有的保存原有记忆和文化的功效？

刘东洋　我还是回到对“tectonics”这个词的汉译上说点我个人的理解吧。对于弗兰姆普敦这本书的这个关键词，我比较倾向用“构造”、“构造性”、“构造化”去对应。我是注意到弗兰姆普敦的“tectonics”的的确确不完全等同于我们汉语语境里“构造”一词的内涵的，因为弗兰姆普敦这本书的副标题几乎就给出了他的定义——“诗意的建造”才是“tectonics”，那么，不够诗意的建造，言外之意就不太符合他的“tectonics”的标准。仅就我个人有限的理解，这个英文语境里的“tectonics”，起码会有三个层面的意思。其一，非常狭义的“tectonics”，指的是古代希腊那种“木构”的特征，那种木构建筑才有的层次丰富、交接紧密的特点。所以，今天在说某建筑是不是具有“tectonics”性格时，往往也就是指向了这个建筑是否有着这种层次和交接的特征；其二，“tectonics”就是弗兰姆普敦所指的“诗意的建造”。这个不多讲，他整本书都是讲这个的；其三，“tectonics”差不多就是最广泛的、最泛化的构造，如我们今天构造课上的“构造”一词所指代的那样，它包含了一切建造程序，诗意的、不诗意的。

在意义上，我其实完全赞同王老师对“建构”的界定和阐释。也许，唯一的差别就在于我们是用一个略为新的词汇“建构”去对应“诗意的建造”呢，还是基本延续过去的译法，用“构造化”去对应“诗意的建造”？

这里我就想起阿尔伯蒂写《论建筑》（*De Re Aedificatoria*）的情结。阿尔伯蒂也知道在“building”和“architecture”之间是存在差别的，不然，他就不会使劲地讲形而上学的神性比例，好让所有的建筑物和工匠作品都上升为建筑学。他在写这本书时，还是使用了同一个词“Aedificatoria”，力图去做一次整体的覆盖。

建筑话语里，一个词内部存在分歧和错叠的事情是常有的。就是“architecture”这个词本身，今天，还有狭义的“architecture”与宽泛的“architecture”之分。延用旧的词，或是引入一个新的词，有时还真的要看讲话的人是想做一个整体的统一还是开始告别过去。

弗兰姆普敦在原作里并没有发明一个新的词，而是通过把原来的词恢复到其历史的本源，进行了历史学的解读，丰富了本来的意义，注入了文化的、社会的、情感的、艺术的信息，让“tectonics”这个词丰富起来而已。

这就是为何我对用“建构”一词去对应“诗意的建造”时略为犹豫的真正原因。我们怎么面对被“诗意的建造”排除在外的“构造”呢？当然，词汇的使用就是这样，一旦一个词被大家使用多了，那它的内涵、外延也就逐渐被大家所接受了。我因此不怀疑大家在使用“建构”一词的过程中会逐渐地熟悉这个词的内涵与外延。那我也得遵从约定俗成，跟大家一起使用“建构”去对应作为“诗意建造”的“tectonics”了。

常青　我给刘东洋老师补充一句，我觉得中国的老祖宗给我们留下一个有关构造诗学最恰当的词就是意匠，有意有匠，这个恐怕是古人和我们不谋而合的，是相通的。

范凌　我理解，第一点，建筑设计有新的工具以后，我们思考建筑设计的方法。第二点，在这样一个新的讨论环境下，在这样一个新的设计方法和施工工艺下，是否存在一个对于我们谈建筑的新的语境。我只记得袁烽老师问了最后一个问题，我的答案是“可以”，但是我不记得那个问题是什么了。袁老师您可以补充一下那个问题是什么吗？

袁烽　我的意思是当我们的设计方法已经前行时，理论是否跟上了实践。所以我觉得再谈建构这个词的话，要反对将它作为普世的恒定价值观，要反对仅仅停留在森佩尔时代讨论建构的意义。因为现在我们的设计方法、构造方法，包括我们的建造方法已经完全不是那个语境下的内容，所以我觉得实践在改变，理论方法也应前行。

范凌　您的观点我完全同意。我对今天的讨论有一点失望的是，似乎在讨论的内容上，我跟王骏阳老师对着干，他又要找他的老师对着干，而没能进行相互的沟通，只是希望把自己的事情变得更对。对于这个沟通我是有疑问的。刚才也说到建构的讨论已经十年了，今天我觉得这个讨论更有意义是，如果我们能够讨论建构，但不用这个词，那可能更有意义。也就是说，我们讨论一些东西，但不要强调这个“词”，所以我们能回过去想这十年的发展，也能去想fabricating the future（建造未来）的问题。

我想回应袁烽老师的观点。我们是否需要一个新的理论框架，在当代的这样一个科学和政治的发展状况下面，我觉得一定需要。一定需要的原因是，我们能否尽快逃离我们还在使用的那一套语言体系来想中国馆的问题。因为中国馆的问题刚才史永高老师说到很重要的一点，尺度已经完全不同了，所以还能用建构的传统观点来讨论这个问题吗？这个我有疑问。

我其实想把这个问题抛回到讨论当中，我们在谈建构或者我们在做今天这个讨论的时候，我们的身份是什么？你我的身份是什么？我的身份是很明确的，我的身份是结合自己的实践经验谈某一本书在数字社会的背景里对于我的影响。但反过来，王骏阳老师的身份是什么？各位参加讨论的时候，读建构的时候身份是什么？这对于我来说是很重要的问题，也是能够保持这个话题生命力和生产力的很重要的东西。

袁烽　把建构作为建筑的一种研究视角是非常有意义的。不应用历史主义进化论观念来否定这个理论。建构理论对于建造的朴素性与真实性所表现出的意境是相当有解释能力的。我唯一觉得在这里讨论“建构”问题不能只看过去与现在，更应当关注未来。譬如，“数字化建构”理论以及“数字化建造”实践是否会成为我们续写建构理论未来的入手点呢？

王飞　我补充一点，刚才王骏阳老师抛出一个问题“Stoffwechsel”，前面几位也提到过。我不是研究森佩尔的专家，也不会德语，但是曾经花了大概两年的时间专门研究“Stoffwechsel”这个词，从语言学和历史的角度追究这个词到底是怎么来的。“Stoffwechsel”的构词是“stoff”（材料）加“wechsel”（转换），直译就是“材料转换”，但在德语里就是新陈代谢（metabolism）的意思。这个词在1000多页的《风格》一书里面只出现过一次或两次，但是这个精神一直贯穿在整本书里。我找了所有能找到的森佩尔手稿的英文翻译版本。在《风格》一书正式出版之前，他挣扎了20年才找到了一个合适的词，这个词曾被改了或调整了很多次。他在19世纪50年代以数学方程式的形式诠释材料的转变，当时，德国科学界的生物学、医学的发展也很快，连德语里面“新陈代谢”这个词都还没有确定下来，曾用过“Wechsel der Materie”(1796)，“Wechsel der Stoff ”(1800)，“Wechsel der thierischen Materie ”(1800)，“Umwandlung der thierische Materie ”(1815)，“Austauch der Materie ”(1830)。刚好这本书出版之前，这个词在德语中才确定为“Stoffwechsel”。有意思的是，森佩尔在书里面提到了和新陈代谢相似的材料观。新陈代谢的过程是，首先吃的东西要消化，物质先要“分解代谢”，之后我们身体再吸收，吸收之后营养会再“合成代谢”形成一种新的物质。在建筑中的材料转换和生物学中的新陈代谢相似，必须经过选择和提取。他将四种基本的材料和四种基本的制作法进行区分，它们之间可以转换，但也不是每一种材料都可以对应每一种制作法，而且新的材料也可以加入制作法中，比如玻璃、橡胶。凯西（Bernard Cache）的《数字森佩尔》（Digital Semper）中也将这种关系扩展到混凝土、信息等材料。森佩尔在书中也非常反对直接拿一个材料从形式上转化到另外一种材料对应的形式，就像中国馆那样，非常直接，没有经过新陈代谢的过程，只有头和尾，中间的过程是消失的，这不是成功的“新陈代谢”或“材料转换”。这里，我只是补充一下我对“Stoffwechsel”这个词在《风格》一书出版之前的20年森佩尔手稿的研究成果。

Matthew MINDRUP　I was trying to follow the discussion and kept on taking notes about certain things that came up from Hatoonian's discussion, to Prof. Wang's discussion, to the computer discussion. What is the theme? I don't know how far and how clear I am going to be, but the theme that comes up with this conference is really a cultural question about Chinese architecture, and a slew of things come back to me. When I thought of the Chinese Pavilion, I am hoping that it will connect with something else. When I was teaching in Washington D.C., we used to have all the embassies there from around the world. It was very interesting, because it was a nice project to give upper level students, because it teaches us about another topic, I think, a sort of Latin discussion about tectonics and culture which was said critical regionalism. How do you make? In another country, they don't have the same materials, and they don't have the same construction. How do you make a Chinese space in the United States? I think this is the interesting problem which comes up with the tectonics, where you don't need to repeat or search for all the icons repeating the tectonic form now. You know, when you make the Chinese Pavilion which takes the idea of tectonics and construction that was developed by using wood, you say, "Ok, it was the way to go to make this." Somehow, having the spirit of the Chinese is to use the metal or the concrete. At the end of it just became the past station, because wood doesn't work very well, and doesn't necessarily work still in concrete. Let me go back to a very interesting rethinking probably coming from the same time when I concern if we keep trying to sort of it. It's the fear of the kind of systemization. You know that you have different regions in China. This is around the world. The tectonics makes you to response not only to the available materials. This is so much bricolage argument. Then the sort of modernism comes out, which we can go beyond, just because we made same houses, regions and citizens. We have the metal house as a format and we have to go beyond that. I guess if we over-systematize education, there is a kind of understanding that came out when we look at the Bird Nest. What we have to do with the Bird Nest is not really something about how it was made, the experiences of it, and then how we use it to make out a place. And I think the discussion came back to beyond the new building, where we came with this notion of what we have made with and how constructive formatted. It has been put some kind service for some kind of manner that is different between building and architecture. And I do have to say it seems so that I hate to see the spectacle. Sometimes the spectacle is shock in the museums that somehow it changes some of the ways we look at them and if we don't see them as spectacle somehow. I hate to see it, then go completely away. I am the last person to teach about the spectacle, though there is a kind of value of it on some level.

（我尽量跟上讨论，用笔记记下了哈图尼安教授、王骏阳教授的发言，以及关于计算机的讨论。主题是什么？我不知道我理解了多少，是否清楚，但是有关这次会议的主题的确与中国建筑的一个文化问题有关，因此我想到一些事情。当我思考中国馆的时候，我希望它可以与其他一些东西联系起来。我在华盛顿教书的时候，那里有来自世界上其他国家的大使馆。这很有趣，因为它是可以给高年级学生讲的很好的例子，也因为它带给我们另一个话题，一种关于建构和文化的拉丁式讨论，被称为批判的地域主义。应该如何建造？因为在另一个国家，他们没有同样的材料，没有同样的结构。如何在美国建造一种中国的空间？我觉得这是与建构有关的一个有趣的问题，你现在不需要重复或者寻求所有那些重复建构形式的图像。如果中国馆要体现从木材发展出的建构和结构的思想的话，你可以说：“好，这就是建造它的方式。”在某种程度上，具有中国精神就是使用金属和混凝土。所以使用木材就是回到过去的做法，因为木材在这种情况下的性能并不好，也没有必要一定要在混凝土结构中使用木材的做法。现在我要回到一个有趣的反思，我想如果我们非常努力地将其分类，这其实是对体系化的一种畏惧。在中国有不同的区域，全世界的国家都是这样。建构让我们回应的不仅仅是可利用的材料，还有很多关于“bricolage”的争论。现代主义是我们应该超越的，它产生了相同的住宅、地区和居民。我们有同一种形式的金属结构住宅，我们应该超越它。我认为如果教育被过分系统化，那么当我们面对“鸟巢”这样的建筑的时候，就会有一种看法：我们要做的并不是思考它是如何做的，其中的体验是什么样的，我们如何使用它创造一个空间。我想讨论应该超出新建筑本身，对于新建筑，我们总是关心材料和结构形式的观念。在建筑和房子之间有某种区分方式。我不得不说我讨厌看到奇观。有时候博物馆内的奇观令人震惊，如果我们不把它们看成奇观的话，它会改变我们观看它们的某些方式。我讨厌看到这种东西，所以会立刻走开。我最不愿意教授和奇观有关的内容，尽管在某种程度上它们也有一定的价值。）

李翔宁 And back to the image that Prof. Wang used is a Guggenheim Bilbao. I think the reason that he was brought to China to build a new museum is because most Chinese are very fond of it. I don't like Bilbao. I don't think it's a bad architecture. Frank Gehry continuously challenged the possibilities of creating a shape from different forms of architectural systems.

（让我们回到王骏阳老师展示的毕尔巴鄂古根汉姆博物馆的图片。我想盖里被邀请到中国设计新的美术馆就是因为大多数中国人非常喜欢毕尔巴鄂古根汉姆博物馆。我不喜欢这个建筑，但我也不认为它是一个糟糕的建筑。盖里持续不断地用建筑系统里的各种不同形式来挑战创造形式的可能性。）

Matthew MINDRUP The problem with Gehry is that became a commodity. It is the same thing with Daniel Libeskind and a few other people. That was the arising problem. Suddenly I have to challenge the way we think about it. I got to have a Gehry's building in my town. I got to have a car, and the new iphone.

（盖里的问题是他的建筑成为一种商品。这也同样发生在丹尼尔·里伯斯金（Daniel Libeskind）和其他人身上。这个问题正在出现。突然之间，我不得不质疑我们思考它的方式。我开始面对在我住的城市里有盖里设计的房子，面对我使用汽车，或者使用新的 iphone 手机。）

袁烽 盖里对当代建筑的意义不在于他对设计方法革命有本质推动，譬如将一张纸揉烂了放在这里，就是一种个性化创造形式的方式。他的设计只能作为前数字化时代的代表，他真正重要的贡献在于盖里科技（Gehry Technology，简称 GT），如果你深入研究 GT 整个协同设计建造系统（BIM）的话。还是回到我前面讲的数字方法的革命上来，现在完全可以在三维的多系统、多专业、多供应商、多建造商的互动世界里设计一个房子。至于建筑是方的、圆的还是曲线的，并不是重点。关键是表达建筑的方式已经完全改变了，参与构造设计的方式改变了，这种完全互动的三维世界是否带来了一种新的现实呢？所以现在 GT 在搞一个协同设计联盟，包括 UN Studio 等也加入了这个联盟。它可以提供一种强有力的设计建造过程支持，这个过程已经彻底挑战了传统语境下的关于建构意义的讨论。“盖里科技”的存在意义已远远大于大家对于盖里的作品是否“建构”的讨论。

李翔宁 前面说到盖里的商品化，但不能否定他的作品的价值。假如中国现在的甲方都很喜欢斯卡帕，那么斯卡帕也可能被商品化。室内设计师在做设计的时候，也会看斯卡帕的书，会过度设计，这也是斯卡帕被商品化的过程，但反过来说，不能以此否定盖里的建筑价值。

袁烽 我是用一种设计、建造的方法革命的视角来看盖里，这个价值远远大于对于他作品的批判。

（整理：何如　　校对：王颖）

2

2011 年 11 月 6 日 下午 14：00—17：30

会议主持：袁烽 副教授

讨论主持：汪原 教授

袁烽 各位好，很高兴主持下午的会议。第一位主题发言人是同济大学设计研究院（集团）有限公司副总裁曾群；另一位是华东建筑设计集团有限公司的总建筑师徐维平。两位国营大院的总师给我们介绍当代建筑的建构实践。

曾群 我想通过两个刚刚建成的项目的分析，来谈谈我对建构理论和相关设计实践的理解。

我演讲的题目为《隐匿与呈现》。为什么选这两个项目呢？因为，这两个项目代表着设计手法里面不同的表现和建构方式。这两个项目——从建筑规模上来讲——一个相对来说小一点，对我们中国人来说是小的，对我自己来说也是小的，但是可能对某些人来说也是挺大的，是一万多平方米的艺术学院。各位应该知道，在我们同济设计院（同济大学建筑设计研究院（集团）有限公司简称），这几年，1 万 m^2 以下的建筑项目估计就不予考虑了；第二个是我们隔壁“邻居”，汽车一场的改造。这两个项目时间间隔虽然有几年，我们在做的过程中还是有一些共同的东西，当然也有一些不同的东西。之所以拿这两个项目来作对比，是希望从中可以找到一些值得我们深入思考的东西。

（研讨会报告，参见曾群论文《隐匿与呈现——两个项目的设计解读》）

袁烽 非常感谢曾群的精彩演讲。同济大学设计研究院（集团）有限公司（简称同济院）的存在方式对于中国人来说比较容易理解，其实是计划经济与市场结合的一个非常有意思的现象。在过去的 20 年里，同济院依托同济大学，在大规模的设计实践中迅速成长。这个量有多大呢？用曾群的话讲，一年几十个亿的设计费收入，design（设计）在这里是种生产。这种生产本身就是中国的一种真实的设计现实。在讨论阶段，我也想问曾群一些问题，譬如，在这样一种大院的生产过程中，如何肩负对于建构的批判性思考？如何实现大院的技术研发的优势？就曾群个人来说，我觉得他有非常强的设计能力，完成了包括世博会的主题馆、北京国宾馆的芳菲苑等很多代表作品，今天他给我们分享了他的近作。这两个项目为同济大学的校园建设做了很多贡献。

作为一种现象，我也很关心大家如何看待曾群和同济院对于社会批量建造与大尺度建造的责任。如果我们在学术上的探讨是小圈子的文化的话，那么其实他们做的是一个大圈子，大力地推动了中国当代建筑的生产。

下面请华东设计院的总建筑师、教授级高级工程师徐维平先生来做演讲。

徐维平 今天的讨论实际上围绕建构理论展开。从某个方面来看，它探讨了具体的现象和理论的关系。有时，某些实践的现象是由多种因素形成的，也难以用一种很好的理论予以归纳，就像我问你为什么今天要吃三顿饭，有时候是很难回答的。今天上午听了两个演讲很受启发：一是王骏阳老师解决了我今天为什么要参加这个会议的疑问；二是它们解决了一个朴素的真理和理论与实践的如何串联。我想到另外两件对我很有启发的事情，第一件事情是有一次我在云南开会，曾和同济大学的许鹏教授聊天，他说西方社会的强大，或许是缘于它有一种使理论与实践密不可分的能力，可以把理论转化为强大的生产力；第二件事情是在《新民晚报》上的一个报道，有一个美国教师，她突然发现5岁的女儿会认识“ABCD……”中的“O”。母亲在很高兴的同时问女儿：“谁教你的？”女儿说：“是保姆教我的。”她马上就把保姆告上了法庭，因为她认为保姆给她女儿强行灌输了这样一个字母的概念，限制了女儿把“O”这个圆圈想象成一个太阳或向日葵的可能。关于理论与实践的关系，我觉得讨论很重要，但是千万要避免这种危险，不要让这种话语陷入某种纯沙龙式的讨论，因为理论和实践的关系是真实、丰富而又具体的。

（研讨会报告，参见徐维平论文《构筑技术与设计表现》）

袁烽　非常感谢徐总的精彩演讲。刚才徐总提到的几个方式跟我们上午讨论的建构是否在发展，当下什么是我们真实的建造实践有关。我想这里面有两个问题，第一个是大院如何发挥优势，值得我们思考；第二个是建造，其实设计当中很多时候是在设计一种建造过程与建造方式。我想在这一点上，华东院、同济院要比的不是个体建筑师，而是像KPF，Gensler这样的国外大型建筑师事务所。独立建筑师有独立建筑师的切入方式，大院有大院的切入方式，大家从不同的角度和方式上来推动建造实践的发展。徐总的讲座跟当下真实的建造有密切的关系，这个东西是不是建构，或者是一种新建构？王骏阳老师刚刚来，一会儿想听听王老师对建构延伸的看法。我可以肯定的是，这些实践跟森佩尔的时代对于建造意义的理解已经完全不一样了。因为建造技术改变了，设计方法也改变了，所以这两者之间到底应该怎样建立本体意义上的联系，是下面要讨论的重点。

汪原　我们继续进行关于建构的讨论。讨论到了现在，我觉得渐入佳境了。通过昨天一天的理论讲座，还有今天上午的讨论，今天下午我们又看到了两位建筑师用他们的作品对建构问题做出了自己的阐释。各位一定有很多感想或者看法，接下来的时间就请各位嘉宾讨论发言。首先请斯皮罗教授。

Annette SPIRO　I would like to make a short remark about our discussion on tectonics. I think that we treat tectonics as a self-sufficient theme or topic. I would like to focus it more on how tectonics is connected to the content, to the need, to the necessity or to the body. Maybe it's interesting to look at the history of tectonics. Every invention and every renewal were always connected to new demands, new necessities, new social problems or new social technical inventions; but not only these, also to new spatial needs. I was a scholar. For example, as a student I was told that medieval Roman architecture had lost all the techniques from the Romans and Greeks. I never believe it and I think it is really not true, because the demands were new and the interior charge was new. I think the real reason is not that they lost the technical ability but that they had spatial concepts in mind. Therefore, it is interesting to do today or tomorrow's demands and concepts. I would rely on the speech of Prof. Wang. He showed us three very nice examples of body and rest of body. I asked what is really the body of tectonics. He showed us the dress of a Roman sculpture and Gustav Klimt's picture of the carnival masquerade. But what is really the body? Is it the content and program? Or is it maybe the structure, space or skeleton? What is really the topic that all tools of renewal of the tectonics?

Today at breakfast I had a discussion with Stan. He told us that the demands of western and China are different. He spoke more about the demand for spectacle and image of architecture. They are not this kind of economy but another kind of economy – economy like the real vital necessities and demands. Therefore, I also think that the very interesting point of tectonics is the question of economy – the economy that does not rely on money or financial question. I mean economy on materials and resources. Also the history of tectonics always totally connected with the question of economy of constructing optimized with materials and resources, problem solving with very uncommon experience. I think that maybe the real challenge for our future is how to connect tectonics with this vital question of economy, resource and material. I think the best that could happen for architecture is the material that may run.

（我想对我们的建构讨论做一点评论。我觉得我们把建构作为一种自足的话题了，我希望关注建构是如何与内容、需求以及身体（主体）相联系的。回顾建构的历史很有趣，每一个发明或革新总是和新的需求、问题和技术变革相联系，除此之外，还有新的空间需求。我是一名学者，但当我还是学生的时候，我被告知，比如说中世纪的建筑丢失了希腊和罗马的建筑技术，我从不相信这点，我认为这不是事实。我认为真正的原因不是失去了技术能力，而是因为新的需求和新的室内观念。因此，如何应对当下和未来的需求和观念是相当有意思的。王骏阳教授的发言向我们展示了三个很好的关于身体（body）的例子，我想问什么是真正意义上建构的主体（body）。王教授展示了罗马雕塑的服饰和克列蒙特的狂欢节假面舞会的绘画，但什么才是真正的身体（主体）？它是内容和功能吗？或者是结构、空间、框架？什么才是更新建构的真正话题？

今天早餐我与冯仕达老师有一个讨论，他告诉我中国和西方的需求是不一样的，他更多地说到了中国对奇观和建筑图像的需求。它们是另外一种经济——有关真正重要的需求的经济。因此我想指出建构中的经济问题。我所说的经济不是金钱和金融，而是指材料和资源的经济性，建构的历史始终和优化材料与资源的经济建造的问题相关。我认为这也是我们未来的真正挑战，即如何将建构和经济、资源和材料的重大问题关联起来。我觉得对于建筑来说最好的状况就是有效地使用材料。）

汪原　王骏阳老师是不是要回应一下？

Annette SPIRO　I think that tectonics is also like a critical instrument, not only a self-sufficient question.

（我认为建构同样可以作为一种批评的工具，而不只是一个自足的问题。）

汪原　实际上建构提供了一个批判和理解的维度，对于中国当下的建筑问题，不管是教育还是设计都是我们关切的问题。上午没有完成的讨论，下午可以把它展开来。

Gevork HARTOONIAN　I would like to say a couple of words in reference to the discussion that took place during the morning session. Before doing so, I want also say a few words about this afternoon presentation of both architects and academics. I always enjoy listening architects talking about their work. It's important to me to see how they explain their design. It is much like the way a film maker start shooting a story. The architect and the film director speak differently about design and creativity. Most architects start with the notion of grounding – how to ground a building in the site – which for me is a very important topic. The director starts perhaps from a philosophical interpretation of the world, moving then to presenting a reasonable connection between detail and the larger picture of the project. One of the speakers,

I recall, developed the overall concept of his project from a window detail. I would like to hear how an architect grounds the building in the site. How the architect figures out the building's site, its own site. This is one interpretation of the Semperian notion of the earthwork. So, it's one thing to decide whether putting the building here or there. It's another to demonstrate how building attains its own site. That's very important issue. Also important is, as was demonstrated in another project, the idea of skin as addition to an existing structure. It was also quite intelligent in the same project to ground the building by excavating the site, first, and then rotating the volume.

In reference to the same project, and also in reference to some confusions I feel we created during the morning session, I want briefly to address two issues that from my point of view might clarify, and elevate the discussion to another level. Firstly, if you don't take tectonics as discussed, you can approach it differently regardless of my definition. You can use it as an operative or instructive way, telling architects what they should do. And if someone doesn't do the way you prescribe the term, then you might express your disagreement. The latter approach is what Tafuri discussed in terms of operative criticism. It is a strategy that literally ignores architecture that does not stand to the critic's expectation. I consider tectonics a concept central to critical historiography.

The other issue which I would like to share with my Chinese colleagues– architects and academics is this: that the discourse of tectonics emerged as a critical practice both in reference to postmodernism, and the state of architecture in late capitalism. This proposition is still valid, and has not lost its critical edge. The important thing for my colleagues in China should concern the following: what is the discourse of critical in China? What is the index of critical practice in this country? I think the question is important, because tectonics is ontological. Both projects presented today can be discussed in terms of tectonics. The issue is this: what is the subject matter of critical work in China today? Otherwise, one can characterize Chinese architecture as anything goes, a follow up to what is produced in other countries. Lastly, I want express my reservation about one of the project that was primarily focused on image. The image was too literal; it wanted to say "I am Chinese." I have problem with that, even if the work is tectonic. Again tectonics is not equal to construction. It is rather about delivering a critical position against the prevailing culture. This delivery was very literal in the mentioned project, as far as I am concerned.

（我先回应一下今天下午介绍作品的两位建筑师，再对上午的讨论说几句。我总是喜欢听建筑师谈他们的作品，他们如何解释自己的设计对我来说很重要，这就像导演如何开始拍一部影片。建筑师和导演对于设计和创造的说法不同。大部分建筑师从解释建筑的观念开始，就是如何把建筑安置于场地之中，这对我来说是非常重要的话题。导演可能从对世界的哲学阐释开始，然后展现出项目的细节和更广阔画面之间的合理联系。我记得，下午的一位发言人从窗户的细节发展了整个项目的理念。我想听到建筑师如何将建筑置于场地中，建筑师如何弄明白建筑的场地的状况。这是对森佩尔"台基"（earthwork）概念的一种理解。因此，确定把建筑置于哪里是一回事，显示建筑如何获得它自己的场地是另一回事。这是很重要的问题。同等重要的是另外一个项目中所展示的在一个存在的结构上加上表皮的想法。这个项目中，通过挖掘的场地安置建筑，然后将建筑转向，这些都相当具有智慧。

针对这个项目，也针对上午的讨论中我们所产生的困惑，我想简要地说两个问题，这或许能从我的角度厘清问题并把讨论提升到另一个层面。首先，如果不用建构的说法，也可以采用一个不同的方式，不用顾及我的定义。可以把建构作为建筑设计的操作性或导向性的方法，告诉建筑师应该如何做。如果有人不按照你指定的做，你可以不同意。这种方法是塔夫里在操作性批评（operative criticism）里所讨论的。这种策略忽略那些不符合评论预期的建筑。我认为建构是批评性史学（critical historiography）里的中心概念。

我想与中国同行——建筑师和学者——分享的另一个问题是，建构话语是作为一种针对后现代主义以及晚期资本主义建筑状况的批判性实践出现的。这点今天依旧有效，并没失去其批评的边界。中国同行们应该关心如下问题：中国是否有批判的话语？在中国批判性作品的标志是什么？由于建构是建筑的本体问题，所以我觉得这个问题很重要。今天所展示的作品都可以从建构角度来讨论。问题是，今天的中国，批评的主要问题是什么？否则，人们可以把中国建筑的特征视为任何东西，只是对其他国家成果的跟随。最后，我要表达对中国馆的保留意见，它主要基于图像，而图像又过于直白，它想说："我是中国的。"太想表明其中国身份。再者，建构不等同于建造，同时也对流行文化持一种批判立场。我认为中国馆中这种传达过于直白了。）

汪原　中国馆更多地是一个影像或者意象，表达什么是中国的，这是哈图尼安教授比较直接的观点。我们是不是请仓方俊辅谈谈？因为日本离中国非常近，仓方先生可否从东方的视野，从建构的观点谈谈如何看待中国馆。

仓方俊辅　我认为斯皮罗教授所说的是非常重要的事情。经济（economy）这个词有两个意思，第一个是刚才说的商业的意义所在，另外一种是所谓的将建筑变得更经济一些。比方说在世界各地的民居当中，因为要把它们做得更经济一些，所以会产生一种建造方式，这种方式同样也是非常美的，这时候产生的就是刚才所说的第二种经济的意思。建构在这里并不是很奢侈的一种东西，只是从需要当中产生的美学和诗学。经济和建构两者并不是互相矛盾的，可以说在建构当中本身就有追求经济的一面。比方说在中国的西部，经济不是很发达，所以更需要这种建构的存在以及建筑师的存在。我认为现在应该关注的并不仅仅是都市中的建筑，而应更多地关注我刚才所说的那些区域中的建筑。

李翔宁　他们两位刚才的发言是想说，在建构的思想里，本身就包含了用非常节省的办法或者非常朴素的办法把建筑建造起来的观点，他们似乎觉得这可能是中国建筑里面比较缺少的。这也是对像中国馆这样非常图像性、非常奇观的建筑的一种抵制。

刚才哈图尼安教授讲了一个问题，我想对他作点回应。他前面讲的我非常赞同，但我觉得他后面讲的可能有一点误解了我们用这个图片的意图。他前面实际上是讲对于建构可以有各种各样不同的态度，其中有两种态度是我们可以选择的，第一种他说是导向式的研究，就像塔夫里(Manfredo Tafuri)说的导向式的批评，我们按照建构的理论发展出一套设计的或者品位的标准，如果设计师是按照这种标准来设计，我们就认为是一种好的建筑，反之就认为是一种不好的建筑；还有一种不是作为导向性的研究，而是作为历史学的对建筑本体进行的一个发展的研究。后面一个问题，他讲中国是否需要批判性，我觉得他可能误解了我们的意思，我们用这个图片是想用它来讨论这样的东西在建构学里意味着什么。实际上，我们都不喜欢这个房子，都在说它不好。而哈图尼安教授可能觉得我们认为那是好的，他刚才的意思就是说中国人在解释运用建构的时候要考虑一个问题，我们是不是要批判性地运用建构。在中国现在这样的市场里，到底想做什么样的房子，因为建构本来是非常本体的研究，在中国，你是想做一个本体的，还是想做一个更具有批判性的，他举这个例子的意思，可能是想说我们认为用混凝土模仿木构建筑的结构是非常建构的，因此他说我们是不是可以对这种图像性的操作持更批判的态度。他可能误解了我们的意思，所以我想就这个跟他澄清一下。

汪原　今天的嘉宾里有在苏黎世联邦理工学院（德文 Eidgenossische Technische Hochschule Zürich，简称 ETH）接受建筑教育，又在大院里工作的建筑师。我们请徐蕴芳建筑师发言。

徐蕴芳　我曾经在现代集团工作，因大院情结，ETH 毕业后到了华东院的创作中心。华东院有着宝贵的传统，创造了很多优秀的建筑，也支撑了中国建筑学教育的一部分。在设计院的日常工作中，"建构"这个概念一般不会被单独提出来讨论。但正如科尔霍夫（Hans Kollhoff）教授所言，"建构感"体现了建筑师对职业的自我认知。建构本身不是设计方法或追求目标。建筑师在解决具体的问题时，在处理项目的需求、建造的环境和结构、材料、技术问题的过程中，自然而然地有建构的意识在里面。建筑师的工作方式本身是带有"bricolage"（拼装）性的，有一种自主性、自发性，这是与工程师的差异之处。但不断涌现的种类繁多的新材料、新技术及对其探索兴趣的不足，建筑潮流风格带来的迷惑、紧迫的项目周期、利益的导向，等等，这些都是我们开展"bricolage"式工作的阻力，阻碍我们寻找新的建构表达方式。

在当今这种行业环境之中，大设计院也在不断探索生存和发展的道路。目前设计院里存在着多样化的工作状态，并不是呆板僵滞、一成不变的。比如在创作中心，汪总传承了华东院手工艺般的精推细究的设计传统，每个细部都有考究的做工；徐总致力于设计的逻辑性，概念与建造逻辑的一体化……

我们在当今谈论"建构"，引入这样一个视角，最大的意义其实在于对被动的、片段式的建筑学的发展提出批评；在当今这个商业化的社会中，仍然能够寻找到建筑自身，能够抵抗商业的、浮夸的社会文化，进而能够继续以健康的方式向前发展。这其实和科尔霍夫在 20 世纪 90 年代初提出"tectonics"话题的讨论，力图在技术至上及追求奇观的背景下重新唤醒建筑学的自治是一致的。换言之，其实与当初辛克尔、森佩尔和阿道夫·路斯在他们的时代所追求的东西也是一致的。

弗兰姆普敦的《建构文化研究》不仅提出建构是一种文化，重新唤起了人们对这个问题的关注，而且他的研究方式也很值得我们借鉴。我们应该通过深入研究传统建筑来研究我们自己的建构文化，还应该在上述范围中加入我们历史上各个时期的优秀建筑。我们的 20 世纪五六十年代的建筑、七八十年代的建筑……只要留心阅读，我们的周围到处都有着建构方面的闪光点。例如，华东院总部的办公楼就是 20 世纪 60 年代非常优秀的作品，是很有着"建构感"的作品。带着这样的热情与关注，我们才能在当今语境中发展出自己的建构文化。

王骏阳　刚才在听三位外国嘉宾发言的时候，我也产生了这样的疑虑，他们是不是误解了我们，后来李翔宁这样讲了以后，我觉得这真是开了一个天大的玩笑。不管是昨天还是今天，我们讨论中国馆，实际上对它都是十分批判的。我们觉得从建构的角度来讨论中国馆的话，会看出这个建筑在继承文化传统方面是有很多问题的。也许从昨天开始，我们就没有把这一点讲得很清楚。今天我又提这个例子，是因为我有一个很大的疑惑，森佩尔有一个所谓的材料置换理论"Stoffwechseltheorie"。很多理论家包括弗兰姆普敦、哈图尼安都用了这个理论，但是似乎从来没有对这个理论真正地进行过阐释，只是提了一下就过去了。按照森佩尔的意思，建筑在不断发展，当材料发生变化以后，可以用新的材料去保留早先一种材料的建筑上的主题。我觉得我们中国建筑师无论是用钢筋混凝土模仿大屋顶上的斗栱，或者用钢结构来模仿木构的做法，似乎与森佩尔的这个理论非常吻合。就此而言，应该受到质疑的不仅是这个建筑，而且也是森佩尔的理论。我无意用森佩尔的材料置换理论来判断或者捍卫这种建筑。如果能够捍卫这个建筑，那就说明是森佩尔的理论有问题，而不仅仅是这个建筑有问题。但是，我要问哈图尼安，森佩尔的材料置换理论也许不是这个意思，或者说是我们误解了森佩尔的材料置换理论。但是我现在只能用这个建筑或者钢筋混凝土模仿斗栱和大屋顶的建筑来理解森佩尔的材料置换理论。可能我们没有讲清楚，所以斯皮罗教授、哈图尼安和仓方俊辅都提出了建筑的经济性等问题，以为我们可能很推崇这个建筑，用它来对应森佩尔的材料置换理论，把它作为建构的范例。如果他们是这样理解的话，那真是开了天大的玩笑。这使我再一次体会到交流的困难。

李翔宁　我想提出一个新的话题。我们研究建构一个是往回看，做一个历史性的回溯，还有一个就是在未来的建筑可能出现的形式里建构可能扮演什么角色。我比较疑惑的就是最近袁烽一直非常热衷于数字化建筑，我想把这个问题提给斯皮罗教授，因为她是 ETH 来的，ETH 的建造课里也有很多用计算机和参数化（parametric），他们叫“kinetic”，可以跟人进行互动的建筑。未来有可能出现一种建造模式，是用我们现在看到的 3D 打印机，把混凝土的砂浆甚至是预加了纤维的混凝土浆，直接像喷墨水一样打印出来，打印完就是一个房子了。以前的传统建筑是先有柱子，把结构搭好，然后再把墙填充进去，上面安装窗框，分好几个层如保温层等。如果现在是用三维的混凝土打印机“打印”出来的房子，从里到外就像一个模型，里面都是一个均质的壳。这样的话，对于建构的理论是不是一种新的挑战，或者说建构的理论如何应对这种状态的房子的出现呢？

汪原　请斯皮罗教授发表一下看法。

Annette SPIRO　Maybe first, I have to say that I use it to show you this problem. We even create a program to make it because the demand was to make an irregular structure. So I think it's the limit instrument. But on the other hand, it's like a contradiction to the thing I said before. Normally invention and renewal came from really vital demands. In this case, I think the parametric CNC and all these tools (it's very personal and maybe critical), for me it's in another way like a game. But we don't know for what useful, what to make with it. Because I think the demand is technical as you can play with a new tool and you can be inventive. But for me, in this case, the real demand isn't there. It is not an answer to a vital question. It is more like finding the new tool by accident. How to play with it? Can we make it? For me, it's not so interesting to really solve problems. But I think we have difficult time. It was for me to be like global fortune. It is not so clear whether you play. Maybe global fortune has not a very specific game. Although it's interesting, you have to get further along with.

（首先，我用它来给你解释这个问题。我们甚至设计了一个程序来建造这种不规则的结构，因此我觉得这是有限的工具。但是另一方面，这和我刚才说的似乎有矛盾。通常创造和变革源于真正重大的需求。在这个例子中，我个人的带有批判性的观点是，参数化的数控机床以及所有这些工具，从另一种方式来看就像是一种游戏，我们不知道用它们是为了什么，做什么有用的东西。这是一种技术上的需求。你可以使用这些新工具并创造出新东西。但是对我来说，在这种情况下，真正的需求并不是这些。这并不是重大问题的一种答案。这更像是偶然地找到了新的工具。如何使用它？我们能否制造它？解决这些问题对我而言并不那么有趣。但是我觉得我们遇到了一些艰难的时刻。对我来说它就像一种全球性的大趋势。我并不清楚你是否参与这种游戏。或许全球性的大趋势并没有一种特定的游戏，尽管它有趣，但是你不得不继续发展它。）

Matthew MINDRUP　But we have been printing buildings. I think it's the neo-architect in Amsterdam who printed this bus-stop.

（但是我们已经开始打印建筑了。这个公共汽车站是阿姆斯特丹的新锐建筑师打印的。）

李翔宁　Will you look at somebody, for example, after disaster all the victims need this kind of instant shelters. In order to produce some very fast shelters for them, we can go and bring the machines on site and design them.

（举例来说，大家可以设想一下灾后人们需要这类快速建造的庇护所。为了给灾民迅速地建造庇护所，我们可以直接把设备运到现场并在那里进行设计。）

Matthew MINDRUP But the problem of the tectonics is finally the idea of digital space becoming real space. Problem with the digital space is that when we start to print these buildings, we start to review it like an aged sort of thing that we have known for a long time, but for some reasons, we seem to be forgetting that buildings look the way they do because how they are made. This whole thing with the computer can do these forms, you know, which are easy to use the computer. But when the floor becomes the wall, after a while, we used to realize why the floor not being able to be the same material as the wall. The reason is that we walk on it. The same thing is going to happen. There is a reason that we do not use the same material for all the different components. I mean it is a big problem. Architecture schools in United States with this new 3D printers, you get to a place in Pennsylvania, you just see printing buildings of this whole thing with model material.

（但是建构面临的问题是，最终数字空间的观念会成为现实空间。数字空间的问题在于，当我们开始打印建筑的时候，将其视为我们长久熟知的一种古老的事物，但是由于一些原因，我们似乎忘记了建筑之所以像它看起来的那样，是由它们如何被建造决定的。你知道，计算机能够处理这些形式，所以使用计算机更加容易。但是当把地面转换为墙体，过一会我们就会意识到因为我们要在地面上行走，所以地面不能和墙体使用同一种材料。以此类推，有理由在建筑的不同部位使用不同的材料。我认为这是一个重要的问题。在美国使用这种新型三维打印机的建筑院校，比如你可以在宾大找到一个地方，看看如何使用模型材料打印建筑。）

Gevork HARTOONIAN I don't want this to be a dialogue between me and Prof. Wang. Semper's idea of transferring architectural motifs was in reference to the debate on classical architecture – the issue of polychromy in Greek architecture. His position was that textile is one of the oldest industries wherein the fabric was made in different colores. According to him, the idea of a colored surface and its related motifs were later transferred to architecture, a subject we discussed in terms of surface embellishment. He also made associations between brickwork and motifs used in Persian carpets. I am reminded of several buildings of H. Sullivan where the edges of the façade are articulated similar to motifs framing a carpet. This is what Semper meant by transferring motifs from one industry to architecture. Brick in itself has no aesthetic history, and to make an art-form out of brick construction, architects had to look at motifs used in other industries, textile and carpet in particular. It seems reasonable to transfer aesthetic experiences developed in one craft and industry to another one.

I am also reminded of Konstantin Melnikov's, a Russian constructivist, pavilion designed for the Paris Exposition, 1925. There is no correlation between this beautiful structure with any tradition of Russia except wooden vernacular structures, and ideas such as revolution; propaganda, and the architectonic representation of the joy and pride of a unique historical event. This building, even if it is tectonic ... (Prof. Wang: We don't think it is tectonic). The point is this; why tectonic is today, by definition a critical practice. Whether Chinese architects like it or not, that is another issue. Sometime in the future, a historian from this country will look at this matter critically, and will critique what did happen during the last 20 years. One reason that I raise the issue of theatricality and theatricalization was in criticism of the neo avant-garde architecture; to show how their work is aesthetically in tune with the spectacle of the fetishism of commodity. My intention was not just to prove that tectonic is theatrical, which it is. (Prof. Wang: But it seems that you play down that dimension in yesterday's lecture. You tried to play down this kind of critical dimension in your presentation.) I showed those particular buildings in my presentation just to demonstrate the shift from this particular notion of architecture that comes with the distinction made between frame structure and surface. Since Le Corbusier, what is hidden behind the section of most buildings is the Domino frame. There has been no other construction system since the inventions of the Domino frame, except Fuller's three-dimensional space-frame structure that is not practical for every type of building. The fact that surface has become important today is one direction developed out of the frame structural system. This was the case with postmodernism, then, and with digital architecture today. Thus the emergence of surface as an autonomous entity in contemporary architecture. My intention was to take this unfolding and emphasize on tectonics where the cuts is used as a strategy to postpone theatricalization. This has nothing to do whether Rem Koolhaas, Zaha Hadid or Steven Holl would agree with my position. This is my interpretation of their selected projects; to historicize the work, and to discuss the notion of cut as a strategy to postpone theatricalization, the overwhelming presence of surface independent of construction. This was part of my presentation and the reason why I picked up those buildings, a comprehensive discussion of which is presented in my book, *Architecture and Spectacle; A Critique* (2012).

（我并不想使讨论变成我和王骏阳教授之间的对话。森佩尔的转换建筑母题的观点与古典建筑的讨论有关——希腊建筑的色彩装饰问题。他认为纺织是最古老的工业之一，织物被制造成不同的颜色。根据他的观点，彩饰表面及其相关母题的想法后来被用到建筑上，就是我们所讨论的表面装饰问题。他也把砌筑工艺与波斯地毯的母题运用联系起来。我想起沙利文的几个建筑，其建筑立面的边缘与构成地毯的母题相同。这就是森佩尔所说的母题从工业到建筑的转移。砖本身没有美学历史，要想从砖结构中获得艺术形式，建筑师不得不寻找其他工业中使用的母题，特别是织物与地毯。将一种手工业的美学体验转移到另一种里看起来是合情合理的。

我还想起俄国构成主义者梅尔尼可夫（Konstantin Melnikov）1925 年在巴黎博览会上的展亭。除了乡土木结构、革命思想、宣传以及对于独特历史事件的喜悦和自豪的建筑再现以外，这个漂亮的结构与俄罗斯传统没有任何联系。即便说中国馆是建构的（王骏阳：我们不认为它是建构的）……问题是，今天建构为什么被定义为一种批判性实践。不论中国建筑师是否喜欢，这是另一个问题。将来某一天，中国的建筑史学家会批判地审视这一问题，对这 20 年间的建筑进行批评。我提出戏剧性（theatricality）和戏剧化（theatricalization）问题的一个原因是为了批判新先锋派建筑，揭示其在美学上是如何与商品拜物教的奇观合拍的。我的目的不是想证明建构是戏剧性的，虽然它的确是。（王骏阳：但似乎你在昨天的演讲中淡化了建构的批判维度。）我在报告中选取那些特别的建筑，是为说明建筑观念的变化，即结构和表皮之间的区分。在柯布西耶之后，隐藏于大多数建筑剖面背后的是多米诺体系。在多米诺体系以后，除了富勒那种不适宜用于各种建筑的三维空间结构外，没有出现其他的结构体系。如今表皮变得重要的事实也是框架结构所发展出的一个方向。后现代主义的情况是这样，这之后今天的数字化建筑也是。表皮成为了当代建筑中自主的实体。我的目的是指出这种演变并强调建构，在那里切割是一种延迟戏剧化的策略。这与库哈斯、哈迪德、斯蒂文•霍尔是否赞同我的立场无关。这是我对他们建筑的阐释，历史地对待它们，讨论作为延迟戏剧化策略的切割观念以及独立于结构的表皮势不可挡的呈现。这是我演讲的一部分以及我选取那些案例的原因，在我的书——《建筑与奇观——一种评论》（*Architecture and Spectacle; A Critique* , 2012）里对此有全面的讨论。）

袁烽 First, I'd like to address in more detail the subject of "new tectonics". I don't agree that tectonics should be related too much with the theory of criticism. In 1999, Reinhold Martin had suggested in his article that criticism had run out of stream. The intensity of criticism had been downplayed, since the generator of real practice would be significantly influenced by the new architectural production system. The innovation in new technologies has been updating the process of how to represent architecture, how to communicate different social aspects and how to construct buildings. In this context, "style" will no longer be important as a goal of design but as a result of design. New tectonics should exist in the new approaches of construction.

Secondly, I would like to continue on the topic what Li Xiangning has already mentioned, what is happening right now and what will be the future? I'm very interested in "bricolage", the word used yesterday. From my understanding, "bricolage" describes a way to make creative and resourceful use of whatever materials are at hand. Stanford Anderson's "quasi-autonomy theory" shares a similar idea. Tectonics lies in a dynamic process of construction, and sometimes lies in the quasi-autonomous process of the transformation of new theories. When Ruskin designed the library of Oxford, every morning he would teach his workers by drawing all the details on the wall, and then the workers began to construct the building. That's a very interesting story. But if you compare Ruskin with Renzo Piano, you will find that Piano's design methodology has been totally changed. He is not designing by situational drawings, but based on how to organize the consultants and fabricators he has available. The design method is in transformation. Tectonics is not a style, but an attitude towards the history of architecture.

The new digital design method has totally redefined the world. Just like paper and pen versus the computer, we still use pen and paper, but computer absolutely makes more sense for the future. Scripting and Fabricating become the two key aspects of digital design. Fabricating is based on craftsmanship and the new mechanical technology. From my point of view, tectonics is a kind of representation of logic and reality. What is real? In postmodern theories, there are some debates on what is real-fake, fake-real, real-real and fake-fake; architecture became an icon signifying something else, to which reality had been transposed/transferred. That's not in the context of tectonics where the "real" lies in the practice, the real productive industry and the real design method. Tomorrow I will talk about my understanding on the real logic of architecture.

（首先，我想更深入地谈谈“新建构”这一话题。我不赞同过多地将建构作为一种批评理论，正如瑞侯·马丁在1999年的文章中宣称：“批评已经死了。”为什么？因为新的体系已经建立。如果要把建构作为批评，我更愿意将它作为对设计方法论而不只是对理论的批评。这是我首先要说的。

其次，我想继续李翔宁刚才关于数字化

未来的讨论。什么是过去？什么正在发生？未来会怎样？我认为一个关键词就是昨天说的“bricolage”。安德森（Stanford Anderson）曾在MIT开过一门叫“类自主理论”的课。我的理解是这两个词很像。历史不是静态的，而是由新的理论不断推动，因此我更愿意将建构置于一个设计方法不断转变的动态过程中。昨天斯皮罗教授将拉斯金和皮亚诺作比较。当拉斯金在设计牛津图书馆的时候，每天早上教工人如何在墙上绘制所有的细部，然后工人再开始建造。这非常有意思，但我认为皮亚诺的设计方法已经完全改变了，他依靠新的技术手段而非绘图进行设计。历史上，设计方法始终在转变，建构不是一种风格样式，它是一种如何在历史中寻求自身定位的态度。我认为设计方法已经发生了革命，我们过去使用纸和笔，现在则使用计算机。在数字化的历史中，我认为有两件重要的事。首先是脚本（scripting）和建造（fabricating），这方面已经有很多的讨论，如果说建构还有未来，我们必须用一种“类自主”的方式去重新定义建构。什么是设计、再现和建筑工业的技术？明天我的演讲会涉及这些问题。我们已经开始使用这些新方法和工具，那么为什么我们不能推动自己去理解建构的本体方面呢？从我的观点来看，建构是一种真实的逻辑。什么是真实？在后现代理论中，“真—假、假—真、真—真、假—假”，是一种图像的东西，看上去像什么东西。图像具有意义并指向其他东西。我认为后现代的“真实”不在建构的意义语境中。正如徐维平先生发言中提到的，真实在实践、工业生产和设计方法之中。明天我会谈到我对建筑真实逻辑的理解。）

卢永毅　袁老师特别强调技术的转变，他后半段发言所指的其实是文化的转变。总之，他强调所有的方面都在转变，因此建构这样的话语也应转变，甚至建构是否还有意义也可以怀疑。很抱歉，我不是研究数字化的，而且可能对数字化问题非常外行。但有一点是我很想说的，就是我们对变化和新生事物、尤其是技术变革非常有热情，却容易将一种变化涵盖很多变化。在我看来，袁老师强调的变化，可以化解出多层次和多方面来考察：设计工作过程中的工具的变化、设计表达的变化、设计思维的变化，建造技术和建筑生产的变化，以及建筑认知的变化，等等。我觉得这些变化不是互相等同的，首先要辨析变化究竟始于哪里，其他领域如何随之变化或者很难变化，同时，还要认识西方的状况是否会成为我们的状况，还是在相当时间里不能改变我们的状况。对此，认识自身现状和建立批判性的历史视野都是很有必要的。

我比较赞同斯皮罗教授的观点，我们并不清楚这些参数化的工具能引起什么实质性的改变，技术本身的创造性探索是有意义的，但它是否能带来如此大的建筑实践的变化是令人怀疑的。从历史来看，像20世纪60年代的新陈代谢派（Metabolism）和阿基格拉姆（Archigram），强调技术作用的探索最终对建筑观念和实践的影响究竟如何是已有共识的。我所强调的是，建筑中没变化的东西非常重要，就是说建造的事实，物质性的东西，包括建构关心的一定要解决使用人和房子的关系的问题，重力支撑和物质连接的艺术。应该说，这些东西也许并没有那么快的变化，事实上，即使技术发展再快，各种传统的建造方式其实都存在着。从建造的事实来看，它的物质性，它的最终的物质建造和建筑表达，可能有很多还是跟传统非常相近的。针对中国的建筑状况来认识这个问题更是很有必要。

所以，新的变化是什么层面的变化，与传统如何连接，可能是我们最需要自觉的。在这一点上，像斯皮罗教授或者其他几位教授一直在强调的，从我们现在的工作里要找到很多很多的创造性的东西，从新技术的影响中去找到新的需要的一种解答，这才是站在建筑本位上的思考。基于这种认识，我很欣赏华东设计院的总建筑师徐维平先生的武汉摩天楼设计实践，他在既有的工业化建造系统和建筑师的形式创造之间巧妙地设置了一个间隙，在这个间隙里，建构理念在数字化技术的支持下获得了精彩的呈现。

王英哲　前面的讨论异彩纷呈，把建构这个问题拓展到很多很多的方面——包括刚才对数字化这个问题非常激烈的讨论。我想，对数字化这个问题，我们是否可以暂时换一个角度来看？时代在发展，我们会不断遇到新的东西，今天是数字化，明天是另外一个什么新的事物。

在这里，我想插入对森佩尔的一点认识。刚才讨论到森佩尔所处的时代跟我们所处的时代之间的不同，但其实还是有相同的地方。正如我们今天面对着参数化的如日中天，他所处的时代也面临着一种新事物的出现——钢铁结构。森佩尔在当时也是否定钢铁的意义的。他当时作过一个很重要的论断，在其中否定了钢铁在造型方面的能力，他认为钢铁构造不具备作为建筑的能力，并因而瞧不上那些热衷于这种新型材料的建筑师，比如拉布鲁斯特(Labrouste)。当然，后来历史的发展证明他错了——王老师前面也说了，森佩尔肯定有很多的错误。

我觉得刚才卢老师提到的观点是很有意思的，也就是说，既然变化是始终存在的，那么我们更应当关注的是不是这个过程当中那些不变的或者说很少变的东西？建构这个概念在ETH里大作讨论的时候，其实真正的重点在我看来还是类似于我们在斯皮罗教授的演讲里看到的那种情况——她始终都在努力把握人自身和建造这件事情之间的联系。

昨天我们很多的讨论是关于工具。今天建造这件事情变得非常复杂，人直接和建造之间的关系已经越来越弱了，而工具是人始终都在处理的，在这个过程中就会通过人和工具的接触，把人体直接的感受投射到建造这个过程。我们给一篇介绍ETH的建筑教育的文章取名为《造物传奇与技术现实》。这个题目当然不一定贴切，但是反映了这样一个体系下面很重要的两点：一个是传奇——传奇这个说法是从科尔霍夫对构造的认识中来的，他认为在建造这回事儿里其实是有一种传奇性存在的，有一种理想的东西，有建筑师的理想在里面。另外一个，就像今天下午我们在曾总和徐总那里看到的，有现实的技术问题必须要解决。这些问题如果不解决的话，之前说的传奇是没有立足之地的。

再回到“理想”这个问题，具体对建筑师而言可能就是对世界、对事物的一种认知。再具体一些，是对建筑师的工作所面对的基本对象的认知——重力、物质、空间……以重力为例，就有像席沃扎(Rudolf Schwarz)这样的建筑师，在建筑中将之发展到了神秘主义的极致。建筑师表述自己认知的途径就是建造，用的语言就是构造。也就是说，这个有着非常现实的技术基础的构造是建筑师讲故事用的语言。语言千变万化，讲述的故事却是万古流长。联系着语言和故事的是人——活生生的人。

今天上午范凌提了一个很好的建议，就是首先我们在讨论这个话题的时候，每个人都要把自己的定位先定好。我现在对自己的定位就是一个年轻建筑师。从一个年轻建筑师的角度来看，面对“建构”这个问题的时候，具体情况是什么样子的呢？其实理想是有的，因为我们谈了很多很多对于建造东西的认识，这都是从小圈子里面出发的一些传奇性的东西、理想的东西，而到了技术现实这方面就会有很多束缚。当我们把它看作是束缚的时候，可能建构（tectonics）和建造（construction）就出现了矛盾。但是如果换一个角度，就像我们今天下午从曾总和徐总那里看到的，其实技术的这些现实如果能被看作是一个源泉的话，可能就会是另外一个状态，可能就会变成我们昨天花了很长时间讨论的“bricolage”这样一个情况：先把手上现有的东西认识清楚——充分地认识，这个过程中就必须要有身体感觉的介入，以便获得“活生生”的认识，然后在这个基础之上，才能注入理想，才能把冷冰冰的技术提升到“建构”，才能给无生命的物质注入生命。当然，对于“理想”而言，也要有“活生生”的认识作为基础。

在这里，我想起伊东丰雄在一次访谈里说的话，他说：“一些建筑师试图为这些新一代人用非常抽象的空间，找到一种语言。我寻找某些更简单的事物，一些仍然有身体感觉的抽象概念。”也许，在今天让人眼花缭乱、应接不暇的新鲜事物面前，牢牢把握住我们那份身体的感觉，才不至于在事物和概念的漩涡中彻底地迷失吧。

李翔宁　我想补充一句，也是对王英哲和卢老师的回应。我们刚才在讲基本的建造的方式是现在还在维持的，也许数字化的状态或者说计算机的控制离我们比较远。我想举另外一个例子，如果不说计算机技术，我们只说说工业化生产的技术给建造的方式带来的变革会不会对建构理论带来挑战吧。建构理论总是倾向于把一个东西像一个剖面一样分开来，就像我们画构造图那样，前面有一个层，外面有一个层，包括屋顶和墙，搭上去时不管是这样交接还是那样交接，总是希望能够将它清晰地呈现出来。现在，日本的酒店和住宅，卫生间都是一次性成型的，用一个塑料的板压出来的，出来时整个房间就一个面，对此仓方应该很清楚。现在这种工业化生产的技术倾向于也是出于经济性的考虑，把它所有的结构面、表层面、支撑面，还有最外面那个面都用一层塑料的东西压成一个模子，唰地一下出来就全部结束了。这样的过程是不是跟建构的那种所谓的建造方式发生变化有关，建构的理论如何来解释？这是一种不建构的呢，还是基于更新的技术上的一种建构？我希望这个问题可以再讨论一下。

王骏阳　我来回答吧。建筑是建筑，你说的那个卫生间只是一个卫生间，两者的尺度不一样。如果说哈迪德的那个建筑，真地能够在那么巨大的尺度上，用混凝土把它整体现浇出来，那我觉得是可以接受的，就像你刚才说的这个卫生间一次性成形地挤压出来一样。问题是现在所有的数字化建造都不是这样的，它是用钢结构去做一个造型，然后通过内装和外装解决问题，形成光滑的表面。广州歌剧院不就是这样做的吗？更加糟糕的是，它选择了石材这个不适合做成光滑曲面的材料，结果确实不能再糟糕了。这里的问题是建筑形式与结构形式之间的深刻矛盾。如果真能有一种混凝土现浇（或别的什么一次性成形的材料）的方法，在如此巨大的尺度上将建筑浇成这样塑性的，整个建筑既是一个造型，又是一个结构，我是能接受的。（李翔宁：现在已经有了。）如果有，我可以接受。如果以上海的喜马拉雅中心作为例子，矶崎新设计的那个形式，由佐佐木睦郎配结构。对于佐佐木睦郎来说，形式就是结构，可以用很复杂的计算机程序进行计算和结构设计。可是到了我们中国呢，就只能用装修的办法去完成那个造型。你说这样的数字建构它有意义吗？充其量，不过是一个没有结构技术含量的山寨形式而已。

汪原　请袁老师稍微等会儿，因为明天您还有一个单元来谈你的观点。上午因为时间有限，只给了李华老师和史永高老师5分钟时间发言。现在下午的时间比较充分，我们请史永高老师充分地表达你的观点。

袁烽　我插一句话，就一句话！我想回应王老师的观点，我觉得一个事情不能因为它现在还没做到位，就说它是错的。我的意思是，不能因为我没有做成，就不能做这件事情。关于数字化建造的方式、方法，我想明天再谈吧！

史永高　明天上午有大把的时间讨论数字建构！我觉得讨论到现在，话题有点分散，建构的、世博会中国馆的，其实反应的是非常非常不同的问题。数字建构为什么会在今天成为话题，可能是因为上午范凌的那个报告。其实那个报告好像并没有讨论数字建构，更多地是材料以什么样的方式从“转变”（transformation）变成“迁移”（migration）。

曾总和徐总两位的报告，我在6月份的一个论坛上听过，当然今天曾总讲了另外两个项目，上一次非常集中地讲了同济设计院大楼改造中的光伏板，或者说光伏板作为一种材料怎么去做。徐总刚才也解释了，他今天讲的基本上是上次的内容，可能稍微压缩了一些。

王骏阳老师在谈论建构问题的时候特别强调结构跟外皮的关系，但是今天两位的报告，恰恰是告诉我们，还有另一种“接入”的途径。尤其是徐总的报告，其实是一个表皮本身的东西。如果回顾一下，近十年来关于表皮的讨论、关于建构的讨论，大约在同一时段展开，并且给人的感觉好像是两个方向的东西。但是，我总认为它们似乎共享了某种价值，尤其是徐总刚才讲的。几乎所有人都会认同徐总讲的那个非常迷人、非常科学的实证的、出于需求（necessity）和经济性（economy）所得出来的东西，在这种情况下，我可能会说，这样的表面建构的处理方式其实更多地回应了当代的情况。比如说，很多情况下，尤其是高层建筑没有办法从外面把结构显露出来，更多的精力放在表层处理上。但是，表面的这种处理，不是说像中国馆那样塑造一个外观的形象，或者说传递某种文化的或者国家的符号，而是基于它使用和效能上的考虑，基于它制作工艺方面的问题，基于它材料上的特性，这其实是共享了建构学的一些基本理念。但是随之而来的下一个问题是什么？就是徐总特别强调的一个东西，就是一个单元化的设计和施工带来什么样的潜能和危险。尤其是前两个案例，因为工业化生产要求我们是单元的，尤其是在中国这种快速施工的条件下，这一点就更为重要。单元性潜在的危险是什么？如何在大量性生产里面，在一个工业化的时代采用工业化的处理，然后能够塑造出有建筑自身特征的东西？当然这种建筑的自身特征并不是说建筑师一定要表现或塑造出一种个性，而是出于你的需求，出于对地域性的考虑或者气候的考虑做出这么一个东西，这里面多多少少是有一点矛盾的。因为徐总是亲身去做这个东西，我相信他也做了不只一个这样的东西，他在不同项目的处理里面可能会有这样一种感受。

对于曾总的话，有一个问题就是，回到刚才同济设计院的那个大楼，今天你稍微提了一下光伏板之类的，关于生态的问题你没有讲。但是这个东西对于当代的建构来说是一个非常大的挑战，因为出于生态考虑的话，外界会越来越复杂，结构似乎是越来越次要了，在这种情况下，怎么样协调外面跟里面的关系，这是今天下午两位非常职业的建筑师给我带来的启发和问题。

王骏阳　补充一点，我们今天讨论建构，可能会涉及所谓的真实与不真实的问题，但是我绝不主张把对建构问题的讨论最终归结到所谓真实和不真实的问题。我今天上午举的坂本一成的例子也许可以说明这一点。在我看来，坂本的SA住宅（House SA）根本不存在真实性和不真实性的问题。我的意思是，你可以用东西把结构包起来，在外边根本看不到里面的结构，坂本的House SA就是这样做的！但是我所说的坂本的底气是什么？就是他既把建筑遮蔽了，又做了这么大的一个结构模型放在展厅，而且还放在那么显要的位置。然后他跟你说，这个结构性的东西对我太物质，我的建筑要超越它。但是，如果结构对他不重要，因为反正建筑要遮蔽结构，那么他做这个结构模型放在那里干什么？他肯定是考虑过的，但他又说得对，这个结构性的东西不是他的终极目标，他还有更重要的东西需要表现。我只能说，这是建筑学有了一个好的基础之后能够出现的最佳状况。我不知道中国当代建筑师有几位能够有坂本那样的底气，能够将自己的建筑做一个结构模型放在那里展览。要么就是结构上一塌糊涂，要么可能有一个合理的结构，但只是一个很简单的框架结构，索然无味，没什么可看。但坂本的House SA就不一样。我告诉坂本，我们最近要开建构的会议，坂本的反应似乎处处流露着这种感觉：唉？现在你们还在谈这个问题？这种物质性的问题，对我来说早就不重要了，早就超越它了。是啊！我觉得这就是我们的问题，我们还停留在这么低级的阶段，还在喋喋不休地谈这个问题，好像建筑学的基础问题还没有解决好。我希望我们能够超越物质，跟他平等地对话，谈更加微妙的非物质层面的建筑学内容。可是，对我们来说，这会成为一个空中楼阁吗？还是那句话，建构讨论使我们回到建筑学的基础问题。

王飞　其实还有一个问题，我不知道最后一天下午会不会有机会讨论，今天可以先提出来。王骏阳老师之前提到扎哈的例子，还有卢老师也提到的比较担忧的问题。现在我们都在谈“global”，就是全球化，现在大家谈得更多的一个词其实是“glocal”，就是全球性（global）加上地方性（local）。扎哈的那个东西其实是没有完全被地方（local）化的，因为我们当前的技术还没有完全达到高度工业化的程度，所以外面只能拼贴，出现很多的那种角就特别恶心。

我比较欣赏的几个关注地域化的建筑师，比如王澍、刘克成、刘家琨，他们都在特定的区域做东西，而且很少去其他地方。刘克成在香港大学做了一次讲座，题目就叫《走进西部》。现在我们所讨论的先进技术，也只是在局部发达的城市，在西部，他自己和团队所造的建筑就有很多问题，必须和当地的技术、当地的建造方式相适应，这就形成了一个问题，他非常强调一个词，就是"容差"。他们当地的技术达不到我们东部的技术水平，他们在设计所有的细部的时候必须要用当地的材料和技术，而且也要允许当地建造的"容差"，所以最后才能达到一个相对较好的结果。如果是完全不允许误差的话，这个问题就很大。

再说一点小的感想，我们几个设计师的团队在做四川藏区稻城亚丁的一个项目，那里被称为最后的香格里拉，唯一的净土，还没有被大规模开发。进入那个区域是没有大路的，只有通过非常颠簸的山路，一般要十几个小时才能到那边。在那边，我们研究了十几个村落，也特地研究了当地的建造方式。当地非常重要的两种匠人是木匠和石匠，造房子就是雇这两种人。这两种人分工非常精细，高度专业化，都是自己的村民，房子只能在冬天施工，因为雨水少且干燥，而且农作在冬天也较少，进度是基本每年只能造一层。当然还有一种就是漆匠，最后做内装修的。这两种匠人合作在一起就把这个房子造出来，而且非常好。那个区域只能就地取材，到现在为止还是，这是最后的一块香格里拉了！后来发现，每一个村子都不一样，因为它们当地的材料的长度、尺寸或者质地都不一样，所以最后建筑会有非常非常细微的差别。隔了十里路又有差异了，材料的话，也必须要用当地的，因为那边路都没有，非常破的土路，车都开不过去。所以这种建造，不是工业化可以代替的。我们也看到了一些新的房子，用非常整齐的石块造的，跟那些老的建筑完全没有办法比。工业化的产品和本地化的适应性，两者如何能完美地结合也是每个建筑师和学者应该考虑的。

彭怒　其实建构这个话题的展开，就基于中国当前无论是理论还是实践上最大的需求。

李华　我想说两点，第一点是回应哈图尼安说的关于建构在一个语境下的批判性的意义在哪里。当然，王骏阳老师可能是最有发言权的。在我看来，建构是有其针对的中国语境的。一方面，与欧美一样，它是和对后现代主义（postmodernism）的批判相关的；另一方面，也许更重要的是，与商业化、装饰性的建筑，所谓图像建筑（image architecture）的兴起很有关系，在这一点上，有它所针对的当时的情况——不知道王骏阳老师是不是同意——在我看来，有它的批判性在里面。而且，它的批判性也基于现代中国建筑复杂的"传统"，在很大程度上，建筑被看成是一个为外在力量决定或驱动的工具，而建筑本身是有其独立的基本问题的。但在很多情况下，比如市场上甚至在一些教育的体系里，对这些基本的建筑问题的探讨是缺失的。回到建筑物质性的层面，并从物质性的层面拓展出和文化相关的议题，是有它针对的中国语境的。当然它在后面传播的过程中，可能在某个阶段被风格化或者被市场化，我认为这也不是它本身能够控制的。当这些风潮过去之后，我们还能坐在这讨论，实际上是想把这个话题进一步深入和扩展。

但是，建构话题本身又包含着很多问题，这是我想说的第二点。建构虽然是一个批判性的实践（critical practice），但是有它特殊的针对性和有效性。在今天下午的讨论中，我的感觉是我们对建构（tectonics）能谈论的范围（scope）是不清楚的，每个人心里所想的建构（tectonics）似乎是很不一样的东西。当然，这个也许很正常，但问题的关键是建构（tectonics）是不是可以用来讨论所有的建筑问题？有没有超越它能够讨论的问题？我们现在提出的很多问题，包括理论问题，还有建造问题，有一个含混的地方，好像是把所有的技术问题，就是技术（technical）和建构（tectonic）的问题是混在一起的。我不认为它们之间一定只有一种区分的方式，但如何区分本身可以产生新的观点和话题，也使我们的对话和讨论有一个相互交流的基点。上海世博会中国馆这样一种基于国家权力或者是非常象征性的政治表达的建筑，可能已经不在我们现在所认为的建构（tectonics）所能讨论的范畴里，或者说，在讨论这类建筑时，建构是不是真地具有批评的力量？它的批评的力量在哪里？

汪原　我们还有一位来自同济大学设计院的女建筑师，我们想听听她对建构的看法。

文小琴　今天上午听了王骏阳老师的发言挺有感触的，因为王老师说他翻译那本书的初衷是为了让大家思考建筑学的基础是怎么建立的。建构是一个基础，是建筑师的一项基本技能。还提到了坂本的建筑，并说坂本是一个有底气的建筑师。后来茶歇时听到王老师跟卢老师在讨论，卢老师认为这个“底气”她不能理解，为什么这个底气跟建构有关系？（卢永毅：底气要把它具体化。）当时我听的时候（包括我旁边这位建筑师），觉得王骏阳老师说得已经很清楚。可能作为一个职业建筑师，我们从实践当中来看这个问题，会比较简单地把建构等同于构造加技术，因此王老师说到“底气”时，我马上想到的就是坂本对于建筑技术方面的掌控能力；而卢老师在理解建构时，可能会从理论或更深的层面来解读。这产生一个问题，由于我们对建构的理解不同，所以才会带来我们对王老师发言的理解产生偏差。

还有一个，在会议嘉宾名单里，很多是实践建筑师。也就是说，举办这个研讨会的初衷是希望建构成为理论和实践的连接点，而不是纯粹的理论探讨，这也是建构区别于其他理论的特质。很多建筑师没有来，不清楚具体原因，但这是不是说明了中国的一个现状，就是很多实践建筑师做了一些工作，这些工作也实实在在关系到了建构问题，但是他们没有对此进行思考，进而带来研究在这点上和实践没有一个非常好的结合。

另外刚才说到哈迪德的广州歌剧院，大家都觉得它是非常失败的。这个失败根据王老师的解释，它缺乏的正好是建筑设计的基础的东西。即使从建筑学上讲有一个好的构思、形态、空间，但因为结构、技术、细部构造、材料选择等方面的缺陷，最后成形的仍然可能是一个失败的建筑。从这点上讲，它和中国馆不一样，中国馆更多的是建筑学意义上的失败。国内的建造技术能不能建造哈迪德这样的异型建筑？就像刚才李翔宁老师说到的，其实我们现在已经有材料和技术可以解决这个问题（比如现在有工厂生产一次成形的材料：GRP，现场安装、打磨、喷涂后完全可以达到王骏阳老师所说的那种整体的效果），但为什么没有解决？其中有一个重要的原因，是哈迪德做完这个方案后，把后期的很多关于建造方面的工作交给了当地的施工图深化单位。我们知道，哈迪德现在非常忙，她每年有几十个方案在同时进行，所以她作为一个项目设计的主体，对建造的过程，对她应该控制的东西没有进行控制，因此设计构思贯彻不到底、建筑完成度非常低。另外一些国外事务所，比如 SOM、GMP、福斯特事务所等，在方案设计之外，都有非常强大的技术团队来保证设计构思的贯彻落实。SOM 以设计超高层建筑为主，它在高层建筑结构、外幕墙设计、外幕墙清洗、电梯垂直交通等关键技术上，都有自己的专业团队，保证了设计的完成。

刚才曾群老师介绍了两个项目，正好我参与较多，也谈一点其中和建构有关的东西。两个建筑虽然有很多不同，但在表达建筑的真实性上，做过比较多的研究和努力（如果建筑的真实性也属于建构的一部分的话）。比如传播艺术学院，按材料上下分为了两部分，基座的混凝土和冒出屋面的锌版矩形体。其中，基座因为清水材料的性质决定其外露的结构必然要以材料的真实面目呈现，材料本身就是结构的一部分，这就要求我们的结构必须按照要表达的空间、要体验的氛围来设计，通常的水平、垂直梁板柱结构布置需要根据设计进行一定的变化，而所有设备管线的走向也有相应的处理。在巴士一汽改造中，这种真实性则部分体现在对原有建筑的保留、外露，和人对老建筑原有功能空间的感受上。另外，在其他外立面材料的选择上，我们也希望展现材料本身的真实性，减少不必要的装饰构件，尽量选择后期加工比较少的原生态材料，比如没有外喷涂的铜板、不锈钢，使用那些随着时光流逝能发生变化的具有时间属性的材料。这种对建筑真实性的关注，对于设计中各组成部分之间关系的理解以及寻找解决问题的办法，使我们在实践中形成了建构的基本意识。

张朔炯　哈迪德的广州歌剧院我会在明天讲，今天我不太想涉及过多建造技术方面的问题。我很同意李华老师讲的，每个人理解的建构的范畴不太一样，经常出现你讲的这个理解，第二个人讲的另外一个理解。所以我试图从数字建筑（digtal architecture）中，非数字化技术的、比较广谱的方面，找出一点卢老师讲的不变的东西，比方说和人的关系，和材料、结构的关系。

数字化建筑，和吉坂隆正——柯布西耶的弟子的观点有一些相似的地方，都反对现代主义把大家弄到一个白色方形空间里面去，默认大家都会很喜欢那个空间。现在的多元化趋势，就是至少利用数字化技术去制造每个空间的差异，每个人都会有不同的、更丰富的空间，虽然我有时怀疑由建筑师来做这样一个把控是否控制欲太强，但是它至少做到了给不一样的人选择不一样的空间的权利。说到材料和结构的关系，在森佩尔或者弗兰姆普敦书里的一些建构做法，可能是当时做的比较巧妙解决了当时问题的方式，但不一定一直是最好的方式。随着科学技术的进步，材料可能会和结构的关系越来越好。比如说解决大跨问题，最早就是柱和梁，再后来出现了拱券。矶崎新最初的证大艺术中心的设计概念，用计算机数字模型摹拟树的生长结构，能够提供更远的悬挑结构，建筑和结构的关系就会比原来的更加紧密。

昨天几位老师讲到好几个例子，有意地处理梁柱或者空间的陌生化关系，在很多数字化建筑里面也有相似的处理，不仅有像斯卡帕那样的小尺度的、细微的“陌生化”，也有墙和地面的陌生化处理，或者把墙和家具融合在一起。是不是可以把它理解为从一个更大、更宏观的层面进行的陌生化处理。

王凯　由于讨论已接近尾声，我想我主要的作用是希望能够为今天的讨论增加一种身份。在座的有些是职业建筑师，有些是研究理论的。我个人对建构问题当然有很多兴趣，也有很多事情想讲，但我更想借这个机会增加关于建筑教育里建构问题的讨论。我最近在参与基础教学，目睹了基础教育关于建构的一些做法。国内高校里关于建构的讨论，影响最大的我觉得可能是建筑教育，特别是在基础教育这个部分。老师们都在做一个工作，就是希望把他们所理解的关于建构的观念贯彻到基础训练里面去，这些训练在我看来可能相对来说更多的是从比较理论的、基本的问题着手，比如说材料的交接关系，受力形式的处理，包括结构、空间关系。今天听了两位总建筑师的发言，就发现其实我们在基础教育里面讨论的是比较小尺度的基本问题，到了设计院里面1万 m^2 算是一个小项目，特别是后来徐总讲的玻璃幕墙那些非常复杂的技术，跟我们基础教育里培养的东西有所不同。我想问的就是，不知道两位总建筑师对这个问题怎么看？就像前面很多人在讲中国当下具体环境里的做法，都是应该建立在实际的工作环境基础上的，我想对基础教育来说也是这样。大设计院还是大部分毕业生目前想去的地方，专业的分工又特别细，你们觉得基础教育或者本科阶段建筑教育在建构方面能做的事情是什么？

汪原　两位总师谁来回应？

曾群　刚才在茶歇的时候我就想，我们中国对理论的研究和对实践的研究，两头走得都挺好，怎么就当中连接做得不好。王骏阳老师、刘东洋老师都是很好的理论家，实践嘛，我们不说做得好，但也做了不少，但是中间起连接作用的人好像找不到，可能袁烽是一个比较好的。这就是我对刚才讲的教育问题的回应，这就是实实在在的一个教育的问题。同济大学现在在搞卓越工程师计划，其实就是为了培养能够做出东西的人才，如果他是一个计算机专业的，就能出来一个乔布斯；如果他是一个建筑系的，就能出来一个哈迪德这样的人。这是非常实在的一件事，我也比较赞成卓越工程师计划，比如说硕士生要以实际的项目设计为导向培养工程硕士。我们最后的目的是做出更好的建筑——

我自己这么认为——而不是为了创造出一个更好的理论。所以卓越工程师的计划，并不是以创造更好的计算机语言或者是理论为目的，这个我觉得是非常重要的。

我读了多年的建筑学，记忆最深刻的是一个老师讲的，西方和东方有一个非常本质的区别，就是西方的建筑是柱子、梁、板层层往上叠，所以要克服地心的引力，把材料做得更轻。中国人的建筑实际上不重结构，尽量跟大自然融合在一起。西方建筑的理论是柱、梁、板的理论，一直到现在，这其实是建构最根本的问题，我们今天的理论其实都围绕这个展开，但我们现在看妹岛和世、伊东丰雄，这两个人在日本建筑师里肯定算是颠覆建构方式的代表人物。妹岛她要做的就是希望消除重力，越轻越好。伊东丰雄做得很轻，她比伊东丰雄做得更轻，轻到让你觉得风一吹建筑会飘起来。当然她后来又发展了空间方面的理论。而伊东没有走越来越轻的道路，他现在做的东西大家都能非常清楚地看到：没有柱子了，有时候板也没有了，特别是从仙台媒体中心开始，柱子变成一个网状的支撑结构。我在几年前听过他在上海图书馆的一个讲座，他的这套做法脉络非常清楚，就是要让柱子消失，把柱子跟楼板做在一起。他现在做的图书馆以及很多建筑，其实就是颠覆一种所谓的西方的以重力和结构为核心的最传统的一种建构的方式。我是这么认为的。所以他做的那个多摩美术大学图书馆的拱券，其实很不好看，已经不是我们传统意义上的美，但是它的空间是全新的。我们经常讲真实的建筑，讲建筑和结构的关系，其实我也不喜欢那种标签式的建筑，在外表皮做很多文章，为了获奖做出一种标签式的东西，我觉得就不是太真实。但我们也并不是没有真实的东西，其实国际主义、现代主义是最真实的东西，密斯·凡·德罗的东西在当时是最真实的东西。如果讲到建筑和结构的关系，代代木体育馆对我来说已经达到建构的顶峰了，它把建筑跟结构、材料结合得非常完美，建筑艺术也达到极致。所以我也很奇怪我们不是发展一种新的理论，而是反过去寻找过去已经有的东西。

徐维平　我同意曾老师的观点，但是我想再补充两点。我们有时候讨论建筑是什么，这是一个很综合的问题，就像 RGB 的色彩空间关系。我们某些时候的认识，可能是以一种片断的方式，用一种特定的办法把它截取出来的。当然作为一种学术上的研究，可以把它上升为理论，但是它还是应该属于整体的，是大家未能完全了解的、真实里的一部分认知而已，这是我的第一个观点。我们常常说这个到底是什么“东西”？其实描述事物的“东西”本身从构词法来说是很矛盾的，一个“东”一个“西”，完全是两个向度。但或许只有它才可能完整地定义它所需要描述的概念。古人关于场所真实方位的争论：是往东门走还是要往西门走？各自辩论“东门之西乃西门之东，西门之东又为东门之西……”实际上“东”与“西”本身就是相对的概念，取决于当时的语境和观察的视角，这是第二点。大学教育中要求老师要教会学生做什么和怎么做，我觉得这大可不必。当然，相对于大学本科生，研究生观察事物的能力更强，到单位工作后可能更容易“上手”。但是有时在项目的具体操作中，我们往往会要求他们暂时忘记这么做的惯性，而去尝试一下还有什么可能性。我们可能更会多尝试用一种什么样的建造方式，或者用一种什么样的构筑逻辑来实现设计。逻辑往往是方案得以合理发展的动力，这样工作的侧重点就会从怎么做转移到去发现为什么去做的问题。显然，你发现问题的能力越强，你所能提供的解决问题的答案也越多，所形成的建筑关系会更丰富而具有广泛的选择性。

我们总是把人家的结果作为我们的起点，实际大可不必。这种结果或许是在众多现象中提炼形成，今天流行什么、明天流行什么，经常在变化。但是从一定的时间纬度来看，它往往是被重复“复制”的。我们可以用大量的建造事实来说明，今天所谓很新锐的前卫建筑师所表现的建筑空间形态及符号，在古代，前人是怎么“玩”的？数字化浇铸的整体形态，以前用火山灰建造的时候，是怎么实现的？这从另一个侧面显示了事物发展及概念演绎的多样性和时效性。因此，教育的本质可能在于让你既了解前人的丰富经验，又让你学会观察和思考问题的能力，以及适应将来变化的能力，也在于训练你发现问题的敏锐度、了解其背景和潜在因素的能力……这些比较难以概括。

以前在同济上学的时候，经常会逃构造课，或许这和课程内容的设置有关。但是现在对此却很迷恋，因为这能提高自己解决问题的能力。我曾问过一位法国建筑师，法国传统那么保守，对城市法规的控制那么厉害，为什么恰恰在法国出现埃菲尔铁塔、蓬皮杜中心……出现那么前卫、新锐的东西？他的回答是任何的变革、变化都来源于原来的积淀。对于现在的人，不管是过去、现在或将来，都需要历史的视界。我们所处的今天既意味着是昨天的延续，也可能是割断了昨天的将来。所以，教育更需要的还是做好挖掘与传承的角色。我们正在讨论建构问题，目的并不是要建立或强调某一个理论，而是期望能多一些维度，以一种批判或者是研究的态度来反思过去与现在，显然这有利于我们从更多的层面去理解前人的有益经验。当然，作为一个职业的建筑师，职业的能力也是和不断的学习态度有关的。

张晓春　我有幸参加会议，听到如此精彩的讲座、讨论甚至是争论。今天很多老师的发言各不相同，但主要涉及两个内容：一个是建构到底是什么，应该从什么角度理解建构；另一个是建构理论和设计实践之间的关系。我的感受是：每个人都在讲自己理解的建构，由于每个人的角度不同，因此对建构的理解也是不一样的。建构仿佛是一个非常开放的理论体系，然而就像李华老师讲到的“针对性”的问题，这其实是关系到建构理论的边界和有效性的问题。比如：今天很多老师谈到了数字技术的应用及其对建筑设计的改变。我想，被改变的不仅是建筑的空间和形式，还包括建筑师想象、设计空间及操控材料的可能性，建造的方式和可能性，甚至包括与其他学科的合作方式。在这种意义上，建筑/建造获得了某种设计的自由与设计过程的复杂性，这不等同于空间形体的自由和复杂。难的是如何判断数字技术对建筑的这种知识、认知的改变以及如何与这种技术相处。我觉得，这或许是对原有建构理论的冲击和挑战。

此外，我想问哈图尼安教授一个小小的问题，昨天讲座的时候他放了两张图，一张是斯卡帕的图，一张是艾森曼的图，他把这两个图放在一起讲，今天早上这两张图又出现了，对此我有些疑问，这两张图（或说这两座建筑、这两位建筑师）的差异使得它们在建构问题的分析上似乎不具有可比性。希望哈图尼安教授能对这个问题做更多的解释。

Gevork HARTOONIAN　The reason why I put those two images together was to highlight the difference between theatricality and theatricalization. Scarpa's work is charged with excess: The steps at the Olivetti shop could have been just straight, and nothing would go wrong. The person entrying the shop still would take the steps to the upper level. It's not the question of function, but tectonic figuration. Scarpa's treatment of material, detailing, and tectonics recall the Semperian idea of the need to animate material. There is a beautiful cut in the first step of the same stairs which is disjoint from the rest, and prompts the idea of beginning and stepping up. That to me is quite an interesting case of tectonics. I wish we had the image available, we could have talked about it extensively. The first step introduces a diagonal entry in rapport with another one that is extended beyond its function. There is a history about excess in tectonics. In Mies van der Rohe's Brick Country house, the walls are extended beyond the roof, and beyond the interior space. It relates architecture to the landscape tectonically. Or in a deconstructivist reading, we could say Mies was just pulling the wall to see when it will collapse. But that's a different issue.

In Peter Eisenman's Waxner center, instead, there is no sense of necessity justifying the column's figurative cut suspending it half way through. You can read it as a shock effect, and this in considering our common sense expectation that the column should rest on the ground. The cut in this particular case is used to a different end. The question is, whether architecture should be using artistic strategies and techniques that has no tectonic connotation. In this particular case, theatricalization is achieved converting the idea of the shock used in the avant-garde artwork to architecture. What makes architecture different from other arts is that every element of architecture is already defined tectonically. There is no column in the history of architecture cut through the middle. So Eisenman's articulation of the column is not tectonic. For me it's theatricalization, and it's a question of aestheticization of architecture.

That's why I see tectonics as a critical practice. There is a collective dimension in tectonics that exceeds individualistic aspiration for beauty and expressionism. This is one aspect of the ideology of architecture, which in certain ways echoes the ideological apparatus of capitalism. I guess the discussion from your side, my Chinese colleagues, is that "ideology" is not a relevant to them. Let's talk about this and open the discussion further, because the denial is ideological. Involves representaton, and cultural identity, both issues ideological, to me. The other side of my concern for ideology relates to the "comfortable" references made to reality. What reality are we talking about? The reality is already coded by the capitalist system of production and consumption. There is no reality outside there, as such. Technology is not reality, it is rather charged ideologically. Yes, it exists but it's already coded by the agencies of late capitalism. That is why we should take up the discourse of ideology seriously. We can't speak about digitalization or digital reality in literal terms. They are real, but their very reality cannot be grasped outside of the Real induced by late capitalism.

（比较那两幅图是为了强调戏剧性和戏剧化的区别。斯卡帕的作品被认为有一种过度的倾向。威尼斯圣马可广场奥列维蒂商店的楼梯台阶本可以是直线的，也完全没有问题，进入商店的人们还是会从楼梯到达商店上层。这不是功能的问题，而是建构的表达。他对材料的处理、细部和建构表达让人想起森佩尔赋予材料以生命的思想。楼梯第一级踏步切割得非常漂亮，它与其余踏步脱离，激起迈步与拾级而上的想法。对我来说这是一个非常有趣的建构案例。第一级踏步引入一个对角线与另外一级超出所需宽度的踏步融合。这种处理自有其历史。在密斯的砖宅中，墙体延伸出屋顶和室内空间，它建构地把建筑与景观联系起来。或者以解构的方式看，我们可以说密斯仅仅是拉伸墙体，看它们什么时候会倒塌，但这是另一个问题了。

而在艾森曼的韦克斯纳中心，会发现并没有必要证明柱子的形体切割使其悬在半空中是有道理的。你可以把它当成一个震惊的效果，我们的常识会期待柱子落在地上。这个特别的案例里，切割产生了不同的结果。问题是，建筑是否应该使用没有建构含义的艺术策略和技术。在此案例中，戏剧化来源于将先锋派艺术的震惊思想转化到建筑中。使建筑区别于别的艺术的是建筑的每个元素都被建构地确定下来。建筑史中没有哪个柱子在中间被截断。因此埃森曼对柱子的处理不是建构的。对我来说，这是一种戏剧化，这是建筑美学化的问题。

这就是为什么我会把建构视为批判性实践。在建构中有一种超出了对美和表现主义的个人愿望的集体维度。这是建筑的意识形态的一个方面，它以某种方式回应了资本主义的意识形态工具。我想你们一方——中国同行们的讨论认为“意识形态”与它无关。让我们谈一下这个话题，让讨论更加开放，因为否定本身就是具有意识形态的。再现和文化认同，都是意识形态的问题。我对意识形态另外一面的考虑与理所当然地谈论真实相关。我们所说的真实是什么？真实已经被生产和消费的资本主义系统所影响。不存在纯粹的真实。技术不是真实，它充满了意识形态。技术存在但是已经被晚期资本主义的代理所影响。这是为什么我们应该严肃地对待意识形态话语的原因。我们不能在字面意思上讨论数字化和数字化现实，它们都是真实的，但是它们的真实性只有在晚期资本主义所引发的真实内部才能被理解。）

汪原　时间差不多了，明天我们还可以继续。最后请彭怒老师做一个小结。

彭怒　我就不做小结，而是以一个讨论者的身份说两个问题。

第一个问题，我们请了两位国营大院的总建筑师来，是让大家了解国营大型设计院里正在发生着什么我们并不知道的情况。在中国，最大量的建筑其实是大院建筑师设计的，大院是最需要优秀建筑师的地方。两位总师显示了不同的探索方向：徐总在建筑的表皮构造方面运用了最新的技术，组织了那么多的技术人员来探索这些做法，展示了大院强大的技术力量和人才优势。曾总在大院建筑师里是比较特别的一位，一直和学界保持着一种非常密切的关系。前面我们讲了很多建构是什么，在解决建造的基本技术问题之上如何增加技艺和文化层面的思考，如何导向好的建筑，但这些思考和讨论不应局限在学术的小圈子里，恰恰是大院建筑师们的关注和重视才能最大程度地影响我们建筑和城市的面貌。

第二个问题，谈一下建构理论的适用性问题。我觉得，李华对中国馆相关讨论的意见是比较中肯的。用中国馆作为典型案例来说中国当前的不少建筑忽视了建构问题是没有问题的，但是花大量时间和精力来讨论它在建构方面做得究竟如何不好，建筑学上的价值就不那么大了。不如选取一些在建构的视角上更为有效的案例，展开具体而细微的分析，在理论思考层面或在操作和做法层面激发我们更多的思考。上海世博会中国馆是在中国经济高速发展、国家综合实力快速提升的特定时期，传达国家形象的一种载体，更多的具有建筑的政治、文化象征分析的价值。并且，这个方案被选中，主要是因为其图像价值，因为那个时候还没有明确、合理的结构体系与之匹配。因此，中国馆的图像象征意义远大于建造合理性的要求，从建筑的政治、文化象征角度对中国馆进行分析应该比从建构角度分析更为有效。

关于建构和设计概念、空间等建筑的基本问题的关系，王骏阳老师讲了一个很好的例子。他讲到坂本的自宅 House SA，我个人认为，它算得上是坂本做得最好的建筑之一。其实总的说来，坂本并不是那种追求概念表达的建筑师。可是在 House SA 里，螺旋形流线的设计概念是非常强大的。从入口层来看，螺旋型流线的下降顺应着地形，螺旋型流线的上升串连起住宅的主要功能空间，地形关系、空间组织、结构体系、功能安排都被整合在这一“巨大的旋涡”之中而发出了最强音，从而使得建筑震撼人心，但所有强音的汇聚又呈现为一种精妙的平衡。王骏阳老师谈到 House SA 精心设计的结构没有最后被呈现出来，结构被隐匿了，没被表达出来。其实，被隐匿的不仅仅是结构，可能还有材料的物质性以及别的东西。这些隐匿所服从的就是螺旋型流线的整合原则。

帕拉第奥在维琴察的一个住宅也能说明同样的问题。今年夏天，我去维琴察看了一些帕拉弟奥的建筑。到了维琴察，一开始是看巴西利卡（Palazzo della Ragione Loggias），再直奔奥林匹克剧场（Olympic Theater），它的戏剧性确实远远超出我们事先根据平立面、照片所能想象。然后，再折身回来在帕拉第奥大街（Corse Palladio）两侧寻访他设计的一大堆房子。看了他很多房子后，就感叹他到底在干什么。在中世纪的时候，古罗马拱券技术失传了，帕拉第奥把这种拱券和柱式结合起来运用，复兴了希腊和罗马文化。但最重要是，他在建筑外观上把拱券和柱式明朗地表达出来的同时，把拱券结构和空间也整合得非常好。他在奥林匹克剧场边上设计过一个住宅（Casa Cogollo），曾经被那些性急地想在维琴察找到帕拉第奥生活痕迹的人们误认为他的私宅。这个非常小的住宅底层临街贯通了一条公共的城市拱廊，住宅的拱廊临街面采用了帕拉第奥母题，主要是由于主楼层（piano nobile）的二层原本就有壁炉和烟道因而不可能在立面中间开窗，所以帕拉第奥在二层两侧开窗对应了底层帕拉弟奥券柱式两侧的竖向矩形。底层的帕拉第奥券柱式中的券则对应着铸铁大门内的一个虚空的小庭院。尽管大门紧闭，但慕名而来的建筑师们和建筑院校师生们还是能趴在镂空的铸铁柱栏外对建筑的内部一探究竟。首先，帕拉第奥券柱式中的券所覆盖的拱廊空间与内部庭院空间是贯通的，其次，住宅的楼梯与庭院右侧的走廊相连，楼梯对各楼层空间的连接和庭院空间也是相互渗透的。这个建筑的内部空间组织方式非常现代，你很难想象外部中轴对称的帕拉第奥母题覆盖的拱廊空间，通过庭院空间的转换，贯通到偏向一隅的开放式楼梯，连接了各楼层空间。帕拉第奥厉害的就是这种整合结构、建造、装饰和空间的能力而创造了好的建筑。所以，建构只是我们认识、讨论和设计建筑的一个基本角度，好的建筑必须整合和平衡其他方面。

汪原　很多话题还可以在明天进一步讨论，今天下午的讨论就到这里，感谢大家！

（整理：官文琴 秦佶伟　　校对：王颖）

现场对话

3

2011年11月7日 上午09：00—12：30

会议主持：刘东洋 建筑师

讨论主持：王　飞 副教授

刘东洋　今天上午由我来主持会议可能不是很恰当，因为我本人并不是职业建筑师，最多只能算是建筑师的同路人。昨天下午，我和大舍的柳亦春聊他设计的螺旋艺廊，其中的建造故事非常有意思。比如说，一条渐进线在CAD里怎么来画，它和浇模的时候并不一样。建筑师在制图的同时必须考虑如何施工，才能保证建筑品质的实现。两天来，来自世界各地的学者们已经对建构理论提出了各种各样的解读，也在讲座中提示我们要关注建构的条件性。斯皮罗老师讲述了当代瑞士的建筑实践怎么从过去的传统中吸取经验，她让我们不要轻易忘记过去。这对于我们中国建筑师来说依然是个巨大的挑战。日本的仓方老师从一个内部的视角讲述了日本建筑师吉阪隆正从欧洲回来，怎样在20世纪50年代把欧洲的经验转化到日本的建筑中去，这是另外一个有趣的视角。哈图尼安教授在讲座结束时提醒我们，可能是当代的文化条件整体上出现了问题，所谓的晚期资本主义太强势了。来自美国的曼德拉普博士给我们讲述了制图的工具性如何走进设计师的意识和潜意识，成为身体性知识。我觉得对曼德拉普的讲座可以有两种解读，正面的解读就是斯卡帕这样的建筑师通过制图来进行积极的思考，让建筑跟思想、建构、氛围、场地结合起来，形成互动。负面的解读就是，一不小心，制图的工具性以及图面效果就会把人们的感受牵着跑了。

“合肥鸟巢”算不算这样的例子？这个建筑的模型底板是玻璃的，底下打着灯光。后来变成钢结构的那些杆件在模型里全是有机玻璃的，想象一下，把房间的灯关掉，一个玻璃的底板上放着一堆这样的杆件，底下打着灯，那些杆件都是透明的，建筑像悬浮在空中一样。但是一旦这个模型变成1：1的建筑，把材料都改了，后果会是什么？我们可不能用图和模型骗了业主，也骗了自己。

那么，如何面对当下的生产条件呢？下面，我就把发言权交给来自同济大学的袁烽老师，他的讲座题目是《数字化建造》，希望袁老师能给我们带来技术的人性化的一面，给我们更多的希望。

袁烽　也可能是失望。（笑）（研讨会报告，参见论文《数字化建造：新方法论驱动下的范式转化》）

刘东洋　谢谢袁老师，下面一位给我们做专题发言的是毕业于英国建筑联盟学校，目前在UNStudio工作的张朔炯建筑师。

（研讨会报告，参见张朔炯论文《形态生成和物质实现——整合化设计》）

王飞　刚才听了两个非常有意思的讲座，其实它们形成了对话，而且有一些话题是重叠的，虽然角度不太相同。简单来说，都是从一个当代或者未来的角度来讲建造方式和材料之间的关系。袁老师的讲座产生了一个索引（index），是在建造方式和材料之间的一个索引，张老师的讲座是另外一个索引，但不是一种一对一的索引。比较有意思的是，我发现在解读袁老师的索引时，这三种建造方式——传统的手艺（craftsmanship）、机械（mechanics），还有数控机床（CNC）和三种不同的材料之间都有关系并有一种等级性，只允许高等级的建造手段指向高等级的材料，这是一个问题。我们可不可以使低等级的，比如说手艺和合成材料（composite material）、多维材料（multi-dimensional material）之间发生关系？这样的话说明这种关系是有选择性的，这提醒我有一篇文章，其实也跟森佩尔有关，就是伯纳德·凯西（Bernard Cache）1997年发表的《数字森佩尔》（Digital Semper）里提到森佩尔书里的四种材料木（wood）、土（clay）、织物（textile）还有石（stone）和四种相应的建造的方式木造（carpentry）、制陶（ceramics）、编织还有切石术（stereotomy），它们之间的对应是可以互换的，尽管并不是每一种都可以互换。在森佩尔的书里面还加入了混凝土，在伯纳德·凯西的《数字森佩尔》里，四种建造方式还在，但材料可以增加，比如玻璃，还有信息（information），但是不是每一种新的材料都可以对应每一种建造的技术？其实这是有选择性的，而不是完全一对一的。袁老师一直在说往前看，在说数字化未来（digital future），其实从这种解读而言，跟我们的历史也是有紧密关系的，跟森佩尔也有一定的关系。问题是，我们现在所能看到的未来，有三种不同的建造的方式和三种不同的材料的方式，是不是有可能随着未来的发展还会有更多的材料和建造方式，这是一个问题。

另外，张老师也在讲几种不同的关系，形式（form）、结构（structure）、材料（material）和建造（construction）之间的关系，其实是讲技术的进步导致了对材料研究方式的不同，对材料研究方式的“诧异”产生了对技术的反馈。这两篇文章显示了不同的思考方式，到底有没有可能整合？最后讲的哈迪德的例子，其实也不是完全地整合，很多差异也被抹平了。张老师讲的这两篇文章里一些实际的建筑项目，从不同的角度可以引起不同的讨论，比如哈迪德从效果图上看相似的方案，在各地的建造方式有非常大的差异。彭武现在是美国Gensler公司上海分部的资深理事（senior associate），负责上海中心项目（中国最高建筑）。他是上海中心这个项目唯一一位从头到尾都参与的人，这个项目没有人比他更熟悉了，这也是目前在中国将参数化和建造紧密结合在一起的最典型的例子之一。这些软件都是他自己摸索着使用的，而不是在学校里学，他一直在实践中摸索，对传统的实践也非常了解。去年我请彭武老师到中国美术学院教一门设计课，王澍老师定的题目叫“自然的建造”。彭武老师带20个学生进行竹结构的建造，探索一种手艺，也加上了数字技术。最后全都是学生动手来研究这个材料，1:1建造出来。彭武对传统材料非常有研究，对传统的技艺和比较先进的技术也很在行。我希望他来讲一下理论、教学和实践之间的关系。

彭武　谢谢王飞老师的介绍，我们平时经常会在一起讨论一些问题。我听了前面两位老师的演讲，袁烽老师对上海中心超高层建筑的数字化设计和施工有独到的理解，我非常关注他自己的那些实践，那些恰当地结合了本地施工工艺的建筑项目。建构这个概念的基础如传统手工艺在袁老师的项目里其实是升华了，而且有着数字化时代特有的诗意。张朔炯老师比较系统地介绍了阿希姆·门格斯的一些理论、教学与实践。这种在数字化平台上展开的研究，平衡了材料、结构与形式之间的关系，非常有意义。去年在中国美术学院“自然的建造”设计课程开始的同时，我知道门格斯在哈佛GSD几乎是同时开设了一门叫“木材实践：一体化设计运算与实现”（Performative Wood: Integral Design Computation and Materialization）的研究课程。门格斯给学生列出好几百页的阅读材料，涵盖木材的纤维构造到加工方式等各个方面，学生借助先进的数字化工具，从材料试验、原形开发到实际搭建，最后的课程效果也非常好。我想，对于我们讨论数字化语境下的建构话题，这也是一个非常好的案例，建构就像一个清晰的语句，建构就是工具、材料、意图和实现，数字化时代的建构也要回答这些问题。我在中国美术学院建筑系带的设计课程用竹子作为我们操作的材料。这个课程本身时间不是很长，我们做了一个比较快速的练习。我首先让学生研究一些基础的理论，比如自组织系统（self-organized system），还有富勒（Buckminster Fuller）的协同几何学理论；然后学生做了一些几何练习，发展出可用的系统；最后的成果挺成功的，学生充分利用了竹材优异的抗压、抗张性能，做成了高度可以调节的单元，并且在学校草地上按 1:1 的比例建造起来了。在这个过程中，学生了解理论基础，建立结构观念，着手材料的测试，用身体去感知，进行可建性研究，最后还包括组织施工过程，是一个非常完整的训练，效果非常不错。更深层面上来说，学生可以通过严格限制材料的训练过程，来判断关于建筑、结构和建构的理解和定义，能够更好地支持理论维度的思考。我注意到在门格斯的教学中，比如斯图加特大学的层压板的亭子，深入地运用了数字化技术，进行了机械性能的力学分析和基于参数化的找形（form-finding）。

目前对这些内容的介绍还不多，我在教学过程中尝试了这些东西，但是因为时间比较短，学生基本上停留在找形的层面。其中有一组学生做了一个桥，我们输入了一些参数设定条件。基于数字化的工具学生相对陌生一点，最后做了 1:20 的模型和 1:1 的节点，做 1:1 的桥梁还是有一些客观条件限制。我对学生说，不要失望，教学过程已经证明这个系统可以建造起来，你们对整个过程有了完整的认识，也理解了新技术的应用。实际上数字技术丰富了建构概念的内涵，而且也会随着技术进步而不断更新这个内涵。张朔炯老师刚才的发言里提到了动态松驰（digital relax），这也是我最近在香港大学教课要用到的，这些课程要用到基于流体力学和有限元分析的工具，在找形阶段进行研究，这些技术已经完全可以模拟基本材料的力学性能。它们是基于性能化设计（performance-based Design）展开的。我们是否可以理解为这是数字化建构（digital tectonics）的扩展呢？

回到刚才那张幻灯片里广州歌剧院的例子，这里比较有意思的是，自由形体建筑找形的过程和方法在全球的建筑师的电脑里普及了。如果建筑的建成效果不好，大家甚至能回到计算机找出问题所在。广州歌剧院对哈迪德的品牌确实是一个打击，所以作为原创建筑师在扩初设计完成后轻易退出的话，施工图阶段就有失去控制的风险。国内的设计院近几年进步很快，但是有很多年轻的建筑师对异形几何的理解，包括对平台的应用、材料构造和施工方法不是那么熟悉，刚好又碰到特别难加工的材料，比如石材，它可以在 CNC（数控机床）的平台上做到，但是代价和时间是无法接受的。这也提出了这样一个问题，在真正的实践领域，我们还没有完全了解数字化技术的建构逻辑，数字化建构指向的那个体系，包括观念、材料、工具、技艺，等等，还没有形成一个完美的合唱。我们做上海中心的过程中试图更多地介入，以便更好地控制质量，我们跟做结构的、幕墙的公司深入接触，了解他们的加工、安装过程。因为这个项目前所未有的复杂，我们观察到有些时候他们的安装并不如预计的顺利，这实际也和我们的工业水准有关。可能我们通常的幕墙技术在国际上位于前列了，但是关键材料还达不到水准。像袁老师那样搭一个架子，对工人说这个形状你们去把它量出来然后施工，这对于数百米的超高层建筑是不可能的。最后我们要求承建商购买哪个类型的定位仪，他们也很主动地采用数字化技术开展工作，采购新的 CNC 机床来提高加工精度。我们的施工单位意识到数字化建造信息模型的重要性，开始购买设备和尝试新的方法。比如大型的钢构件没有办法在工厂预拼装，生产出来后使用三维扫描仪扫描后先在计算机内进行预拼装，因为数百米跨度的构建不进行预拼装是没办法知道在现场的情况的。这些技术也延伸到幕墙和幕墙钢结构的施工，较好地呈现了我们在设计阶段严密的几何控制。这个过程回应了袁烽对于三种建造方式中机械（mechanics）这一部分的表述。但是，这个区分并不是那么泾渭分明，手工艺（craftsmanship）、机械（mechanics），还有数控机床（CNC）的联系仍然非常紧密，缺一不可。借用王飞老师前面所说，还有一个很重要的维度——信息（information）也是这个集合的关键一环。不管在设计阶段还是施工阶段，都要进行大量的可视化的虚拟建造。所以我就顺着袁烽老师的概念再做一些拓展。

袁烽　我先回答一下王飞的问题。我刚才的演讲是一种归纳，因为之前已经举办过“数字未来”（Digtal Future）的展览和论坛，所以我们掌握了全球相关领域的一些资料，根据六十几个设计师和国内外高校做的实验性的研究来进行分类。刚才王飞谈到是不是可以用人工的方式组织合成材料和多维材料，这应该是完全可能的，只是还没有找到合适的案例来说明，这也是值得未来我们进一步思考的地方。刚才彭武讲的核心是教育和实践的关系。首先，现在很多设计机构，包括 UNStudio 和 Gensler，也包括同济院和华东院，在实际当中碰到了这样的问题，他们动用了大量的资源做团队的技术研发。但是很多学校里还没有相应的能力。我觉得要教给学生的是一种思维方式，譬如在我的理论课和研究工作室中就是这样做的，因为掌握了思维方式才可能在未来实践中进一步学习。其次，在中国我们要走的路，不是无视新技术和做法，而是关注新技术和传统材料的结合。我觉得中国当下的现状、社会发展的情况，还没达到用 CNC 或者合成材料建造的阶段，可能会逼着我们走出另外一条路。对于一些本土材料的研究，我用的是数字化的方法。在这个当中，我最关注的还是如何直接接触建造，我还是试图用我的方法工作，如设计建造工具，这可能是我们作为职业建筑师或者实践者重新建立我们的特点的一种方法。

王飞　王衍是同济本科毕业的，后来在 TU Delft 读了硕士，又从事了多年的建筑设计实践，目前在同济攻读博士学位。

王衍　昨天袁烽老师跟王骏阳老师有一个关于新技术的争论。我今天听了袁烽老师的讲座，大致理解了他的工作。从我们实践的角度来说，袁烽老师做的等于叫“人肉”参数化，这是我非常赞同的，用人工的方法探索材料新的可能。我曾经在荷兰听过张老师提到的亨塞尔（Michael Ulrich Hensel）的一个讲座，我不展开细说，他的这套系统已经表达得很清楚了。但是还有一个例子，他拿个皮球，说这是个封闭的、完形的东西，然后又拿了一个网兜，是一个可以塑形的东西，他把这两个东西结合在一起，不仅仅材料本身发生了变化，材料的属性也在发生变化。从我的理解来说，他事实上比较重视材料重新组合以后可形成的新属性和新形态，这是他认为的拥抱新技术带来的机会。当然，这还有待探索，现在只是在学院中能够见到，而社会生产中还没有什么端倪。

我还想起另外一篇普林斯顿的院长斯坦·艾伦（Stan Allen）关于数字化的文章。他说我们已经不能抵抗数字化了，但是它有一个关键的地方，他列举了两种不同的数字再现：一个是 Pixar 做的动画，全新的 3D 世界；还有就是导演林克莱特（Richard Linklater）拍了真实的电影，用 3D 的数字技术转化成另外一种表达方式，类似于动画的效果，但是由真人拍的。斯坦·艾伦觉得建筑师应该更加倾向于后一种方式，更关注人和工具。我想到王骏阳老师昨天说的底气，底气到底是什么？我觉得坂本一成那个结构模型是个表象，日本人的这个东西在那里，结构可以做成这样，很有底气。但事实上我想每个地方的人和每种文化的底气是不一样的，有一点是共通的，王飞的老师佩雷斯 - 戈麦斯（Alberto Pérez-Gómez）说的“爱和诗性”才是真正的底气。我觉得新技术本身不再是一个问题，问题并不在于有了新的工具，而在于旧的东西是什么。建构的问题还是要回到森佩尔，我记得昨天王英哲说森佩尔畏惧或者反对钢材料，但是一个台湾的留德多年的学者，台南艺术大学建筑艺术研究所的汪文琦老师跟我说森佩尔当时看到水晶宫并不是畏惧、害怕和反对，而是非常赞颂这个东西。同时他也很害怕，他要回到以前，不是因为对新技术的害怕，而是因为他是德国人，看到德语语系文明所发明的钢和玻璃的技术竟然被拿去模仿一个拉丁语系的罗马式复古建筑水晶宫，才是他真正所厌恶的。所以，他要回到前现代，寻找非拉丁语体系的工具，缝合德语体系的工业革命带来的新技术和前现代的工具与历史，确立自己民族的现代性，这才和森佩尔所处的民族国家时代相符合。事实上，但凡是现象学学派、人类学学派、德语语系的学者，在那个时代都有相同的诉求。之后的包豪斯也是一样的，我多年前看到包豪斯的宣言封面上有哥特教堂的图，觉得很奇怪，为什么一个非常拥抱工业技术的机构会用这样的标志作为宣言？我后来联想到森佩尔就明白了，到前现代去寻找，是为了缝合他们当代工业技术的裂缝，这是他们的底气，是德语体系工业化背景下他们的底气。我不知道我们的底气是什么，最后我谈一个很有意思的例子，也是一种发问。昨天袁老师、王老师的争论，我觉得不在于技术本身，而在于我们能不能找到一个共同的东西，是我们自己的东西，而不是德语体系下他们的东西。这个例子是这样的，前两天我听到一个朋友说他们南方人喜欢煲汤，他的邻居大妈买了一个 iPad，还有一个 iPhone。她把 iPhone 架在汤边上，开着 FACETIME，她就在房间里面拿着 iPad 玩切西瓜，等到汤好了她就能在屏幕上面看到。新的工具其实根本不重要，重要的在于她对传统的经验，自然而然地就发明了这种使用新工具的方式，这个可能是我们自身的东西，才是建构的核心。

刘东洋　我想做一些补充，王衍已经提到一个人类学的话题，容我从人类学的角度说说这个“人性”。最近 30 年里，人类学里的田野报告不再是什么马里或是巴厘岛的故事了，而转向了实验室里的转基因工程、试管婴儿，人类学家们现在非常关心高科技下的伦理话题。我们怎么去适应这个技术，怎么在技术中表达动态和变化着的人性？时髦的后人本主义（post-humanism）似乎就在那里提醒我们人本主义是昨天的事情了，人本主义下的建筑原理要面对的是新的事物甚至人类。

费孝通的老师马林诺夫斯基在《西太平洋上的航海者》里面有个细节讲到，当时岛上的土著人要做独木舟，他伐木时的第一件事就是要祈祷，他觉得树上住着精灵。在马林诺夫斯基踏上这群岛屿的时候，人家还是相信万物有灵的。

森佩尔的时代比之早了几十年，可那时在欧洲人的眼里，木头作为材料已经死去，需要用工艺和仪式把灵性灌入进去或是重新激活。好的建构正是连着个人乃至集体记忆的。更重要的是，好的建构使得建筑在衰老的过程中有了人格般的尊严，不至于在老去的过程中，瞬间颓败。

也许这里就藏着一个核心问题：数控机器的工艺，是否还能体现人在劳动中赋予作品的人格和尊严感。机器很难犯错，虽然今天袁老师的电脑犯错死机了。其实，我说的是另外一种错。您知道一个玉工把玉石打磨得再完美，还是会留下痕迹，起码是加工时手工的特征。还有一些陶工做茶杯，要捏边，表示是人造的，要有手痕，恰恰就是这类偶然性、疤痕和即兴发挥让制作者和使用者之间产生了人性化的关联。数码技术能够模仿和设计偶然性形状肯定是无人质疑的，但是，真的能够保持传统建构的那种人性的温暖吗？

我不知道未来的人类是什么样的，也不知道所谓后人本主义把人类重新置放到自然之后怎么重新界定人性，但是这的确是一个伤神的大问题。

汪原　我接着刘老师的话题谈一谈自己的看法。袁烽老师在我们学校（华中科技大学）和其他几位老师组织过一个数字化的国际工作营，还组织了很多场精彩的专题报告。我对数字建构这个新东西很有兴趣，因此每个讲座都非常认真地去听了，有的很有启发，有的却没怎么弄懂，尤其当涉及算法语言，就完全超出了我的理解力。今天两位老师讲的关于数字技术的理论思考以及在实践中的运用，我觉得非常好。我也特别喜欢袁老师的作品。这是我的一个基本态度。应该说，现在从事数字建构的这个群体相对来说都比较年轻，他们是这个时代技术的领跑者，像我这种对新技术的学习比较迟钝的人因担心落伍而老想跟上，但事实上总不太尽如人意。当然，跟不上也不能过于焦虑，你得调整心态，甚至放慢脚步，看看能否从其他的角度切入。打一个并不太恰当的比方，如果说从事数字建构的这一拨人一直往前冲，似乎看到前面非常光明的前景，但他们所忽略的后背正好呈现给了落在后面的这些人，对此，我们能做哪些思考呢?

我认为可以包含这样两个方面：第一，是变与不变的问题。新的技术不断涌现，为我们提供了更多的可能性，而且技术在将来还会继续推陈出新。但是，在我们生活中还有一些不变的东西，比如说昨天哈图尼安教授、王骏阳教授谈到的穿衣。尽管在人类历史上，衣服的材料和样式在不断变化，但穿衣这件事情基本上没变。吃饭和言说也是如此。我们在言说时，词与词、句与句的关系会发生改变，但是我们说话的基本方式始终没变，并且我们在说话时除了遵从语法结构关系，我们还要遵从许多默认的逻辑，比如我们会问一个病人是怎么生病了，而绝不会去问一个正常的人为什么不生病，这就是所谓的日常生活的逻辑，一套日常的游戏规则，我认为这可能就是王骏阳教授谈论的“something else”（别的东西）。在这个层面上来理解建构的话，那么它与吃饭、穿衣和言说其实都遵循着同样的道理。尽管每一个时代都有诸种差异性，但在最本质上存在着我们会共同遵守的东西，这也是我们今天要回到森佩尔的意义所在。第二，是真实与非真实的问题(这是昨天袁烽老师讨论的问题）。因为距离较远，刚才的幻灯片我没完全看清。但反过来一琢磨，看不清似乎也关系不大，因为有时眼见并不一定为实，我的意思是虚拟的技术是否真地能够改变关于真实的观念。对这一问题的讨论如果回到人身体的基本需求，比如说饿了就要吃，冷了就要加衣，心里有事了就想说，就不会觉得特别复杂。当然我们可以通过虚拟技术让你各种感官都得到满足，比如根本就没吃食物，但虚拟技术让你的感觉饱了，就像电影《骇客帝国》里所描述的那样。但这种类似欺骗的虚拟不能持久，因为过不了两天你就会头晕眼花、四肢无力，甚至死亡，这种真实感是源自身体最基本的欲望，甚至是致命的。

刚才张朔炯的讲座中所讨论的中国古典诗词的格律和结构，这是一种结构主义意义上的纯技术理解，我私下猜度是不是也想把中国古典诗歌弄成一种参数化的东西。但如果脱离了当时文人的生活方式、语境以及吟诵的方式，那还是中国古典诗词吗？另外，我们通常把这些诗词看作是这些文人的心灵追求，但不要忘了，这些诗词甚至是琴棋书画这些所谓的高雅艺术同时也是古代文人在日常生活中非常随意的“排泄物”，是与科学世界完全对立的事物，也根本不可能被参数化。

王衍　这种格律其实是一种文人之间交换意见和心情的工具，就像行话一样，是建立文人这个群体的共同体的工具，别人是不懂的。白居易认为这不应该只在文人之间发生，他要老太太们也能说，所以他就写非常通俗易懂的诗歌来扩大这个共同体。他想做的是这么一件事，我觉得这也是从事参数化的建筑师必须要想的一个问题。

袁烽　刚才刘东洋老师讲到人本主义，我觉得狭义的人本主义已经死亡。汪原老师也提到关于人本主义中永恒的东西，我认为不变的永恒是狭义存在的。相反，当下区别于狭义人本主义的是建立在新伦理基础上的人本主义。人本需要被纳入到多个系统来考虑。因为人的欲望是无限的，如果满足每个人的欲望这个地球会变成什么样子？从这个角度讲，完全静态的诗性、感受是狭义的。我们应该把人纳入到更大的社会系统、更大的伦理观念来看——什么是人本，什么是人跟社会的关系以及人与未来的关系。这个系统里面的人本主义和诗性是和以往不同的，这是我开始讲的那一段话的核心。所谓的人的不变的东西应该从更大的范围来看，包括中国当下社会的伦理。现在西方从全球化、气候变暖和其他更广阔的视角看，人本的意义就改变了。同时，从整个建筑生产过程来看建筑，建筑的诗性也在改变。我愿意用一种不同的态度看这个问题，诗意和诗境是一种辩证的、历史的过程，应该从不同的角度来诠释。数字化带来的不是新哲学，而是新方法，是更科学地诠释与剖析多系统的性能／表现（Performance）的方法，其带来的新的建造方式是这个时代的另一种真实，其背后的逻辑的诗意建造表达应该在新的价值体系中来评价。

刘东洋　我补充一点。我觉得一种新技术、一种新几何出现之后，的确有一个筛选的过程。并不是建筑用到参数化就保证品质了，建筑品质和是否“参数化”无关。不要认为运用参数化做出一个山的形状就环保了，山那么大的建筑，我实在不能相信是绿色建筑。反过来讲，方盒子建筑也未必不环保。可做着做着，参数化或是方盒子都成了时尚美学的一部分了，好像方盒子就该淘汰，折叠的房子就环保似的，这实在是当下的一个误区。另外，我赞同袁老师前面关于人本主义的解读。

彭武　关于人的问题，刚才刘老师讲得很好，我们还是要关注建筑里面人的尊严，我们也不妨关注建筑和建造它的人的关系，从工程师到施工工人。去工地上考察很有意思，找工地上的工人聊天，会了解有些工人基本上没有教育背景，从小房子造到大房子，他们会指着旁边说金茂大厦是我们造的，环球金融中心也是我们造的。他们往往都是一个村、一个村地过来的，比如江苏海门那边，这和国外那种经过 3 年的施工训练的工人是完全不一样。他们同样把目标实现了，在一个机械生产的语境里仍然保留了手工艺（craftsmanship）的本色。

王骏阳　我想谈一下我对今天这两个讲座的反应，同时将讨论的话题引回建构，因为谈数字化我们就什么都可以讲。首先对于袁老师讲座，我觉得讲得很好，我唯一要说的是袁老师的很多想法，实际上已经体现了我们讨论建构问题的意义所在。如果你把袁老师要做的制造（fabricating）和尼尔·里奇（Neil Leach）的编程（scripting）做一个比较，我觉得，正因为我们中国现在最起码在袁老师所接近的圈子里是在谈论建造问题，促使他在数字化研究中往建造的方向发展。尼尔·里奇没有这样的学术压力，他可以完全把这个问题变成一个文字和写作的问题，我觉得这个差别体现在我们有建构的讨论，而他没有，所以这已经体现出建构讨论的价值。具体的内容还需要进一步的发展，有了这样的一种意识和努力的方向，我觉得会出很多成果，这跟美国的完全理论化的发展是有本质区别的，所以我觉得很好，已经体现了我们讨论建构问题的意义所在。

第二，我们谈建构离不开材料和建造方式的关系，这个问题不仅今天有，很早以前就一直有。例如，当钢筋混凝土这个材料出来以后，实际上它对传统的建造方式是一次很大的革命。原来的建造方式都是把各部分的组件组合起来，建构问题和节点的交接有关，因为传统的建造方式都是一块块的石头、木头的组合，这种组合是建造中非常重要的问题。但是钢筋混凝土产生以后就不再是组合，而是现浇成一个整体，这对建构的概念产生了本质的革命。很多建筑师难以接受，比如赖特无法接受这种材料，他觉得这是种工业材料，太没有建造的味道，因为没有连接。但是，赖特认识到既然钢筋混凝土是一种新的材料，而且是工业时代非常重要的材料，那就要学会去运用它，所以他后来很多的工作都是去认识钢筋混凝土这种材料，基于钢筋混凝土的建造方式表现这种材料的特性。以古根海姆博物馆为例，是有了这种建造方式然后做出这个造型。而哈迪德的问题在于首先从造型出发，有了这个造型再想这个造型用什么办法做出来，在工业化国家，技术好一点做得比较好，在中国建造水平比较差就可能导致广州歌剧院这种情况。我觉得这是两个不同的出发点。当然有了一个新的造型以后，可能会促进建造问题的思考，实际上这也是袁烽老师做的工作。这个造型可以通过高技的方式达到，也可以通过低技的方式达到，袁烽老师的尝试是从我们中国的条件出发的。但是，这不同于赖特从材料和建造出发得到形式，而是先有了形式再想如何建造，这是两个不同的出发点。我觉得建构的问题是前者，而不是后者，虽然后者也可能和建构相关。

这就引出第三点，也就是在哈迪德的建筑中，比如说广州歌剧院，有个问题，那就是建造和装修的区别。建构是关于建造的问题，如果把装修的问题变成建构的问题，我觉得已经失去了讨论的价值。哈迪德的建筑不是从建造出发，而是依靠大量的二次装修，不管是外部还是内部。广州歌剧院流线形的内部空间不是建筑师做的，而是装修工程师做的，难道哈迪德最终变成了一个装修工程师？这种工作完全贬低了建筑师工作的意义。我们谈建构必须把这两者区分开来，虽然装修也要研究很多的节点，但这已经不是建造的问题了。哈迪德的售楼处刻意抹平建筑的痕迹，她的装修可以做得很好，可以体现材料性，但是这个材料是一个装修材料，而不是一个建造材料。结果可能很炫，但从建筑师的角度就会认识到这是没有什么意义的。今天早上，斯皮罗教授送给我巴西建筑师罗查（Paulo Mendes da Rocha）的专集，可以看到这种建筑和哈迪德的建筑有多么大的区别，这才是建造和建构的问题，而哈迪德的建筑已经脱离了建构问题，从建筑学的角度来看已经没有太大的意义。我要说的就是这三点。

赵辰　对于建构，我还停留在很朴素的一种认知状态，不太理解为什么现在这个会讨论得那么宽泛？好像什么都可以跟建构有关，还可以那么复杂？这两点我很吃惊，也不是很理解。我从各位讲话里面都能听到、看到一些很有意思的闪光点。不过在我看来，所谓建构只是从某一个角度去讨论建筑问题，并不能包罗万象。建筑是必然要谈造型的，这个造型是要建造的，也要追求形式，就是说这个建造要有表现力。谈论建构的意义，在于我们希望建筑的表现力是与建造有关的，而不是脱离建造的造型。我所感兴趣的建构问题，完全是针对中国情况的，对欧洲的建构问题我一点兴趣都没有。中国的问题是，我们误解了西方的建筑，导致形式主义盛行，针对这点我觉得研究建构问题的意义是存在的。这次研讨会的主题叫“建造的诗学”，其实我认为大家不必把诗意想得那么复杂。诗意指的就是建造能够动人，就是维特鲁威三原则里的“venustas”——感觉愉快、美好，诗学也就是这个意思，至于是不是一定要是文学意义的“诗歌”？我觉得大可不必。

至于当代的新技术，西方文化的发展里永远有技术发展和人性的矛盾，其实弗兰姆普敦把建构提出来再讨论，跟当年的森佩尔、拉斯金或者格罗比乌斯一样，都有一个共同的目的，就是希望新的技术发展不要把人性湮灭了。刚才王老师讲的混凝土也是这个道理，我很赞同王老师的看法。在西方理论里面讨论建构，就有连接问题。还有个词叫切石术(stereotomics)，有些理论认为它是关于塑性的，来自于原始的洞穴，是跟建构形成对应的。其实他们去谈这个问题的时候已经想把它拉回到人性，就是要人化。西方文化中的这一优势是非常强的，所以我从来不担心新技术。马克思曾担心人性的异化问题，我发现西方文化最大的优点在于有批判性，让人们保持这种维护人性的警惕，这是我们中国学者必须关注的。比如说有成功的媒体大亨，就会有学者提出来当代媒体过度发展的问题，就连 007 这样的商业电影也会提出社会的问题，《明日帝国》（Tomorrow Never Dies）就已经指出今天媒体大亨默多克的问题。我认为这是中国学者特别应当学习西方文化的地方。

王飞　谢谢大家的讨论，今天上午的会议到此结束。

（整理：秦佶伟　　校对：王颖）

4

2011年11月7日 下午14：00—17：30

会议主持：彭怒 教授

讨论主持：童明 教授

彭怒 今天下午的小型研讨会现在开始，这也是本次大会最后的一场研讨。上午的研讨，大家的发言非常踊跃，希望下午也能如此。我们有幸请到王澍教授、史永高副教授为我们做主题发言。王澍教授是中国美术学院建筑艺术学院的院长，今年还担任了美国哈佛大学丹下健三讲座教授。实际上，他在11月4日还在哈佛大学校园里做讲座，昨天深夜才从美国飞抵上海，今天上午稍事休息，下午为我们做主题发言。

王澍 我在哈佛做讲座的时候并不紧张，在这儿做讲座倒有点紧张，因为这是个有些严肃的理论会议。其实我主要是一个建筑师，谈不上有什么系统的理论研究，但是我觉得自己做的事情和这个会议的主题有关系，所以来讲一下，《循环建造的诗意》也是呼应大会的主题临时所起的一个题目。我现在脑子有点发晕，因为在天上飞了十几个小时有点恍惚，感觉好像哈佛的讲座刚刚结束，还在跟一堆教授边吃饭边讨论，一下子又飞到了同济的会场里继续讨论。

（研讨会报告，参见王澍论文《循环建造的诗意——建造一个与自然相似的世界》）

彭怒 谢谢王澍老师的发言。一直以来，我都非常钦佩他对传统的态度。传统肯定不是一种形象、一种符号，中国建筑的传统也不仅仅是王老师的发言题目在字面上所指的回收的古老建筑材料和相应的建造方式。所谓传统并没有固定不变的客观内容，也包含着当代人的意识建构：传统是对过去世界的文化要素的一种整体认知、一种提取、一种发展，然后还具有一种能够在当代延续下去的能量和价值。我们对传统的认识也必然涉及一整套价值体系、观念、方法和具体表现。王澍对中国建造传统的认识就深入了中国人的生活价值体系、建造观、建造方法和建筑的具体表现等各个层面。他对传统的持续认识和思考在经历了文化、传统大断裂的中国深具意义，而且他还力图在观念和实践层面使之延续到当代建筑之中。

在今天的发言中，王澍首先指出中国传统的生活价值体系的核心问题在于“人与自然的关系”，中国传统建造观的本质在于对“自然之道”的追随。中国传统建造体系总的特点是关心和追随自然的演变，具体而言，这个建造体系的材料、构件、建造方式都是“循环建造”的，建筑的空间结构、布局也是对自然地理的调适。王澍还论及了传统中文人和工匠的协作关系。当然，从广义上讲，中国传统生活价值体系还包括人和社会的关系、人和人的关系，宗法制度和人伦秩序在建造的观念层面也是深具影响的，不过在工匠所操作的材料、工艺等建造技艺层面，王澍讨论的人和自然的关系确实是最核心的问题。王澍还以他的一系列作品具体地阐释了“循环建造体系”在当代建筑中的可能。

我们看到，从最早的五散房，然后是象山校园、宁波博物馆，再到上海世博会滕头馆，王澍对“循环建造体系”的探索是一个持续发展的过程，而不是今天做这个方向，明天做那个方向。他不但找到了自己持续关心的问题，还找到解决问题的独特方式，并形成了个人的建筑语言。

在中国也有其他一些建筑师持续地做着自己的个人探索，比如说朱竞翔老师在他的一系列新芽学校里关注着建筑和工业化生产的结合，不断地发展着一套改良的轻钢和板材复合的结构体系。他最近设计的 WWF 崇州鞍子河保护区游客中心采用了旋转式轻钢承重体系，不但加强轻钢结构的整体强度，推进了轻钢结构在多层建筑里的运用，而且和建筑界面上景窗的旋转概念相互呼应，在建筑外部也得到了很好的表达。也就是说，他的改良的轻钢结构体系与设计的概念体系逐渐被整合到了一个新的高度，这是我看好他的原因。还有，我们同济的袁烽老师一直在做数字化建造的探索，也连续组织了相关的会议和设计建造工作坊。这些都是一些非常可贵的方向。

王骏阳老师批评了这 20 多年来那些在大规模建设背景中建构方面做得很差的建筑，大家也花了很多时间在声讨这些建筑，充分呈现了建构理论在中国的现实意义。不过，我们的前辈现代建筑师也曾做过不少在建构方面很好的探索，比如我们安排四位国外主讲人去参观的冯纪忠先生设计的松江方塔园。中国的现代建筑还有很多遗产值得挖掘，并不是白板一块。只是这一块，学者们的研究还太少，还不能为我们今天的讨论提供坚实的基础；同样，中国当代建筑师自 20 世纪 90 年代末以来，也在逐步建立有关建构的理论和实践的基础。如果把讨论方向转向我们已经做了什么，哪些做得不够，怎样做得更好，可能会使讨论更富有成效，这也是我们建构探讨可以继续展开的话题。下面我们有请史永高老师。

史永高　我不仅仅钦佩王澍老师的建筑和思考，还有他的语言特别生动，对于其他做报告的人来说，实在是非常大的挑战。听了这两天的报告以后，我对本次大会话题的宽泛性有些质疑，但是又怀疑是我对于这个问题的认知太过狭窄了些。

（研讨会报告，参见论文《面向身体与地形的建构学》）

彭怒　谢谢史永高老师的报告，有两点让我深受启发。第一点，材料的结构属性与建构表达的关系、材料的表面属性与空间感知的关系，都是与材料有关的基本建筑问题，当建构理论成为热点时，材料与空间感知的关系同样值得我们关注。20 世纪 90 年代中后期以来，材料的表面属性特别是材质先于材料的结构属性被中国建筑师所关注：中国建筑师在 80 年代的原教旨现代主义式的“抽象形体”操作的能量被释放后，开始转向材料面层属性的表达，抽象形体的表面呈现出材料的物质性；大量材质特征明显的面层材料首先在室内装饰领域为建筑师熟悉，逐渐运用在建筑之中；21 世纪初，“表皮”理论和话题的引入，以及建筑师对材料表面属性在作品的图像媒体传播中优势的认识，进一步强化了建筑界对材料的表面属性的关注。值得注意的是，这一时期对材料表面属性的关注较少与空间结合，更倾向于对材料表面特性本身的表现和图像性表达。建构理论的引入无疑使得中国建筑师开始意识到材料的结构属性与建构表达的内在逻辑，但 20 世纪初，建构理论产生影响的早期，材料的结构属性更多被简化为对结构的真实性表达。史永高老师对 19 世纪的德国建构理论有着系统、深入的研究，在近期的一系列论文和著述里持续关注着材料问题。史永高所强调的材料的建构和空间的二重性，特别是材料的表面属性与空间感知的关系，一方面揭示了森佩尔、路斯等建筑师的建构视野里内含着对面层材料和空间关系的关注，另一方面，他更强调了这一关系对建构理论的补充对于中国建筑界的意义。通俗一点来讲，并不是所有的结构材料如墙体、柱、梁等都直接暴露在空间里，人的身体被围合而感知的首先还是建筑的面层，故而，从空间感知来讲，材料的面层属性非常重要。

第二点，史永高老师强调了地形对建构的重要性。虽然他并不是从现象学角度展开讨论，但肯定包含着现象学的维度。就像刘东洋老师上午所强调的人的生存意义，史永高不仅讨论了地形与建筑四要素中基台的相关，也讨论了地形的象征意义与人类生存的关系。我觉得，地形在更深的层面上展现了建筑与大地的关系——“涌现”和“拯救”。“涌现”是指大地化生万物，建筑也是大地的延展，不过是以一种人工的方式（即地形）去显现从大地中化身而出的关系，论及大地对建筑的一种给与；“拯救”是指把某物释放到它本己的本质之中，正如海德格尔所说的“拯救大地远非利用大地，甚或耗尽大地”，论及建筑对大地的一种保护。

彭怒　讨论开始前，我要特别感谢一位主讲人马修·曼德拉普博士。2011年年初，我们邀请了他的导师马可·弗拉斯卡里教授来做大会的主题报告，弗拉斯卡里欣然应允。但是，弗拉斯卡里最近身体状况不太好，直到会议前一个月，我们才得知他要做手术，就请了马修来“救场”。马修的主题报告是最近刚完成的一篇与建构相关的文章。明天，其他三位主讲人会到中国美术学院做报告，但马修不能前往，他明天一大早就要离开上海回国，家里还有小孩子要照顾，所以我们要特别地谢谢他。这里，我想问几个问题，希望他有机会进一步拓展他的话题。

Matthew, I'm so interested in your valuably inspiring keynote speech exploring the relationship of different graphic means of drawings, namely facture, with proposed constructions. However, we wish you could go further.

At the beginning of Zumthor's preliminary design of the Therme Vals, you mentioned that the design concept came into being gradually in the facturing process of the "block drawings" or "quarry sketches" Zumthor frequently referred to. For the formation of design in this early stage his block drawings were related to not only the aura of the existing site, the accumulated experience of everyday life and vocational capability of architect, but also the proposed physical construction resisting the simple mimic of construction. Actually, Zumthor dragged the shaft of a pastel stick across pieces of tracing paper instead of filling in the blocks by tip of pastel stick as commonly used.

As Zumthor's design idea went with the block drawings and many of them had been published, the sequence of sketches is very important for us to understand the development of design. Here come my questions: Could you identify the sequence of them so as to explain the progression of design? When and how did the aura of site, the experience and memory of the architect, and the proposed construction visualized in the drawings one after another? How did the open patches in between the blocks conceived as the space?

In the block drawings, two colours of pastel stick were employed. One is black, another is blue. Obviously black is associated with solid blocks of structure, and blue with the soft water. Do you think that the incompact painting effect of rectangular black and blue smudges created by dragging sticks of pastel across pieces of tracing paper reminds us of previous bathing experience of the softness of water and stone in a mass of vapor? Does the black block drawing partly related to the solid stones around the site?

In the early sketches, apart from the rectangular black and blue smudges created using the shaft of pastel stick, we find vertical and horizontal lines in black and blue colours drawn using the tip of pastel stick. Does it mean that the composition, line of sight, circulation or other concerns also exist with the free layout of blocks at the very first beginning?

（马修，你的大会主题发言非常有启发性，从绘图的制作法角度来讨论建造问题，为我们展现了建构思考的一个新角度。在此，希望你能够对卒姆托的制图法分析得更具体、深入一些。

在卒姆托设计瓦尔斯温泉浴场的最初阶段，你提到他的设计概念的发展得益于体块绘图方法的激发。卒姆托选取的绘图工具和绘制方法，不仅与场地的氛围、建筑师的经验和记忆有关，而且与建造效果相关但又不是对实际建造效果的模拟，从而激发设计的成形。具体而言，他把蜡笔的杆身横放在绘图纸上进行拖动来绘制体块，而不是像通常的蜡笔画那样用蜡笔的尖端来回涂抹而填满色块。

我想提两个问题，第一个问题，"体块绘图"阶段的草图出版了很多张，由于设计的想法是逐渐成形的，那么哪张较早，哪张稍晚，草图的顺序还是很重要的，你可否以此为线索进一步阐明卒姆托的设计如何逐步发展？体块的发展如何与场地氛围、建筑师的经验和记忆、实际建造效果相关？体块之间的空白如何与空间的构思相关？

第二个问题，在"体块绘图"阶段，蜡笔有两种颜色——黑色和蓝色，黑色明显与坚实的结构体块有关，蓝色与柔软的水体、天光有关。蜡笔在绘图纸上拖动形成的松软的画面质感是否与沐浴记忆中水汽氤氲软化了石材的坚硬以及水的柔软体验有关？同时，黑色体块是否也与浴场所处的基地岩体环境的氛围有关？

第三个问题，在"体块绘图"阶段的草图中，除了黑色体块和蓝色体块的涂抹外，我们还能看到黑色或蓝色蜡笔的尖端在绘图纸上划过的水平或垂直的线条，这是否说明，在体块自由布局的早期构思阶段，还是有构图、视线、流线等控制因素在设计的考虑之中？）

Matthew MINDRUP　　I don't know if I can answer this. You know, in my experiences as a teacher, as an architect, you come across certain things that you want to express. My goal was really to talk about the process, the conceiving process. If I thought about something else then I would be talking about that. What I was really struck by...I mean, years ago the thing I really was struck by was more the stone model, and only laterit was the drawings, because I really thought that this stone model was a funny thing, because you cannot cut stone when you are making the model. And for some when they make models they cut things (material), so that means they search (in the making process) and stumble on their ideas (rather) than coming to material, or pencil, already knowing what they want to make. How do we find something new?

For architects today, it's like, they go to the computer because of its ability to generate free-forms. There is so much interest in the computer, because of the fascination with this search for new form. And my dissertation is really about the use of the model in a really honest way. It is about the process of discovery. It was about using found objects. You know, composing, making with such materials sets up a condition by which you cannot come to the modeling material already knowing what you want to design. Rather, the found material calls the imagination to ask 'what can this club can be?' And when I look at the drawings of Zumthor, there is a very similar process by which, you know, you start by putting a mark down. At that moment, the nature of the mark sets up a condition for you to think with.

And this is one of the things that Dr. Frascari talked about. He set up for us a kind of theory about the use of these drawings, the nature of drawings as a way to think about architecture, to think about these places. But I don't know, I got to talk briefly, and it appears that the drawing can form the model, which I still find strange. I did. But, you know, it seems to be some of the discussion we were on today. The model was in the computer this morning, which is a digital project. Somehow it was really important to go to the digital model. You know, digital space and real space, they are not the same.

We have a very different understanding of space in these two conditions. This reminds me of when we went out to visit a Chinese garden the other day and I couldn't represent the experience of space in the square pagoda garden. I couldn't photograph it. I kept trying to take photographs of this garden to show the sense of space in it but you cannot photograph a space like that. That sense of distance really tells you something about the difference between what you are experiencing in a computer and in physical reality. You are not making a three-dimensional model in a computer. You are not. And you are lacking half of the quality of sensitive space that, even I think it would become very necessary to think of a way that the computer could be so good.

Can I put the discussion back to the wonderful construction that was made by our first speaker? There is something though, I think about what he was trying to do, that makes it one of the best examples of original architecture about a place. It was beyond the materials. I mean, it doesn't look like recycled material. And there is also something about the sensibility towards the core, the space, the shell, and how the lighting came through. And I'm sure I loved the building that was produced. But I remembered I had seen it in a magazine. I don't know, a few months ago, and I thought it was in Spain, I really did. And now I find that it is in China! That was a big shock. I guess that's the thing, you know, how do we make an original architecture for a place and about a place? And I think the discussion should continue here.

How do we organize the materials, the space, and the life? That's how the architecture originally emerged at a place. How is our being there? Historically we have materials there, and we use them in a way to help us dwell in a place. And you know, the sun likely goes in a certain way throughout the year, the place changes throughout the day, the year and a life time. Those conditions develop our reasons why our buildings look the way they do. This is something we were talking about yesterday. And I wish that I heard more about that quality of the project, because it is a very beautiful facade and use of the materials. But if I took Michelangelo's David, smashed it to pieces with a sledgehammer and then put it back together again on a fa?ade, I can't say I have instantly made an Italian Renaissance facade. The surface is just more than a sign when we are going to try to make an original contextual architecture.

That is something I think I was also trying to get it, and this I think is the method that Zumthor was searching for which, to create more than the mere appearance of the context, you know, it's about how to embrace or utilize the conditions of the local materials and place that he was struggling. I mean I was also just talking with Fei who is telling me about this project he is working on in Tibet in which he wants to create something very respectful to the context. I said that this is really a difficult project, and asked, how do you make something there? What are you going to do to help you begin with the first step? How do you make a choice? It never sees too amaze me though that, in a similar situation, when I was standing somewhere, if I just start picking up things I could ask whether this is right and not right. I think this was an example of what Zumthor was trying to do. He may have had some funny first sketches at first and had begun to use pastel sticks and said to himself "I guess that's right, that's right, there is something right about it." That's why I think he kept doing so many of them. He was trying to figure out what is the language, space or the material body he was trying to find. And I think that's the most I can do. Now, my answer is all for these.

（我不知道我是否能回答这个问题。你知道，在我作为教师和建筑师的经历里，总是会碰到那些希望超越的东西。我的目标是讨论过程，构思的过程。如果我想的是其他东西的话，那么我就会讨论它们。很多年前，真正打动我的东西只有石头、模型，后来才被绘图所打动，因为我真地觉得这种石材模型是有趣的东西，因为你在做模型的时候不能切割石头。有的人在做模型的时候会切割东西（材料），这意味着他们（在制作过程中）思想会发展或者阻塞，而不是面对材料或者铅笔，对要做什么已经了然于胸。我们如何可以找到一些新的东西？

对于今天的建筑师来说，已经来到计算机时代，因为它可以产生自由的形式。有这么多对计算机的兴趣，就在于它的魅力是寻求新的形式。我的文章是关于以一种真实的方式使用模型的，它是关于发现的过程，关于找寻目标。你知道，构思，也就是使用这些材料建立起一种状态，在这种状态下，即使你知道要设计什么，也不能直接使用模型材料。更确切地说，找寻到的材料会激发你想象它是什么样的。当我看着卒姆托的图纸的时候，会发现一个很简单的过程，就是通过画记号开始。在那一刻，记号的自然状态为接下去的思考提供了条件。

这是弗拉斯卡里博士谈到的问题之一，他为我们建立起一种使用这些图纸的理论，图纸是用来思考建筑的，思考这些场所。但是，我需要简短地说，看起来图纸可以形成模型，我仍然觉得这很奇怪。似乎有一些是我们今天讨论的问题。模型是由计算机生成的，是数字化的东西。某种程度上讨论数字化模型是很重要的。你知道，数字化空间和真实空间是不同的。在这两种情况下，我们获得对空间完全不同的理解。这让我想起我们参观中国园林以及我无法再现在方塔园中的体验。我也不能把它完整地拍下来。我一直努力拍照片来展示其空间感，但是在这样的空间里无法实现。距离感可以告诉你在电脑上和真实世界的体验有什么不同。你并不是在电脑中制作三维模型。你已经丢失了微妙的空间的一半品质，我觉得想出一种让电脑变得好用的途径是必要的。

我可否把讨论拉回到王澍所做的精彩的建筑上？他试图使这个建筑成为与场所有关的最好的原创建筑之一。它超越了材料。我的意思是，它看起来并不像回收的材料。并且，还有关于内核、空间、外壳以及灯光运用的敏感性。我确定我喜欢这样产生的建筑，但是，我记得我在杂志上看到过。几个月前，我还以为这个建筑在西班牙，现在发现它在中国！我很震惊。我们如何为场所创造一个原创的建筑？我觉得讨论应该在这里继续深入下去。

我们如何组织材料、空间和生活？这有关建筑如何在一个场所里出现。我们在那里的存在又是怎样？我们历史地使用材料，我们以一种方式运用材料帮助我们在一个场所栖居。你知道，太阳全年都以固定的方式运行，场所在一天、一年和一生中总是在变化。这些情况让我们明白为什么建筑是它们所呈现的样子。这是我们昨天所谈论的。我希望听到更多关于这个项目特质的介绍，它有一个漂亮的立面和对材料很好的运用。但是如果我把米开朗基罗的大卫拿来，用锤子砸碎之后把它重新堆在一个立面上，我不能说我做了一个文艺复兴的立面。当我们要努力创造一个原创的基于环境的建筑时，表面并不只是一个符号。

这是我所努力追寻的东西，这也是卒姆托寻求的方法。为了超越单纯的环境表达，卒姆托努力“拥抱”和利用当地材料和场地的各种条件。王飞告诉了我他正在西藏做的项目，他在其中创造了尊重环境的东西。我说这的确是难度很大的项目，我问他，你如何在那里做事情？你会为了第一步而做些什么？你如何选择？我从不奇怪，在同样的状况下，当我站在某处时，如果我开始选择一些东西来做，我会问这是否是正确的。我想卒姆托所做的就是一个例子。最初他会有一些有趣的草图，开始使用蜡笔，并对自己说：“我这才是对的，这是对的，有些正确的东西。”这是为什么我觉得他持续画了这么多图。他努力描绘出什么是语言、空间或者他寻找的材料主体。我觉得，这是我所能讨论的全部。

彭 怒 Thanks for your answer. However, I have to pass the microphone to Prof. Tong Ming to host the next section of free discussion.

（谢谢你的回答。下面请童明教授来主持接下来的自由讨论。）

童明 我觉得下午两个发言人所引发的这个话题特别有意思。如果用王澍老师的话来讲，一个是“湿的”（建筑），一个是“干的”（建筑）。在这里，我不觉得两者之间存在什么贬义或者褒义的关系。实际上，这种差别的确也是存在的。我们这两天的议题实际上也关注了这个话题，而且其中的差别恰恰可能也就是我们非常关注的一个核心。

刚才在马修的发言里，很多的话题都指涉了这里。我觉得在一个建筑师的思维过程中，绝对的“湿的”状态是不可能存在的，毕竟还是需要某些“干的”的过程去思考。今天下午的讨论非常热烈，刚才茶歇的过程中，我就听到在背景声音里很多人已经开始向王老师提问了，而且王老师非常宏亮的声音也已经响起来了。接下来，我们就进入到自由讨论阶段，希望大家一方面从“干”的角度，另外一方面也从“湿”的角度来进行讨论。

我们先请冯仕达老师发言，因为他刚才给我看了一个非常有意思的东西。

冯仕达 一般来说，开会讨论不会引用别人的话。不过，恰好我现在有两个采访录，每个大概 9 万字，采访的时间比较长。一个是采访刘家琨先生，另一个是齐欣先生，刚好两个人都提到了王澍先生。我问他们用材料的态度跟王澍先生以及张雷先生有什么不同。对话也许可以用来作为展开讨论的一个材料。这个采访录删减之后也不知道会不会发表，而且我没预先征求两位先生的意见，现在这样读出来估计有点不妥，不过还是挺有趣的。

首先是和刘家琨的谈话。我说：“能谈一下你（刘家琨）和其他中国建筑师对材料、对形有态度的差别吗？”刘先生说：“哪些？”我说：“比如说张雷、王澍。”刘先生说：“张雷最近的工作，他自视比较清楚，他辞掉了院长，运作自己的工作室，专注于做一个小房子。他还是关注做一个完整的，无论大小的（房子），他还是比较关注房子本身的样子，是比较关注物质本身的。”接着我问：“你是要关注这个东西的余震（aftershock）吗？比如说文化的东西，它有历史的一面，也有生态的一面，你是不是说如果我们关注了单体的东西我们就失去了什么？”刘先生说：“大概是这个意思，我不知道理解对了没有，可能张雷更关注个体的形体，他关注的仅仅是一个东西，我也不是不关注，但是我更关注关系。”然后我说：“还有对材料的再利用，比如瓦，在几个建筑师之间还是有很明显的差别，是吗？”刘先生说：“比如王澍就是直接用，我就不想直接用，我就不想把以前的东西直接用，我想在当代的情况下用或者是比较性地用。比如说，在很多年以前，遍布中国的是小水泥厂，它们都是某一个时代的基础建材工业。在当今这个时代，我情愿用当下的石块或者再生砖，它们有回收概念，这个当然是当下的。以前的材料它有一点像成语，我不是特别想直接用成语。”然后我就说：“其他几个建筑师用瓦，等等，他会不会用一个以往的做法？他并不是用一个以往的做法，他还是改变了做法的。”刘先生说：“有些改变了做法，有些是装饰性的做法，比如王澍的（中国美术学院象山校区）体育馆其实是用钢结构全部盖完了，再在上面弄的瓦。他是把它立起来用的，其实和防水没关系，它是一个时代文化的表征。如果你让我做一个瓦，它又不是瓦的功能，那我就不愿意这样做，我情愿是当下的内容。”

接下来是和齐欣的谈话。首先，齐欣说他不画草图，一开始就上 AutoCAD。在电脑还没有非常普及的时候，20 世纪 80 年代他已经这样做了。然后，谈到材料时，我问：“在这方面，你觉得你和张雷属于 180° 的不同，是吗？”他回答说：“张雷特别关注材料，但是对我来说，张雷对材料的关注又是一种跟他的建筑信仰没关系的关注。我呢？我觉得，我跟张雷的差异是，我对所有问题都没有一种宗教式的信仰，我认为任何一种题目都可以做很多种全是正确的解答。所以，我就是一种没有宗教式的信仰。”我接着问：“那材料选材和地方风貌，等等，你会不会考虑？”齐欣说：“我会考虑，但是你可以从不同的角度去考虑。比如说拿地方的材料去做建筑是一种最原始的考虑，或者说是一种最简单的考虑，但是我完全不排斥引进一种可能和那个地方完全没关系的材料，它们也可能和地方契合得特别好，或者说契合到特别不好的时候就变得特别好了。比如说马岩松那个四合院的钢球球，它和四合院完全没关系，但是它没关系到一定程度之后就变得特别有关系，因为它把四合院的砖什么的全部反射了。但是王澍做的东西就像是对原始材料有一种信仰。我说得苛刻一点就是，他把死人骨头拿来搅，搅碎之后又重新去摆，他摆出来的肯定又有死人的东西。”我打断他：“有没有发表过这句话？”他说：“没发表过。”之后他又说：“王澍说他做的东西就是一个文化建筑，确实是文化建筑，因为死人骨头在那儿摆着呢，不能说它没文化，但实际上是一种低层面的文化。”

童明　我想先不请王澍老师来做一个回应。史永高老师能否从另外一种角度来评说一下刚才的两段采访。

史永高　建筑师和建筑师之间会有不一样的地方，这种差异性带来不一样的观点和态度，但如此直白鲜明的表达对于听者而言还是挺过瘾的。齐欣在说张雷的时候，认为“张雷对材料的关注是一种跟他的建筑信仰没关系的关注”。这是很有价值的一个话题，我也很好奇，可惜他没有展开。后来他还评价说王澍老师做的材料是什么死人骨之类的，好像把过去的东西跟文化连在一起，并且觉得这是一个表层的文化。相对而言，刘家琨会觉得要关注当代的现实状况，如果使用传统材料，也有不一样的做法，并且这种做法上的改变应该有内容上的依据。如此，才是有当代性的东西。

冯仕达　刘家琨关注的是当代性的材料，但可以有时间的厚度。再生砖不是有混杂在里面的一粒粒的东西吗？他喜欢那种有时间的感觉。

史永高　对于过去材料的使用究竟是高级文化还是低级文化，我不太关心，我更愿意从另一个角度去看这个问题。关于王老师的瓦，刘家琨说是先做好钢结构，然后再在上面放上瓦片，其实没有防水的作用，也就是说没有瓦片的基本功能，即王老师不是按照瓦片的方式来使用，很大程度上成为了一种装饰品。之前有一次，我跟南大的傅筱也说过类似的问题，他对于王老师的质疑在于，在小挑檐上面用瓦的时候，传统做法中用在瓦下面的粘结材料不是砂浆，因为砂浆的伸缩性是非常差的。但是现在，如果在一个东西上面抹砂浆再用瓦，可能就存在一些问题，这个东西就是最基本的，也是不可回避的物质性问题。在宁波博物馆，王老师是用另一种方式在使用瓦片，我刚才在走廊上也问了王老师，我说那个瓦片是怎么做的？看起来好像是干的东西垒上去的。实际上我没有告诉他，我在宁波博物馆上面还偷偷用手抽了一片，我就是想试一下这个东西到底砌得怎么样。王老师跟我讲这个是“假干性”的做法，就是说，外面的 5cm 是没有砂浆的，里面 7cm 是有砂浆的。如果是建筑师给施工单位这么一个规定的话，其中有几片可以被抽出来就是施工质量的问题，或许不在讨论范围里。

似乎王老师对于古旧材料的执着是从回收再利用的角度出发，我最常听到的也是他从这个角度去阐述，包括今天的标题也是这样。但是，显然齐欣是从另一个角度来看，他觉得这就是一个死的、符号的东西。我们现在有大量的房子被拆掉，似乎是可以再利用的，王老师也是这么说的，但这是否是首要的原因？或者说，在这样的原因以外，王老师执着于使用这样的材料是否还有其他的一些考虑？

童明　好像回避不掉了，王老师解释一下。

王澍　我觉得我回答之前应该让冯仕达老师先说一下，因为他把这个话题抛出来应该是有观点的。

冯仕达　我提问的时候有两个目标。一个就是，以往相关的文献都是针对当代中国建筑师一个一个单独地展开。我觉得这样很难形成一种圈子的、交叉的认识，所以我提问时就会特意地朝这个方向引，希望大家能互相说。令我有些意外的是，对于我的问题，他们两秒钟之内就会给出一个回答，好像不用思考，很快就说出来了。我发现中国的建筑师其实很在意他们之间的差异。齐欣说得很清楚："我们这个时代的人，我们的教育、我们的成长，禁区特别多。这个不能做，那个不能做。这个不能想，那个想了你就错了。"所以他就说："我不这样认为，我不觉得有什么对和错的事情，不过大家的看法确实都不一样。"我的意思是，作为一个采访者，我的任务就是要得到一个比较仔细的、差异的认识，在稿子上要看得出来。我觉得大家在以往的中国媒体里面说得不痛不痒，好像是不到位。另一个目标是，以往对材料的认识，针对这一个关键词可以说半天，其实关键词应该是一套一套的。所以，很明显，建筑师在想的不是一个词，而是要把几个词联系起来。如果你对他说材料啊、形啊，他就马上就意识到这个问题了。

王澍　冯仕达老师这个回答，我听了半天好像也没听明白。

冯仕达　我说的是我如何认识我的任务，因为我不是搞建筑设计的，我没有盖房子。

史永高　王老师是说作为采访人，并不是一个纯粹的旁观者，（冯仕达：怎么不是？）希望你在完成这个采访以后，能对这部分内容提出自己的观点。

冯仕达　其实有一个事情是，你要提供一个平台。采访结束后，刘家琨带我去吃青蛙。因为他觉得青蛙是有文化深度的东西，好吃不好吃就不好说了，但是有文化深度的东西就必须要吃。还要喝一种什么酒，其实这就是一种体验。我不知道大家同意不同意，我觉得建筑评论不是要评论对错，不是要直白地说我喜欢这个、不喜欢那个。但是，要问出来的应该是在常规的讨论之外，他已经想到了可是却从没说出来的东西，而且对于我们理解整个情况是有用的。他哪怕只说了一百字也是靠谱的一百字，这就避免了很多高级的调侃。

王澍　看来我还是得说两句，我同意王骏阳老师的说法，对于现在的中国建筑师，用一个稍微有点旁观者的角度，把他们串在一起研究，其实是挺必要的，但这个研究其实一直是缺席的，我觉得这个工作挺好。刚才刘家琨和齐欣的意见都很典型，刘家琨的意见实际上与一个禁忌有关，那就是所谓的现代建筑师或当代建筑师一定要用现代的材料。只不过刘家琨的现代带有一点乡土性，就是就地回收的再生，必须要经过一道加工之后变成一个现代的东西。这里面就牵扯到了一个位置和立场，"我是现代建筑师吗"这样的一个基本的前提。我在南京做住宅的时候，矶崎新也给过我这样一个暗示，他说："你应该再多用一点现代技术。你如果再多用一点现代技术就好了。"当然我也得说，其实在我做的时候，对这个问题有很矛盾的思考，不是说我不知道这个问题，我是在非常清楚这个问题的前提下作了到底怎么做的选择。齐欣说得也很典型，其实我不知道他到底在说什么，当然他也没谈到中国建筑，他说："做出有深度的建筑一定要和历史拉开距离。"就是和历史上存在过的东西要拉开距离。这个表达其实跟刘家琨的很类似，只不过在刘家琨那里，对特定的材料的做法还是有一个追求。而在齐欣那里就没有这个追求了，他会使用一种更象征性的手段，比如说我在杭州看他的西溪三期用冰裂纹来做主题的那个建筑，可能他认为那样做很有深度。因为冰裂纹到有些小院子已经小到完全不能使用，建筑的构造做法都非常难，以致施工质量达不到要求。整张的镜子切成小碎片，然后再拼成冰裂纹，我肯定不会这样做。如果这是表达有深度的探索的话，肯定不是我的做法。至于我是怎么表达，首先我不太重视所谓的现代和传统这样一种关系。这是我们讨论时经常容易出现的问题，一上来首先站队，我到底是在传统一边还是现代一边，这是一个冲突，我们建筑师是要站队的。我经常用的典型的表述是："我是出生在17世纪的，我只是不小心到了这个时代。"

王骏阳　这个话很像斯卡帕说的。

王澍　我不知道斯卡帕说过什么。

王骏阳　如果我没有记错的话，他说过："我是一个经由希腊来到威尼斯的拜占庭人。"

王澍　我还真不知道斯卡帕说过这些话，很高兴能跟斯卡帕说出类似的话来。我是17世纪的人，当然，有人问我"为什么你要选择17世纪？"以我来看，我们整个中国的文化，包括它的基本意识的转变，大概回溯到17世纪我还大概能够感知得到。17世纪之前，那是另外一个时代了。其实我们今天已经很难理解了，尽管我努力地想去理解，我觉得我大概就能回溯到17世纪。17世纪是中国的"文艺复兴"的时代，是一个自由解放的时代。明、清交汇的那一个很短的时间段内，发生了今天大家都比较熟知的东西方有效的交流，比如说中国的园林传到了英国。它整个的基本意识和今天现代知识的大背景以及结构是能够串联得起来的，所以它就会让你产生一个真实有效的差距。我不是站在现代，我觉得现代主义的立场是非常狭隘的，我是站在一个更多样性的、更丰富的一个时代来回头看，这就是我给自己定的一个基本的时间位置。碰巧我在当今这个时代学习了这个时代的设计的方法、文化的诉求、材料的背景、施工技术的背景，等等，在这样的一个情况下你如何去做。这是第一点。

第二点，牵扯到对材料的使用。至少以我这个17世纪的意识来看的话，中国所有的东西，材料都是要第一位考虑的，材料本身包含了哲学、宗教、信仰。比如说，《营造法式》一上来就讨论材料，接下来讨论材料到底应该怎么用，最后就是一个道德讨论，比如材料应该是方的还是圆的，结果讨论出来一方一圆是最好的使用方式。很有趣。我以前以为这只是理论的说法，但是有一年我在浙江的深山里发现了一座元代的寺庙。我看到《营造法式》里说的一方一圆的柱子的确是存在的，而不只是一个理论表述。为了施工方便要把它修到接近于方，但是完全修成方的对材料的损耗太大，所以最后得出了这样一个形，就是接近于方，但是又有点圆弧的基本的形，这里面牵涉到了形式。其实，中国建筑的基本的形都是这里面出来的，它既不是完全的直线，它也不是几何的圆弧，它是和材料本身相适应的基本的形态。

再一个是材料本身。大家一谈到传统材料的时候，往往就和它使用的形式联系在一起讨论，很少有人讨论这些材料本身是否是有意义的。直接面对这种材料的时候，纯粹的物质性和材料施工技术的结合本身是有意义的。把那些象征性的、文化性的、符号的意义的表达都抽去之后，它本身是有意义的。比如说瓦片，瓦片其实很有意思，我们这个时代能收到的瓦片都是小瓦片（罗马是大瓦片）。这是一个时代为了施工的方便，同时又能够让普通人都可以使用的一种尺寸，从皇家的宫殿到一个普通农户的住宅都可以使用的。施工的时候因为它小、轻，搬起来方便，所以产生了一系列和它有关的建造技术，我称之为"小料大构"。所以我大量地使用，当然我觉得这是一个当代的问题，是我这个时期碰到的问题，我要回答怎么办。还有一个很重要的问题，大家在区分传统和现代的时候似乎暗示着一个时代过去了，一个新的时代到来了，所以我们就要用这个新时代的表达。难道我们现在面对的不是一个文明并存的状态吗？即有别于现代主义文明的、前现代的、丰富的文明和现代主义文明并存的状态。难道不是这样吗？难道那个所谓的旧材料，所谓的传统材料的大片领域在我们的整个意识当中是不存在的吗？我觉得这是一个基本的问题，这个问题是我们需要去面对的。我们在拆民居的时候，一个工匠告诉我说："你知道吗？这个房子太神奇了，这个房子的砖头上面最早的印记是唐朝。"唐、宋、元、明、清、民国，这个房子里所有的材料都有，我听了特别有兴趣。也就是说，所谓的回收建造并不只是一个生态的问题，而是整个文化里很有意思的一个行为，它具有连续性，它不认为过去的死的东西是贬义的、是不好的。其实我们中国以前最好的东西都是老的、旧的，而今天中国人的意识里什么都要新的，老的不好，旧的不好。在我们以前的文化的基本意识里最好的一定是老的和旧的，而且这些东西是要连续地存在于我们周围的。比如说我为什么喜欢它？也有一个很基本的原因。因为它发出来的光泽是我喜欢的，新的东西就像我们做的假古董，我称之为"贼光闪闪"。所有的经历了岁月的连续性能够持续存在的东西（不是简单地指传统），它们上面的那种光泽，我觉得是真正的生命。

最后要讨论的是，中国现在的文明，包括印度、南美洲、非洲，处在什么样的状态里？尽管中国现在发展得很快，但是我们仍然存在于现代主义的、狭隘的、单一的、工程师化的（所谓工程师化的就是指我们不在乎材料是从遥远的地方运来）这样一个建筑学的文化的背景里。而另一种是直接和土地有关的、丰富的、差异性的、多样性的、真正地域的，几乎完全和现代建筑学无关的另外一个文明系统。这两种文化背景不是一个新和旧的问题，它是两种文明系统的问题。中国现在还处在有机会使用大量的工匠、使用"湿作业"的做法来操作的一个阶段。我觉得，对中国的文化发展来说它仍然有机会，但是这个机会我认为不会太长，可能还有10年、20年，就像宇宙窗有一个窗口，这个窗口会关闭。然后我们就进入到现代的、全装配的、"干"的文明阶段。是不是有可能在这个时代通过我们的努力，能让中国的文明走向另外一个方向？我不否认在我的工作当中有时候会存在这样的想象，但一个建筑师的能力是有限的，我会想象一个更加远大的系统。

具体还可以讨论很多，比如说"湿"作业文明。现代的"湿"作业文明是现浇混凝土，这个是我现在常用的并和这类技术衔接性地使用。那么，怎样把这种"湿"作业文明和传统材料混合在一起使用？

再谈一点更细的问题，就是真实性。刚才讨论到瓦片的使用，瓦片是不是还有瓦片的功能？其实在具体做的时候，实际上有很多的讨论。比如我们当时做那个瓦的时候，最早的想法是按传统的方法单铺，后来发现在构造上有问题，因为现代施工对防水和保温有很多要求。我一直坚持单铺，但最后还是同意改变做法。刮一场大风，掉几片飞瓦，在传统建筑里是很常见的，传统建筑的院子里永远堆着一堆瓦片，到时候去修一下就行。可是这里是学校，如果掉一片瓦砸到学生头上，这是不行的。所以后来我斗争了很久，最后我想应该还是可以做。首先要让这些材料有用武之地，因为这是回收的材料，你不用它，它就没地方去。很多地方把它用来填充地基，对这些材料来说我觉得太没有尊严，而且它没有持续性。

用这个瓦片，下雨的时候，能够让人体会到建筑的材料和雨水的关系。它不是完全的防水，但是第一层的混凝土防水做好了，上面再做一层瓦，对于保温肯定是有好处的。这是我当时基本的意图，我觉得是可以的。为什么呢？因为今天有了混凝土技术、钢结构技术之后，传统中很多用木结构解决的问题都能用混凝土结构、钢结构来解决，我为什么不可以用？对我来说没有这方面的禁忌。所以，传统用木头支撑一个骨架上面铺瓦，我现在用钢结构支撑起来上面铺瓦，不可以吗？我不觉得不可以。传统的做法当然有很多，底下有望板的、没有望板的，我无非是用了有望板的做法。当然，传统有做浆的也有不做浆的做法，比如说故宫的做法是比较讲究的，瓦和下面之间是有泥的，传统的比较简易的做法就是干铺。其实我们对传统不了解，传统的做法各种各样，而不只是我们大概意识到的那些。

当然，最极端的例子是我有一个房子的瓦是立铺的。其实立铺很简单，因为底下混凝土的防水已经做好了。我在瓦做上去的时候，希望这个屋面是能上人的。所以，最后我做了一个很冒险的决定，就是把它给立起来！我知道这样的做法一定会引起争议，但是，不妨一试。就像我有一次听说彼得·卒姆托把U形玻璃直接砌在了一堵不透光的墙外。我想，这可能是彼得卒姆托干的吗？后来我也试过一次，我专门找了一个地方，把不透光的U形玻璃和透光的U形玻璃并置砌在墙上，我就想这到底有没有逻辑上的道理。我突然意识到玻璃是透光的，同时它也是一种保护性的材料。当我在这里这样用的时候，它是不透光的，但是当它和透光的玻璃放在一起的时候产生了不同的透明度，对建筑外在的效果有着特殊的意味。同时它保护了楼梯间的外墙，外墙本身也需要保护层，在这里无非是用U形玻璃代替了。其实真正在做的时候很多的问题你会犹疑，会自我辩论，我觉得这个状态是最重要的。我称之为自觉性，就是真正做的时候，你对你为什么要做这个事情不是没有意识，相反你是很有意识地在做自我讨论。而很多时候试一下、冒险一下，是我性格的一部分。我不回避，甚至会觉得这个东西会有争议，但是还是要做一下。实践者往往会做这样的事情，而不会说想可能会被理论家骂，会被批评家骂，就不做了。

我把我比较真实的一个工作状态告诉大家，就是这样。

童明 本次建构会议的出发点是理论探讨，应该更多地是从这个角度展开。但是我突然发现建筑师可能并不一定这么想，这是非常有意思的一个地方。王骏阳老师有什么回应？

王骏阳 我还是想从刚才冯仕达老师的采访说起。我一直有一种感觉，如果把中国当代建筑师和日本当代建筑师做一个比较的话，可以看出日本的建筑师非常多样化。当他意识到别人在做什么的时候，他就会努力跟别人拉开距离，去探讨新的问题。相比之下，中国建筑师常常显得一窝蜂，这段时间大家一下子对这个问题特别感兴趣，下一段时间则对另外一个问题特别感兴趣，材料、形式、园林，等等。但是，今天听了冯老师的采访我倒有点改变了认识。看起来，现在中国很多建筑师也挺有意识地跟别人拉开距离。无论刘家琨、齐欣对王澍老师的批评对不对，但重要的是他们已经非常有意识地试图跟他拉开距离。这并非仅仅是一个树立个人品牌的问题，而且是对多样化的追求。在我看来，这是一个非常好的发展状况。这种多样化的基础就是个人化。

我非常欣赏王澍老师的建筑和他的探索。他的探索很真实，也很真诚，尽管我对他的文章或者讲座上说的常常产生怀疑。我疑惑这个东西到底是他开始探索时的出发点，还是后来为了修辞或者宣传加上去的。不用说，在王澍老师的真诚背后是某种特别个人化的东西，这是我最为欣赏的。反过来，我现在对王澍今后的发展倒有些担心。当这种非常个人化的、非常真诚的东西慢慢变成一种文化符号，也逐步被官方接受时，他今后怎么办？王澍老师今天的讲座似乎赋予了他的个人化太多的国家和民族含义，使它变得太重要了。我倒更愿意看到王澍的发展继续是一种个人化的发展，而不是去承载那么重大的国家文化意义。现在国家提出文化大发展、大繁荣，呼吁国家的软实力。在我看来，在现有制度下，哪天王澍建筑真地登上这样的“大雅之堂”，变成了国家软实力的代表，那一切可能就由不得你自己了，你就被绑架了！这确实不是我希望看到的一件事。

童明 我有个问题，既然刚才冯老师的材料使我们认识到，建筑师在“湿”的这一块会有这么多的多元性和个人化。那么，反过来说，“干”的这一块还有存在性吗？比如说，理论的一致性或者讨论的一致性还有可能吗？

王澍 我要先感谢一下王骏阳老师的提醒，其实我心里也在一直提醒自己。我想说两点，第一点，其实我刚才讲到后来的这个话题有点大，就是这种文明的进程啊，但是我觉得这是存在的。但反过来我要强调一点，我所主张的肯定不是通过一种国家主义的方式或者有组织的方式，自上而下地来做什么事情。我希望的是另外一种方式，只有通过非常个人化的、自下而上的，也许我们甚至看不到希望的这样一种坚持和努力，才可能会有真正的不同。刚才我们都在讲建筑师开始多样化了，但是多样化有限的风格、做法之间的不同，和在原初立场上的重大不同，是有区别的。很多的建筑师表面上看有这样那样的区别，但是他们基本上是一伙儿的。真正能够在有深度的讨论中建立起自己原初的立场，这样的建筑师肯定不会太多。第二点，王骏阳老师说的这种情况有没有可能发生？我也很害怕，我觉得有这种趋势，有可能会发生。这就是为什么历史上有一些学者碰到这种情况后不得不逃入深山，我是随时做好了逃入深山的准备。逼到没办法的时候我只有这一招：用最后的逃跑和隐居来表达我最后的抵抗。

童明 接下来请仓方俊辅先生谈谈。

仓方俊辅 王澍先生的演讲非常有意思，我觉得您已经接触到了当代建筑最前端的东西了。您做的建筑跟今天所讨论的建构有着非常大的关系。您做的东西是只有现在在中国才能做的，和历史也有着非常大的关系。您接触到了历史，不是中国朝代更迭的那种历史，而是真实的、物质当中的那种历史。您刚才说到中国对自然的态度是重新塑造自然，和我前天在演讲里所总结的“吉阪隆正”的说法是一致的。您并没有将历史作为一个已经死去的东西来处理，您也觉得建筑师并不是能够创造出英雄主义作品的人。我觉得特别有意思的是您刚才所说的和工匠们一起完成整个作品，世博会那个作品（宁波滕头馆）虽然从绘画当中提取了元素，但是做出来的东西既有相像的部分又有不同之处，这大概就是反人文主义的感觉。您所关注的，似乎都是对人来说无可奈何的东西，比如自然和物质这些。有些建筑师经常搞错的是，他们认为这些东西都是可以被他们创造出来的，但您却不这样想。刚才所说的反人文主义一共有三点：第一个是考虑到使用者就会出现好的和坏的一种幻想，是所谓的功能主义。第二个是建筑师都能创造出新东西的这个想法。第三个是将人作为一种非常理性的、从始至终都存在的生物。但人并不是这样的，并非是全然理性的，并非是从始至终都存在的生物。王澍先生并不是基于这三种对人的理解而进行创作的建筑师。就是为了拯救这样的人，建筑师才存在。正是因为有着自然、物质这些跟人完全没有关系的东西，所以人才能得救。我认为王澍先生的建筑正是这样创作出来的，并且正是这样创造出来以后，人们在使用当中才能感受到一种所谓诗学的东西。刚刚所说的三种人中的最后一种人，理性的、从始至终存在的人正是所谓国家主义创造出来的一种人。所谓的现代主义正是基于对人的误解而产生出来的一种东西。王澍先生所反对的人类观，他的那种反国家主义以及反现代主义的观点正是从这样的观点中来的。从这个角度来说，王澍先生的建筑观既是中国的，也是日本的，更是亚洲的。像这样的建筑师在日本也是几乎没有的，请千万不要走上英雄主义的道路。

王澍 我发现理论家还是很厉害的，因为这是属于我内心深处的一些东西，居然也被理论家给看出来了。所以，我很感谢，因为他们让我对自己看得更清楚。我基本上都同意，因为这些反动思想我确实都有。

童明 我觉得现在的讨论已经变成精神分析了。请在座的另外一些建筑师来发言吧。

仓方俊辅 刚才我说的其实并不是一个王澍先生个人的问题，建构本身不就是带着这样一种反人文主义的性质吗？

童明 下面请张斌谈谈想法，因为直接从事实践的建筑师的想法可能跟我们搞理论的人的想法有些不太一样。

张斌 两位老师的演讲，有一个地方其实是相通的，王澍老师说的“干湿问题”可以直接用史永高老师的“身体和地形”来比喻。所谓的“湿”肯定和场地、身体有关，同时这种场地和身体的思考始终是一体的，也不能分成两块。作为建筑中所要回应的身体，刚才日本的理论家谈到了很多现代主义或者其实是欧洲人文主义对于身体的一些基本理解。建筑师在工作当中其实始终离不开身体：第一个是设计者的身体，第二个是建造者的身体，第三个是使用者的身体。我觉得在中国当下的状态中，能够做到设计者和建造者的身体的互通已经属于诗的境界了，想要和使用者的身体再互通那基本不太可能。这也就是刚才史老师所讲的所谓的“个体的身体”和“社会的身体”的关系。我们所面对的现状是，使用者个体的身体也不知道在哪里，小团体的身体也不知道在哪里，更不用说社会化的身体在哪里了！反而是所谓的设计者的个人的身体比较容易去控制社会大众对建筑的使用。我觉得王老师的工作在前两个层面上比较吸引我——设计者身体和建造者身体的关系——这也是在当下这种急剧变化的状态下，能够抓到的一个非常触动人心的点。

刚才王老师讲到窗口的问题，10 年、20 年以后，大量手工劳力能供给的方式就会被关闭。那么我们可以设想一下，在中国，再过 20 年或者 30 年，所谓的传统工业化建造方式也会被关闭。我想有可能在 30 年之内，中国会和整个世界的建造一样面临一个非常大的变化，也就是说建造者的身体有可能会缺位。传统的建筑学一直来自身体的在场，先是设计者和建造者身体的在场，建筑造出来之后使用者是在场。那么，有可能二三十年之后，这个建造会有很大的不同，就是在场的身体没有了，它会面临一个所谓的虚拟的“人机界面”，就是说建造不再靠身体接触现场的“Craftsmanship”，而是转化为数控的“Robotcraft”。那么在这样一种变化来临的时候，我不知道传统意义上的建筑学还能够做什么？它怎么样去面对这样一种非常大的困局？如果建造者可以不在场，那么使用者又是什么状况呢？使用者的身体难道还会有一种和场地相濡以沫的关系吗？这样一种不在场的建造方式对于建筑学将会是一种非常巨大的、摧毁性的反动。其实，这样的生产状态在世界上其他地方已经开始初现端倪。从概念到抽象形式，再到全数码制造这样一种接近产品制造的流程。那么，这种生产方式如果推广到整个建造领域，可能所谓“干的”建筑都没有了，有可能出来都是“虚的”建筑。当然，建筑的物质躯壳依然存在，但是它的生产和它的使用都会缺乏一种意义的支撑。如果建筑学对这种情况不加以重新思考的话，马上就会陷入巨大的困境。现在我们在国内已经可以看到一种低技的“算法”或者“参数”设计和建造，即设计者的身体已经虚拟化，但还是通过建造者的“身体在场”这种低技的建造方式来达成。无论有意还是无意，这似乎是一种过渡状态，如果这种过渡状态也会很快过去，这个时代的洪流把建筑学推向一个“虚的”建筑的时代的话，我们的建筑学还能有多少阐释能力？我只是提出一个问题。

童明　哪位愿意回应？

王骏阳　张斌刚才讲的会是一个问题，但是，我相信不会那么绝对化，永远是有空间存在的，否则我们就会像早先历史学家告诉我们的好像只有一条路可以走，只有一个时代精神，大家都必须这么做。我想，还是会有各种各样的可能，我还是特别希望看到更多更加个人化的东西呈现出来。

童明　I would like to invite our foreign friends to jump in our dialogue in the Chinese context.

（我希望外国嘉宾参与到中国语境下的讨论中。）

史永高　我觉得，张斌提出的问题其实是说传统手工艺或者“湿”的成分占多的这种情况下，建造者的身体在场是非常明显的事情。那么在工业化的时代，它不是不在场，而是相比较而言变弱了。但是，从积极的角度来理解，是否已经换了一种方式，因为所谓的工业化的东西，它可能在工厂预制再到现场装配。但是装配的过程、运输的过程、工厂生产的过程仍然是有这种含义在里面。这种东西跟那种非常“湿”的东西之间当然会有一些不同，（建筑师）也是慢慢来探讨这种不同，这是建筑师在工业化时代面临的一个问题，我想发达国家很早就在面对这个问题。现在王澍老师所做的这种工作，他对这个问题的自觉，其实也是对我们剩下的这种机会的自觉，似乎是要抓住最后的 10 年。从这个角度来讲，我倒是非常希望能够听听斯皮罗教授的观点，因为她生活在欧洲这样一个工业化体系已经非常健全的地方，不知她如何看待“干”与“湿”的问题？或者说如何看待“现场作业”和“装配作业”这两种施工建造体系里身体的可能性在哪里？

Annette SPIRO　I will add some comments. I am very impressed by how we treat the time. I like very much the projects you showed. They never showed us something over the running system. The other thing was that I really appreciate that you show us the division between the architect and the owner. Now as an architect, I think that our architecture absolutely sticks the core of the novel. Maybe if you call your position kept about for a long time, the lost of our architecture is still enough collective.

（我想评论几句。让我印象深刻的是我们如何对待时间。我非常喜欢你展示给我们看的项目，它们并没有展示项目的运作。另外一点是，我非常喜欢你向我们指出的建筑师和业主之间的分歧。作为建筑师，我觉得我们的建筑绝对是指向创作的核心。或许你在你的位置待久一段时间，我们在建筑上所失去的就会累积起来。）

李翔宁　我跟王澍也非常熟，我自己写的很多评论文章也跟王澍有很大的关系，我想说一下我最近对王澍的三点认识。

第一点，是讲他的意识。我写过一篇文章叫《抵抗的建筑学》，王澍的意识是有一种对传统的或者主流的价值观非常明显的抵抗意识。从他事务所的命名就可以看出来，它叫“业余工作室”。其实他在同济读了博士，是非常专业的建筑师，但是他把自己的工作室称为“业余工作室”，至少反映了他对实践的态度是希望能够跟主流的建筑实践，甚至专业的范畴拉开一定的距离，保持审慎的态度。他不光是跟中国现在的主流建筑学也是跟西方建筑师保持一个非常大的距离。

第二点，我想讲他的手法。我觉得王澍这样的建筑师在中国当代建筑师里真的是非常少的，他的作品是持续发展的，这个在中国当代的建筑师作品里真的非常少。你可以看到，有的建筑师可能今天有点西班牙的影子，明天有点荷兰的影子，后天有点日本的影子。王澍是比较少的能够在自己的道路上持续往前走的建筑师，他不会因为别人的作品而影响他自己的作品。他非常狂妄地（我觉得是非常狂妄）说：“我已经好多年没看建筑杂志了，除了登我作品的建筑杂志我可能还看一下。”我不知道他是不是真的不看，但至少敢说这样的话，说明他心里保持着一种审慎的态度。

第三点，我想讲他的作品在两点上反映了当代中国的一些特质，一些西方国家或者日本的建筑中所没有的特质。第一个，我觉得他建筑的这种“大”，以前我觉得马清运做得挺大的，王澍刚才讲和马清运那一类建筑师形成一个对话。但是实际上，我觉得象山校园、宁波博物馆这样的单体建筑做到 4 万多平方米，对欧洲来说已经是不可思议的“大”。在这个方面，他虽然希望保持类似村落的小尺度的、非常细微的日常的东西，但其实他能够把这种东西转化到“大”的东西里来呼应城市的关系，至少是对城市的一种批判，在这方面我觉得挺有价值。第二个，他倾向于欣赏一种低技的、旧的、乱糟糟的、脏兮兮的、非常随机的、能够随手捡到的、现成的（包括拆下来的）、好像在垃圾堆里找的材料，就像波德莱尔说的“在垃圾堆里面去找当代的巴黎城市的历史”，我觉得他好像是在中国的废墟里面去找城市的历史。但是，实际上正是由于这种有点手工的作业，使得他的修造方式也很特殊。因为他的工作室是一个小作坊式的事务所，也不像设计院可以一开始出一套非常完整的图。他的图往往是拖拖拉拉的，很多需要现场去决定。这种状态不管是他主观也好，客观也好，中国目前这种非常低技的建造是一个可以容纳错误的建造。可以有一些非常低级的建造错误，可能这个墙面造得非常粗糙，这也是我喜欢提的“廉价的建筑学”。怎样在这种非常廉价的建造里面维持一个建筑的品质，这需要我们建筑师来思考。在这种状态下，什么样的策略能够容纳一些错误或者容纳这些非常低品质的建造？虽然他平时不太谈这个，但我觉得在客观上有这样的情况。

这是我平时对王澍的观察和我自己想的一些东西，我想在这里提一下。我没有花很多的时间来读这些建构文献，不能从建构的理论来阐释。但我认为有两种建构的方式，一种是追求非常精美的、把建造的细部作为一种特殊的品质加以表现的方法，另一种是随意的现成品这样的一种品质，我觉得王澍有意识地选择了后者。

童明　王骏阳老师您有什么想法？

王骏阳 我想对李翔宁老师的发言作一个回应。我们现在的讨论似乎变成如何对王澍进行评价，好像脱离了建构的主题，所以我还是想把它拉回到主题。我刚才说过，我欣赏王澍建筑的真诚，而且我相信建构的话语对王澍有相当大的影响。我们谈论建构，但不希望把它变成一种教条。建构问题的提出能够使建筑师产生一种意识，对他的工作有所影响，我觉得就已经体现了建构话语的意义。我相信建构话语对王澍的影响，已经融合在他作为一个建筑师的工作之中。对于理论与实践的关系而言，这似乎已经是一种理想的状态。我参观过王澍的作品，看到杂志上的介绍，也听过他的一些讲座。但是我常常疑惑的是，为什么所有的介绍和讲座都没有涉及建造过程？我这里说的是建筑本身的建造过程，不是构思的过程。我相信建造过程是王澍工作的重要组成部分，他的工作方式从来不是画好施工图交给施工单位去做就完了。可是，在所有出版物中，他的建筑好像永远只是图像（image），是造好后的图像。虽然王澍刚才在讲座中也讲到砌墙的过程，开始没有做好，后来把它拆掉重砌。但是，我们看到的往往还是结果。为什么没有对建造过程的记录和发表？图纸、照片、草图都可以，那段墙拆了重砌的过程以及其中包含的问题也很有意思。在我看来，这种过程的记录和发表，远比夸夸其谈些国家文化的大道理更加有意义。

王澍 其实，这个问题我早就意识到了，这个过程并不是完全计划好的，一个预谋的过程。最容易发生的事情就是我沉浸在过程中，非常地投入。我经常说身边怎么没人给我做记录呢？一堆人跟着我，却没有人拿照相机拍照，最后发现那么丰富的过程却连几张照片都留不下来。只有我还有这个意识，所以你们看到的发表的照片经常是我拍的，而我拍的照片就意味着我不在场。这是我工作室一个很大的问题，缺乏一个有效的记录。

其实这不光是我作品的表达问题，也应该让学建筑的学生能够看到不同的过程。大概的过程是，我做设计的时候，基本上从手画的图开始，很少做模型，我是有意不做模型的，我不做模型是因为我发现有一个过程我很喜欢，就是完全靠手画，靠自己在想象，最后造成的结果多少仍然会超出你的想象。大家在展览里看到的模型一般都是作品建成之后才做的，在过程当中，我基本上不做模型。我觉得这也是一种能力，建筑师一直用一支铅笔在反复的画图过程当中建立起的那种想象现场的能力。这就是手画的图对我的重要，电脑画图是做不到的，电脑画图和你的身体感觉是有间隔的，我只有用铅笔画图才能做到这一点。你们仔细看我发表的铅笔彩色草图里有大量的数据，因为我一边画图一边在计算，而且计算的精度还是蛮高的，在几厘米的范围之内，反复地进行推算。我经常跟我的学生说这就像下围棋一样，我说："真正的高手不仅要意识好，而且要算度精。"高手下棋的时候也在计算，一步一步都在算，基本上是一个文学的想象和数学的计算过程。

另外一个就是施工，尽管施工图不能一次性画完，但是基本上能做到施工图在施工之前拿到现场。实际上，中国的施工现场比我们想象的要复杂得多，它并不是先拥有精美的图纸，然后按照图纸一步一步做的。我到现场去看的时候就问："图纸在哪儿？"我画好了施工图纸，他们却把施工图纸锁在抽屉里，居然不看我的图纸，还在那儿施工。但我并不认为这是坏事，因为中国传统的施工确实是不用图纸的，他有一套体系在脑子当中，不用图纸也可以造，或者说只有一个人看过图纸，他就会告诉大家应该怎么做，不会是每一个工种都拿着图纸看的。我对物质性这件事情本身是很有感触的，我在现场看到的东西，甚至施工出来的东西跟我设计出来的是不一样的，我特别喜欢追随它，在现场进行改变。

其实在"干"的和"湿"的对应之外，还有"生"的和"熟"的对应，"活"的和"死"的对应。"干"的、"生"的、"死"的，"湿"的、"熟"的、"活"的这样一串词语是可以相互对应的。实际上大量的事情就是这样发生的，我在现场有大量的草图，他们说没办法保留，因为跟工匠一起讨论，拿一支铅笔直接在墙上把这个技术措施画出来，如果有个摄影师跟在后面把这些东西都拍下来，当然是很有意义的。在跟工匠的讨论当中直接在地上把构造图纸画出来，这些都发生在现场，并不是我回事务所去画一张草图。所以，我一般的工作状态是，我到工地之后会有施工方、管理方，包括工匠跟着我，两个小时之内他们会问大概100个问题，这100个问题记录之后立刻打印成一个问题单，我回到会议室要在2个小时之内对这100个问题立刻给出解决的方案，因为施工不能停在那里，它需要你快速地解决这些问题。当然这也养成我一个习惯，现场在看的时候脑子里不停地想，而且要不停地和工匠在现场讨论。如果有人记录现场讨论的话，会发现那是一个哲学家在跟哲学学生的对话，那些对话的语言与其说是技术语言，不如说是哲学语言。比如说关于砖头的砌法，基本上是在教一个学艺术的学生关于绘画的讨论，都是类似这样的东西。当然里面也有很多的技术词汇，等等，很多这样的东西融合在一起。这就是一个典型的存在者，就是你存在于那个正在发生的过程中的时候，你是想不到还要把自己记录下来的，需要一个旁观者来做这个记录。我为这个事情骂骂咧咧地在工作室说了很久，我说："怎么就没有人做这个事情？"但是在我的工作室里，他们就认为我是一个普通人，从来没认为我做的事情有那么重要。

王骏阳　我们很希望有这样的东西出来。

王澍　问题是在我的工作室里，他们就认为我就是一个普通人，大家都不认为这个事很重要。

王骏阳　对我们研究建筑非常重要。

王澍　我现在认识到这个问题了。下次我会把这个过程完整地做一个记录，这个确实很重要，对我自己也很重要。

王骏阳　你现在可以出一本书，把所有的过程记录下来，会很有意思。

李翔宁　王澍在这里说这个过程的时候已经非常平和了，好像这两个小时就能把问题都解决了。实际上我跟他一起看过现场，他当时是很紧张的，到了现场一看怎么成这样了？满头大汗。

史永高　我认为王骏阳老师刚才的提问不仅仅是说想看一个过程的现场处理和反应，还有对于建造过程质量的担心。可能在做完了以后是很好，但是过程当中或者说表面背后的就不知是什么样，因为我们现在的结构设计以及施工水平和态度就是那样，出现这样的问题也是很常见的。另一个问题，可能和李翔宁说的那个"廉价建造"有点关系。2003年我到象山校园，谈到对于施工过程中现场出现的意外甚至是错误，王澍老师说："在现场追随着不管是错误还是意外，跟着它走，要利用它，可能有时候不一定是改正它。"这可能是现在的"廉价建造"条件下无法避免的一些东西，但是如何去积极地利用，恰恰是此时此刻的本土化非常重要的一个东西。我提出这两个问题，但是可能王澍老师没有时间去回答了。

王骏阳　我没有这个担心，这个过程本身就很有意义。

王澍　通常是过程很好，做完了没有过程的好。

彭怒　下午的讨论非常激烈。由于时间有限，我们不得不结束这次会议。作为会议成果，我们将出版一期杂志和两本书。明年3月18日出版的《时代建筑》2012年第二期专辑，将汇集这次会议的主要成果。由于杂志的容量有限，我们还将出版一本会议文集，收录全部会议论文和现场讨论内容，并增加一些这次会议未能展开和这两天的讨论所激发的新的话题有关的文章。我们还会出版一本译文集，收录《时代建筑》杂志建筑历史与理论栏目三年来所翻译的多篇建构理论的文章。今天参会的不少嘉宾是这些译文的译者。会前，译者们已经完成了这些译文的重新修订工作。

三天的会议，大家一定非常辛苦。我想，正是对建筑理论的关注和热情，让我们乐于接受这种脑力和体力的双重挑战。谢谢各位嘉宾，谢谢我们的英、日、德语翻译，谢谢所有场内、场外的工作人员，最后还要特别感谢和我们共同主办这次会议的同济大学建筑与城市规划学院、中国美术学院、同济大学设计院、华东建筑设计院、德国 GMP 设计事务所的大力支持，谢谢大家！

（整理：严晓花　　校对：王颖）

附录：国外发言人英文文稿

The Neuro-Tectonic Approach to Architecture

Marco Frascari

A half-theory turns away from practice ? a total theory leads back to it
—— *Novalis, L'Encyclopédie, 81 (IV-738)*

The aim of this paper is to suggest a possible new approach to tectonics based on what has been labeled by a few researchers as neuro-architecture. Neuro-architecture is a branch of the architectural discipline that seeks to explore the bond existing between neuroscience and the conceiving, the construction and the use of the built environment. Neuro-architecture addresses the levels of human responses to the components that make up our built environment. A neuro-architectural approach makes evident that the product of architecture is not merely a sum of buildings, places and spaces; architecture is also the development of knowledge, organization and techniques of life, emotions, motions, passion and time? or so it should be.

At first sight neuroscience and architecture might appear to have little in common. However, advances in neuroscience are now able to explain the ways in which we perceive the world around us and navigate the built environment and the way this material environment can affect our cognition, problem solving ability, and mood. The purpose of a neuro-architectural approach is to assess the impact that various structures have on the human body and brain and how this impact on us makes us think differently and consequently constantly adapt our conceiving and making of the built environment.

The brain' s basic stuff is information: the ray of light hitting the retina; the duration of sound waves vibrating the eardrum; the scent of molecules touching the walls of the olfactory canal. From these assemblies of the sensory information, the brain creates an idea of what lies outside and the final construct is a consciousness invested with meaning. The meanings we bestow on our consciousness are extremely useful: they transform mere patterns of light, sounds, smells and contacts into objects that we can grasp and do something physically, but also we can use them to grasp the ideas embodied in them by our emotions. Emotions are critical to our understanding of architecture since the triad of commodity, firmness, and delight is the sum of the fundamental emotions at the base of a real Epicurean vita beata.

It has been demonstrated that there is an area of the brain that recognizes architecture. In brain imaging, the blood flow increases in a specific area when the person is shown a picture of a building. People who have had a stroke affecting this area often become disoriented because they have lost the ability to recognize buildings as landmarks, even if they can recognize other objects and they navigate their environment by looking to other references.

We make architecture and architecture make us or better, within a world-making estimation, we can say that edifices edify us as we edify them. Neuroscience can give to architects a better understanding of the ways they have always been working and can give direction for making better buildings by augmenting the necessary positive emotions that rule our everyday life. Architectural happiness is the result of emotional states translated into the built world that by raising emotions guides our search for a proper world-making, i.e. a thoughtful conception of the emotional conditions of human life in a human made world. Well-defined tectonic pieces that are also dedicated to raise thoughts, make vita beata possible, a happy life, within our physically built world, by having a building that can be all that it can, in other words a building that is fulfilling both human and architectural potentials by carrying out the tectonic virtues. By applying neuroscience to architecture, architects would enhance their ability to design rooms; tectonic factures and assemblages of building elements that besides housing physical actions can also support cognitive activities. In simple words, a neuro-approach to tectonics can make architecture the proper blend of three essential arts: the art of building well, the art of thinking well and living well.

At the core of the study of neuro-architecture is the utilization of neuroscience. There are two ways to verify this neurological condition of the architectural works: from the top down using neurological experiments (which I am not qualified to do); and to work from the bottom up, i.e. from occurrences in the tradition of the discipline (which I am competent to do). Neuro-tectonics has to do with understanding how various internal and external factors interact with the central nervous system of the soma-sensorial body and my aim is to trace these events in the writings, drawings and buildings to detect the clues used by architects to conceive and shape the built environment using building elements and consequently our cognitive processes.

1. The Ascent of Neuro-Architecture

Men ought to know that from the brain, and from the brain only, arise our pleasures, joys, laughter and jests, as well as our sorrows, pains, grief and tears.

——*Hippocrates, 5th Century, B.C.*

1.1

While the learning of how architecture affects neurological activity is still relatively young, the principles behind it are not, they have been tacitly implemented and taught by generations of architects. The majority of the procedures of architectural design have always been based on an intentional use of buildings physical structure to promote productivity, creativity and emotional wellbeing. Architecture affects your sight but also it affects your listening, hearing, touching and smelling, and through those sensory modalities alone, architectural signals go into the indissoluble unit of brain and body. The effect of the sensorial stimuli in the combination of brain and body is profound. For instance, an experiment conducted by behaviorists at the University of Minnesota states that the location of the ceiling height could affect how someone thinks. In a series of experiments, people were asked to do perform certain tasks, some of which favored abstract thinking and others favoring detail-oriented thinking. The result was that, in general, people focused more on specifics when the ceiling was eight feet high and more on the abstract when the ceiling was ten feet high. One of the authors of the study, Joan Meyers-Levy, suggested that this has great implications. She suggested that, perhaps, managers would want higher ceilings to think of new, broad initiatives, while technicians and engineers might want lower ceilings to help them focus on details.

1.2 Happiness & Misery of Architecture:

In their drawing, architects select graphic processes that allow the exploration of specific physical events of construction and inhabitation. With them architects create and explore synestheticly all the sensory necessities of building and dwelling. Infusing their drawings with "invisible tinctures," architects link and elaborate thoughtful tectonic elements. Through drawing, delineating, tracing, architects cook their raw thoughts in edifying constructs. They compose or decompose through variety of formal, conceptual, and tectonic actions on paper anticipating the yet to come conceptual and physical events in the buildings. By looking to the color of the food during the cooking process a chef will evoke the delightful flavor of a plate, in the case of architecture by a color pencil delineation of a room an architect can evoke its thermal or acoustical delights. Commonplace expressions such as "loud colors," "dark sounds," "sweet smells," "soft voices" and "sound structures" employed for descriptions of complex experiences antedating intentionally, formal manipulation of language and are derived from real synesthetic experiences. This experience takes place in the brain, it is a group of neuro-phenomena, and it is at the roots of poetic devices, shaded metaphors, literary tropes, signals, symbolisms and cognitive echoes.

Architecture is framed by embodied experience and embodied experience is framed by architecture. Architects have been neurologists ante litteram: they are those who through their drawing and building carry on investigations and assessments of architectural thinking. Without being familiar with neurology, nevertheless architects make us to think architecture with our bodies, but also to think our bodies through architecture. Architectural knowledge originates with individuals' perceptual and motor systems and resides in their emotions. In architectural drawings as in the reality of the built environment, humans are much more than anthropometric references, because they can be seen as the creation of base configurations that perform, form, reform and transform architecture by tracing demonstrative patterns of life in representations such as plans, elevations and sections and in tectonic elements such as doors, windows, stairs, floors, ceilings, beams, truss, arches and roofs.

Physical and emotional interactions are shaped and conditioned by the body and building constraints. This common relational character is underpinned in the brain, by communal neural mechanisms. These neural mechanisms enable the shareable character of actions, emotions, and sensations, the earliest constituents of our life. We-ness and intersubjectivity ontologically ground the human condition, in which their reciprocity foundationally defines human existence. Emotions recruit a unique modality ? internal representation of bodily state ? and are tightly connected to motivation. Neuroscience may provide useful information on the ways in which we empathize with building and edifices by emphasizing the role of embodied simulation.

2. The Tectonic Practice

The tectonic practice can be understood as a full scale architectural experience; an experience that ensure a continuation of a long building tradition, but it also holds the potential to develop the built environment. This development can for instance happen through empathy transfer from the corporeal to the mental. The term tectonic derives from the Greek word tekton, signifying carpenter or builder, an Indo-European origin that stemmed from the Sanskrit taksan, denoting the craft of carpentry and the tradition of axe cutting; a comparable word is in Vedic, where it refers again to carpentry. In Homer' s opus, tekton refers to the art of construction in general. Whereas in Sappho' s poetry, tekton, the carpenter assumes the role of the poet making the meaning evolve from being something specific and physical, such as carpentry, a physical facture, to a more emotional notion of facture, a poignant and emotive consciousness.

Tectonics is a desirable quality of architecture that unfortunately is now limited to the few privileged architects who have the economic freedom in their projects to be able to still work as gothic master-builders did. In this vacuum, there is the possibility to revive a tectonic tradition and call this partnership neuroscience and tectonics: elegant tectonics. The elegant practice of tectonic making is a valuable support from many points of views. It will help to maintain a tradition of materiality and sensorial qualities, as a neurological strategy to absorb technology into the built environment and from an emotional point of view to develop knowledge and technology in the building industry.

2.1 Elegantly Emotional Tectonics

Undoubtedly there is the language barrier between neurology and tectonics, rather than any fundamental conceptual division, that causes the lack of understanding on both sides. Shared terms in architecture and neuroscience are elusive; therefore I am using stretching some of terminology so to originate a fruitful interchange. Elegantly emotional tectonics is a fascinating trinomial locution and what it seems a gentle paradox. A clearly confused representation, an elegant emotional tectonics has to do with the reconciliation between of the arts of living beautifully, thinking beautifully (the facture of thinking) and constructing beautifully (the thinking of facture). From this point of view, tectonics is the fertile factor for the architectural production of elegant cognitions converting concepts from figures of languages to figures of thought and vice versa.

This change of tectonic configurations in poetical expression makes the tectonic objects to in epistemic roles. The idea of conceptualizing tectonic elements as specific forms of knowledge can be found throughout the architectural traditions, a clear demonstration of the tectonic cognitive power is the use in the use of tectonic configuration and frameworks in the frontispieces of books to reveal in one cognitive glance the structure and the ideas presented in the text.

Contrary to language, the 'readings' of buildings do not rely on the temporal logic of succession but on the spatial logic of simultaneous order. Through the three-dimensional configurations reduced to a two-dimensional plane, set of tectonic elements can reveal the relational order of different objects simultaneously, which enables the definition of differences as it can be deduced from George Spencer-Brown' s opening proclamation regarding his calculus of form: "Draw a distinction." [1] This makes evident that investigation of the epistemic functioning of tectonic elements is all the more important in the context of the digitalization of architectural designing practices. However, the cognitive and emotional role of tectonic presences is largely underestimated due to the dominant connection of knowledge with language in the Western tradition of philosophy. In their expressions, tectonic elements are relative to language in that they work grammatically, i.e. with a syntactical structuring caused by materiality and gravity. Although there is no finite alphabet of elements, there is always something like a relative alphabet of elements involved in the 'reading' of built assemblies. Re-identification of specific "tectonic constellations" is necessary in order to use building elements to process and affirm the cognitive knowledge embodied in architecture.

2.2 Tectonic or Plastic Emotions

In his book, "The Feeling of What Happens" Antonio R. Damasio, a renowned neurologist points out that, during most of the 20th century, emotions were not dependable data to be analyzed in neurological laboratories. A wellknown UC San Diego neuroscientist, Vilayanur Ramachandran reinforce Damasio' s opinion by stating: "The point of art is not to copy but to amplify, to create an emotional response in the viewer." [2] Thoughts and emotions are interwoven: every thought, however bland, almost always carries with it some emotional undertone, however subtle. Gravity, Lightness, Tension, Force and Compression are features embodied in tectonic events, but they are also characteristics and quantifiers of specificemotional categories. As once Le Corbusier has said:

"The Architect, by his arrangement of forms, realizes an order which is a pure creation of his spirit; by forms and shapes he affects our senses to an acute degree, and provokes plastic emotions; by the relationships which he creates he wakes in us profound echoes, he gives us the measure of an order which we feel to be in accordance with that of our world." [3]

Tectonic generates plastic emotions that then create ineffable mindsets and concepts than guide human thoughts in his verbal and non-verbal expressions. Lightness, gravity, heaviness, tension, torsion, compression, shire are plastic emotions therefore amazing cognitive presences of tectonic derivation.

In the work of Franco Albini (1905—1977), an Italian Neo-Rationalist architect of the 20h century, the plastic emotion of lightness and tension and their counterparts of compression and gravity can demonstrate how to move back and forth between architectural and cognitive structures.

To understand what nowadays tectonics represents for thinking, we should marvel to the lightness embodied in building and recognize the important role played by tension in building structures. Tension, a temptation, a forbidden fruit is the fruitful core of a tendency developed by the contemporary aim to construction. Tension replaces weight and teetering erections by breaking away from ponderous constructions. This is a wondrous perceptual strangeness, which rules contemporary constructions. Lightness is an essential quality of the present wonder in architecture.

Perceptual strangeness is sustained when the paths of causal explanation are complex enough not to habituate or condition perception. It is significant to recall that the discipline of aesthetics—the discipline of sensation—began with an oxymoron. A German philosopher and the father of the aesthetics discipline, Alexander Gottlieb Baumgarten unveiled the focus of his new philosophical discipline by declaring that aesthetics is a science dealing with "clearly confused representations." He subverted the traditional sequential continuity existing between the categories of obscure and confused ideas, and of clear and distinct conceptions and attributed aptness (perfectio) only to "clearly confused conception." From a point of view of tectonics, a highly aesthetic discipline, a clearly confused tectonic idea ought not to be seen as a result of design imitation, but as an imitation of the process itself. This is not a condition easily recognizable in the present understanding of tectonics as a derivative of construction science, but easily ascertainable when we think of construction science as derived from a tradition of tectonics. This tectonic thinking is a beautiful conceiving that is the art of thinking beautifully (ars pulchre cogitandi). This art of thinking beautifully is always unfolded in an elegant manner: then tectonic, as a sum of emotions, is an elegant procedure expressing an erotic search for knowledge, a desire to buiding as a state of hope. A building element, is the basic unit or segment of architectural emotions and of any construction of meanings.[4]

Buildings are passive structures, in which the quotidian art of living well finds infinite expression in their tectonics. In them the lineaments of construction and the harmony of building elements trace the tropes of human habits elicited by a figurative imagination. This is based on topical thinking, an interactive procedure which bringing about a sort of knowledge based on images and figures of tectonic expression. A powerful conceptual tool, a trope, a torqued meaning, is a playful interpretation relating forms that would otherwise never be associated. A trope is always based on rhetorical figures of signification, i.e. metaphor, metonymy and irony; they are subtle weapon of criticism, necessary tools for building through destroying. Tectonically speaking, by operating with similar shapes, with the use of containers for contents—or vice versa—and by use of the opposite plastic emotions these three tropes achieve meanings through translations of characteristics and with the help of cross-referenced images, they generate tectonics able to establish an eloquent and intelligible constructed environment for human life. Building elements then become like Leibniz' s monads, through which it is possible to see the totality of an architectural reality by looking at tectonic nature of architectural details. The relationship between architectural representation and detail is based on substitutability of function, not the imitation of form. Architectural detail, by its inclusion in or exclusion from semantic and referential relations, is the site of the real union of function and representation.

2.3 Elegant Tectonic Lightness

Elegant tectonic lightness is a weightless engagement in the paradoxical nature of light-structures. Elegant lightness must be seen as a virtue rather than a sin of structural frivolity, recognizing that the practice of it produces meaningful, elemental expressions of construction where structural elements can tell their tales. In other words, as a clearly confused representation, elegant tectonics has to do with the translation of the art of thinking beautifully into the art of constructing beautifully. This is an ambiguous translation and the implication of it can be only understood by punning—elegant verbal and visual thinking. As a pungent pulling of perception, punning is the rationale for conceiving of elegant tectonics. This practice is a creative and sometimes punishing way to work out the dark side of the punching knowledge embodied in acute tectonic punning. Puns are another sign of human neurological actions since punning involves the gradual build-up of expectation (a model) followed by a sudden twist or anomaly that entails a change in the model. While many puns appear straightforward and simple, they require the brain to maintain multiple meanings of a words and things simultaneously, rather than simply suppressing the competition or choosing an outright winner, as it often does when confronted with ambiguity. They are tittering funny because of the brain' s ability to quickly recognize incongruous interpretations and catch unexpected secondary meanings that imbues them with humor.

Structural lightness is a virtue rather than a horrific sin of constructional frivolity because elegant tectonics is an inspired play of ligaments and tendons where lightness is seen as a positive and productive faculty of human thinking. A weightless engagement in the paradoxical character of light-structures, elegant tectonics recognizes that the practice of lightness produces meaningful, elemental expressions of construction where structural details can tell sublime fairy tales, sublime expressions of elemental architecture. By etymological definition, the notion of sublime is subordinate to the character of a building element. Sub-limine means under a threshold and by extension to that which is under a door, a gate or any arch. The concept threshold is an ancient as well as a modern notion coupling the understanding of the relation existing between quality and quantity. A threshold is passed when a factor that does not have influence, produces an extraordinary effect which most of the times does not allow a return to a prior condition: a clear understanding of the phenomenon is in the infamous drop that makes the vase overflow. The importance of the threshold is also recognized in a topical manner. A threshold is the place where objects of wonderment and marvel are hung. For instance, in the so-called Madonna di Brera, painted by Piero della Francesca, an egg is suspended under the arch framing the Madonna. This egg is a sublime object that made art historians to write innumerable essays on its lofty and intriguing meaning. Many hanging wonderful objects are topically located within thresholds outside the figurative world of paintings; they are found both in edifices and in urban structures. In the urban core of Verona, a colossal rib-bone (costa) is suspended under an arch marking the passage between Piazza dei Signori and Piazza delle Erbe, the Arco della Costa. Local storytellers claim that the huge rib-bone came from the rib cage of one of the giants populating the countryside in the beginning of time. In Verona, another hanging contrivance, the helm of a Saracen ship captured during a Crusade, is suspended from the main arch of the nave in a side chapel of the church of Santa Anastasia. Not far away from Mantua, a crocodile dangles under the tie-bar of the first cross vaulting marking the inception of the nave of the Sanctuary of Santa Maria delle Grazie.[1] Hanging things have the power of sustaining imagination, as the swinging lamp in the cathedral of Pisa that ignited Galileo Galilei' s wonder and lead him to the discovery of the isochronal movement of pendulum.

To conclude this list of suspended things motivating thoughts, it is essential to mention the image of a blown-glass geometric solid offered in an exquisite oil-tablet portraying Luca Pacioli. An Italian Humanist, Pacioli is well known for his work in elegant geometry entitled De Divina Proportione. In this portrait painted by Jacopo de' Barbari, Pacioli is represented in the act of performing a geometric demonstration on a blackboard and at his left is hanged a beautiful blown glass, half-filled with water, in the shape of an Archimedean semi-regular solid, a vigintisex basium planus solidus. This is the solid represented in plate XXXV of the "De Divina Proportione." [2] A Platonic solid is placed on the table and it is a dodecahedron, one of the five regular solids and it appears in Plate XVII of Pacioli' s treatise., located on the diagonal between the two solids, Pacioli is powerfully staring directly into the eyes of who is eyeing at the painting. The tripod of the Pythia is the figure traced on the blackboard; probably it is the eighth or the thirteenth Propositio of Liber XIII of Euclid' s Elements. Pacioli is presenting an act of divination and as Renaissance magus-philosopher is eternally performing a tense act of geomancy in front of us and the suspended glass solid sustains the incantation of imagination.[3]

2.4 The Delight of Lightness in Franco Albini's Architecture

A proper way to understand the presence of the quality of lightness in the built world is to examine minutely works of an architectural recent past within which this ideal condition of lightness can be identified. Showing also how this quality can be projected in the future, the architecture designed by Franco Albini is the perfect case study for this investigation on the wonder of elegance and lightness as wondrous qualities of the constructed world. As Renzo

Piano as pointed out, Albini' s tectonic opus can be seen as a source of design rigor, material ethos, and tectonic sophistication. In Albini' s works, the presence of an elegant tectonics is a reality and a project at the same time. The constructions of Albini have the same elegance that can be seen in the wonderful vaulting of a great gymnast where the precision of the movements in performing the exercises hides the stress and the need for precise supporting points. The exercises of architecture of Albini, as for the gymnast exercises, require a total dedication beyond any professional ideology.

Albini' s culture and education are regional and typically Milanese. He earned his degree in Architecture at the Politecnico di Milano; at that time the seat of the architectural school with the most substantial technological tendency existing in Italy. Albini' s initial training took place in the office of the partnership of Gio Ponti and Gio Ponti, a leading firm in the Novecento Style. This experience made the early production of the young Milanese architect—to be precise his master thesis (1929) and the pieces of furniture designed for the Dassi Company (1930—32)—a little formalist in their guise. However, through his intellectual friendship with Edoardo Persico (1930) and a keen interest in the refined art of detailing, Albini moved out of the hoosegow of the Novecento Style and got interested in the principles of the Architectural Rationalism. Albini' s interest in Rationalism made him close friend with Giuseppe Pagano and the group of the young editors of Casabella, the most powerful Italian architectural magazine of the time. After the World War Two, during the intellectual chaos of the architectural reconstruction, Albini became one of the founders of Movimento Studi Architettura

(MSA) a Milanese association whose aim was to foster an understanding of architecture from an organic point of view.[5]Together with Giancarlo Palanti, Albini coedited the magazine Casabella-Costruzioni. During this period, he began his teaching activity, first in Venice, then in Turin and then during the last period of his life he taught at the Politecnico in Milan.

The elegant tectonics of Albini is articulated in its highest form in his furniture design. In Italian and French moveable pieces of furniture (It. mobili, Fr. meubles) are not conceptually subordinate to unmovable constructions (It. immobili, Fr. immeubles). Pieces of furniture are independent and movable expressions of construction: they are not fitted solutions. Albini saw the primary design relationship as an inversion of the actual relationship. From the point of view of a conventional tectonics, in the actuality of the constructed world, the mobili or meubles (movable furniture) are inside the immobili or immeubles (edifices). In the reality of the figures of thoughts constituting Albini' s search for an elegant tectonics, because of proximity transformation of a dental (N) into a labial consonant (M), it is possible to say that immeubles (immovable) tectonic solutions are in the meubles (movable) manifestations. In this, Albini is following the light tectonic playfulness of the architectural project devised by a great French interior decorator and furniture designer, Pierre Chareau. By designing furniture, Chareau developed a sense of architecture that made him to erect one of the most elegant buildings of the Modern Paris. Designed within an elegant tectonics of steel and glass and prudently kept under the roof and beyond the facade of the Parisian bourgeoisie, Chareau' s Maison de Verre, follows a long tradition of a fantastic emotional tectonics began with medieval legends describing glass buildings such as in a late Welsh legend telling that Merlin was not imprisoned by Nimue, but made a voluntary retreat into an underground glass house on Bardsey Island in North Wales, where he is still guarding the Thirteen Treasures of Britain and the True Throne on which king Arthur will sit on his return.[4]

Albini' s furniture designs represent a desire for a thoughtful lightness revealing, in the expression of tension, the reality of unbearable weight. During the first period of his professional life, Albini designed several pieces of furniture where the use of tension cables is the dominant feature. The most famous of these pieces of furniture is a bookshelf, designed for Albini' s own house, in 1938. This piece of furniture is Albini' s most emblematic work; labeled "Libreria Veliero in Tensistruttura," the bookshelf is a tensile-structure built in wood, security-glass planks and metal cables; it is a tectonic oxymoron a light repository for ponderous tomes. This freestanding bookshelf emotionally transforms the dead weight of books in live loads, a wonderfully elegant and light tensile theatre of memories and emotions.

The question is not whether sensible pieces of light construction can have any emotions, but whether light constructions can be sensible without any emotions.

Albini' s use of tectonic emotions originated within the tradition of the design for modern exhibition pavilions: elegant and emotional theaters devised for increased the thinking of the visitors. The Italian designs of pavilions for trade-shows and government-exhibitions were used to generate meaningful expression of elegant tectonics to reinforce the theme of the show by emotionally tackling the body and brain of the visitors in relationship to the theme of the exhibition. These temporary structures were supposed to marvel the visitors by raising bizarre connections on the one hand between past present and future and on the other hand between things and cultural functions or productions. They were composed as wunderkameren of the Twentieth Century. Organized as metonymic putting together of natural and artificial curiosities, these exhibition pavilions cerebrated and exalted the empathy and the synergy existing among the exhibited objects. These exhibitions were collections of objects that had become embodied representations of human thoughts, when assembled in a tectonically emotional reality.[5]

These earnest pavilions, as representations of human achievements, had converted from exhibitions into wonderful capriccios of knowledge expressed in an elegant tectonics. These display designs created by Albini and other young Milanese professionals were vital instruments for formulating the path of a critical profession and became the expression of a discreet architecture, critical of the monumental and magniloquent language of the official architecture of that period. Their designs were well-measured presentation of an enlighten criticism, embodied in ephemeral artifacts and preserved in photographic memories belonging to the canonical power of Memnosyne rather that to the imposing admonitions of the lasting monuments generated by the leading official architects of the Fascist Regime. The young architects opposing the architecture of the dominating Regime knew that photographic images do not seem to be statement about the world so much as pieces of it. These pictures are miniatures of an architectural reality that everybody can acquire by buying an issue of an architectural magazine. Incitements to reverie, these photographic records of exhibitions are presence and absence, acts of divination of future tectonic emotions.

Because of the capricious and frivolous qualities of the materials to be employed—an improper exposure of factures—and the limited temporality of the pavilions—an impermanent and impertinent tectonics—the official Roman architects, designing for the heavyweight supposed eternity of the Fascist regime, left to the young Milanese architects the lesser task of designing exhibitions. The sequence of these delightful designs began with BBPR' s (Banfi, Belgioioso Perrassuti and Rogers) arrangement of the "Sala del Volo a Vela (Hall of the Gliders)" at the Show of the Aeronautics, in 1934. This was a design solution with gliders dangling in the upper part of the space of thehall. For the same show, Albini designed the "Hall of Aerodynamics." The idea of hanging pieces was already attempted by Albini in the Ferrarin Apartment 1932-33 by introducing an unusual piece of tensile furniture for the living rooms of the Milanese bourgeoisie, a hammock-dormouse.

Emotion utilization, typically dependent on effective emotion-cognition interactions, is adaptive thought or action that stems, in part, directly from the experience of emotion feeling/motivation and in part from learned cognitive, social, and behavioral skills. Albini was a philobate architect (an outward-looking reformer who as a claustrophobic seeks uncluttered and light rooms) rather than an ocnophile one (inward-gazing warden of culture who as a narcissist agoraphobic is seeking things) since his hanging pieces of furniture unveiled a different tectonic understanding where gravity is substituted with tension. In his designs Albini showed how tensile lightness could grow into a principle of design. Albini used again a hammock in the design for Living Room for a Villa. The design was presented at the VII Triennale of Milan 1940. In this living room, there was also another beautiful hanging piece a Suspended Armchair. This piece was the tangible representation of a delightful meditation on the tense but agile events taking place on the snowfields and sky-lifts of Cervinia, where, in 1948, Albini completed one of his major architectural creations, the Refuge-hotel Pirovano—a masterpiece of quiescent gravity.

Albini added a surrealist presence to the above mentioned 1940 show room by adding to it a symbolicly suspended aviary, composed by a heavy oval base and an outstretched net. This is an elegant design solution unintentional recognizing the origin of the Gotfried Semper' s discovery of the projectivity generated by the tectonic intentions embodied in textile products. From this point of view, the textile product is not used in a simple metaphor. It is not employed for an understanding of space based on discursive or methodological metaphorical statements such as "the weaving of street and avenues within an urban fabric, " but rather, it must be regarded as a morphological procedure and a theoretical analogy for developing a tectonic practice.

Returning to the young Milanese architects and their use of cables and tension in their designs of exhibitions I should recall how the "Show of the GIL" held at Palazzo della Ragione in Milan, in 1942. Designed by A. Ferrieri, G. Frattino V. Gandolfi, this show was a celebration of the tension of diagonal bracing. BBPR' s design for Padiglione Navigante delle Compagnie di Navigazione Italiane (Floating Pavilion of the Italian Sailing Companies), at the International Exhibition held in Paris in 1937, used tensioned cables to support the exhibited conceptual pieces. These conceptual shrouds stretched between hypothetical masts from the Progetto di Case Ideali (Design for Ideal Homes) recorded in a photomontage engineered by BBPR in 1942 that fitted in the same trend of elegant tectonics.

The inception of the elegant tectonics of the armchair and coffee table devised by Albini in 1943 can be traced to these exhibition designs. Paralleling his furniture design, Albini' s search for an elegant tectonics is in the design of hanging stairs. In the in the already mentioned design for the Living Room for a Villa, Albini presented a straight and weightless stair manifesting the idea of a suspended stair, in nuce. Albini achieved the delightful solution of such problem in a stair designed for Villa Neuffer in Ispra, during the same year of the VII Triennale. The result was a suspended spiral stair, an architectural trait that will become the signature in many of Albini' s designs. Another hanging spiral stairs will compliment one of the most wonderful designs of Albini, the restoration and transformation of Palazzo Rosso in Genoa, in 1962. Albini developed a marvelous and similar quest for lightness in his design for a fur-shop, the Pellicceria Zanini in Milan. This 1945 design shows the potential amity of suspended pieces, expressed in the subtlety of the constructional tactic devised to keep the hanging structures from swinging.

The furniture of Albini cannot be imitated as it happened for Breuer' s chairs. To build these pieces everything has to be specific both as material and as workmanship. Albini has assimilated tectonics in his design strategy, but in a very personal manner. He has done it in an emotional manner as a demonstration of a beautiful conceiving. Albini' s pieces of furniture are 'shining design pieces' which cannot be broken into discreet pieces by means of analytic procedures, but they possess the power of self-reproduction: emotional representations that might generate additional confused representations, ad infinitum. Albini' s furniture cannot be duplicated by the means of the analytical procedure of imitation—a process by which the produced pieces look like the original pieces but made with different procedures aiming to reduce the cos—because of tectonic nature of the pieces that cannot be altered without disfiguring the emotional effect.

In 1938, Albini designed a Radio Set in a crystal stand, an emblematic piece of elegant tectonics. Striving for the empowering a wonder of a device, the radio, within another wonderful creation, the security glass, Albini achieved an exceptional non—trivial validation of the power of tectonics. This unique tectonic design is a representation of a strong belief in a tectonics that feed itself in a clear understanding of materiality. This suspended radio is also demonstration of how elegant understanding of tectonics could produce unique objects easily replicated in several exemplars, but cannot be imitated.

3. A light Conclusion

Suspended things motivates cognitive thinking, they are emotional presences and Emotions play a critical role in the evolution of consciousness and the operations of all mental processes. Types of emotion relate differentially to types or levels of consciousness. The relation of building elements to empathy, sympathy, and cultural influences on the development of socio-emotional skills are fundamental issues destined to improve the processes of design in achieve the proper balance and a neuro-approach to tectonics can make architecture the proper blend of three essential arts: the art of building well, the art of thinking well and living well.

An evaluation of the task and characteristics of lightness becomes a fundamental criterion in the imagining of building structures. These tectonic thoughts and structures echo along the course of affinities and similitude, connecting the process of contemporary experience with the past of the world. Lightness, an emotionally ambiguous condition, raises questions, which give meaning other than that of a shared perception to the things of architecture. Light edifices gain the power of human thoughts; they are embodiment of human spirit in physical realizations. An evaluation of the task and nature of lightness becomes a fundamental criterion in the imagining of building structures carrying the power of awe. This amazement echoes along the path of affinities and similitude, connecting expressions of contemporary experiences with the past of the world in the light of the future, by demonstrating an intellectual edification through the act of dwelling in edifices.

Architectural elegance begins in delightful constructions where lightness is a positive and productive emotion of technological thinking and could influence the physiology and character of individual inhabiting it and even affect subsequent conducts. The tectonic emotions are continually present in the normal mind under normal conditions, and it is the central motivation for engagement in creative and constructive endeavors and for the sense of wellbeing. Interest and its interaction with other emotions account for selective attention, which in turn influences all other mental processes. The therapeutic and edifying power of tectonics is fundamental, but it also can have negative consequences of architectural 'malpractice' for individuals and society. Malpractice not used in the sense that the buildings will not stand up, but in the sense that if buildings present extremely seducing fashionable but emotionally inappropriate tectonic expressions the use of them could damage the phyco-physiological neurological and consequently emotional wellbeing of its inhabitants.

Notes

1 Alexander Gottlieb Baumgarten, Aesthetica Scripsit Alexand.Gottlieb Bavmgarten ..., (Charleston, SC: Nabu Press , 2010)

2 For a discussion about the characteristics connected with the figure of the magus-philosopher see Garin (1991)

3 The polyhedron in the painting is a masterpiece of reflection, refraction, and perspective. (Davis states that the bright region on its surface reflects a view out an open window. For a story of the painting and the complicate iconology see Guarino (1981).

4 The medievalist architectural historian, Paul Frankl cites numerous legends containing descriptions of fantastic glass buildings, in his The Gothic: Literary Sources and Interpretations through Eight Centuries.

5 The reason for these postulations is the close etymological relationship existing between the word 'think' and 'thing' Furthermore, the Italian etymology of the word cosa (thing) reveals that architectural things are causes for thoughts, since that word is derived from the Latin causa (cause) rather than from Latin word, res bearing the same meaning. Things in these pavilions halt our eye in amazement. This halting is the human way of being present in the mist of reality of things. In this way the whole human body, from head to the toe, can experience and express the fact of wonder.

References

[1] George Spencer-Brown, Laws of Form. New York: Julian, 1977, p. 3.

[2] Interview with Vilayanur Ramachandran. San Diego Union Tribune (May 7, 1999, A1, A19)

[3] Le Corbusier, Towards a New Architecture, New York: Dover Publications, 1985) p.59; my Italic.

[4] This Sanctuary is an impressive wunderk?mmer, a theatre of memory fill with gruesome wax statues and decorative encrustation made with wax anatomical fragments, morbid ex-voto.

[5] Tafuri 1990: 5-46

The Poetics of Tools

Annette Spiro

1. Memory

The title of this symposium is "The Poetics of Construction." Poetry and construction, only two words; but the essence and the beauty of our discipline could not be better expressed in words than like this.

How do the two terms of two different disciplines join togehter? The English writer and theorist John Ruskin wrote: "There are only two conquerors of man' s forgetfulness: poetry and architecture." In other words, architecture as a human memory.

Ruskin' s words perhaps let you think of the great and unique monuments of architectural history: the Egyptian pyramids, the Pantheon, the Chinese Wall, gothic cathedrals; or perhaps the city, as a "structural body" that has grown over the long ages; or even the buildings of anonymous architecture: an Apulian stone Trullo, a Chinese courtyard house, a Scottish castle.

The first instinct is to associate Ruskin' s interpretation of architecture as the storage room of human memory with monumental constructions, with an architecture that lasts forever – in other words with the expression firmitas, to name the first of the three Vitruvian principles. "There are only two conquerors of man' s forgetfulness: poetry and architecture." Ruskin places poetry side-by-side with architecture. In 1849, the year when he wrote this essay, Victor Hugo' s *The Hunchback of Notre-Dame* had appeared a few years earlier, and with it the famous dictum "ceci tuera cela" in French, In English, "This will kill that" , says the novel' s character Frollo.. He sees in printing the death of the cathedral. Book printing will kill architecture, words will replace images. Therefore poetry and architecture do not compete, but in temporal sequence to each other. One art form will replace the other.

What I find remarkable: This is less the prophetic statement, but far more the certainty that architecture has the power to tell stories. In fact the centuries-old monuments stand like books. Often they tell real stories: take for example the cathedrals and their rich treasure of images. The visitors of the past perhaps read these images like comics. But at the same time history itself has left its mark on monuments, which likewise tell a story. The basic need for these stories is a lasting construction. It is only this that allows a long lifetime. In other words, a solid construction is needed. Or at least it seems so at the first glance.

Let' s leave Ruskin and Victor Hugo behind us, let' s go to the Italian architect Renzo Piano and try an answer 150 years later. I quote from an extract from a ceremonial speech Piano gave at the opening of his cultural center in New Caledonia: "The poetry of the Pacific rim does not preserve eternity through stone, which defies time, as in the Colosseum, but rather by means of lastingly repeating the same gesture. In Japan the temples are forever being rebuilt. Here it is the craftsman who is the historical factor."

What has happened? To last has nothing to do with firmitas. Quite the opposite! Long lasting is not rooted in the material, as people may think, but in repetition. In repeating over and over again. The craftsman is the historical factor!

The focus of attention no longer lies in the individual object, but in the act of production, in the principle of construction. The message of the age is not cut in stone, it is created through repetition.

The principle has a similarity with the oral tradition as we can find in non-written cultures. Please allow me to make a short remark on this subject, which is without any scientific basis. For me there is a similar relationship between the permanent stone-building tradition and the short-lived, filigrane constructions. The same exists between written cultures and the oral tradition. It would be interesting to examine whether such a relationship actually exists-whether written cultures tend towards permanent constructions and whether oral cultures, on the other hand, favor lighter, more short-living building methods.

Solid stone buildings are like a palimpsest-to quote the old Egyptian manuscripts overwritten again and again. Like there in the stone building the traces are preserved in it even when some of them are no longer easy to read. The filigrane building is a permanent process of being built again and again. On the other hand, it is similar to an oral work. The prototype is in a continuous process of being copied with the most minimal of changes, and is at the same time extinguished. The comparison with the oral tradition is there to see. Even if it always remains the same story, it is told each time anew.

To return to the topic as I mentioned before. “The craftsman is the historical factor,” says Piano. Even if the skilled craftsmanis no longer so important in all the areas of today’ s building, the statement is nevertheless interesting in more than one aspect.

Historical conservation places special emphasis on the untouched object. On the contrary Piano’ s statement questions whether this is the only thing to be preserved. Should we only preserve past monuments? What happens to the construction methods, to the knowledge and skills of the craftsman? In contrast to a built monument, the construction methods are in a process of endless development and renewal. They only stay alive as long as they have the ability to modify themselves. Nothing is easier to destroy tradition than imitation. For instance, the last traces of real tradition and autentic historical consciousness will be destroyed if we treat the past as a finished product, or one that can simply and easily be reproduced. Eduard F. Seckler has the right word: “The past is being robbed of its truth.” And nothing is more certain to keep it alive than constant renewal and adaptation to new necessities.

Therefore, what if priority is given for once not to the individual building, but rather to the principles of construction?

You’ re undoubtedly far more familiar with the "Qingming Roll" than I am. Let’ s look at a close-up of one particular detail of it.

Whilst searching for historical building methods we came across this wonderful bridge.

"New Thinking about Old Constructions" is the title of a project we set ourselves as an academic chair. The aim was to discover potential for the future in old or even forgotten building methods, and to develop them further.

We also came across things closer to home, and asked ourselves: what does this person from the Italian Renaissance have to do with the nameless builder of this bridge in China? Did da Vinci perhaps know the bridge from distant China from drawings or writings? Or did he hear of it through the tales of travelers? We’ ve no idea. Had the first exchanges between the East and West already taken place, or did the same idea occur in completely different places? Neither of these hypotheses is evident, but each of them is equally stimulating.

A sketch from the Middle Ages by the master builder Villard de Honnecourt…

And by Sebastiano Serlio, the Italian Renaissance architect and theorist, of his studies of self-supporting frameworks…

Or by his French contemporary Philibert de l’ Orme, who planed large domed structures with short construction elements…

Or by the German master builder David Gilly in his search for a timber-saving construction method.

It’ s precisely this, what we were interested in.

Then when you build with short construction elements, it is not the precious tree trunk with its great width that counts. The building material can be produced from less precious branches, or even from wood that is leftover. The building material is cheap, and the construction process is simple. The individual building elements are easy to handle. The construction is put together piece-by-piece, it doesn’ t need a scaffold.

The principle of the self-supporting frameworks is simple. A minimum of three wooden members have to rest on top of each other in such a manner that one of each is mounted on two others. And with another one acting in turn as a structural rest. Due to the spatial jointings of the number of construction elements, a form of tension is created in the nodes, already fixing the wooden members in place through friction. The constructional principle is simple; the load transfer, however, is complex, because every individual element is statically joined to every other one. Based on the principle of reciprocity, the forces are – if you like – taken for a walk round the construction.

We then tested the project in the lesson with our students. With success. These young and crisp minds are highly inventive and understand how to play with ornamental beauty out of the principle using mathematics and geometry. This can be demonstrated in the plans for a dome in the famous library by Werner Oechslin in Einsiedeln in Switzerland. However, the non-hierarchical building principle is also ideal for irregular structures.

The complex materialhas until then only been dealt with learning by doing. In order to master this, we developed a digital instrument that also enabled the planning and computation of complex and irregular constructions.

What you see here are the experiments on a one-to-one scale model, right through to the realizations of them on the ETH campus.

A pavilion made of one-of-a-kind elements; the CNC router is controlled directly.

Whereas this construction is only made of simple roof planks with different lengths and arrangements.

Now we return to China. We are not alone in our interests-as we naively believed. This is shown by the "Decay of a Dome". Wang Shu exhibited his wonderfully fragile construction at last year’ s Architectural Biennale in Venice.

The buildings all belong to the category filigrane constructions. In a lecture at the ETH Kenneth Frampton, the mentor of this symposium, made a distinction between "earthwork" and "roofwork"; between stereotomy and tectonics; between solid and filigrane construction. He was referring thereby to Gottfried Semper, whose thesis was that origins of architecture lay in the very old textile techniques of weaving.

But does this distinction still make sense today? It is almost impossible nowadays to sustain solid construction and filigrane construction as a dual terminology: the constructional methods have become too unclear and confusing. Nevertheless, the dual terminology can still be used to delineate the two prototypes of construction. To return to the opening question: filigrane construction would appear to be ideal for a modest ephemeral building culture, whilst solid construction methods are equally well suited for a concept of permanence.

But was it even possible in Semper' s age to clearly distinguish the two forms of building? Let' s take the gothic cathedral—the stone book—I mentioned before with an example. A massive construction, the stone carving is the incarnation of stereotomy.

What have the master builders and the stone mason created out of this? Instead of massive pillars we have slender columns, the ribs fork out like branches, and the stone mantle is dissolved. The solid-built structure has become filigrane!

Let' s stay with this example, leaving the question of solid or filigrane construction to one side, and let' s examine the question of tools.

What does the fantastic construction of a gothic church space look like from outside?

The building remembers a ship under construction. An auxiliary structural framework supports the light interior space. Just as in shipbuilding, the filigrane flying buttresses of the cathedral are nothing more than an accessory construction, created to facilitate the huge open interior space. Thereby the construction is decorated, beautified and becomes an autonomous element. The master builder wanted above all to create a fantastically lofty internal space. And not a prickly monument soaring into the air with all its thorns and spikes. The supporting framework is actually only there to support the incredible space within. It has become a building itself. And it has become a giant adornment!

This filigrane auxiliary support construction can be shown even more explicitly in another kind of cathedral construction.

The clay mosques of Mali likewise have a prickly mantle, and in this case too the accessory construction is there to create a large columnless space and what is for a clay construction a comparatively audacious space. The walls of rendered clay bricks may well be ridged and reinforced with vertical ribs, but the filigrane wooden framework gives the building additional stability. And just as in the gothic cathedral, the accessory construction becomes adecoration. It has another function too. The walls are re-plastered every year. And for this a scaffold is required.

This takes us back to Renzo Piano' s comment about the constructions of the Pacific rim: “The craftsman is the historical factor.” This also applies here, but notably to a solid construction.

The building is not re-erected internally over and over again like a Japanese temple, but it is re-plastered every year, and this means it is renewed again and again.

With my next example I’ m probably on thin ice. Whilst preparing for this lecture I stumbled across this wonderful picture. The image of the gothic pillar system immediately came to my mind’ s eye, with the magnificent internal skeleton of this drum tower appearing to me to be like an inversion of it.

The virtuosity of the inner supporting framework is hardly to see from outside.

Like a group of firs, the load-bearing timber supports stand in the center of the construction. Just like the branches of a tree, the structure forks out and braces the shell of the tower, which consists of numerous staggered roofs.

The roof is a building element that otherwise naturally plays a minor part in the tower-building type, but here it becomes a supporting element—obviously in a figurative sense, because internally the supporting framework stands like a skeleton, transforming the shaft of the tower into a spatial adventure.

The support construction as an instrument of an exceptional idea of space becomes a real architectural experience. In architecture, it is impossible to separate construction and design from each other. It also can’ t be done in the examples that I’ ve just shown. But what I really wanted to illustrate with them is how the one can inspire the other.

2. Tools

This finally takes me to the title of my lecture. What if we extent the title further to include the term “tools” ?—when we ask, what implements do architects have at their disposal?

With the term implement, I naturally don’ t only mean the principle of construction, or even the hammer and chisel, but rather equally the methods of design. Because these too can leave traces in later buildings. Whether as an architect you knead your models out of clay or cut them out of thin cardboard, whether you draft your plans in pencil or using a parametrical computer program—by all means the design instrument effects the final result.

In art this is an obvious fact. It makes a big difference if we have a sharpened pencil or a soft paintbrushin our hand, the result—but also the way of thinking—is different. Nothing proves this more convincingly than

Chinese ink painting. The tool is far more than just a simple work instrument. Even in scientific experiments, the instrument leaves traces on the test object. This applies just as equally to architecture.

Let' s take a look at the architect' s most pragmatic and practical instrument, let' s take the building plan.

Have a look at this plan for a small church in Klippan in southern Sweden. It was drawn by Sigurd Lewerentz. The bricklayer will make sure not to lay one single brick in the wrong place. The architect has predetermined every stone and every joint—the entire building is the sum of its tiniest parts. But this is only the beginning, because the plan shows even more. The whole aura of the building material is visible and tangible. One can almost physically smell the brick. Sigurd Lewerentz demonstrates the brick' s specific qualities and the logic of a small module. Out of which an entire house, no even entire towns can be built. And above all, the plan is even beautiful!

This is a completely different plan. Not drawn by an architect, but by an engineer. It is the roof slab of an apartment block in São Paulo by Paulo Mendes da Rocha. Just as in the wall plan by Lewerentz, this plan is likewise reduced to a specific topic. It shows the structure and a single building procedure, the carcassing in concrete. Building instructions without any concessions to please. It only has to be read by the skilled worker. And nevertheless it wonderfully illustrates the human intelligence and the work that are hidden in a building.

Here the building material is timber. A house built using the log-building technique. The plan by my Swiss colleague Gion Caminada communicates more than just a building technique to us. The thin pencil shows the tectonics of timber construction and its distinctive characteristic: the seamless dimensional chain of the building components. This isn' t just a joy for any carpenter, it is also a pleasure for our sense of harmony and proportion. The plan echoes again Piano' s phrase. In this case the craftsman is once again the historical factor.

This plan of the bell tower of Sogn Benedetg also concerns timber and measure. It was drawn by the former furniture-maker and now Pritzker-Prize winner Peter Zumthor. The plan shows how the tower is constructed. But it equally shows the hidden idea behind it: the steps of the ladder follow a harmonious numerical scale.

The plans I' ve shown are drawn by the authors of the works themselves. They demonstrate something important above and beyond their content: we are not allowed to give away our instruments, we have to be in control of our devices! The sketch, the plan, the construction draft are our genuine means of work. Ideas can be communicated, and one can even delegate important business meetings. Certainly the architect doesn' t have to draw every plan by himself, but he is not allowed to completely lose control of his tools. Often the task becomes interesting exactlyat the point when the proper instrument is not available. Sometimes the tools have to first be invented. It is precisely these lack of suitable tools that can be an endless source for new things. In this sense, the architect is less like an engineer and more like a handicraftsman.

3. Bricolage

This brings us straight to my third subject: is the architect a do-it-yourself workman or an engineer? With the description of do-it-yourself workmanship I am referring to the definition of the bricoleur expanded by Claude Lévi-Strauss in his text *la pensée sauvage*. Herehe distinguishes between magical and scientific thought, between the bricoleur and the engineer. The one is the do-it-yourself worker, who uses the existing tools and materials available, adapting them skillfully to his task. The other is the true craftsman, who deals with his task as a whole. If necessary he creates new tools and materials.

So we may ask: is construction engineering work? Or is construction do-it-yourself workmanship—in Lévi-Strauss' s terminology, bricolage? Obviously it is neither one nor the other. Myself, I consider it to be a combination of both, and this is precisely what makes the work of an architect exciting. I don' t want to divide architects between engineers and bricoleurs, or even make a judgment. So why am I even taking the time to speak about this term? Because it indicates something important and very specific in construction: it is the manner and way in how the instruments are used.

To hold a perfect finally sharpened tool in your hands is an incomparable pleasure. Now imagine the opposite experience.

Imagine the irritation being faced with an instrument where you have no idea what it' s used for. Perhaps it' s a tool belonging to an unknown tribe, fashioned for a mysterious task. Perhaps you stand confused in front of this unknown object, but perhaps it inspires you and stimulates your fantasy and your imagination. You become inventive. What I want to say is that architecture has to do with both aspects: with highly efficient construction methods and with poor means that are completely inadequate for their tasks. In my opinion, these two poles mark the wide range of construction.

Too often we hear how demanding and complex construction has become today. This is indeed the case—but on the other hand it is also not the case. One could say that construction has definitely transformed itself from handiwork to a science. But this isn' t so. I personally think it would be even fatal to hand over construction only to the engineers. Many innovations in building techniques have come out of the need to improvise. New building techniques are often not only the result of goal-orientated research. They are very often the result of the stubborn search for the realization of an architectural idea. Neither do I believe that design and construction have become more scientific. Construction and the will to design can' t be devided.

The tool is one thing, its creative use is another. What I mean by this, is shown in this plan by Herzog & de Meuron for the Dominus Winery in California

The idea of stone filled gabions is a high form of handiwork, still in Lévi-Strauss' s terminology of course, and I don' t mean this dismissively-quite the contrary! An existing tool-the steel-wire baskets-is utilized in an "unfamiliar" or "incorrect" context. A subversive action. To me there are numerous further examples of the same idea in this office' s work. Their working method ranges exactly on these borderlines. The interesting thing in this case is that many of the so-called solutions are not solutions at all in a traditional sense. They' re not logical conclusions to a clearly stated question. Instead they' re "random" discoveries on a journey into unknown territories.

Perhaps this idea is even more evident, although in a completely different way, in Frank Gehry' s work. He uses what' s available in a straight and practical way. He is completely unselfconscious, and uses tools like any hobby builder would find in a do-it-yourself-center. But the virtuosity with which he uses these blunt instruments is great!

The architect Carlo Scarpa is completely different. For him the plan does not emerge at the end of the sequence. Even his sketches are plans, as much as his plans are sketches. We know that Scarpa continued to alter his plans and to re-draw them even on the building site. But this plan reveals something else. It' s not enough that the structural bearing supports a beam, it contains the overall design idea.

Here something completely different. The plan and project can hardly be recognized as belonging together. It' s an example that undermines all the classifications we' ve made so far. Imagine for a moment a building made of a transitory building material. Not out of timber or concrete, but out of water and air. The plan merely shows the supporting framework and a climate machine. The mantle, however, is like an illusion—it is real fleetingness.

The cloud by Liz Diller and Ricardo Scofidio. Behind the transitory appearance is pure technology. It should finally be clear by now: the construction plan of a cloud is a set of precise building instructions.

In building, poetry is likewise not created with feelings, but with words, with construction. "*The Poetics of Construction*" —the title is the heart of the matter.

"The Translations and Discourses of Tectonics in China" is the rest of the title. The subtitle mentions the term "translation" . This is precisely what I mean with the term instrument. Design and construction are nothing less than the permanent translation from one medium into another.

Back to the cloud, because it also illustrates something else: Namely how do we make the invisible visible?

The Italian designer Bruno Morandi called this exercise for children "making air visible." A core question, likewise for architects, because we too create something that we can' t touch—we create space.

Whilst preparing my lecture I came across an interesting point on this topic in an essay by the Chinese author Qi Zhu. No doubt you know it only too well. In his text Qi Zhu refers to the Chinese philosopher Feng YuLan. I quote: "There are two approaches to drawing the moon. The first directly sketches a mimetic image - a circle or crescent to imitate visual contours.The second renders clusters of clouds leaving a round or crescent un-drawn area amidst the clouds to evoke the imagined form. The context and the action of drawing the 'clouds' create the rudimentary environment fort the final realization of the moon. The role of architectural drawings is analogous tothe latter approach which reveals imagination in stages rather than as a direct outline. Architectural drawings are devices for the architects to compose the 'clouds' , step-by-step, eventually leading to the visualization of the imagined construction" .

The Italian architect Carlo Scarpa says quite the opposite: "If I want to see things, I do not trust anything else. I put them in front of me, here on a paper, to be able to see them. I want to see, and for this I draw. I can see an image only when I draw it." Is there perhaps a fundamental difference between our two cultures hidden in these two contradictory statements? I don' t know myself, and I' m sure the answer is not quite that simple. So let' s return to the question: do we already complete the object in our imaginations, or do we have to draw it in order to be able to see it? I would say that both statements are valid, and precisely here lies the richness and excitement of our work.

I saw this picture only a few weeks ago in Lucerne in an exhibition dedicated to interpretations Chinese Shanshui in contemporary art. The pictures are nothing but white—at the first glance. But then, suddenly you see fragments of a landscape and you may not know if they are really there on the paper or if they were onlyin your mind.

This, on the other hand, is not a work of art, but is instead a survey planfrom one of our courses. We were examining a related technique. The instrument is an old one, and you are certainly familiar with this technique: each of us as a child rubbed paper with a pencil over a coin.The Surrealists called this process Frottage. They loved this technique because it left room for fantasy through its suggestive nature. Because it is inaccurate it ideally serves to excite the imagination and to prompt associations.

This is precisely what interests us, as well. We used the well-known technique to survey a building site. Once again the instrument serves a single objective: to record the surfaces, structures, the haptic characteristics of a site-in short its atmosphere.

To repeat: architectural drawings are devices for architects to compose "clouds" , step-by-step. This is important not only for drawings, but equally for models. They are there to make the invisible visible. The Italian architect Luigi Moretti undertook a concrete translation of this idea, creating a surprising analytical instrument in the process.

Have a look at these bizarre objects—they remind one of caterpillars or insects from another world. Luigi Moretti reproduced some of the most famous interior spaces of renaissance and baroque churches. He transformed the space in to a solid volume. Without the use of words, the solid volumes explain the characteristic spatial creations of their respective epochs. A mute but nevertheless precise analysis that could even serve as a design instrument, as we will now turn to.

We experimented with the forms with the students, and then we took the strange solids and the method behind them as a starting point. During a seminar trip to the art foundry at Sitterwerk we built huge plaster models, spaces with no exterior and which were simply formed by the plastic design of the interior space. The art foundry by the way runs a sister workshop close to here just outside Shanghai casting artworks in any material.

As you can see the primary topics were light and mass. The spaces were created as straight plastic volumes, the casting process was the tool itself. An absolutely non-tectonic approach, but one that concentrates attention on a single phenomenon—on the plasticity of space.

Let' s stay with models. What we demonstrated in terms of plans applies equally to models. Two examples.

In this model the issue isn' t space as a plastic volume. It is rather the structure. The models come from the workshop of the Brazilian architect Paolo Mendes da Rocha. The master himself cut them out with scissors. Aside: this is precisely what I meant about giving away the control of one' s instruments. The model shows the essence of what this architect is trying to achieve. Space and structure are identical, and indeed the spatial structure and the load-bearing structure are one and the same. The paper model not only shows the spatial structure, it is also the touchstone of the load-bearing structure. I' ve heard that when the engineer comes to Mendes da Rocha' s office for the first meeting, the static concept is already standing thereon the table, fragile and fully finished!

Frank Gehry likewise builds models out of paper, but in contrast to Paulo Mendes da Rocha it' s not only a single one, there are hundreds. Not because he' s not adept enough, but because he has another goal in mind. Mendes da Rochas' s models demonstrate the concept, the spatial and load-bearing structures. Gehry' s models, on the other hand, serve to find the form: a slow process towards the finished result. Therefore this are the instruments themselves that enable us to recognize the totally different ways of thinking of the two architects. If Frank Gehry is more like Lévi-Strauss' Bricoleur , then Paulo Mendes has more affinity with the engineer.

4. Measure

When we think about instruments, then it' s inevitably bound up with physical action. Not only sketching and building models are tangible activities. Building too is a physical affair. Just as we understand space by using all of our senses, building processes are also tailored to the human body. Nowadays the building work is undertaken using construction machinery. But the most important building components are still shaped for human handling and according to human scale.

Let' s remain on the subject of scale. What you see here is a practical exercise in the topic of architectural scale. A charcoal-planon a scale of one-to-one. The students use their own bodies as reference, because the mastery of measurement can only be acquired through concrete experience – in other words on a scale of one-to-one. In this exercise the students not only try out real sizes. They themselves also transmute into figures of scale. Even if we look at it completely pragmatically: regardless of how large a building is, the human body remains the one and onlyreference, and all measurements are set in relation to it.

What' s going on here? Is one of Buckminster Fuller' s dome constructions being mishandled? Or is someone trying to make his house into a vehicle of transport? What you can see is an experiment in architecture and construction. It' s called "Open City" . In 1970 the architectural school of Valparaiso constructed objects in the Chilean desert that had other laws. The starting point was radical. There is no spatial program, no form, no image —only pure poetry. The word is the source and foundation of architecture. That was the conviction of the architects and artists in Valparaiso. Art and life were to be a unity. The 1970s were more open to utopias. But what' s interesting in this case is that for once the utopia was actually built. On a scale of one-to-one. The students and teachers lived in the object in the Chilean desert, testing their ideas through direct physical experience.

Other experiments on a one-to-one scale, in this case in a drawing classroom in Zurich.

These constructions also based on the bodies of the students themselves.

This is the archaic act with which we started the course in our first year. We build a hat—yes a hat and not a hut-because protection, stability and decoration were and still are the primary and essentialneeds for human habitation. Firmitas, utilitas, venustas—the Vitruvian principles apply just as equally to these simple "building projects."

Hats, and the heads that have invented them and also wear them. That' s possibly the most vital thing. We have 300 students in our first-year course. That makes 300 heads—and 300 different heads. The most important thing is to take care of each of them. The great diversity and the potential that lies within them is the thing that has to be released.

A final plan. After the hats comes a second step. It is the first plan ever undertaken by the young future architects. A building manual. It not only shows what the finished product should look like, but far more importantly it shows how it should be made.

This takes me to the end of my lecture, and in the same time back to the beginning. And back to the first sketch. Precisely here, in the first sketch lies the content of our meeting: "The Poetics of Construction."

Drawing Desire

Resistance and Facture in Drawing-out the Valser Therme

Matthew MINDRUP

The [drawn] line no longer imitates the visible; it "renders visible"; it is the blueprint of a genesis of things[1]

——*Maurice Merleau-Ponty*

1. Introduction

By inscribing a line on paper, the architect vivifies mute material and transforms a flat surface into a virtual space. English dictionaries use words such as act, art, and image to define "drawing." However, with each additional line, an architect also experiences a second sense of "drawing" as a "pulling out" or revealing of a desired internal idea. At the beginning of a new project, the image of a proposed place is usually incomplete and design involves the different methods architects employ to make ideas visible. The art historian and critic James Elkins has observed a similar exchange between the external and internal image in his own work:

Every line I draw reforms the figure on the paper, and at the same time it redraws the image in my mind. And what is more, the drawn line redraws the model, because it changes my capacity to perceive.[2]

Elkin' s remark reveals a key characteristic about the act of drawing. Each additional mark on an empty surface of paper records an act of intention but also invites the architect to enter into dialectic with the emerging graphic construction and their mental image. In this way, drawing by hand plays an important role in the architect' s oeuvre as a tool to both record a preconceived idea and to aid in the construction of one.

Architects draw buildings using graphic processes to explore physical acts of construction and its experience. Whether an architect mixes personal and conventional methods for describing architectural elements, the primary aim of drawing to foresee and understand a proposed project. In a statement about his design process, the Italian architect Carlo Scarpa affirms this application of drawing in his own work suggesting that is it because "I want to see things, that' s all I really trust. I want to see, and that' s why I draw. I can see an image only if I draw it."[3] Because the act of drawing is in many ways dependent upon memory, an architect' s previous thoughts, images, and experiences strongly influence what will be put on paper. This implies that architects who seek to develop new designs must employ a method of drawing to take them beyond preconceived ideas and standardized approaches.

Because architectural drawings are indexical signs for the designation of building elements they are able to be more than an aggregate of conventional traces denoting pre-determined design decisions. Instead, intentional marks, accidents, and incomplete gestures can create 'open patches' that engender the architect' s imagination and invite creative speculation. The Swiss architect, Peter Zumthor, ascribes a considerable amount of importance to the way drawings are made as a tool to help the architect discover new projections arising from the site, program, and a building' s method of construction arguing:

"If the naturalism and graphic virtuosity of the architectural portrayals are too great, if they lack 'open patches' where our imagination and curiosity about the reality of the drawing can penetrate the image, the portrayal itself becomes the object of our design, and our longing for the reality wanes because there is little or nothing in the representation that points to the intended reality beyond it."[4]

To resist the visual similitude of the drawing, Zumthor encourages architects to explore the facture of representations as a method to give voice to places that have not yet found physical presence. Zumthor demonstrates his own approach to this practice by utilizing the different characteristics of line and color to facture preliminary drawings for his projects. Examples of these projects include the 1993 Homes for Senior Citizens in Chur, Switzerland, the 1996 Thermal Bath in Vals, Switzerland and the 1997 Kunsthaus Bregenz in Bregenz Austria.[5] In his recently published *grimoire* of architectural drawing, the Italian architect and theorist Marco Frascari promotes a similar use of drawing that he argues originated as a mimesis of building construction.[6] However, it is because of the constructive imagination between drawings and buildings that the material of the one can create a resistance for the other. In the discussion that follows this resistance between the drawn and constructed building will be explored, looking at how it can afford the architect a medium for drawing-out new designs. Attending to the facture of drawing invites the architect to consider the corresponding making of a building to counter the arbitrary willfulness of the sometimes overly rampant designer' s formal imagination.

2. The Facture of Drawing and Buildings

Today, much of the practice of architecture is removed from the physical act of building and architects must employ different graphic means, including drawings to study and explore proposed constructions. For architects though, the word "drawing" denotes a variety of visual imagery including construction documents, design drawings, analysis, details and sketches made on a computer or by hand with a pencil, pen, stick of charcoal or crayon to name only a few. Yet, drawing tools and their processes are not the same nor do they produce the same results. The hand moving a pencil across a drawing surface does not naturally produce a consistent line, but one that is varied, thick or thin. This change in the quality of the mark is important, since different lines can produce different associations in the mind of the architect.

To consider a drawing in the same way as its construction is to consider it as a record of how it was factured. The word "facture" derives from the past participle of the Latin verb "facio" , "facere," meaning both to make and to do.[7] For Frascari, the orthographic projection of lines on drafting tables has its etiological origins in the construction of buildings. As Frascari argues, the pulling of lines and designations of building elements on the construction site has historically formed the basis for the selection of marks and inscriptions in the facture of architectural drawings. [8] Like buildings, drawings are constructed of different materials that create different kinds of factures. Every stroke of the pen or pencil, charcoal mark, smudge, erasure, and blur in the drawing has a signaling function and a meaning for the construction and experience of a proposed building. In this way the drawing becomes the mediate and immediate surrogate for the physicality of the building in absentia.

This ability for the architect to use the facture of drawings to study and explore the facture of buildings implies there is also an interconnection between our perception of building construction and our perception of drawing construction. In a discussion about the phenomenology of space, the French philosopher of the material imagination, Gaston Bachelard observes how a visitor to a space may enter it but the space also enters and occupies the visitor. Bachelard argues:

"Of course, thanks to the house, a great many of our memories are housed, and if the

house is a bit elaborate, if it has a cellar and a garret, nooks and corridors, our memories have refuges that are all the more clearly delineated."[9]

Similarly, when drawing, the hand is in a direct collaboration with the draftsman' s mental image. For the architect, the image of a proposed project arises simultaneously with an internal mental image and the sketch mediated by the hand. In reference to painting, the French phenomenological philosopher, Maurice Merleau-Ponty makes a comparable claim: "The painter 'takes his body with him' says [Paul] Valery. Indeed we can not imagine how a mind could paint." [10] Because architecture' s essential function is to house the body, it is unthinkable that a mind could be detached from physical experience and conceive architecture. Thinking is not alienated from bodily experience but articulates, distils, and organizes it. It is this embodiment of lived reality that permits the transposition of ideas between two otherwise disconnected things including the facture of drawings and buildings.

Although traditionally associated with its verbal and literary application in the construction of metaphors, neuroscientists and philosophers have recently argued that our ability to create cognitive associations between things arises directly from our physical perception in the world. Beginning in the 1970s, Eric Kandel conducted a handful of experiments that determined how memories of our experiences were not to be found at any one site in the brain but scattered throughout the brain within its neural circuits that lie dormant until reignited.[11] The neuroscientist Joaquín M. Fuster confirmed an earlier thesis from the economist and philosopher Friedrich Hayek that the neurological processing of sensory perception is an act of interpretation and classification.[12] In a discussion about synaesthesia in particular, Vilayanur Ramachandran notes that what "artists, poets and novelists all have in common, is their skill at forming metaphors, linking seemingly unrelated concepts in their brain." [13]The philosopher, Mark Johnson argues that "metaphor is perhaps the central means by which we project structure across categories to establish new connections and organizations of meaning." [14] In architecture, Harry Mallgrave, Juhani Pallasmaa, and Frascari see the construction of metaphors not as a justification for creating visual allusions in architecture but as an explanation of the interconnection between the facture of a drawing and the facture of a building. [15] For Frascari in particular, where a metaphor creates a connection between the essential qualities of two things we experience, there is a similar mirroring of a drawing' s facture and a building' s facture:

"Therefore, our conceptual system is generated by the architecture around us; we make buildings and they make us. Architecture is framed by embodied experience and embodied experience is framed by architecture, and this mirroring action is also embodied in the

drawings."[16]

Nevertheless, physically drawn lines are not building lines and can hardly give one a true impression of the sensible experience of a future place. Rather, architectural drawings may be employed like metaphors in their Greek etymological beginnings as metapherein, or "transfers" of sensory information from one modality to another. Taking our cue from this construction of metaphors, the efficacy of a drawn facture therefore depends upon how it is translated to the facture of a building and vice versa. At an early stage in the design of Zumthor' s Thermal Bathhouse project in Vals, Switzerland, he sought to develop a similar approach to drawing that could help him both conceive and communicate the spatial and constructive implications of his proposed project.

3. Facture and Resistance in Zumthor's Thermal Bath Design

The Vals Thermal Bathhouse is a large bathing complex connected to a hotel in the remote alpine village of Vals, Switzerland. Completed in 1996 the bath is famous for its use of long, thin horizontal slabs of local Valser quartzite stone to create a series of fifteen monolithic structures that house different temperature baths, showers, steam rooms, and resting spaces that create a richly sensorial environment of sight, sound, and scent. This highly awarded icon of contemporary architecture is widely published through photographic representation but it is also valuable to consider from the point of view of the role of drawings and models in its realization. Zumthor explains that at the beginning of the design process he sought to understand how to create the experience of bathing as one might have done it a thousand years ago by observing the site and local materials.[17] Inspired by the natural and constructive character of the Valser quartzite, Zumthor decided that the bath should have an architectural attitude older than anything already around the site.[18] To this end, he began with the assumption that preconceived images and stylistically prefabricated forms would only interfere with his ability to find a "culturally innocent" design concept.[19] These atavistic motives demanded a design method that could enrich Zumthor' s imagination to rise above mere conventional approaches.

At the beginning of the bathhouse design, Zumthor recalls how several sketches, representing what he called "boulders standing in the water," began to guide the successive iterations of the project' s development. [20] These drawings that Zumthor referred to initially as "quarry sketches" or "block drawings," frequently appear in publications about the project and consist predominately of rectangular black and blue blocks created by dragging the shaft of a pastel crayon across pieces of tracing paper to deposit material from either the top to bottom or left to right.[21] While the black pastel "blocks" are more densely fitted together at the top of the drawings, they are dispersed between blue smudges and black horizontal or vertical lines at the bottom. A careful comparison between the preliminary design and as-built drawings of the bathhouse reveal an underlying method to their construction: in almost every charcoal drawing created for the bathhouse, the blocks have been progressively layered from top to bottom in the same way that visitors were intended to "meander" through the structure from entrance to changing rooms and from the outdoor pools to the view of the valley below.[22] No eraser marks can be found in the drawing, indicating that the architect did not reconsider or rework the drawing on the page. Rather, each drawing in the set was executed and completed quickly, one following the next, exploring another draft of the architect' s idea.

Similar to Zumthor, the American and Spanish architects Louis Kahn and Enric Miralles, respectively, were also deeply interested in the role that their drawing media could play in drawing-out their designs. Kahn' s plan of the Kimbell Art Museum shows a bold hand altering and reworking, emphasizing edges and boundaries with the tip of a charcoal stick . Immersed in the making, the charcoal afforded Kahn the ability to build up lines or parts to create emphasis that unlike Zumthor' s drawing' s method is more palimpsestic relying on, smudging-out and over-drawing its many aspects. Conversely, Miralles' use of a crayon to sketch boundaries and spaces of the Mollet del Valles Park and Civic Center compares to Zumthor' s exploration of the medium to both suggest built form and resist alteration. Without erasing, Miralles varies the pressure of the crayon across the page; sometimes light tentative lines suggest areas of possible form compared to more determined patches of tight zigzag strokes that fill seemingly random lozenge-like shapes. Neither Miralles nor Zumthor' s drawings demonstrate the exact proportions or geometries of forms. Yet, in a discussion about his design process, Zumthor places great importance upon the role that the facture of his drawings play as an aid for developing the bathhouse project, showing that the constructive imagination is rooted not in the form but the material.

By dragging pastel sticks across the paper Zumthor sought to develop a method of facturing the drawing that would help him both conceive and communicate the spatial and constructive implications of his proposed project. However, conventional methods of denoting architectural elements including walls, windows, stairs etc. are absent from Zumthor' s early plan drawings. As Zumthor recalls:

"I remember feeling great freedom in pursuing issues of composition, working them out

on the basis of these block studies, giving them shape in spontaneous drawings and trying to understand them by talking about them."[23]

Zumthor explains that these drawings were motivated by an image of the site "as if it were a quarry, carving huge blocks out of it and adding others." While this image occupied and fired Zumthor' s imagination, it was not known at this early stage of the project design that the thermal baths would be constructed of loose material, "unlike our block studies—they knew." [24] However, in themselves, the pastel blocks are not stone or water and can hardly perform as a surrogate for the haptic qualities of the space indicating the architect must have employed the drawing to study another aspect of the proposed project.

Zumthor claims that his understanding of the interconnection between drawing and architecture was inspired by the poet William Carlos Williams' conviction that "there are no ideas except in the things themselves." [25] Zumthor calls this physical presence of a building its "aura" and each work of architecture has an aura that is unique to it. By drawing drawings, he believes architects can discover the aura of a proposed place, "not by forming preliminary images of the building in our minds," but by using their facture to help answer questions arising from the site, program, and a building' s method of construction.[26] If the aura of a place is in the concrete thing itself, the materials and facture of Zumthor' s drawings must be chosen to help him perceive the facture of the completed place.

Because different materials and their process create different kinds of factures, different media cannot perform as universal signifiers of "stuff" but only for those particular to their own nature. Palasmaa notes this inequality in contemporary design practices:

"*[...] tools are not innocent; they expand our faculties and guide our actions and thoughts in specific ways. To argue that for the purposes of drawing an architectural project the charcoal, pencil, ink pen and computer mouse are equal and exchangeable is to misunderstand completely the essence of the union of hand, tool and mind.*"[27]

At an early stage Zumthor also prepared a 1:50 scale model of stone blocks arranged at right angles, with each block supporting a cantilevered slab. [28] As a composition of stone masses, this model demonstrates Zumthor' s initial desire to quarry monolithic stone blocks to construct the bathhouse by a process of building up and hollowing out.[29] This method of construction later proved to be too expensive and exchanged for an additive method of constructing the masses by horizontally stacking slabs of Valser quartzite stone. Nevertheless, the stone model so closely compares to both the preliminary drawings and the image of the completed construction that it is hard to imagine it did not come first in the design process.

Romanian sculptor Constantin Brâncuşi, explains the importance that different media have for making successful constructions lies in their unique nature:

"You cannot make what you want to make, but what the material permits you to make, You cannot make out of marble what you would make out of wood, or out of wood what you would make out of stone ... That is, we must not try to make materials speak our language, we must go with them to the point where others will understand their language."[30]

It is because of a similar understanding of materials that Zumthor developed a unique design process of working with "concrete objects" explaining: "there are no cardboard models. Actually, no 'models' at all in the conventional sense, but concrete objects, three-dimensional works on a specific scale." [31]For Zumthor our sensible memories of architectural material and space are reservoirs for the design of places. To invent a new architecture he believes it is the reality of building materials and structure whose properties an architect can use to develop an architecture that "sets out from and returns to real things" . To this end, Zumthor reminds us of our experiences with material processes: "We know them all. And yet we do not know them. In order to design, to invent architecture, we must learn to handle them with awareness." In this way, Zumthor aims to reverse the standard practice of design development from idea to plan to concrete object. As Zumthor argues:

"The concrete, sensuous quality of our inner image helps us here. It helps us not to lose track of the concrete qualities of architecture. It helps us not to fall in love with the graphic quality of our drawings and to confuse it with real architectural quality."[32]

Yet working with concrete objects alone is not enough to generate the design for a project whose aim, as Brancusi has noted, can reside in their resistance to preconceived ideas. The art theorist, Anton Ehrenzweig who championed the resistance of media in the creative endeavor once warned that:

"Creativity is always linked with the happy moment when all conscious control can be forgotten. What is not sufficiently realized is the genuine conflict between two kinds of sensibility, conscious intellect and unconscious intuition... It is not an advantage if the creative thinker has to handle elements that are precise in themselves such as geometric or architectural diagrams."[33]

Zumthor' s early pastel drawings, reveal a method of facture that resists the "naturalism and graphic virtuosity of the architectural portrayal" to create "open patches" for the imagination to draw-out ideas. [34] In these instances the facture of a plan drawing without an eraser has same effect as the use of large unwieldy stone to create an architectural model since stone cannot be cut or manipulated into desired configurations of form. Rather, the concreteness of the stones used in the model determine particular configurations of architectural forms and spaces, instead of representing those determined by the architect. Conversely, the marks, accidents, and incomplete gestures of the drawings remain as "open patches" that engender the architect' s imagination and invite creative speculation. In a description about his design process, Zumthor explains how the inner image of a proposed project emerges through a process of drawing:

"With the sudden emergence of an inner image, a new line in the drawing, the whole design changes and is newly formulated within a fraction of a second. It is as if a powerful drug were suddenly taking effect. Everything I knew before about the thing I am creating is flooded by a bright new light." [35]

As a draftsman, Zumthor began by drawing black pastel "masses" and as the marks begin to assert themselves, interacting with the guiding hand, the tactile action of drawing invited the architect to think with the drawing as if the future building is being constructed on the paper since drawing materials are analogous to possible building materials.

4. Conclusion

By directing the will of the architect, the use of factures as inspiration for new designs can invite an architect to think with the medium of architecture and not about it. In a discussion about the phenomenology of drawing, art critic David Rosand argues for a similar form of interconnection between drawing and object as a spatial and haptic exercise in which "different modes of drawing represent different modes of knowing and understanding." [36] Where the aura of an imagined place is in the facture of its materials, neuroscience has shown how the facture of an architectural drawing can act as a medium for construing constructions. One in which each additional mark on the drawing surface encourages the architect to speculate and contemplate how they contribute to the aura of a proposed construction emerging in the architect' s imagination. In this way, the drawing takes on the qualities of the sought-for object. Not merely an illustration of an idea but an innate part of the work of creation, which ends with the constructed object.

References

[1] Maurice Merleau-Ponty, The Primacy of Perception: And Other Essays on Phenomenological Psychology, the Philosophy of Art, History and Politics, ed. James M. Edie, trans. William Cobb (Northwestern University Press, 1964), 183.

[2] James Elkins, excerpted from a letter to John Berger on January 29, 2004. Reproduced in John Berger, Berger on Drawing (Cork, Ireland: Occasional Press, 2nd ed., 2007), 212.

[3] Francesco Dal Co and Giuseppe Mazzariol, Carlo Scarpa: The Complete Works (Milano: Electa; New York Rizzoli, 1984) 242.

[4] Peter Zumthor, Thinking Architecture (Baden, Switzerland: Lars Müller Publishers, 1998), 13.

[5] Peter Zumthor, Peter Zumthor Works: Buildings and Projects 1979-1997 (Baden: Lars Müller Publishers, 1998), 80, 157, 160, 215.

[6] Marco Frascari, Eleven Exercises in the Art of Architectural Drawing: Slow Food for the Architect's Imagination (Routledge, 2011), 96-102.

[7] For this term, I owe a debt to Marco Frascari for introducing me to Summers' discussion of painting as dependent upon the combination of material and application technique. David Summers, Real Spaces: World Art History and the Rise of Western Modernism (London: Phaidon, 2003), 74.

[8] Frascari, 96-102.

[9] Gaston Bachelard, The Poetics of Space (Boston, Mass: Beacon Press, 1994), 8.

[10] Merleau-Ponty, 162.

[11] Eric R. Kandel, In Search of Memory: The Emergence of a New Science of Mind (New York: Norten, 2006).

[12] Joaquín M. Funster, Memory in the Cerebral Cortex: An Empirical Approach to Neural Networks in the Human and Nonhuman Primate (Cambridge, MA: MIT Press, 1995), 2, 35; Friedrich Hayak, The Sensory Order: An Inquiry into the Foundations of Theoretical Psychology (Chicago: university of Chicago Press, 1976; orig. 1952).

[13] V.S. Ramachandran, A Brief Tour of Human Consciousness: From Imposter Poodles to Purple Numbers (New York: Pi Press, 2004) 71. after Harry Francis Mallgrave, The Architect's Brain: Neuroscience, Creativity, and Architecture (Wiley-Blackwell, 2011), 174, n 36.

[14] Mark Johnson, The Body in the Mind: The Bodily Basis of Meaning, Imagination and Reason (Chicago: University of Chicago Press, 1989), 171 after Harry Francis Mallgrave, The Architect's Brain: Neuroscience, Creativity, and Architecture (Wiley-Blackwell, 2011), 171, n 47.

[15] Mallgrave, "Metaphor: Architecutre of Embodiment," ch. 12 in Mallgrave, 159-187; Pallasmaa, 66-69; Frascari, 6, 65-68.

[16] Frascari, 6.

[17] Sigrid Hauser, Peter Zumthor Therme Vals, ed. Peter Zumthor (Zurich: Verlag Scheidegger and Spiess, 2007), 23.

[18] Ibid.

[19] Zumthor, 29.

[20] Hauser, 27.

[21] Hauser describes the material and method of facturing the drawings in Ibid., 38, 58.

[22] Ibid., 80.

[23] Hauser, 38.

[24] Ibid.

[25] Zumthor, 27.

[26] Ibid., 13, 29.

[27] Juhani Pallasmaa, The Thinking Hand: Existential and Embodied Wisdom in Architecture (Wiley, 2009), 50.

[28] Peter Zumthor explains that he created the model during the 1:50 scale of design for the Thermal Bath House in Vals, Switerland and later used it for an interview with the community to gain approval for the project construction. Later, during the development of the project, its form and construction changed. From: Peter Zumthor, June 23, 2004, in an e-mail to the author.

[29] Hauser, 38, 42.

[30] Quoted by Dorothy Dudley, "Brancusi," The Dial 82 (February 1927): 124. As quoted by Juhani Pallasmaa in Pallasmaa, 55.

[31] Zumthor, 58.

[32] Zumthor, 59.

[33] Anton Ehrenzweig, The Hidden Order of Art (St. Albans, Hertfordshire: Paladin 1967), 57. As quoted by Juhani Pallasmaa in Pallasmaa, 96.

[34] Zumthor, 13.

[35] Ibid.,20

[36] David Rosand, Drawing Acts: Studies in Graphic Expression and Representation (Cambridge University Press, 2002), 13.

Brute Tectonics

A Paradox in Contemporary Architecture

Gevork HARTOONIAN

1. Opening

Why the need to address the theme of tectonic today? Why in the present age of digital reproduction is Gottfried Semper' s architectural theory of interest to us? As subtext, is technique the reason that Semper has been topical for the last two decades? Or is it because we see an epoch-making dimension in his oeuvre? The search for answers to these questions leads to a plotting of Semper' s ideas at the intersection of two imaginary triangles the other four vertices of which, in addition to the architect himself, point to nineteenth-century thinkers such as Karl Marx, Charles Darwin, Richard Wagner and Friedrich Nietzsche.

Even though the title of this essay might sound ambitious, its primary intention is a modest one. In providing a plausible answer to the questions raised above, the essay recognizes the operation of three tectonic possibilities in contemporary architecture. The first two categories of tectonics involve various articulations of the element of roof with that of wall. On the one hand, we have works (most of the recent projects of Renzo Piano, for example) where the articulation of the roof maintains a dominant position. On the other hand, there are forms that disguise the element of the roof, and instead direct our attention to its surface enclosure. Still, an ambiguous articulation of the tectonic of the wall and the roof has the potential to push architecture into the realm of landscape that is topographic tectonics. Mention should also be made of surface configurations whose weaving elements do more than create a flat vertical (wall) or horizontal (roof) plane. In the OMA' s Seattle Public Library, the fabric of surface is strengthened enough to be molded into different shapes, one consequence of which is to transfer the image of the element of enclosure to that of envelope. The third tectonic figuration, which is the focus of this essay, concerns what might be called sculpted-tectonics. As will be demonstrated shortly, particular to this latter case is the historicity of Brutalist architecture. An interest in materiality and weight did not allow the tectonic image of Brutalist architecture to be reduced to the issues induced by the distinction modernists would make between skin and structure, or the humanist take on surface articulation of the kind permeating postmodern architecture. Needless to say, in most contemporary tectonic forms, both the concept of cladding, and the skin and bone metaphor are replaced by diverse interpretations of covering systems, call it enclosure, envelope, or surface.

Before presenting a few examples of the sculpted tectonics from the work of Zaha Hadid, Rem Koolhaas and Steven Holl, it will be useful to map the vicissitudes of the tectonics centered on the disciplinary history of architecture. To this end, it is important to discuss architecture' s problematic rapport with technique and aesthetics, and to present a critical interpretation of how architecture thrives through the production and consumption systems of capitalism. Whereas at one point in contemporary history architects were able to use available techniques and charge architecture with aesthetic sensibilities (image) associable with the machine and/or place, in the present age of digital reproduction the image is valorized beyond what was experienced through the spectacle of old carnivals and stage sets, the main purpose of which was to dramatize an event or play. In late capitalism, the image has become a spectacle with wide connotations, surpassing those of the Renaissance frescoes whose operative domain remained confined to the interior space of religious buildings.

Contemporary developments concerning the function of image in culture and its consequences for architecture are discussed by a number of critical thinkers.[1] However, what makes the spectacle permeating contemporary culture unique are the following. First, and as far as the question of technology is concerned, architecture' s periodic crisis should not be taken as a style issue, but as an echo of the developmental processes of capitalism.[2] Second, the overwhelming presence of image, which has been intensified by the recent turn to digital techniques, is useful because it highlights the importance of image in Semper' s discussion of the tectonic of theatricality. This is clear from the distinction the German architect made between the core-form and the art-form, foreshadowing an animated image of architecture. Nevertheless, he saw the relationship between these two tectonic categories and their aesthetic connotation as arising from either an ill-defined notion of poetics, or in adherence to the potentialities of surface articulation of a masonry wall at work since the advent of Renaissance architecture.

Laying aside the notion of poetics, which in Romanticist discourse is delegated exclusively to the artist/architect, the reading presented here of the aforementioned Semperian rift is imbued with the idea of "nihilism" advanced by contemporary thinkers, and above all with Walter Benjamin' s notion of "wish-images." Thus we have the claim that image is as much a by-product of technique as it is part of the architect' s conscious and, at times, unconscious attempt to embellish the constructed form. What this means is of twofold significance: on the one hand, it recognizes the presence of image in Semper' s discussion of the tectonic of theatricality. On the other, it demonstrates the ways that image as such could waft architecture into the aesthetic world of commodity fetishism. Thus arises the need to highlight the difference between the architecture of theatricality and that of theatricalization, or spectacle.

Apart from the nineteenth century' s struggle to address the crisis of the object caused by the availability of new materials, techniques and building types, Semper' s significance lies in the formulation of an architectural theory that suspends the smooth transition of architectural traditions, anticipating the idea of the crisis of architecture as a recurrent theme in Modernity. Obviously, this reading of Semper is motivated by the work of architects who constantly try to deconstruct the received traditions of architecture, even those with tectonic connotation. Thus, we have the paradox centered on the conviction that such "radicalism" in design today enables the historian and the critic to discover the ways in which the disciplinary history of architecture survives in capitalism. No matter how critical we might be about the return of the surface and the organic forms in parametric design, these returns have raised essential questions for both architects and historians; they require a discussion of the tectonics that is centered on critical historiography.

Equally important to highlight is that which is particular to architecture and its capacity to breach the schism between art and science. Securing a tight relationship with technique and technological transformations, architecture is in trouble when it comes to re-presenting ideas extraneous to construction, especially when the suggested externality is untenable. And yet, if autonomy is internal to modernism, then an argument should be advanced to suggest that, since the inception of Modernity, architecture has to abandon the symbolic and iconographic realms, and instead enter into a network of relationships that is central to the periodic formations of capitalism. Therefore, the proposition presents itself that only in Modernity does architecture arrive at a paradoxical awareness of what is architectural, that is the culture of building.

In my previous writings, I have taken the advantage of the issue of autonomy and underlined the significance of the tectonic for contemporary architecture.[3] Central to this position is research that concerns both the technical and the aesthetic and the way they inform the tectonics of the column and the wall, or the roof and the enclosure, for example. History witnesses architects' endeavors to rethink the tectonic culture along with transformations that take place in the realm of technique and aesthetics. In Modernity, however, architecture' s autonomy, the desire to uphold its disciplinarity, is constantly challenged by a logic that wants to see all cultural artifacts in a temporal state. If architecture' s durability is grounded in the earth-work, to recall Semper again, then how does temporality manifest itself architecturally? Obviously architecture is not reducible to consumer goods, the homogeneous appeal of which wins over worn-out notions such as singularity and individual taste. In the mainstream of contemporary consumer culture, no-one feels at home without having access to the cultural products distributed globally. What is involved here has little to do with the nature of some product or other. Rather, it is the excess, both visual and tactile, that orchestrates today' s culture of spectacle for which we have no words except, "It' s cool!" Of all the arts, including movies watched and buildings visited, to mention two artworks with close ties to capital and technique, architecture still remains the most controversial today mainly because it has the potential to resist but also to plunge into the contemporary culture of spectacle. No one would argue against the proposition that architecture today has become the site of spectacle, and its temporality is informed by a culture that is primarily image laden. It is, therefore, the task of the historian to uncover the thematic of the culture of the building nestled beneath architecture' s spectacle.

The significance of criticism presented here has to do with the fact that a paradoxical situation is indeed the destiny of architecture in Modernity, a phenomenon tangible for some architects as early as the mid-nineteenth century. This is clear from Semper' s allusion to the essentiality of fabrication for the tectonic. What this means is that architecture is construction plus something else, and that the site of excess is not the form or "surface" , but the thematic of the culture of building. Without dismissing aesthetic theories that have informed contemporary formalistic approaches to architecture, the argument presented in the following pages wishes to demonstrate how roofing and wrapping, to mention two important tectonic elements, have become topical for a critical analysis of architecture. The word critical here has as much to do with non-formalistic and aesthetic approaches to architecture, as with the fact that it addresses architecture' s dialogical rapport with the present visual spectacle.

2. Stone cut to Paper

The saying that "what goes up must come down" is part of our existential experience of the forces of gravity. It also guides us in putting things together. The tectonic strives to address these so-called common sense expressions of gravity forces through the conscious, and occasionally unconscious, attempts to make architecture distinct from utensil and sculpture. The tectonic does not concern the prejudice that "construction" comes first. It also does not mean that architecture should seem to be standing firm. Even though image is part of tectonic figuration, what is essential to tectonic is this: that every constructive element of a building is already sought and developed through the long history of architecture as tectonic. In the culture of building, there are no floating walls; columns cut midway; and roofs and floors positioned vertically, though these visual anomalies can be imagined and drawn. This statement, however, does not equate architectural form with the constructed form. There is always excess in architecture the tectonic effect of which, that is image, cannot be measured in a causal relationship to the techniques of construction. In the tectonic, the relationship between technique and effect is a complex one; sometimes the effect and appearance is in direct rapport with techniques; at other times, the technique is moulded to achieve a desirable effect. To cement the architectonic effect Le Corbusier sought in association with the precision and beauty of machine and liners, he had to wait until the realization of the Dom-ino frame. The idea of wrapping a concrete frame structure with white surfaces, however, appeared in eighteenth-century French classical architecture.

Beyond the style issue, Robin Evans has convincingly demonstrated the architectonic transformation induced by the art of stonecutting, and the possibility of the emergence of a fresh tectonic understanding of the relationship between masonry surface structure and ornament. We are reminded of trompes, the most advanced theory of stonecutting used, in part, to defy the forces of gravity. [1] To facilitate additions to an existing building, trompes was appropriated as a structure in its own right. It was built out of drawings called traits where the geometric matrix of lines defines the stereotomic nature of the surface. The implied "shape" dictated the cuts to be made in various pieces of stone used for trompes. Evans' s investigation highlights the perceptual contrast of the lightness of the geometry and the heaviness of the stones depicted side by side in traits (drawing). These geometric drawings allowed a mason to project the shape of trompes.

In addition to discussing the tectonic merit of this or that style of pre-modern architecture, the significance of the art of stereometry is associated with drawings that contain two kinds of line, one light and the other heavy: "the imaginary lines of geometrical construction and the lines indicating contours of the thing drawn." [2] Evans insists that stereotomy offered a means of differentiating the tectonics at work in classical buildings from those of Gothic. In most cathedrals, for example, the ribs were built first and the surface between them was filled later. A few architects, according to Evans, used stereotomy to refer to forms that were considered "unGothic and also unclassical"; they were not even baroque. In the choir vault of Gloucester cathedral (1367), for example, the ribs look as if they are attached to a huge cambered sheet covering the entire choir. Gone in this cathedral are the emphatic distinctions made between the column and the wall, where decorum hinged on the tectonic rapport between structure and ornament.[3] Implied in this development is a notion of surface that is marked by the geometrical language detectible in Philibert de l' Orme' s stone interlacing. [4]

Evans' s reading of Gothic architecture from the point of view of traits endorses the idea that ornament is internal to the tectonic. When Leon Battista Alberti wrote that the column is ornament per se, he was indeed saying that the surface of a masonry wall should be embellished. Likewise, when Marc-Antoine Laugier saw the beauty of the column in its independence from the wall, he did indeed open a vista through which the tectonic of column and wall was renewed. Despite there being no intention to elaborate further on this development, it is important for the purposes of this presentation to note, first, that excess is essential to the tectonic; second, that excess even in the form of the classical notion of ornament has always been an architectonic deliberation to transgress the weight by which a constructed form responds against the gravitational forces in an image of lightness. Whereas Evans takes these two points to remind us of the degree to which both classical and Gothic buildings were "an invitation to imagine instability" ,[5] in the following pages I would like to discuss a few contemporary works that are relevant to what has been said so far about the image of lightness informing the tectonic rapport between technique and effect.

If excess, or what I have discussed elsewhere in terms of the tectonic of theatricality,[6] is internal to the lawful embellishment of a constructed-form, what then should be the subject matter of criticism when the main source of excess happens to be of a technical nature? This inquiry necessitates a discussion of the impact of parametric design on architecture. Capitalizing on the difference between theatricality and theatricalization, the issue to be addressed here is architecture' s particular apprehension of the aesthetics permeating the cultural today. Obviously, the present experience of image differs from what was available during the post-war era when, for the first time, architecture was exposed to contemporary communication technologies and semiotic theories. Needless to say, these contemporary apprehensions of image differ from the projective images of traits, and the associated cuts implemented to turn a dead material (stone) into an animated form, to recall Semper again. What this means is that the representational image delivered by tectonics arises out of the choice of material and construction technique. This is important today when the spectacle produced and sustained by late capitalism attempts to empty the tectonic of any value for contemporary architecture.

3. Monolithic Cuts

Two things bring together the buildings selected for the present discussion. First, they can be associated with Evans' s characterization of trompes, stones cut to deliver the perception of lightness. Second, and related to the first, these buildings are not perceived in the mood of painterly, but in the sculptural where, contrary to the aesthetic effects delivered by the Dom-ino frame, the surface follows its mass as tightly as the wetsuit adheres to the swimmer' s body. The analogy is a useful one. It reminds us of the architecture of Brutalism where, in most cases, the aesthetic and the structural coincide. Furthermore, as technique, the notion of cut implemented in these projects achieves a critical dimension in association with "embellishment" , a skill of artistry long a part of the art of building and whatever was/ is associable with the notion of métier. Theoretically, the concept of cut is essential for differentiating the Semperian tectonic of theatricality from theatricalization, the architecture of spectacle. Again, a Semperian understanding of the tectonic is by definition theatrical, and yet the work could move towards theatricalization when the appearance is embellished for the visual delight of the beholder. The cuts implemented in each of the following projects are a significant act of figuration in that architecture' s entry into the realm of the aesthetic of commodity fetishism is postponed.

Whilst geometry is central to the image laden drawings produced by digital programming, there are a few contemporary architects who attempt to intermingle geometry with the sculptural tectonics. Recalling Evans' s discussion on stereotomy, we can suggest that architecture' s relation to geometry occurs in the zone of projection, the process of which supports the image an architect intends to represent. Merely responding to the forces of gravity might lead to an image that projects instability and lightness. This, however, does not deny the assumption that "a structure should always look stable as well as be stable." [7]

Now, beside Steven Holl' s and Hadid' s takes on sculpted tectonics, mention should be made of the Office of Metropolitan Architecture, OMA' s Casa da Musica in Porto, where, similar to Claude-Nicolas Ledoux' s "House of Agricultural Guards" , the building looks as if it has been tossed like a stone into the landscape. Their difference, however, indicates a move from platonic geometry for those associable with trompes. Still, whereas the latter was used as an ornamental addition to cover the misfits of an existing building, the OMA' s project is ornamental in its own right. This is clear from the theatrical placement of this monolithic volume on its site and the entry slab' s protrusion as it steps down to the ground. Of further interest are the two major stereotomic cuts, which position the building parallel to the main axis of the city. The building' s site, the park on the Rotunda da Boavista, is nevertheless transformed from a hinge between the old and the new Porto into "a positive encounter of two different models of the city." [8] This transformation is supported by additional cuts, which happen to follow the spatial organization of the building and are detectable in the longitudinal section. With two window openings at each end of the volume, the void created by the main auditorium provides visual connectivity between the two suggested parts of the city. And yet the building' s section introduces another topographical layer to Porto' s playful landscape.

Still, the collective invested in this project complements its monumental gesture to reactivate a different notion of res publica. This is important not only in consideration of Alvaro Siza' s sculptural tectonic of Fundacao Ibere Camargo (Brazil), but also of the civic architecture delivered in the Miesian tectonics of column and roof, the Berlin National Gallery, for one. Where both Frank Gehry' s Disney Concert Hall and Hans Scharoun' s Berlin Philharmonic Concert Hall exemplify what I would call two moments of subjective creativity, the buildings of Siza and Koolhaas are theatrical notes in the otherwise aesthetic tranquillity delivered by Renzo Piano' s large projects, the addition to the Art Institute of Chicago, and by the expressionism permeating parametric design. What is involved here is twofold: that the idea of big as discussed by Koolhaas should not be taken literally; and that, born out of the womb of a hand-in-craft métier, architecture cannot take the burden of large-scale programmatic needs unless it turns itself into a shelter, no matter how articulated its architectonics might be. Of further interest in the projects of Siza and Koolhaas is the interior void, the public hearth. Whereas Siza' s project bears some similarity to Frank L. Wright' s Guggenheim Museum, New York City, a different case should be made for historicising the OMA' s project in Porto. The aim is not to place importance on the role civic architecture plays in the creation of public spaces, but on what remains of the civic when the design of a house is magnified to accommodate a different program, as is the case with the Casa da Musica. This is important because it sheds a different light on Aldo Rossi' s concept of type. For this Italian architect, the programmatic transformation does not necessarily demand changing the structure of the type.

Both with central churches and Gothic cathedrals a non-architectural phenomenon dictated the geometrical organization of the plan and the volume. The humanist metaphysics of representation, the interplay between circle and square and/or the cross-shaped plans, were further transformed during the nineteenth century when new building types were in demand. Consider the Galerie des Machines (1887) where the size and the geometry of the plan mainly follow the building' s function. Of these typological transformations mention should also be made of a series of fine work produced during the early decades of the last century, one distinctive mark of which is the public void designed for different purposes. Along with numerous examples, one is reminded of Frank L. Wright' s Larkin Building, Buffalo (1904), where the columns extending to the glazed ceiling surround the building' s rectangular central open space. In addition to the fact that this building anticipated the secularization of public space, what Kenneth Frampton calls the vulnerability of the workplace to the "dictates of production" [9] should direct our attention to the Larkin building' s planimetric organization. The volume rises out of a central rectangular void surrounded by service spaces and a structural system that integrates the two.

A similar case can be made for the Casa da Musica, the final design of which emerged out of Koolhaas' s design for a house called Y2K, Rotterdam, 1999. Following the client' s request, this unbuilt house comprises a central rectangular gathering space (void) surrounded by various service spaces the overall form of which resembles a diamond cut. The suggested transformation in size, from small to big, necessitated a structural system different from the one sought for the house, and obviously different from the one used in the Larkin Building. It is to this tectonic shift that the technique of cut is introduced here to highlight its strategic role suspending the spectacular look permeating most digitally programmed architecture.

Without emulating the playful forms that align architecture with the present spectacle, the cuts implemented in the monolithic mass of the Casa da Musica should be discussed in the context of "competing mediating disciplines, of rival forms of knowledge, to which architecture, with its occasional claim to autonomy, has long sought to belong." [10] Of these, mention should be made of the theatricality invested in the look of the building in relation to its structural system. Whereas the turn to the sculptural in the late work of Le Corbusier and its consequential influence on Brutalism had to do with the materiality that more often than not was conceptualized in the image of a masonry construction system, no unitary structural system informs the Casa da Musica. The main rectangular box of the concert hall, for example, has its own structure whose two long vertical sides are supported by what is called "wall columns." [11] We are also reminded of Louis Kahn' s use of concrete Vierendeel trusses in the laboratory section of the Salk Institute of Biological Studies where freedom of internal spaces is secured by re-examining the structural potentialities of the element of wall. The technique for resolving the conflict between the freedom of the internal spatial enclosure and the limits imposed by the chosen structural system, was first tested for the Tres Grande Bibliotheque, but in Porto the "wall columns" emerged out of a four-story crust structure. Thus, the spatial limits imposed by both the Dom-ino frame, and the space/structure integrity implied in Kahn' s idea of room are avoided. The final structural system seems, however, to have developed in the hypothetical turn of the vertical stratification of the floors of the Dom-ino system to ninety degrees. Thus, a correspondence is established between section and plan wherein the space becomes column-free!

Radically transformed in the OMA' s project is the tectonics of earth-work and frame-work: not only that the top slab of the above-mentioned crust is split and lifted to make an entry for the car-park underground, but also, transformed radically, is the expected distinction between the element of roofing and wrapping. The self-supported rectangular auditorium allows for a different articulation of the lateral enclosure, the extension of which is decided by the length of a smaller auditorium at one end, and the circulatory volume at the other. A further tectonic consequence of pushing the enclosure outward is the twist given to the Miesian column and wall rapport evident in the Barcelona Pavilion, 1927.[4] Whereas the embellished partitions of the Pavilion are positioned to defy the visual consequences of its structural grid system, in the Casa da Musica the columns are positioned so as to project both the internal volume and its external envelope. As with the tectonics of fortification, props are used in the main lobby either to keep apart the two adjacent walls, or to transfer part of the upper level weight to the slab below and through a slanted concrete column. In the Casa da Musica, the structural set-up is architectural. A primitive articulation of the tectonics of column and wall dominates the entry lobby in contrast to the architect' s strategic attention to material embellishment, be it of fabric, wood, corrugated glass, or ceramic. A few embellishments connote regional sensibilities, and others are highly image driven of the kind seen in the best work of the OMA. And yet, if transformation in size and programmatic modification is part of the OMA' s strategic recoding of concepts such as civic and monumentality, how should these issues be reapproached in China, for example, where urbanization is unfolding beyond the historicity of mid-twentieth century Europe and America?[12]

Call it "social construction of technology" , [13]the tectonic of theatricality attributed to the work under consideration here allows the heavy feeling of the concrete mass to appear as an agent of light architecture. The suggested metamorphosis brings forth various dichotomies central to the transformational processes and versatility of building materials available today. Under Hadid' s hand, the heaviness of materiality (concrete) evaporates into an image that is in focus with the spectacle permeating the present culture, turning architecture into an ornament in itself. This aspect of contemporary architecture, elaborated on elsewhere, [5]is reiterated here to connect the subject with the art of stereotomy, mentioned earlier. Having roots in stonecutting, military engineering, mathematical geometry, and architectural composition, stereotomy cast a different light on the tectonics of column and wall. It also provided a means for making a stylistic distinction between Gothic and classicism. This brief revisiting of what was discussed earlier is carried out for two reasons. Firstly, instead of associating contemporary aesthetics with the Baroque, and this after Gilles Delueze' s text on "fold" , the present tendency for theatricalization should be historicised in reference to those aspects of the discipline that are not driven by the style phenomenon, and/or considered part of the aesthetics attributed to a particular Zeitgeist. I say "and/or" because most tendencies in architecture today associate contemporary aesthetics either with the perceptual horizon opened by digital techniques, or with that of the Baroque if only to disguise their own historicist intentions.[6] Secondly, my own turn to stereotomy wants to show the historicity of image in architecture beyond the tectonics, and in reference to the move from mechanical to digital reproductivity. The transformation is, however, important and should be addressed, particularly in reference to the abovementioned difference between the tectonic of theatricality and the aesthetic of theatricalization. Furthermore, my discussion of theatricality is dialectical, and I trust that I have clearly demonstrated the following: that the tectonic of theatricality is part of the present turn to the digital mode of reproductivity, which paradoxically offers a useful strategic concept for critiquing architecture' s drift into the field of image making.

Of these coded tectonics we should recall the way a building responds to the ground. Starting with the generic potentialities of the Dom-ino system, the Phaeno Science Center in Wolfsburg, Germany, pushes the Semperian notion of the earth-work and the frame to a dramatic stage. In many ways, Hadid' s design is well orchestrated with the architectonic language of Alvar Aalto' s Kulturhaus and Hans Scharoun' s design for the city' s theatre, both located not far from the Phaeno Center. The building' s semi-triangular floor plan provides an empty space for hands-on examination and exploration of physical laws and scientific tricks. Both in its external form and interior spaces the building resembles a spaceship. And yet similar to the architect' s design of a tram station in Strasburg, the Phaeno Center is sought to revitalize the city' s edge, which is marked by the train station. The placement of the building' s ten pillions and the surface-cuts of this otherwise alien looking object provide a public platform on the one side stretching the building' s body along the railroad tracks on the other. The plan' s third triangular side hangs over a ramp, which operates both as an emergency exit and a public path leading to a bridge crossing the rail tracks. The undulating wall facing the city, nevertheless, provides a backdrop for the public landscape in front and in association with the undulating facade of Aalto' s building.

Standing above a buried volume, the Phaeno' s ten hefty cone-shaped support piers hold up a concrete slab, the base for the building' s walls, connecting the two-way spanning waffle slab structure of the roof and the floor. The underground volume, the car park, effectively acts as a raft, floating the whole structure above subsoil that is less than adequate for traditional pad and footing. Recalling Kahn' s notion of "empty column" , the conical piers are conceived as part of the spatial organization of the volume. Informed by the major urban axis of the site, a number of these cones provide access to the elongated main volume of the building. Another is used for the lecture hall. Others house shops and exhibition spaces accessible directly from the main concourse level. These pillars are detailed to appear as if rising from the sculpted ground plane, the earth-form. Their dynamic figuration, however, distinctively differs from the pilotis of the Marseille apartment block. Unlike the latter, the Phaeno' s large volume is supported and structured by hollow cones the skin of which seems to be pushing the skin of the floor downward. The pilotis in Le Corbusier' s building, instead, resembles arms holding up the mass. In Hadid' s buildings, they follow a modest generic version of the dendriform columns of Frank L. Wright' s Johnson Wax Factory (1939). The theatricality of the entire volume, including the pleats and cuts of the concrete enclosure mark a distinct departure from the ethos of the New Brutalism.[7] Like many other contemporary cases, Hadid has done her best to animate and smooth the concrete surface, presenting alternative aesthetics against the dull and porous tactile qualities of most early industrial structures.[14] Contrary to the original examples of the architecture of Brutalism, in the Phaeno Center, every cut and surface embellishment is used to exaggerate the animated body of the building. Along the southern face, for example, the technique of cut is used to express a glazed opening on the diagonal, accelerating the dynamic movement of the poised form. Even the massive interior truss system of the roof folds and bends here and there as if dancing with the floor whose undulating surface blurs the boundary separating the wall from the floor.

To historicise Hadid' s work on a different level, we need to add that in the Phaeno Center the idea of cut is implemented for an art-form that stands on the borderline of spectacle and theatricality of the kind attributed to Koolhaas' s Casa da Muscia. Specific to the tectonic fabrication of these two projects is the attempt to avoid two problems that "arose as soon as the illusion of imitating stone structures was abandoned; the first had to do with the exterior expression of the interior structure, and the second dealt directly with the surface of the building." [15] During the 1950s, and by the time of the proliferation of Brutalism, in addition to its structural potentialities, what most occupied architects was the aesthetic (appearance) of brute concrete. Consider Marcel Breuer' s design for the Begrisch Hall (1967-70) the theatricality of which precedes the above two contemporary buildings. In the Begrisch Hall, the aesthetic is sought through stereotomic surfaces.[16] Similar to most monolithic forms, the exterior economy of Breuer' s design is achieved "at the cost of formal and material excess and calibrated for intended effects." [17] The main volume of the Phaeno Center, for example, is evidently the result of cuts and pleats implicated in an otherwise rectangular prism, the Corbusian piloti system. The tectonic of theatricality (stereotomic surfaces) that informs Hadid' s design, nevertheless, departs from both modern and classical traditions when structure "was less a preoccupation of the collapse of buildings than a precaution against the collapse of the faith in the rectangle as an embodiment of rational order." [18] This is one reason we should differentiate the Phaeno Center from one of Hadid' s recent projects, the Cagliari Museum in Italy. The latter is baroque and atectonic; its epidermal smoothness justifies the surface on its own terms.

Surface and its embellishment are important to the architect' s perception of a building, during the process of both conceptualization and its gradual transformation into an edifice. We owe to Le Corbusier the contemporary formulation of surface as an autonomous aesthetic issue independent of the materiality of construction. This is evident from the white abstract facades of the French architect' s early villas compared to the materiality of the Greek temples he most admired. Among other things, the implied difference speaks for the plan/facade relationship. To emulate the modern aesthetic of abstraction, Le Corbusier' s early work had to distance itself from the dictates of construction and its related spatial organization. The surface of the Cagliari Museum, instead, follows neither the aesthetics of purism nor those attributed to Brutalist architecture. In this particular project of Hadid, the surface is conceived as a thin film with no cuts either in reference to the structural or the site. The best one can make out of the computer-generated image of this project is to associate it with the polished, soft smooth-looking forms of natural stones. This is not the case with the Phaeno Center, and certainly not with Hadid' s two institutional buildings, one in Cincinnati and the other in Rome. In both these projects sectional investigation, rather than the plan-to-facade relationship, allowed the architect to detail the edifice, and design its volumetric organization for particular effect.[8]

These observations allow us to highlight Hadid' s long-term preoccupation with drawings, most of which deliver a pleasant image of lightness, dynamism, and the architectonics of trompes, made of concrete, but ornamention nevertheless. Furthermore, concepts such as fold and nonlinearity, as well as the popularization of digital software press for complex geometries, the architectonic of which, next to the tectonic, color the architecture of the closing decade of the last century.[19] However, the present shift to polished sculpted organic forms marks a departure from Hadid' s concern for materiality and detailing detectable in most of her early work.

Still, as with the architecture of Brutalism, Hadid' s tectonic figuration does not solely invest in the formal consequences of the frame-structural system. Avoiding the axiom of the duality of skin and bone, for example, tropes such as theatricality and ornament attain sculptural dimension in her work. Nor do these tropes evolve out of a poetic thinking of the schism existing between the constructed form (the core-form), and the cladding (the art-form). This is one reason the current turn to surface does not concern her work. Even in her latest projects, where the materiality and detailing of the kind used in the Garten Schau are absent, the polished surfaces of these projects should be considered part of the traditions of material embellishment that go back to stereometry. Another tectonic dimension of Hadid' s work concerns tactile sensibilities flourishing in the design' s interior spaces. Putting aside the notion of poche, by which an architect differentiates the form seen from outside from the clad space inside, Hadid does her best to charge the interior ambience with the theatricality that permeates the work itself. In the MAXXI Museum in Rome, the interior space is approached as another field where movement is experienced through spaces most of which are embellished by materials such as exposed and painted concrete, wood and metal, as well as by the play of natural and artificial lights.

Considering the measurable spatial and sculptural dialogue at work in a number of Holl' s recent projects, it is difficult not to recall the architect' s design of a private residence, the Oceanic Retreat, 2001. Located at the top of a hillside in Kaua' i, Hawaii, with views to the ocean, the design emulates organic metaphor that occasionally occupies the architect' s imagination. Not only are the two separate concrete masses of the house conceived in sculptural tectonics, but the L-shaped massing of the second floor of both volumes is cut and embellished to look like two creatures in upright position heads turned staring at each other. The main house and the guest section seem to want to talk to each other. Here is what Holl has to say about this tectonic configuration. "Like two continents separated from each other by tectonic shift, an imaginary erosion creates two L shaped forms: a main house and a guest house." [20] Although these two parallel houses are off-centered from each other, when seen from a distance they still speak to each other in tectonic language. The upper level of each segment is cut, shaped and embellished in reference to tongue and grove wood detailing. The sharp and narrow ending of one mass seems ready to join the balcony opening of the opposite volume. The visible cuts and erosions marking the body of these two stereotomic objects allude to a historical time when together they were part and parcel of a larger and perhaps meaningful world. The implied wish-image can be extended to the entire repertoire of Holl, suggesting that, in spite of the architect' s phenomenological tendency, his work is free of existentialist weight and should be considered a successful essay on what the architect metaphorically calls "stone and feather."

The present turn to monolithic architecture is of further interest: in sculptural tectonics, the strategy of cuts has the potential to shortcut the postmodern interest in communication. The historicist element evident in formalistic, typological, or imitative modes of contemporary architecture tends to establish a transparent rapport between architecture and its modes of appropriation. Still, the anonymity implicit in a monolithic form (its un-approachability as a sign with familiar meanings) is of critical importance in reference to contemporary architects' euphoria for the spectacular images that garnish digital architecture. Like a stone diverting the flood, contemporary sculptural tectonics are gravitational forces standing here and there against the liquidation of architecture enacted in our global age of digital reproduction.

4. Parallax

The analysis of buildings presented here is of critical importance for a comprehensive understanding of the present state of architecture. On the one hand, it proceeds with the theoretical speculation that the idea of modernity experienced in late capitalism is transformative. On the other, it intends to perpetuate a different understanding of the disciplinary tradition(s) of architecture. The trajectory of these two postulates underlines the importance of the idea of parallax for a critical praxis that is centered on the theme of tectonic of theatricality.

Discussing the work of Kant and Marx, Kojin Karatani suggests that parallax is something "like one' s own face in the sense that it undoubtedly exists but cannot be seen except as an image." [21] The philosophical position on parallax centers on the antinomies informing the subject/object dialogue. [22] Here the term is used to present a non-organic and non-linear relationship between the core-form and the art-form, between construction and architecture. To repeat what has already been said, the excess in architecture alludes to the gap that informs the tectonic. "Inform" does not operate in a deterministic way. The art-form does not mirror the core-form. Rather it performs like this: "sure, the picture is in my eye, but I am also in the picture." [23] Therefore, excess is already included in the construction: it is neither part of the subjective projection of the architect, nor a mirror image of a constructed form. One implication of this reading of the tectonic suggests that the very constructive logic central to the tectonics might, paradoxically, deconstruct the positivistic interpretation of the impact of technology on architecture. What this means is that the impact of technology on architecture is always mediated through aesthetics. Herein lies the ideology critique of contemporary architecture. Much like facial adornments used in some aboriginal dance ceremonies, the theatricalization permeating architecture today is a symbolic representation of the impossibility of surmounting real social contradictions on their own terms. The blockage, according to Fredric Jameson, finds "a purely formal resolution in the realm of aesthetic." He further suggests that "ideology is not something which informs or invests symbolic production; rather the aesthetic act is itself ideological ..." [24] Herein, also, lies the reason for dwelling on a nineteenth-century architect' s theory of the tectonic of theatricalization, and for discussing the import of material and technique, but also for doing justice to the aesthetics registered in the selected work of architects discussed earlier. Another implication is the possibility to differentiate the formativeness of technique in the formation of the culture of building, and to rewrite the history of architecture in consideration of the economic and technological transformations that were endemic to the historical move from techne to technique, and from tectonic to montage.[25] In this mutation, image does not vanish. Its transformation remains internal to construction. And yet the image permeating contemporary architecture differs from that of Renaissance architecture, and what is attributed to the architecture of Brutalism. In the latter case, for example, the image was informed by the fusion of aesthetics with the structural. In the age of digital reproduction, instead, the spectacle Guy Debord attributed to commodities is tailored, reproduced, and personalised ad infinitum. This historical unfolding has been taken up in this essay to demonstrate "the kind of critical thinking that image can make possible." [26]

There are many ways to explain the usefulness of the proposed theoretical paradigm. It allows for a comprehensive understanding of the dialectics involved in the visibility and/or invisibility of construction at different periods of architectural history. That the theme of construction was invisible in Renaissance architecture, for example, is suggestive of a situation where metaphysics takes command, and the objects are displaced "in the illusory space, and not according to their relative value within the culture," to recall Frampton' s reflections on the technique of perspective.[27] Yet, to understand the full connotation of the theoretical premise presented here, the discussion should turn to the landscape of modernity, and Semper' s discourse on the tectonics. [9]

To refresh the reader' s memory, central to Semper' s theorization of architecture is the transgression of its limits as framed in the classical theory of imitation. Semper' s argument that the constructive aspects of architecture are driven by the four industries (textile, ceramic, masonry and carpentry), and the importance he gave to the notion of clothing suggests that the German architect was neither a materialist nor a positivist. In explaining how skills developed and motifs emerged in these four industries, he goes further suggesting that the essentiality of technique in making, even in weaving a simple knot, should not be dismissed. This is implied in Semper' s discussion of Stoffwechsel where skills and techniques immanent in the art of building play a significant role in transforming and modifying motifs from one domain of cultural productivity into those of architecture. The modification is, however, carried out by techniques that are architectural, in particular the primacy of the principle of cladding, and the lawful articulation of "surface" : not the actual surface of the raw material, but one that has already been prepared (the constructed form) to receive motifs, linear or planar. It took architects a long time to modify steel as used in railroads and in the work of engineering to become part of the architectonic of steel and glass architecture. Thus we see the criticality of the notion of parallax, the idea that the transformed motifs are present in the tectonic in image form. One implication of this is the recognition of a Semperian notion of semi-autonomy that aims to establish an immanent relationship between purpose, material/technique and the actualization of what is called the structural-symbolic dimension of the tectonics of theatricality.[10] It can be taken further to suggest that Semper was able to see through the lens of modernity the very disintegrated nature of the art of building.

In discussing architecture in terms of the tectonics of the core-form and the art-form, Semper' s theory retains an image which is architectural by nature. What this means is that architecture is not a direct product of construction; and yet the core-form (the physical body of the building) inevitably puts architecture on the track of technological transformations and scientific innovations. Herein lies the ethical dimension of the tectonics, which not only recalls the architecture of New Brutalism, but which can be traced back to the long history of architecture' s confrontation with technique. Discussing the notion of techne in Alberti' s discourse, Manfredo Tafuri wrote: "surely it is tragic that the same thing that creates security and gives shelter and comfort is also what rends and violates the earth." He continues: "technology, which alleviates human suffering, is at the same time an implacable instrument of violence." [28] The paradox evoked in Tafuri' s statement can be extended to the Semperian notion of art-form: in suspending the Kantian notion of beauty, centered on the subjective inner imagination, the art-form remains the only venue by which architecture is charged with aesthetic sensibilities that are informed by perceptual horizons offered by the world of technology that intends, more often than not, to change architecture on its own terms. The art-form also reveals tactile and spatial sensibilities accumulated through the disciplinary history of architecture. Therefore, while the core-form assures architecture' s rapport with the many changes taking place in the structure of construction, the art-form remains the only domain where the architect might choose to confer on the core-form those aspects of the culture of building that might side-track the formal and aesthetic consequences of "image building" , and yet avoid dismissing the latest technological developments.

Furthermore, the tectonic of theatricality as presented throughout this essay could be considered the genesis of a third state of objectivity next to the other two, the "purely functional" (modernism), or the "purely aesthetic" (postmodernism). " [11] In this sense the tectonic is universal in that its primary concern is focused neither on function nor the aesthetic but on construction. Neither is it purely engineering. The tectonic of theatricality recodes the thematic of construction in the purview of available techniques and aesthetics and in consideration of two developments: firstly, that in late capitalism, and thanks to the digitalization of architecture, the art of building has stepped into the realm of commodities, the world of image building, more forcefully than the abstraction attributed to modern architecture; and secondly, that, whereas the general reception of the early modern architecture was limited as was the case with abstract painting, the present public esteem for playful architectural forms should be considered part of what Slavoj Žižek calls "traumatic distortion" , a situation through which the symbolic order, the network that structures the subject/object relationship, is taken for the "real." [29] This development, which is unique to the state of architecture in late capitalism is, interestingly enough, welcomed by some architects.

Patrik Schumacher, a director of Zaha Hadid Architects, claims that expressionism permeating most recent projects of Hadid must be considered the style that not only emulates parametric design, but also "forms a much more pertinent image and vehicle of contemporary life forces and patterns of social communication than the big Foster dome." Foster, according to Schumacher, is an architect who uses these techniques today, as do most architects.[12] Schumacher' s observation relies heavily on the belief that in the prevailing corporate organization all contradictions are dissolved, and that scientific paradigms are in a better position to provide "a comprehensive unified theory" of architecture. This is a situation when "the thing itself can serve as its own mask—the most effective way to obfuscate social antagonisms being to openly display them." [13] That this style happens to be delivered by Hadid has little to do with the notion of artistic signature. Nor does it tally with an art historian' s exhaustive research on the particular nature of contemporary architectural style. The style Schumacher has in mind evolves, rather, out of a research methodology that dumps "negative heuristics" for "positive heuristics" lending the aesthetics (style?) to parametric design.

Schumacher' s theorization of architecture says little about the historicity of the style debate. His is a late note on the style debate without evoking the "late style." The latter, according to Theodor Adorno, loathes the Zeitgeist and lays down the seeds of something different.[14] The style to come, to follow Adorno, is one that steps out of its time. Giorgio Agamben writes: "those who are truly contemporary, who truly belong to their time, are those who neither perfectly coincide with it nor adjust themselves to its demands. They are thus in this sense irrelevant (in attuale). But precisely because of these conditions and precisely through this disconnection and this anachronism, they are more capable than others of perceiving and grasping their own time." Even Le Corbusier' s work was not in complete harmony with early modernism, even though historians such as Giedion presented it as such. The French architect' s early work was indeed in sharp contrast with the existing landscape most of which was shaped by historicist styles.[30] Even before historicism, there was never a uniform style attributed to each epoch. Even though most neo-avant-garde work is sought in harmony (both technically and image wise) with the spectacle of late capitalism, still the diversity of contemporary architecture cannot be neglected and it is as rich as when the International Style architecture was heralded.

Schumacher has uttered the last word, at least for now, in a sequence of theoretical annunciations of "ends" , be it the author, history, or critical praxis. The turn to scientific system paradigms that attracted architects like Christopher Alexander during the sixties has now gained new momentum partly due to the exhaustion of theoretical ideas and concepts fashionably borrowed from the prevailing philosophical discourses of the time. With his propagandist rhetoric, Schumacher keeps us in the dark concerning the nature of the aesthetic of expressionism he wants to sell as the style proper to late capitalism. Should there be a subject (the architect?) involved in deciding what the final form of a project should look like? Or should the final form be left to techniques programmed to produce the kind of soft-forms that conform to the present aesthetic of spectacle where everything solid melts into the air, to recall Marx' s famous predicament. Whatever the answer to this and other questions already raised concerning Schumacher' s advocacy for parametric design, the tectonic of theatricality pursued throughout these pages wanted to establish a constructive criticism of contemporary architecture. Dismissing both historicism, and the canon that relies on the delirium of "once upon a time" , particular to the discussed selected projects is a paradoxical one;[15] much like the Brutalism of post-war architecture, contemporary sculpted tectonics are simultaneously abstract and concrete. They are abstract because of their theatrical forms, and this in association with the prevailing aesthetic of commodity form; and concrete, not only because of the use of concrete as a material of construction, but also in its material capacity to bring forth the physics, that architecture is, after all, a constructed form.

Notes

1 Among others, mention should be made of Hal Foster, Image Building.

2 From H. Sullivan to a postmodernist image of tall building, Joan Ockman sees a cognitive change in the American landscape, from main street to wall street. Ockman, "Allegories of Late Capitalism: Main Street and Wall Street on the Map of the Global Village," in ed. Nadir Lahiji, The Political Unconscious. London: Ashgate Publishing, 2011, pp. 143-160.

3 See for example, Gevork Hartoonian, "Tectonics: Testing the Limits of Autonomy," in ed. Andrew Leach and John Macarthur, Architecture, Disciplinarity, and the Arts. Belgium: Ghen University A&S/books, 2009, 179-192.

4 On this subject see Gevork Hartoonian, Ontology of Construction, 68-80.

5 On this subject see the last chapter in Gevork Hartoonian, Ontology of Construction, 1994.

6 See Antoine Picon, Digital Culture in Architecture: an introduction to design professions (Basel: Birkhauser, GmbH, 2010), for example, in particular the chapter titled "From Tectonic to Ornament".

7 I have elaborated on this subject in "Theatrical Tectonics: The mediating Agent for a Contesting Practice," in Footprint, 5, (Spring 2009): 77-95. See also October, 136 (Spring 2011), a special issue focusing on New Brutalism.

8 See Gevork Hartoonian, Architecture and Spectacle; a critique, Ashgate, forthcoming.

9 The following discussion profits from this author's work on the tectonic. Gevork Hartoonian, Ontology of Construction, 1994.

10 On the difference between theatricality and theatricalization, see Gevork Hartoonian, Crisis of the Object; the architecture of theatricality (London: Routledge, 2006).

11 I am benefiting from Slavoj Zizek, "Architectural Parallax," in Living in the End Times, 2011, 274.

12 Patrik Schumacher, "Parametricism and the Autopoiesis of Architecture," in Log 21 (2011): 62-79. See also Ingeborg M. Rocker's response to P. Schumacher's essay in the same issue of Log, 2011. For an early elaboration of his ideas see P. Schumacher, "Let the Style Wars begin," The Architects' Journal, May 6, (2010). The author's ideas are extensively discussed in The Autopoiesis of Architecture, vol. 1 (London: John Wiley & Sons, 2010). For the review of Schumacher's book see The Architects' Journal February 17 (2011): 2-6.

13 Slavoj Zizek, Living in the End Times, 2011, 253. For a critique of Schumacher see Douglas Spencer, "Architectural Deleuzism: Neolibral space, control and the 'univer-city'," Radical Philosophy 168 (July/

August 2011): 9-21.

14 I am benefiting from Edward Said in On Late Style (New York: Pantheon Books, 2006), "Introduction" specifically.

15 Here I am benefiting from the insightful essay of David Cunnigham, "The Architecture of Money: Jameson, Architecture, and Form," in ed. Nadir Lahiji, The Political Unconscious (London: Ashgate Publishing, 2011), pp. 37-51.

References

[1] Robin Evans, The Projective Cast.Cambridge: the MIT Press, 1995, 180.

[2] Robin Evans, The Projective Cast, 206.

[3] Robin Evans, 1995, pp. 220-39.

[4] Bernard Cache, "Gottfried Semper: Stereotomy, Biology, and Geometry," Perspecta, 33, Mining Autonomy, (2002), p. 86.

[5] Robin Evans, 1995, pp. 211.

[6] Gevork Hartoonian, Crisis of the Object: the architecture of theatricality (London: Routledge, 1996).

[7] Robin Evans, The Projective Cast (Cambridge: the MIT Press, 1995), 180.

[8] Rem Koolhaas, El Croquis 134/135 (2007): 206.

[9] Kenneth Frampton, Modern Architecture (London: Thames and Hudson, 2007), 62.

[10] Rodolfo Machado and Rodolphe el-Khoury, Monolithic Architecture (Munich: Prestel-Verlag, 1995), 67.

[11] See El Croquis 134/135. 2007: 226.

[12] Gevork Hartoonian, "Can the Tall Building Be Considered Artistically," in Xing,R. Francis-Jones, vander Plaat, and L. Neild, ed., Skyplane, Sydney: UNSW Press, 2009, pp. 96-102.

[13] Jean-Louis Cohen and G. Martin ed. 2006, p. 12.

[14] Jean-Louis Cohen and G. Martin ed., Liquid Stone . Basel: Birkhauser-Publishers for Architecture, 2006, p. 7.

[15] Jean-Louis Cohen and G. Martin ed., 2006, p. 27.

[16] See Isabelle Hayman, Marcel Breuer Architect, New York: Harry N. Abrams Inc., 2001, p. 155.

[17] Rodolfo Machado and Rodolphe el-Khoury, Monolithic Architecture (Munich: Prestel-Verlag, 1995), p. 13.

[18] Robin Evans, 1995, p. 212.

[19] Harry Francis Mallgrave and Christina Contandriopoulos, ed. Architectural Theory Volume II (MA: Blackwell Publishing, 2008), 535-536.

[20] Steven Holl, Architecture Spoken, 2007, 30

[21] See Kojin Karatani, Transcritique: on Kant and Marx (Cambridge: The MIT Press, 2003).

[22] Slavoj Zizek, The Parallax View (Cambridge: the MIT Press, 2006).

[23] Slavoj Zizek, The Parallax View, 2006, p. 17.

[24] Fredric Jameson, The Political Unconscious (Ithaca: Cornell University Press, 1981), p.79.

[25] Gevork Hartoonian, Ontology of Construction, 1994.

[26] T. J. Clark, The Sight of Death (New Haven: Yale University Press, 2006), p. 185.

[27] Kenneth Frampton, "Excerpts from a Fragmentary Polemic", Art Forum (September 1981): p. 52.

[28] Manredo Tafuri, Interpreting the Renaissance, trans. Daniel Sherer (New Haven: Yale University Press, 2006), p. 51.

[29] Slavoj Zizek, The Parallax View (Cambridge: the MIT Press, 2006), 26.

[30] Giorgio Agamben, Nudities (Stanford: Stanford University Press, 2011), 11.

译名表

A

Aalto, Alvar 阿尔瓦· 阿尔托

Adorno, Theodor 特奥多· 阿多诺

Agamben, Giorgio 吉奥乔· 阿甘本

Alberti, Leon Battista 莱昂· 巴蒂斯塔· 阿尔伯蒂

Albini,Franco 弗朗哥· 阿尔比尼

Alexander, Christopher 克里斯托夫· 亚历山大

Aoki, Jun 青木淳

Araya, Masao 新谷真人

B

Bachelard, Gaston 加斯顿· 巴什拉

Balmond, Cecil 塞西尔· 巴尔蒙德

Ban, Shigeru 坂茂

Baumgarten, Alexander Gottlieb 亚历山大·戈特利布·鲍姆加登

Behrens, Peter 彼得· 贝伦斯

Benevolo, Leonardo 莱昂纳多·本奈沃洛

Benjamin, Walter 瓦尔特·本雅明

Borbein, Adolf 阿道夫·波拜因

Botta, Mario 马里奥·博塔

Bötticher, Karl 卡尔·波提舍

Bourgery, Jean Marc 琼· 马克·博格利

Brâncusi, Constantin 康斯坦丁·布朗库西

Brassai, Martin 马丁·布劳绍伊

Breuer, Marcel 马歇尔·布罗伊尔

C

Caminada, Gion 吉昂·卡米纳达

Calvino, Italo 伊塔洛·卡尔维诺

Chareau, Pierre 皮埃尔·夏洛

Collins, Peter 彼得·柯林斯

Conzett, Jurg 约格·康策特

D

Damasio, Antonio R. 安东尼奥.R· 达马西奥

Damisch, Hubert 于贝尔· 达米希

Darwin, Charles 查尔斯· 达尔文

Davidson, Cynthia 辛西娅· 戴维森

de`Barbari Jacopo 雅各布· 德巴尔巴里

Debord, Guy 居伊· 德波尔

de Honnecourt, Villard 维拉尔· 德· 昂库尔

de l'Orme, Philibert 菲利贝·德· 洛梅

de la Sota, Alejandro 杭德罗· 德拉索塔

Deleuze, Gilles 德勒兹· 吉勒

de Meuron 德梅隆

Diller,Liz 利兹 · 迪勒

Duara, Prasenjit 杜赞奇

E

Eekhout, Mick 米克· 埃克豪特

Ehrenzweig, Anton 安东·艾伦茨威格

Eiffel, Alexandre Gustave 亚历山大·吉斯塔夫·埃菲尔

Eisenman, Peter D. 彼得.D·艾森曼

Elkins, James 詹姆斯·埃尔金

Emmer, Dirk 迪尔克·埃默

Epicurus 伊壁鸠鲁

Evans, Robin 罗宾·埃文斯

F

Fauchon, Benoit 贝诺伊特· 福雄

Fausch, Deborah 德布拉· 弗什

Felipe, Sylvia 希尔维亚· 费利佩

Ferrieri, A A. 费列里

Fichte, Johann Gottlieb 约翰· 戈特利布· 费希特

Fisher, Thomas 托马斯· 费舍尔

Ford, Edward R. 爱德华.R · 福特

G

H

I

J

K

S

T

U

V

W

Y

Z

致谢

当记忆力日趋下降，内心的惶恐随之渐增，我终于切身体会到了安妮特·斯皮罗提到的文字和建筑所具有的对抗遗忘、保存个体和人类记忆的作用。当我最后一遍校订书案前厚厚几叠打样书稿的文字和建筑图片时，“建造诗学：建构理论的翻译与扩展讨论”国际研讨会的场景以及这本书编撰工作的点滴开始浮现。

首先要感谢学院和吴长福院长的全力支持并帮助会议筹款，感谢中国美术学院建筑艺术学院院长王澍教授的学术加盟以及陆文宇老师在会议资金筹集上的热忱相助，感谢同济大学建筑设计研究院张洛先总师、华东建筑设计研究院张俊杰院长和汪孝安总师、德国GMP 国际建筑设计有限公司合伙人吴蔚先生等在会议筹备方面的共同支持。

其次要感谢会议主席王骏阳教授和哈图尼安教授在建构理论上的学术影响力，感谢主题报告人王骏阳教授、哈图尼安教授、斯皮罗教授、仓方俊辅教授的精彩演讲，感谢小型研讨会报告人王骏阳教授、王澍教授、范凌老师、曾群总师、徐维平总师、袁烽教授、张朔炯老师、史永高教授的发言，感谢冯仕达教授、常青教授、卢永毅教授、赵辰教授、李翔宁教授、刘东洋老师、童明教授、汪原教授、葛明教授、李华教授、王飞老师、文小琴建筑师、王英哲建筑师、徐蕴芳建筑师、郭屹民老师、王方戟教授、张斌教授、柳亦春建筑师、张晓春教授、王凯老师、彭武建筑师、王衍等等嘉宾参与讨论和思想交锋。

最后，要感谢《时代建筑》杂志的所有同仁，同济大学出版社编辑和我的学生们。没有你们的参与和支持，会议的举办和本书的出版都不可能顺利进行。谢谢《时代建筑》主编、同济大学出版社社长支文军教授的决策和全面支持，谢谢徐洁老师在资金筹集和人员安排上的全力相助。感谢戴春、陈琦、许萍、杨勇、严晓花、乐美德、曹潆、邓小骅等同事在繁杂会务方面的辛劳。感谢王飞老师参与学术策划，感谢周渐佳、田丹妮、秦佶伟的学术秘书工作。感谢陈恒、曹寅、周渐佳、周伊幸、李一纯、汪弢参与会议的英、德、日文的现场翻译工作。感谢我的研究生官文琴、秦佶伟、邓颖慧等的会务辅助工作。感谢同济大学副总编江岱老师担任本书的责任编辑，感谢《时代建筑》杂志陈淳、鲁汶大学博士生王颖的编辑工作，感谢张晓春老师对柳亦春文章的编辑。感谢何如、官文琴、秦佶伟、严晓花对现场讨论的整理以及王颖对现场讨论英文部分的校对。感谢严晓花设计制作了会议手册并担任了本书版式设计和制作工作，王小龙也参与了后期的排版工作。感谢许萍在制作、印刷方面的最后把关。其实，要感谢的人还有很多，难免挂一漏万，如有不慎遗漏，请恕我绝非故意。再次深深感谢！

彭怒　2012.12